"十三五"普通高等教育本科系列教材

循环流化床锅炉设备及系统

（第二版）

芮新红　朱皑强　合编

赵长遂　方梦祥　主审

中国电力出版社

CHINA ELECTRIC POWER PRESS

内 容 提 要

本书讲述循环流化床锅炉的设备和系统，内容包括：循环流化床燃烧技术的特点与循环流化床的基本理论；循环流化床锅炉的燃烧与传热；循环流化床锅炉的燃烧系统及设备、汽水系统和控制系统；循环流化床锅炉的设计原则和设计要点；循环流化床锅炉的典型炉型及其结构；循环流化床锅炉的有关运行技术；循环流化床锅炉气体污染物的排放与控制等。

本书既总结了循环流化床燃烧技术的基本特点、基本理论与基本实践，又反映了国内外循环流化床技术的发展状况，论述条理清晰，循序渐进，图文并茂，内容选取得当，工程实用性强。

本书主要作为能源与动力工程、能源环境工程及相关专业的教材，也可作为高职高专及函授教材，还可供从事相关专业的工程技术人员和管理人员学习与参考。

图书在版编目（CIP）数据

循环流化床锅炉设备及系统/芮新红，朱皑强编 . —2 版 . —北京：中国电力出版社，2018.8
（2022.6 重印）

"十三五"普通高等教育本科规划教材

ISBN 978 - 7 - 5198 - 2329 - 0

Ⅰ . ①循… Ⅱ . ①芮…②朱… Ⅲ . ①循环流化床锅炉－高等学校－教材 Ⅳ . ①TK229.6

中国版本图书馆 CIP 数据核字（2018）第 185767 号

出版发行：中国电力出版社
地　　址：北京市东城区北京站西街 19 号（邮政编码 100005）
网　　址：http://www.cepp.sgcc.com.cn
责任编辑：李　莉
责任校对：黄　蓓　闫秀英
装帧设计：王红柳
责任印制：吴　迪

印　　刷：北京雁林吉兆印刷有限公司
版　　次：2008 年 6 月第一版　2018 年 8 月第二版
印　　次：2022 年 6 月北京第十三次印刷
开　　本：787 毫米×1092 毫米　16 开本
印　　张：17.5
字　　数：429 千字
定　　价：45.00 元

前　　言

本书为满足应用型普通高等工程本科院校相关专业的教学需要而编写，第一版被评为普通高等教育"十一五"国家级规划教材。

循环流化床燃烧技术是最近二十多年来发展起来的新一代高效、低污染的清洁燃烧技术，也是目前商业化程度最好、应用前景最广的洁净煤燃烧技术。虽然经过长期深入的研究和试验，在循环流化床的气固两相流的流动特性、传热与燃烧机理、分离回送特性、污染物排放及燃料适应性、锅炉设备与系统的设计计算、调试运行与事故处理方法等方面，已经取得了大量的理论和经验成果，但是，作为一种新的燃烧方式，循环流化床燃烧技术基本理论的研究与工程实践的需要尚有差距，有关循环流化床锅炉设备与系统的设计计算方法还有待完善，运行和维护也缺乏统一的标准。有鉴于此，本书注意总结循环流化床燃烧技术的基本特点、基本理论与基本实践，并在教材内容和体系的安排上做了一些新的尝试。同时，在编写中力求突出理论与实际的结合，提高学生工程素质和培养学生工程实践能力，以努力满足应用型高等工程本科教学要求，为学生从事工程应用打下必需和坚实的理论基础，并能够适应科技发展和技术进步以及工程创新的要求。

全书共分九章。第一、二、三章讨论了循环流化床燃烧技术的特点、循环流化床的基本理论及循环流化床锅炉的燃烧与传热；第四、五章介绍了循环流化床锅炉的燃烧系统及设备以及汽水系统和控制系统；第六章探讨了循环流化床锅炉的设计原则和设计要点；第七章介绍了循环流化床锅炉的典型炉型及其结构；第八章概述了循环流化床锅炉的有关运行技术；第九章分析了循环流化床锅炉气体污染物的排放与控制问题。此次修订对第一版的有关章节进行了必要的补充和修改，增加了超临界参数循环流化床锅炉的相关内容。每章后增加了复习思考题，以方便读者学习巩固。

本书由南京工程学院芮新红副教授和朱皑强教授合编。朱皑强编写第一、二、八、九章，芮新红编写第三、四、五、六、七章和复习思考题。全书由东南大学博士生导师赵长遂和浙江大学方梦祥教授主审。赵长遂教授和方梦祥教授在百忙中认真仔细地审阅了书稿，并提出诸多宝贵意见，使编者受益匪浅，在此深表感谢。

书中引用了大量的文献资料，并且得到有关电厂的大力支持，由于篇幅所限，未能一一列出，在此向有关作者和单位谨致谢意。

循环流化床燃烧技术的理论与实践发展迅速，限于编者的水平，书中难免有不足与疏漏之处，恳请读者给予批评指正。

编　者

2018 年 7 月于南京工程学院

目　　录

第一章 概　　论

能源与环境是人类赖以生存和发展的基础。化石能源（主要是煤和石油）的大规模生产和利用在推进社会经济发展的同时也对环境造成巨大影响：大气烟尘、酸雨、全球变暖（温室效应）和臭氧层破坏正在威胁着人类的生存环境。我国是世界上最大的煤炭生产国和消费国，煤炭产量占世界总产量的 36.5%，2015 年全国煤炭产量占世界总产量的 47%，全国煤炭消耗量达到 39.65 亿 t，占世界煤炭消耗量的一半，其中 80% 以上通过直接燃烧而被利用。由于煤粉燃烧技术的发展还不能很好地解决燃煤造成的日益严重的环境问题，自 20 世纪 60 年代开始，可以实现低温高效率燃烧各种燃料，特别是低质和高硫煤，并可在燃烧过程中控制 SO_x 及 NO_x 的排放的清洁煤燃烧技术——循环流化床燃烧技术得到迅速发展。循环流化床锅炉代表了新一代高效低污染燃煤设备的重要发展方向。

第一节　循环流化床锅炉的燃料

一、燃料的种类

燃料是指在燃烧过程中能够发出热量并能以各种方式加以利用的可燃物质。

燃料按其获得的途径分类，可分为天然燃料和人造燃料；按其物态又可分为固体、液体和气体三类。表 1-1 给出的是燃料的一般分类。

表 1-1　　　　　　　　　　　　　　燃料的一般分类

燃料的物态	天 然 燃 料	人 造 燃 料
固体燃料	泥煤、褐煤、烟煤、无烟煤、油页岩、石煤、煤矸石、木柴	木炭、焦炭、粉煤、型煤、石油焦、洗煤厂煤泥、炭沥青、可燃固体废弃物
液体燃料	石油	汽油、煤油、柴油、重油、煤焦油、酒精
气体燃料	天然气、石油伴气、矿井气	高炉煤气、发生炉煤气、炼焦炉煤气、石油裂化气、地下气化煤气、沼气

天然燃料多指由远古植物遗体在地下温度、压力较高的环境中，经长时期的堆积、埋藏，受到地质变化作用（包括物理、化学、生物等作用），逐渐分解而最后形成的矿物燃料（又称化石燃料），如煤、石油、天然气等。天然燃料的组成主要是有机化合物以及部分无机化合物、水分和灰分。

人造燃料主要是指对天然燃料进行加工处理后得到的各种产品。从能源利用的角度来讲，可以通过燃烧来获得热能利用的各种可燃固体废弃物也可归入人造燃料之列。通常的可燃固体废弃物包括城市生活垃圾、农业废物、林业废物、洗煤泥、污泥、废轮胎以及各种有害固体废物（如含放射性的固体废物）等。

由于流化床燃烧对燃料的适应性极好，可以说几乎所有的天然固体燃料或人造固体燃料都可以作为循环流化床锅炉的燃料。在循环流化床锅炉的发展过程中，除极少量的循环流化床废物焚烧炉外，循环流化床锅炉的燃料曾一度主要是劣质煤或高硫煤。目前，由于循环流化床锅炉大量用于电站发电，其主要燃料已不再局限于劣质煤或高硫煤。

二、煤的成分和性质

天然固体燃料主要是煤。根据碳化程度，煤可分为泥煤、褐煤、烟煤和无烟煤等四大类。随着碳化程度由浅到深，煤中的水分和挥发分不断减少，碳的含量不断增多。

1. 煤的元素组成

煤是由多种有机物质和无机物质混合组成的固体碳氢燃料。煤中有机物质主要由碳（C）、氢（H）、氧（O）、氮（N）四种元素构成，还有一些元素组成煤中的无机物质，主要有硫（S）、磷（P）以及锗（Ge）、镓（Ga）、铍（Be）等含量甚微的稀有元素等。

碳是煤中有机质的主导成分，也是最主要的可燃物质。一般来说，煤中碳的含量越多，煤的发热量也越高。碳完全燃烧时生成二氧化碳（CO_2），每千克碳可放出 32866kJ 热量；碳在不完全燃烧时生成一氧化碳（CO），此时每千克碳放出的热量为 9270kJ。由于碳的着火与燃烧都比较困难，含碳量高的无烟煤属于难燃煤种，但发热量高。

氢也是煤中重要的可燃物质。煤中的氢，一部分与氧化合成结晶水，称为化合氢；另一部分则与其他元素化合构成有机物，成为自由氢。每千克氢完全燃烧时放出的热量高达 120370kJ，是碳放热量的 3 倍多。煤中的氢含量一般随碳化程度的加深而减少。因此，无烟煤的发热量往往还不如某些优质的烟煤。

氧是煤中不可燃的元素，通常与煤中的氢和碳组成化合物（例如 H_2O、CO_2）。与氢含量一样，煤中的氧含量一般也随碳化程度的加深而减少。

煤中的氮主要来自成煤植物，含量较少。在煤燃烧时常呈游离状态逸出，不产生热量。氮在高温下与氧形成氮的氧化物（NO、NO_2 及 N_2O），会污染大气，为有害物质。

表 1-2 列出不同煤种中的碳、氢、氧、氮的干燥无灰基（dry and ash free）含量（干燥无灰基含量用下标"daf"表示）。

表 1-2　　　　　　　　　　不同煤种中碳、氢、氧、氮的含量　　　　　　　　　　%

元素 煤　种	碳（C_{daf}）	氢（H_{daf}）	氧（O_{daf}）	氮（N_{daf}）
褐煤	60～75	6～5	30～10	3～1
烟煤	75～90	5～4	10～2	3～1
无烟煤	90～98	<4	2	3～1

硫在煤中的含量一般为 0.5%～3%，少数煤种含硫量可高达 5%～10%。一般含硫量 3% 以上的煤称为高硫煤。煤中的硫除元素硫外，主要是有机硫和无机硫两大部分。前者是指硫与 C、H、O 结合生成的复杂有机化合物；后者主要是黄铁矿硫（FeS_2）和硫酸盐硫（$CaSO_4$ 等）。有机硫和黄铁矿硫及元素硫能参与燃烧，称为可燃硫；硫酸盐硫一般不能燃烧，在燃烧过程中转入到灰渣中，成为灰的一部分。可燃硫燃烧反应的放热量很低，仅为 9050kJ/kg。硫是煤中的有害元素。可燃硫燃烧后在烟气中形成 SO_2 和少量的 SO_3，SO_2 和 SO_3 如与烟气中水分结合，将形成亚硫酸（H_2SO_3）和硫酸（H_2SO_4），腐蚀锅炉的低温受热面（如空气预热器）金属；SO_2 和 SO_3 排放到大气中将对大气环境造成污染，严重的会导致"酸雨"问题。

磷在煤中的含量一般不超过 1%。由于炼焦用煤中的磷可全部转入焦炭中，炼铁时焦炭中的磷又转入生铁中，这不仅增加熔剂和焦炭的消耗量，降低高炉生产率，还会使生铁变脆，严重影响生铁的质量。从炼铁的角度来说，和硫一样，磷也是煤中的有害元素。

2. 常用的煤质指标

水分（M）。水分是煤中的不可燃成分，其来源有三种，即外部水分、内部水分和化合水分。其中，化合水分又称做结晶水分，是煤中一部分氢、氧化合生成并与煤中化合物结合。在地下自然状态，褐煤、烟煤和无烟煤中的水分含量分别为 30%～60%、4%～15% 和 2%～4%。含水分高的煤发热量低，不易着火、燃烧，而且在燃烧过程中水分汽化要吸热，使炉膛温度降低，锅炉效率下降。

灰分（A）。灰分是指煤完全燃烧后其中矿物质的固体残余物。将煤样在 815℃±10℃ 的高温炉内灰化到恒量，其残留物质的百分数即为灰分。灰分的来源，一是形成煤的植物本身的矿物质和成煤过程中进入的外来矿物杂质，二是开采运输过程中掺杂的灰、沙、土等矿物质。煤燃烧以后剩下的灰分的成分与原来煤中的灰分不完全相同，因为在燃烧过程中有脱水、分解、化合等反应，部分反应物还以气态形式逸散，剩下的才是灰分。灰分的主要成分除粘土（$Al_2O_3 \cdot SiO_2 \cdot 2H_2O$）外，还包括少量的铁的氧化物（$FeO$、$Fe_2O_3$、$Fe_3O_4$ 等）和微量的钙（Ca）、镁（Mg）、钠（Na）、钾（K）、钛（Ti）等金属的氧化物。通常，按原煤中的灰分含量（A_{ar}）将煤分为 5 级，即特低灰煤（$A_{ar} \leqslant 10\%$）、低灰煤（$A_{ar} > 10\%$～15%）、中灰煤（$A_{ar} > 15\%$～25%）、富灰煤（$A_{ar} > 25\%$～40%）、高灰煤（$A_{ar} > 40\%$）。灰分是有害物质。灰分不仅使煤的发热量降低，而且影响煤的着火和燃烧。此外，灰分会污染锅炉受热面，影响传热，增加磨损。

挥发分（V）。挥发分是煤中的有机质在一定温度和条件下，受热分解后产生的可燃性混合气体，主要成分包括各种碳氢化合物、H_2、CO 等。我国的测定条件是煤样在专用坩埚中，在 900℃±10℃ 的温度下隔绝空气加热 7min，此时，煤样的失重百分数与其水分之差即为挥发分。煤中挥发分的数量和质量对燃烧过程有很大影响。这是因为，煤在燃烧过程中，挥发分首先析出并着火燃烧。此外，挥发分析出多的煤（例如烟煤），其焦炭的质地较为疏松且多孔，氧或二氧化碳容易渗入焦炭内部，使得氧化反应或还原反应更为迅速，或者说更容易燃烧。一般来说，挥发分含量越高的煤种，越容易着火和稳定燃烧。根据我国动力用煤的分类，不同煤种的干燥无灰基挥发分含量范围为：无烟煤 $V_{daf} \leqslant 10\%$，贫煤 $V_{daf} > 10\%$～20%，褐煤 $V_{daf} > 37\%$，低挥发分烟煤 $V_{daf} > 10\%$～20%、中挥发分烟煤 $V_{daf} > 20\%$～28%、中高挥发分烟煤 $V_{daf} > 28\%$～37%，高挥发分烟煤 $V_{daf} > 37\%$。

发热量（或称热值）。煤的发热量通常是指单位质量的煤在定压条件下完全燃烧后所释放的热量，单位为 kJ/kg。若包含烟气中水蒸气凝结时放出的热量则称为高位发热量 Q_{gr}（定压高位发热量，gross constant pressure），反之则称为低位发热量 Q_{net}（定压低位发热量，net constant pressure）。我国的有关锅炉计算均以低位发热量为准。煤的发热量因煤种不同而不同，含水分、灰分多的煤发热量较低，通常称为劣质煤。实际上，如考虑煤利用过程中可能对环境造成的影响，含硫量高的煤也可归于劣质煤之列。褐煤的低位发热量 Q_{net} 为 10000～17000kJ/kg，烟煤为 20000～33000 kJ/kg，无烟煤为 26000～33000kJ/kg。

发热量是评价煤质最重要的指标之一，一般通过实验测定。煤的发热量也可用其元素分析数据按门捷列夫公式进行计算，即

$$Q_{net,daf} = 339C_{daf} + 1028H_{daf} - 109(O_{daf} - S_{daf}) \tag{1-1}$$

$$Q_{net,d} = 339C_d + 1028H_d - 109(O_d - S_d) \tag{1-2}$$

$$Q_{\text{net,ad}} = 339C_{\text{ad}} + 1028H_{\text{ad}} - 109(O_{\text{ad}} - S_{\text{ad}}) - 25M_{\text{ad}} \tag{1-3}$$

$$Q_{\text{net,ar}} = 339C_{\text{ar}} + 1028H_{\text{ar}} - 109(O_{\text{ar}} - S_{\text{ar}}) - 25M_{\text{ar}} \tag{1-4}$$

以上各式下标中的"d"、"ad"和"ar"分别表示干燥基（dry）、空气干燥基（air dry）和收到基（as received）。

式（1-1）～式（1-4）是国际上最广泛使用的计算公式，但对我国煤种误差较大，可达 800～1200kJ/kg 以上。因此，一般推荐使用式（1-5）计算煤的收到基高位发热量，即

$$Q_{\text{net,ar}} = 339(327)C_{\text{daf}} + 1298(1256)H_{\text{daf}} - 105O_{\text{daf}} - 21(A_{\text{d}} - 10) \tag{1-5}$$

式（1-5）对我国煤种较适合，误差一般不超过 600kJ/kg。式中当 $C_{\text{daf}} > 95\%$ 或 $H_{\text{daf}} \leqslant 1.5\%$ 时，C_{daf} 前取括号内的系数；当 $C_{\text{daf}} < 77\%$ 时，H_{daf} 前取括号内系数；只有当 $A_{\text{d}} > 10\%$ 时，才计算灰分修正值。

煤的收到基低位发热量与收到基高位发热量之间的关系为

$$Q_{\text{net,ar}} = Q_{\text{gr,ar}} - 25(9H_{\text{ar}} + M_{\text{ar}}) \tag{1-6}$$

三、燃料燃烧对人体健康与环境的影响

在能源利用所排放到大气的污染物中，99% 的氮氧化物（NO_x）、99% 的一氧化碳（CO）、91% 的二氧化硫（SO_2）、78% 的二氧化碳（CO_2）、60% 的粉尘和 43% 的碳化氢（CH）是化石燃料燃烧过程中产生的，其中煤燃烧所产生的污染物又占很大的比例。燃煤是我国大气污染物的主要来源。

氮氧化物是化石燃料与空气在高温燃烧时产生的，主要是一氧化氮（NO）和少量的二氧化氮（NO_2）及氧化亚氮（N_2O）。通常将 NO 和 NO_2 统称为 NO_x。NO_x 对人体健康危害极大。例如，当浓度达到 10～15ppm（ppm，parts per million，百万分率）时，人体呼吸道就会受到刺激。一氧化碳（CO）气体无色、无臭、有毒。人体一旦吸入微量 CO，就会发生头晕、头痛、恶心等症状，严重时会窒息、死亡。

煤燃烧时产生的多环芳香烃（PAHs）、二噁英（Dioxin，指 PCDDS、PCDFS）等虽然量微，但都是致癌物质。

煤燃烧后进入大气的粉尘总量包括灰粒子、微量金属和碳氢化合物、炭黑等，对人的健康威胁最大，是大气中最严重的污染物。粉尘浓度高会引起或促进慢性哮喘和其他呼吸道疾病的发生。

煤燃烧时排放的 SO_2 也是大气污染的元凶。SO_2 在大气中经催化氧化等过程形成酸雨。（pH 值 < 5.6 的雨水）。酸雨被称为"天堂的眼泪"、"空中的死神"，它不仅危及人体健康，还对生态环境和工农业生产造成极大危害。中国环境科学研究院、清华大学等单位的研究结果表明，由 SO_2 等导致的酸雨污染每年给我国造成的损失超过 1100 亿元。

此外，引起全球变暖（温室效应）的主要因素之一是 CO_2 排放增加。根据美国 2007 年 5 月发表的研究结果，2000～2004 年间，全球 CO_2 排放量每年增加 3.2%，大大超过 1990～1999年年均 1.1% 的增长率。1980 年全球 CO_2 排放量约为 50 亿 t，至 2004 年已超过 73 亿 t。"CO_2 排放量的增加速度已超过联合国政府间气候变化专门委员会（IPCC）的预测，将进一步对全球气候产生巨大影响。"（国际能源机构的调查表明，美国 CO_2 排放量居世界首位，年人均 CO_2 排放量约 20t，排放的 CO_2 占全球总量的 23.7%。我国年人均 CO_2 排放量为 2.51t，约占全球总量的 13.6%。）同时，N_2O 也被认为是主要"温室效应"气体之一。CO_2 和 N_2O 等"温室效应"气体的产生与化石燃料特别是煤的利用有很大关系。

第二节　循环流化床锅炉的原理及组成

一、流化床燃烧技术

循环流化床燃烧是在鼓泡流化床燃烧的基础上发展起来的，两者可统称为流化床燃烧。

正如所知，燃料的两种经典燃烧方式是固定床燃烧（又称层燃，包括固定炉排、链条炉排等）和悬浮燃烧（例如煤粉燃烧）。固定床燃烧是将燃料均匀布在炉排上，空气以较低的速度自下而上通过燃料层使其燃烧。悬浮燃烧则是先将燃料（如煤）磨成细粉，然后用空气通过燃烧器送入炉膛，在炉膛空间中作悬浮状燃烧。流化床燃烧是介于两者之间的一种燃烧方式。在流化床燃烧中，燃料被破碎到一定粒度，燃烧所需的空气从布置在炉膛底部的布风板下送入，燃料既不固定在炉排上燃烧，也不是在炉膛空间内随气流悬浮燃烧，而是在流化床内进行一种剧烈的、杂乱无章、类似于流体沸腾运动状态的燃烧。

如图1-1所示，当风速较低时，燃料层固定不动，表现层燃的特点。当风速增加到一定值（所谓最小流化速度或初始流化速度），布风板上的燃料颗粒将被气流"托起"，从而使整个燃料层具有类似流体沸腾的特性。此时，除了非常细而轻的颗粒床会均匀膨胀外，一般还会出现气体的鼓泡这样明显的不稳定性，形成鼓泡流化床燃烧（又称沸腾燃烧）。当风速继续增加，超过多数颗粒的终端速度时，大量未燃尽的燃料颗粒和灰颗粒将被气流带出流化床层和炉膛。为将这些燃料颗粒燃尽，

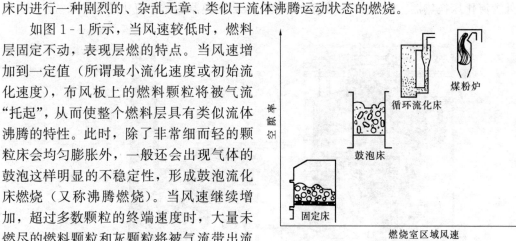

图1-1　燃烧方式与风速的关系

可将它们从燃烧产物的气流中分离出来，送回并混入流化床继续燃烧，进而建立起大量灰颗粒的稳定循环，这就形成了循环流化床燃烧。如果空气流速继续增加，将有越来越多的燃料颗粒被气流带出，而气流与燃料颗粒之间的相对速度则越来越小，以致难以保持稳定的燃烧。当气流速度超过所有颗粒的终端速度时，就成了气力输送。但若燃料颗粒足够细，则可用空气通过专门的管道和燃烧装置送入炉膛使其燃烧，这就是燃料颗粒的悬浮燃烧。

图1-2示出的是鼓泡流化床燃烧系统。鼓泡流化床燃烧的主要缺点是：①由于细燃料颗粒在上部炉膛内未经燃尽即被带出，在燃烧宽筛分燃料时燃烧效率不高，脱硫反应的钙利用率低；②床内颗粒的水平方向湍动相对较慢，对入炉燃料的播散不利，影响床内燃料的均匀分布和燃烧效果，也迫使大功率燃烧系统的给煤点布置过多，不利于设备的大型化；③床内埋管受热面磨损速度过快。

为了解决上述问题，20世纪60年代，国外在总结和研究鼓泡流化床锅炉的基础上，开发、研制出循环流化床锅炉。如前所述，流化床燃烧的基本原理是燃料颗粒在流化状态下进行燃烧：一般粗颗粒在炉膛下部，细颗粒在炉膛上部。循环流化床锅炉与鼓泡流化床锅炉两者结构上最明显的区别在于循环流化床锅炉在炉膛上部的出口安装了循环灰分离器（多为旋风分离器），将烟气中的高温细固体颗粒分离收集起来送回炉膛。一次未燃尽而飞出炉膛的

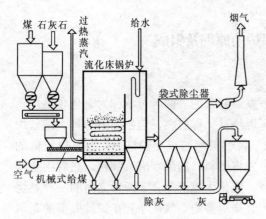

图1-2　鼓泡流化床燃烧系统

颗粒可以再次循环燃烧，从而大大提高了燃尽率。同时，脱硫剂也可在炉内实现多次循环，脱硫效率得到提高。循环流化床锅炉的"循环"一词因高温物料在炉内的循环而得名。

通常，将鼓泡流化床锅炉（又称沸腾炉）称为第一代流化床锅炉，循环流化床锅炉称为第二代流化床锅炉。

二、循环流化床锅炉系统及组成

循环流化床锅炉系统通常由流化床燃烧室（炉膛）、循环灰分离器、飞灰回送装置、尾部受热面和辅助设备等组成。一些循环流化床锅炉还有外置流化床换热器。图1-3为带有外置流化床热交换器的循环流化床锅炉系统示意。

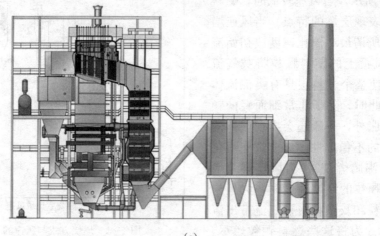

(a)

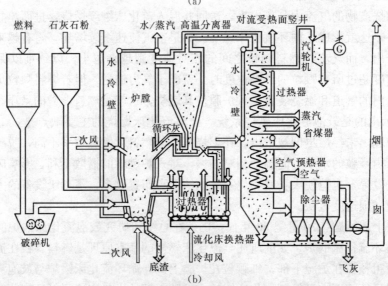

(b)

图1-3　循环流化床锅炉系统

(a) 结构示意；(b) 系统示意

1. 燃烧室（炉膛）

流化床燃烧室（炉膛）由膜式水冷壁构成，底部为布风板，以二次风入口为界分为两个区：二次风入口以下的锥形段为大颗粒还原气氛燃烧区，二次风以上为小颗粒氧化气氛燃烧区。燃料的燃烧过程、脱硫过程等主要在炉膛内进行。由于炉膛内布置有受热面，大约50%燃料释放热量的传递过程在炉膛内完成。顺便指出，流化床燃烧室也可以在加压状态下工作（一般将燃烧空气加压至 $0.6\sim1.6MPa$），此时称为增压循环流化床（PCFB）燃烧。

2. 循环灰分离器

循环灰分离器是循环流化床锅炉系统的关键部件之一。循环灰分离器的形式决定了燃烧系统和锅炉整体布置的形式和紧凑性，其性能对燃烧室的空气动力特性、传热特性、飞灰循环、燃烧效率、锅炉出力和蒸汽参数、锅炉的负荷调节范围和启动所需时间、散热损失以及脱硫剂的脱硫效率和利用率，乃至循环流化床锅炉系统的维修费用等均有重要影响。

循环灰分离器的种类很多，新的形式还在不断出现，但总体上可分为高温旋风分离器和惯性分离器两大类。

高温旋风分离器的工作原理是利用旋转的含灰气流所产生的离心力将灰颗粒从气流中分离出来。根据壳体结构材料不同，高温旋风分离器又可分为绝热式和水（汽）冷却式两种形式，前者内部设有防磨层和绝热层，后者壳体由水（汽）冷膜式壁构成，作为锅炉蒸汽回路的一部分。惯性分离器的工作原理则是通过急速改变气流方向，使气流中的颗粒由于惯性效应而与气流轨迹脱离。

高温旋风分离器结构简单，分离效率高，对于 $30\sim50\mu m$ 粒径的细颗粒分离效率可达99%以上，但阻力较大，燃烧系统布置欠紧凑，广泛应用于大型循环流化床锅炉上。惯性分离器比旋风分离器结构简单，易与锅炉整体设计相匹配，阻力小，但分离效率远低于旋风分离器，一般还需要辅以其他分离手段才能满足循环流化床锅炉对物料分离的要求。

3. 飞灰回送装置

飞灰回送装置主要指送灰器（又称回料阀、返料阀、回料器），是循环流化床锅炉系统的重要部件，它的正常运行对燃烧过程的可控性以及锅炉的负荷调节性能起决定性作用。

飞灰回送装置的功能是将循环灰分离器收集下来的飞灰送回流化床循环燃烧。由于分离器内的压力低于燃烧室内的压力，循环灰是从低压区回送到高压区，飞灰回送装置还必须起到"止回阀"的作用。如果高压区气体反窜进入分离器，将破坏分离工况，降低分离效率，影响灰粒循环以致循环流化床锅炉不能正常运行。

由于循环灰回路温度高，工作条件苛刻，循环流化床锅炉系统的飞灰回送装置一般多采用非机械式的。设计中采用的飞灰回送装置有两种类型。一种是自动调节型送灰器，如流化密封送灰器（又称U形阀）；另一种是阀型送灰器，如L形阀、V形阀、J形阀等。自动调节型送灰器能随锅炉负荷的变化自动改变送灰量，而无需调整送灰风量；阀型送灰器要改变送灰量则必须调整送灰风量，也就是说，随锅炉负荷的变化必须调整送灰风量。

4. 外置流化床换热器（外置冷灰床）

外置流化床换热器是布置在循环流化床灰循环回路上的一种热交换器，又称外置冷灰床，简称外置床。外置床的功能是将部分或全部循环灰（取决于锅炉的运行工况和蒸汽参数）载有的一部分热量传递给一组或数组受热面，同时兼有循环灰回送功能。外置床通常由一个灰分配室和一个或若干个布置有浸埋受热面管束的床室组成。这些管束按灰的温度不同可以是过热器、再热器或蒸发受热面。

外置流化床换热器采用低速鼓泡流化床运行方式，传热系数高。由于循环灰平均粒径较小（一般 $100\sim150\mu m$），流化速度 $0.3\sim0.5m/s$ 即可保证正常流化，灰粒对受热面管束的磨损很小，管束的使用寿命较长。

采用外置流化床换热器的主要优点是：①解决了大型循环流化床锅炉燃烧室四周表面积相对不足，难以布置所需受热面的矛盾；②具有调节燃烧室温度和过热器/再热器蒸汽温度的功能；③扩大了循环流化床锅炉的负荷调节范围和对燃料的适应性。

第三节　循环流化床锅炉的特点及主要型式

一、循环流化床锅炉的特点

1. 循环流化床锅炉的工作条件

循环流化床锅炉工作的基本特点是低温的动力控制燃烧，高速度、高浓度、高通量的固体物料流态化循环过程以及高强度的热量、质量和动量传递过程。

循环流化床锅炉的工作条件可归纳为表 1-3。

表 1-3　　　　　　　　　　循环流化床锅炉的工作条件

项　　目	数　　值	项　　目	数　　值
床层温度（℃）	850～950	床层压降（kPa）	11～12
流化速度（m/s）	4～6	炉内颗粒浓度（kg/m³）	150～600（炉膛底部）
床料粒度（μm）	100～700		10～40（炉膛上部）
床料密度（kg/m³）	1800～2600	Ca/S 摩尔比	1.5～4
燃料粒度（mm）	0～13	壁面传热系数 [W/（m²·K）]	100～250
脱硫剂粒度（mm）	1 左右		

2. 循环流化床锅炉的优点

如前所述，循环流化床锅炉采用飞灰循环燃烧，克服了鼓泡流化床燃烧效率不高的缺点。人们普遍认为，流化床燃烧将是电站锅炉、工业锅炉和工业窑炉的一种很有前途和极具竞争力的燃烧方式。循环流化床锅炉具有一般常规锅炉所不具备的优点。主要体现在以下几点：

（1）燃料适应性好。由于飞灰再循环量的大小可改变床内的吸热份额，循环流化床锅炉对燃料的适应性特别好。只要燃料的热值大于把燃料本身和燃烧所需的空气加热到稳定燃烧温度所需的热量，这种燃料就能在循环流化床锅炉内稳定燃烧，不需使用辅助燃料助燃，就能达到高的燃烧效率（此时床内不布置受热面）。循环流化床锅炉几乎可以烧各种煤（如泥煤、褐煤、烟煤、贫煤、无烟煤、洗煤厂煤泥），以及洗矸、煤矸石、焦炭、油页岩、垃圾等，且燃烧效率很高，这对于充分利用劣质燃料具有重大意义。

（2）燃料预处理系统简单。由于循环流化床锅炉的燃料粒度一般为 0～13mm，与煤粉锅炉相比，燃料的制备破碎系统大为简化。此外，循环流化床锅炉能直接燃用高水分煤（水分可达到 30% 以上），当燃用高水分燃料时也不需要专门的处理系统。

（3）燃烧效率高。常规工业锅炉和流化床锅炉的燃烧效率为 85%～95%。循环流化床锅炉由于采用飞灰再循环燃烧，锅炉燃烧效率可达 95%～99%。

（4）负荷调节范围宽。煤粉锅炉负荷调节范围通常在 70%～110%，而循环流化床锅炉负荷调节范围比煤粉锅炉宽得多，一般为 30%～110%，负荷调节速率可达（5%～10%）B—MCR/min（maximum continuous rating，简写为 MCR，即锅炉最大连续蒸发量）。有的循环流化床锅炉即使在 20%负荷情况下，也能保持燃烧稳定，甚至可以压火备用。因此，循环流化床锅炉特别适用于电网的调峰机组或热负荷变化大的热电联产机组和供热工业锅炉。

（5）燃烧污染物排放量低。向循环流化床锅炉内加入脱硫剂（如石灰石、白云石），可以脱去燃料燃烧过程中生成的二氧化硫（SO_2）。根据燃料中的含硫量确定加入的脱硫剂量，当钙硫比为 2～2.5 时，循环流化床锅炉的脱硫效率可达 90%，而鼓泡流化床锅炉要达到同样的脱硫效率，钙硫比需在 3～5 之间。因此，循环流化床锅炉还可以大大提高钙的利用率。由于循环流化床锅炉采用分级燃烧，燃烧温度一般控制在 850～950℃范围之内，氮氧化物（热反应型 NO_x）的生成量显著减少，其排放浓度为 100～200ppm，而常规流化床燃烧和煤粉燃烧的 NO_x 排放浓度分别为 300～400ppm 和 500～600ppm。循环流化床锅炉的其他污染物如一氧化碳（CO）、氯化氢（HCl）、氟化氢（HF）等的排放也很低。

（6）燃烧热强度大。由于飞灰再循环燃烧，循环流化床锅炉克服了常规流化床锅炉床内释热份额大，悬浮段释热份额小的缺点，燃烧热强度比常规锅炉高得多：截面热负荷可达 3.5～4.5MW/m²，接近或高于煤粉锅炉，是鼓泡流化床锅炉的 2～4 倍，链条炉的 2～6 倍；炉膛容积热负荷为 1.5～2MW/m³，是煤粉锅炉的 8～10 倍。燃烧热强度大的好处是可以使设备紧凑，减低金属消耗。

（7）炉内传热能力强。循环流化床锅炉炉内传热主要是上升的烟气和流动的物料与受热面的对流换热和辐射换热。由表 1-3 可见，炉膛内气固两相混合物对水冷壁的传热系数比煤粉锅炉炉膛的辐射传热系数大得多。因此，与煤粉锅炉相比，可大幅度节省受热面金属耗量。

（8）易于实现灰渣综合利用。循环流化床燃烧过程属于低温燃烧，同时炉内良好的燃尽条件使得锅炉的灰渣含碳量低，属于低温烧透，灰渣不会软化和黏结，活性较好。另外，炉内加入石灰石后，灰渣成分也有变化，含有一定的 $CaSO_4$ 和未反应的 CaO。循环流化床锅炉灰渣可用作制造水泥的掺和料或做建筑材料，易于实现灰渣综合利用。同时，低温烧透还有利于灰渣中稀有金属的提取。

（9）床内可不布置埋管受热面。循环流化床锅炉由于飞灰再循环和床料平均粒径较小，床内上下部燃料燃烧释热较均匀，床内不布置埋管受热面而采用膜式水冷壁和其他附加受热面，因而不存在鼓泡流化床锅炉的埋管受热面易磨损的问题。另外，由于床内无埋管受热面，启动、停炉以及处理结焦的时间短，即使长时间压火之后也可直接启动。

表 1-4 给出的是循环流化床锅炉与煤粉锅炉技术经济及性能的综合比较。

表 1-4　　　　循环流化床锅炉与煤粉锅炉技术经济及性能的综合比较

项　目	循环流化床锅炉	煤 粉 锅 炉
燃料适应性	好	不好
低负荷稳燃能力	好	不好
可靠性	若选型得当，与煤粉锅炉相当	好
氮氧化物排放控制	基本无投资运行费用	投资和运行费用较高
脱硫投资	初投资低，为煤粉锅炉的1/4	较大

续表

项　　目	循环流化床锅炉	煤　粉　锅　炉
不带脱硫锅炉岛投资	锅炉较贵，无制粉系统，比煤粉锅炉高7%	锅炉较便宜，有制粉系统
不带脱硫运行费用	可烧差煤，价格较低	要烧好煤，价格较高
不带脱硫维护成本	若选型得当，费用较低	较低
不带脱硫自用电率	烧好煤时与煤粉锅炉相当，烧差煤时较高	要烧好煤，较低
带脱硫锅炉岛投资	比煤粉锅炉约低12%	较高
带脱硫自用电率	烧好煤比煤粉锅炉低，烧差煤与相当	较高
脱硫运行费用	较低，为煤粉锅炉的10%	较高
灰渣综合利用	可以	可以

3. 循环流化床锅炉的缺点

虽然循环流化床锅炉具备常规锅炉和鼓泡流化床锅炉所没有的诸多优点，但是也存在如下主要的缺点：

（1）烟风系统阻力较高，风机电耗大。循环流化床锅炉布风板的存在和飞灰再循环燃烧，使得送风系统的阻力远大于煤粉锅炉的送风阻力，而烟气系统中又增加了循环灰分离器的阻力。

（2）锅炉受热面部件的磨损比较严重。由于循环流化床锅炉内的高颗粒浓度和高风速，锅炉部件的磨损是比较严重的。虽然采取了许多防磨措施，但是实际运行中循环流化床锅炉受热面的磨损速度仍比常规锅炉大得多。

（3）实现自动化的难度较大。因为循环流化床锅炉风烟系统和灰渣系统远比常规锅炉复杂，不同炉型的燃烧调整方式也有所不同，控制点较多，所以采用计算机自动控制要比常规锅炉难得多。

此外，应该指出的是，为使设计和运行达到优化的目的，循环流化床锅炉的许多问题尚有待于解决。例如，需要研制效率高、阻力低、体积小、磨损轻和制造运行方便的循环灰分离器，床内固体颗粒的浓度和运行风速的确定、炉内受热面布置和温度的控制、低污染燃烧和炉内传热机理等都需要从理论和实验两方面做深入研究。

二、循环流化床锅炉的主要型式

由于循环流化床锅炉还处于发展阶段，结构型式繁多。目前，世界上较有代表性的循环流化床锅炉炉型为：德国 Lurgi 型、芬兰 Pyroflow 型、美国 FW 型、德国 Circofluid 型和内循环（IR）型，分别见图 1-4。

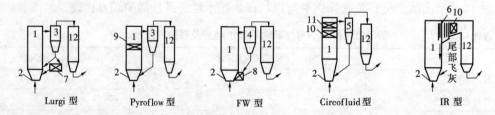

图 1-4　循环流化床锅炉的主要型式

1—燃烧室（炉膛）；2—布风装置；3—高温绝热旋风分离器；4—水（汽）冷却式高温旋风分离器；5—中温旋风分离器；6—炉内循环灰分离装置（U 型槽分离器或百叶窗式分离器）；7—外置流化床换热器；8—整体式再循环换热器（INTREX）；9—屏式过热器；10—过热器；11—高温省煤器；12—尾部烟道

现将上述五种炉型的特点分别简要介绍如下：

（1）Lurgi 型。炉膛布置膜式水冷壁受热面，采用工作温度与炉膛燃烧温度（870℃左右）相近的高温旋风分离器。其主要技术特点是在循环灰回路上设置有外置流化床换热器（见图 4 - 32）。此种炉型最早由德国鲁奇（Lurgi）公司推出。

（2）Pyroflow 型。采用绝热高温旋风分离器，膜式水冷壁炉膛内布置管屏或分隔墙受热面。由于无外置换热器，固体物料循环回路中的吸热靠膜式水冷壁和分隔墙受热面来保证。这种型式的循环流化床锅炉由芬兰奥斯龙（Ahlstrom）公司生产，并被定名为 Pyroflow 循环流化床锅炉。

（3）FW 型。其特点是采用汽冷式高温旋风分离器和整体式再循环换热器 INTREX（Integrated Recycle Heat Exchanger）。INTREX 实际上是一个利用非机械方式使固体转向的外置鼓泡流化床。这种型式的循环流化床锅炉因由美国福斯特·惠勒（Foster Wheeler，FW）公司制造而得名。

（4）Circofluid 型。炉膛运行气速相对较低。炉膛上部布置过热器和高温省煤器，炉膛烟气出口温度约为 450℃，因而采用体积较小，耐温及防磨要求较低的中温旋风分离器。此种炉型由德国巴布科克（Babcock）公司研制成功。

（5）内循环（IR）型。在炉膛出口处布置一级 U 形分离元件，分离下来的烟灰沿炉膛后墙向下流动，形成内循环（internal recirculation，IR），故称内循环（IR）型。这种型式的循环流化床锅炉结构简单，外形与常规煤粉锅炉相似，比较适合于现有煤粉锅炉的改造。图1-5是美国巴布科克·威尔科克斯公司（B&W，Babcock & Wilcox，简称巴威公司）的一种内循环型循环流化床锅炉。

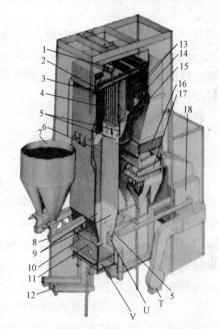

图 1 - 5 巴威（B&W）公司的内循环型循环流化床锅炉布置

1—汽包；2—炉内槽形分离器；3、5、9—水冷耐火层；4—蒸发屏；6—分隔；7—煤仓；8—重力给煤机；10—二次风喷嘴；11—给煤槽；12—冷渣器；13—过热器；14—外槽形分离器；15—飞灰斗；16—省煤器；17—多管旋风分离器；18—管式空气预热器

第四节 循环流化床锅炉的发展概况

一、循环流化床的发展概况

流化床的概念最早出现在化工领域。20 世纪 20 年代初，德国的温克勒发明了世界上第一台流化床并成功运行。他将燃烧产生的烟气引入一装有焦炭颗粒的炉室底部，然后观察到了固体颗粒在上升气流的作用下整个颗粒系统类似沸腾液体的现象。此后，美国、德国、法国、芬兰和英国等开始研究开发及应用流化床技术。尤其是在石油催化裂化过程中的应用，

更加快了流化床技术的发展。至 20 世纪 40 年代，流化床技术的工业应用愈加广泛，涉及石油、化工、冶炼、粮食加工、医药等领域。

　　循环流化床真正成为具有工业应用价值的新技术是在 20 世纪五六十年代。20 世纪 50 年代，美国凯洛格（M. W. Kellogg）公司开发并在南非的萨尔伯格建造运行了 Sasol 费—托反应器；20 世纪 60 年代末，德国鲁奇公司研制并投运了 Lurgi/VAW 氢氧化铝焙烧反应器；1970 年，鲁奇公司将循环流化床技术应用于燃煤锅炉并取得成功。从此，循环流化床技术正式进入工业应用阶段。1971 年，瑞士苏黎士联邦工学院罗萨·瑞（Lothar Reh）提出了一个循环流化床的流态图，并描述了循环流态化的基本特征；1976 年，美国纽约市立大学耶路沙米（Yerushalmi）等首次提出了快速流态化的概念，从而引起了人们对循环流化床技术研究的日益重视，并从 20 世纪 80 年代开始形成了一个循环流化床基础研究的高潮。

　　我国对循环流化床技术的研究始于 20 世纪 50 年代末的中科院化学冶金研究所。此后，特别是 20 世纪 80 年代以来，国内各主要高等学校和研究机构也相继开始循环流化床的研究开发工作。目前，循环流化床技术已被广泛应用于石油、化工、冶金、能源、动力、环保等工业领域中。

二、循环流化床锅炉的发展概况

1. 国外循环流化床锅炉的发展概况

　　自世界首台商业化循环流化床锅炉 1979 年在芬兰问世以来，经过近 40 年的发展，循环流化床锅炉的技术已趋于成熟，并形成了不同的流派和形式，上节所列举的五种炉型较为具有代表性。大型化是当前循环流化床锅炉的主要发展方向。国外循环流化床锅炉的技术由于起步较早，资金投入大等原因，无论是锅炉本身的大型化，还是各种配套技术和设备，都已经能适应用户的各种不同要求。循环流化床锅炉的蒸发量已由最初的每小时几十吨发展到现在的每小时几百吨乃至上千吨，并已从工业锅炉扩展到电站锅炉，具有广阔的应用前景。尤其是美国的福斯特·惠勒公司、芬兰的奥斯龙公司（1995 年被福斯特·惠勒公司兼并）、德国的鲁奇公司、拔柏葛公司以及奥地利的 AEE、法国的阿尔斯通（Alsthom）和 ABB-CE 等公司在循环流化床锅炉技术的研究与开发中都有突出的成就并形成了自己的特色，已能够提供功率 100MW 以上的全套大型商品化循环流化床锅炉发电设备。到 20 世纪末为止，容量最大的循环流化床锅炉是 1996 年 4 月投入商业运行的法国南部普罗旺斯（Provence）省加登（Gardanne）电站配 250MW$_e$（下标"e"表示电功率）机组的 700t/h 亚临界压力循环流化床锅炉（见图 1-6），波兰的图罗（Turow）电站将原煤粉锅炉改造成循环流化床锅炉，设计整个改造于 2004 年完成，建成 3 台 235MWe 带旋风分离器的循环流化床锅炉和 3 台 260MW$_e$ 紧凑型循环流化床锅炉（见图 1-7）。进入 21 世纪以来，作为美国能源部（DOE）洁净煤计划的一部分，美国 JEA 电力公司将位于佛罗里达州的杰克逊维尔（Jacksonville）电站 2 台燃油/天然气的 300MW$_e$ 循环流化床锅炉改造成为燃用石油焦/煤的循环流化床锅炉，并于 2002 年投入运行。意大利撒丁岛（Sardinia）ENEL 公司的 340MW$_e$ 循环流化床锅炉，于 2005 年投入运行。由于超（超）临界循环流化床技术兼具有循环流化床燃烧技术和超（超）临界蒸汽循环的优点，可以实现低成本、高效率清洁煤燃烧，是循环流化床燃烧技术的重要发展方向。波兰最大的电力公司——PKE 电力公司于 2002 年 12 月 30 日与福斯特·惠勒公司签订了订购一台容量为 460MW$_e$ 的循环流化床锅炉的合同。该台锅炉采用超临界参数直流锅炉，2003 年开始工程设计，2009 年 6 月在波兰那吉斯扎电厂（Elekrownia Lagisza）投入运行，是当时世界上容量最大的首台超临界压力循环流化床锅炉（见图 1-8）。2007 年，福斯特·惠勒公司获得俄罗斯能源装备制造公司的订单，在俄罗斯罗斯托夫州的新切卡斯卡雅（Novocherkasskaya）电站开工建设 330MW 超临界压力循环流化床锅炉，已于 2016 年 7 月投入商业运行。法国阿尔斯通公司为法国电力公司（EDF）推出了 600MWe 级的超临界参数循环流化床电站锅炉设计，福斯特·惠勒（FW）公司开展了 800MW$_e$ 超（超）临界循环流化床电站锅炉的研究工作。

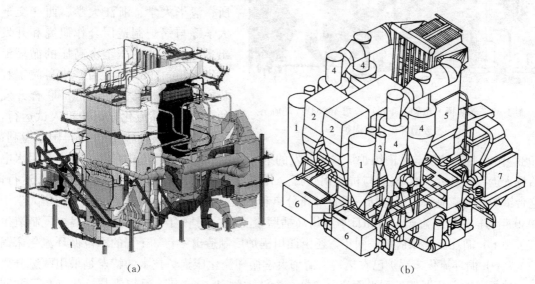

（a）　　　　　　　　　　　　　　　　　　（b）

图 1-6　普罗旺斯加登电站 250MW$_e$ 循环流化床锅炉

（a）外形简图；（b）结构示意

1—煤仓；2—燃烧室（炉膛）；3—石灰石仓；4—旋风分离器；5—尾部烟道；

6—外置流化床换热器；7—除尘器

图 1-7　波兰图罗电站

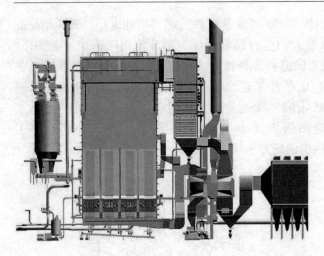

图 1-8　福斯特·惠勒（FW）公司 460MW$_e$ 超临界
参数循环流化床锅炉

2. 国内循环流化床锅炉的发展概况

我国循环流化床燃烧技术的发展相对较晚但是进步很快。从 20 世纪 80 年代起，许多科研机构和高等院校先后研究开发了一些各具特色的循环流化床锅炉，并从实验室研究走向了工业应用。中国科学院工程热物理研究所、清华大学、浙江大学、西安交通大学等与锅炉制造厂合作研究和开发出多种技术的中压至次高压的循环流化床锅炉。1987 年 9 月，中科院工程热物理研究所与开封锅炉厂联合开发的 10t/h 循环流化床锅炉投入试运行，1988 年 4 月通过鉴定并获得国家专利；1989 年 11 月，该所与济南锅炉厂联合开发的第一台 35t/h 的循环流化床锅炉在山东明水电站投入运行；1990 年，该所与杭州锅炉厂合作开发了 75t/h 循环流化床锅炉并投入运行，这台锅炉的特点是采用了包括一级百叶窗分离和二级旋风分离的两级分离装置。清华大学于 1989 年与福斯特·惠勒公司和日本石川岛播磨重工业公司联合开发、由江西锅炉厂制造生产了 20t/h 循环流化床锅炉；同年，还由四川锅炉厂制造出 4 台 35t/h 的示范循环流化床锅炉，75t/h 循环流化床锅炉已在运行。清华大学循环流化床锅炉技术的特点是采用两级分离——柱板惯性分离器加 S 型平面流分离器。浙江大学自 1989 年 5 月以来与杭州锅炉厂共同设计了 35t/h 烟煤型循环流化床锅炉，35t/h 煤矸石、石煤型循环流化床锅炉和 75t/h 循环流化床锅炉，其中矸石型 35t/h 循环流化床锅炉已建成投运。1987 年，东南大学与无锡锅炉厂合作，共同开发出针对无烟煤、贫煤等低活性难燃煤种的 35t/h 中温分离底饲回燃飞灰循环流化床锅炉，先后在河南焦作演马电厂、北京王平村煤矸石电厂等投运。1993 年，西安交通大学和哈尔滨锅炉厂共同开发的 35t/h 循环流化床锅炉在陕西白水兴能公司电厂投运，该锅炉采用了大型锅炉的设计思想。开发循环流化床锅炉的主要机构还有哈尔滨工业大学、东北电力学院、华中科技大学和西安热工研究院有限公司等。

由于国家大力推广和发展循环流化床锅炉技术，我国循环流化床锅炉技术研究和开发虽然起步较迟，但发展迅速，其商业应用已很普及。据统计，现已投运或在建的循环流化床锅炉达 3000 多台，循环流化床锅炉发电机组的装机总容量已占全国总装机容量的 10% 以上，循环流化床锅炉的数量和总容量位居世界之冠。主要生产厂家有哈尔滨锅炉厂有限责任公司（HG）、上海锅炉厂有限公司（SG）、东方锅炉（集团）股份有限公司（DG）、无锡华光锅炉股份有限公司（UG）、济南锅炉（集团）有限公司（YG）、武汉锅炉股份有限公司（WG）和杭州锅炉集团有限公司（NG）等。

我国循环流化床锅炉大型化成果丰富。目前，国产 220t/h 及以下容量循环流化床锅炉已在国内获得广泛的工业推广应用，实现了商品化；我国自主开发的 410t/h 高压循环流化床锅炉和一批通过引进吸收和消化国外技术与自主开发相结合的 440～465t/h 超高压一次再热循环流化床锅炉已投入商业运行。截至 2010 年 5 月，我国已投运的 135MW$_e$ 级（400～

490t/h）循环流化床锅炉已达 150 台，数量更多的 135MWₑ级超高压再热循环流化床锅炉正在建造中。另外，国家还将 100MW 循环流化床锅炉的辅机国产化，引进 300MW 循环流化床锅炉设备和技术并直接参与设计与开发，尽快形成 300MW 循环流化床锅炉机组装备能力，作为当前循环流化床技术开发的目标。我国已于 2003 年 4 月与法国 GEC 阿尔斯通公司签订了引进 200～350MWₑ级循环流化床锅炉制造技术和电站设计技术。2005 年，完成了拥有自主知识产权的 200MWₑ级循环流化床锅炉技术开发并相继建立了示范工程。2006 年 2 月，首台引进法国阿尔斯通公司的 300MWₑ（1025t/h）循环流化床锅炉（配套国产汽轮发电机组）在四川白马循环流化床锅炉示范电厂实现满负荷运行（见图 1-9）；2006 年 5 月，安装在内蒙古华电乌达热电公司的由无锡华光锅炉股份有限公司生产的 480t/h 超高压再热循环流化床锅炉（采用中科院工程热物理研究所的洁净煤燃烧技术）通过专家鉴定，是国内首台具有自主知识产权的国产化大容量、高参数循环流化床锅炉；同年 6 月，哈尔滨锅炉厂有限责任公司生产的引进法国阿尔斯通公司技术，参考普罗旺斯加登电站 250MWₑ炉型设计的 300MW（1025t/h）循环流化床锅炉在云南开远电厂通过了 168h 的运行考核（见图 1-10）；同年 7 月，西安热工研究院研发设计的国产首台 210MW 循环流化床锅炉机组，在江西分宜第二发电厂有限公司顺利通过 96h 试运行（见图 1-11）；同年 10 月，我国首次在热电厂中安装的秦皇岛热电厂三期扩建两台 300MW 循环流化床锅炉供热机组（采用引进法国阿尔斯通公司技术的国产 1025t/h 循环流化床锅炉）投运。

图 1-9　白马电厂 300MWₑ循环流化床锅炉

图 1-10　哈尔滨锅炉厂有限责任公司 300MW 循环流化床锅炉
（主蒸汽流量 1025 t/h；主蒸汽压力 17.5 MPa；再热蒸汽流量 846 t/h；主蒸汽和再热蒸汽出口温度 540℃；给水温度 281℃）

图 1-11　江西分宜第二发电厂 210MW 循环流化床锅炉

2006 年 3 月颁布的《中华人民共和国国民经济和社会发展第十一个五年规划纲要》提出，要"推进洁净煤发电，建设单机 60 万千瓦级循环流化床电站"。2008 年起，在我国政府的支持下，白马循环流化床锅炉示范电厂实施示范工程——建设世界容量最大的 600MW$_e$超临界压力循环流化床锅炉，2013 年 4 月 14 日成功投运（见图 1-12）。据统计，截至 2010 年 7 月，我国通过引进型项目已建成并投产的 300MW 循环流化床锅炉共计 17 台（其中，四川白马循环流化床锅炉示范电厂 1 台，云南的大唐红河发电公司、小龙潭发电厂和巡检司发电厂各 2 台，山西平朔煤矸石发电厂 2 台，河北秦皇岛热电厂 2 台，内蒙古蒙西电厂 2 台，安徽淮北发电厂 2 台，辽宁调兵山煤矸发电厂 2 台）。东方（DG）、上海（SG）、哈尔滨（HG）等厂家相继研发制造的自主型 300MW 循环流化床锅炉共计 19 台先后投产（其中，广东宝丽华发电公司 2 台，湖北东阳光火力发电公司 2 台，江苏徐矿发电公司 2 台，福建龙岩发电公司 2 台，内蒙古酸刺沟煤矸石发电厂 2 台，广东的坪石发电厂和云浮发电厂各 2 台、陕西郭家湾发电厂 2 台、新疆米东热电厂 2 台、江西分宜发电厂 1 台）。目前，已投运的加上在建的 300MW 循环流化床锅炉达 100 台以上。

图 1-12　四川白马电厂 600MW$_e$超临界压力循环流化床锅炉

600MW 超临界压力循环流化床锅炉成功投运后，国内主要锅炉制造商均投入精力研制 350MW 超临界压力循环流化床锅炉，分别推出了各自的设计方案。2015 年 9 月 18 日，山西国金 350MW 超临界压力循环流化床锅炉通过 168h 测试运行。此后，山西神华、山西华电朔州、山西格盟国际河坡、徐州华美热电等 6 台 350MW 超临界压力循环流化床锅炉机组相继通过 168h 测试。截至 2016 年年初，中国在役超临界压力循环流化床锅炉总装机容量达到 3050MW，另有 70 余台 350MW 超临界压力循环流化床锅炉正在安装。此外，中煤平朔 2×660MW 以及出口的 1 台 600MW、1 台 500MW 和 2 台 350MW 超临界压力循环流化床锅炉正在建设中。

更为令人振奋的是，2016 年 10 月，国家重点研发计划"800MW 超超临界压力循环流化床锅炉技术研发与示范"项目正式启动，预计 2020 年建成 660MW 超超临界压力循环流化床锅炉机组工程，实现 168h 连续运行及技术示范。可以预见，未来几年将是中国循环流化床燃烧技术飞速发展的重要时期。

复习思考题

1. 简述循环流化床锅炉的工作原理及设备组成。
2. 画出循环流化床锅炉系统的示意图，并标出主要设备名称。
3. 简述循环流化床锅炉的炉内工作过程。
4. 循环流化床锅炉的主要优点和缺点各有哪些？
5. 简述循环流化床锅炉的分类方法。
6. 循环流化床锅炉的主要型式有哪些？各有哪些主要特点？
7. 简述循环流化床锅炉的国内外发展概况。

第二章　循环流化床的基本理论

正如前述，循环流化床锅炉的燃烧是在一个特殊的气固两相流动体系中发生的高速度、高浓度、高通量的固体物料流态化循环过程，以及高强度的热量、质量和动量传递过程，循环流化床内部气体和固体颗粒的运动行为对于燃烧过程和传热过程的进行有着重要的作用。本章介绍循环流化床中的基本概念、流态化的典型形态以及气固两相流体动力特性，这些是了解循环流化床锅炉的基础。

第一节　循环流化床中的基本概念

一、循环流化床中的固体颗粒

1. 床料

流化床锅炉启动前，铺设在布风板上的一定厚度和一定粒度的固体颗粒，称作床料，也称为点火底料。床料一般由燃煤、灰渣、石灰石粉等组成，有些锅炉在床料中还掺入砂子、铁矿石等成分，甚至有的锅炉在调试或启动时仅用一定粒度的石英砂作床料。锅炉不同，床料的成分、颗粒粒径及其分布特性也有差别。静止床料层的厚度一般为 350~600mm。

2. 物料

循环流化床锅炉运行中，在炉膛及循环系统（循环灰分离器、立管、送灰器等）内燃烧或载热的固体颗粒，称为物料。它不仅包含床料成分，还包括新给入的燃料、脱硫剂、经循环灰分离器返送回来的颗粒以及燃料燃烧生成的灰渣等。循环灰分离器分离下来通过送灰器返送回炉膛的物料称为循环物料，未被捕捉分离下来的细小颗粒是飞灰，随烟气进入尾部烟道，经炉床下部排出的大颗粒为炉渣，因此飞灰和炉渣是炉内物料的废料。

二、固体颗粒的物理特性

1. 堆积密度与颗粒密度

将固体颗粒不加任何约束地自然堆放时单位体积的质量称为颗粒的堆积密度，用 ρ_d 来表示，单位为 kg/m^3；单个颗粒的质量与其体积的比值称为颗粒密度或真实密度，用 ρ_p 表示，单位为 kg/m^3。

显然，不论是固体煤颗粒还是其他物料颗粒，尽管粒径大小不同，但由于颗粒间都有空隙，堆积密度总是比颗粒密度小。同一种燃料，因颗粒粒径及其分布特性不同，其堆积密度可能不同。例如，使用颗粒粒径范围比较宽的燃料时，因为小颗粒可以充填于大颗粒之间而造成堆积密度变大。不同种燃料，堆积密度有时也可能相同。

2. 空隙率

床料或物料自然堆放时，在堆积总体积为 V_m 的颗粒体中，颗粒间的空隙占总体积的份额称为空隙率，也可称为固定床空隙率，用 ε_0 表示。若空隙（或气体）与颗粒所占的体积份额分别为 V_g 和 V_p，则有

$$\varepsilon_0 = \frac{V_g}{V_m} = \frac{V_g}{V_g + V_p} = 1 - \frac{\rho_d}{\rho_p} \qquad (2-1)$$

由式（2-1）可见，对于某种固体燃料颗粒或其他固体颗粒，颗粒密度一般是不变的，空隙率随堆积密度的变化而变化，两者的变化方向相反。

另外，在颗粒浓度很高的流化床气固两相流系统中，常以床层空隙率或流化床空隙率 ε 表示气相所占的体积 V_g 与两相流体总体积 V_m 之比。若用 $C_{V,p}$ 表示两相流体中颗粒的容积浓度，则有

$$\varepsilon = \frac{V_g}{V_m} = \frac{V_m - V_p}{V_m} = 1 - C_{V,p} \qquad (2-2)$$

3. 颗粒球形度

流态化工程领域涉及的固体颗粒多为不规则形状，为研究方便计，一般将颗粒形状假设为球形，并用颗粒球形度 ϕ 来表征颗粒的实际形状接近球形的程度，其定义为具有与某种任意形状颗粒相同体积的球体，其表面积与该种颗粒表面积之比，即

$$\phi = \frac{与颗粒有相同体积的球体表面积}{颗粒实际表面积} = \frac{\pi d_V^2}{S} \qquad (2-3)$$

式中　d_V——等体积球的直径，mm；

　　　　S——颗粒表面积，mm²。

显然，球形颗粒的球形度为 $\phi=1$。ϕ 值越大，颗粒形状越接近于球形。

颗粒球形度 ϕ 通常可采用实测方法获得，根据测量方法的不同，结果稍有差异。表 2-1 列出了一些非球形颗粒的球形度数据，可供参考。

表 2-1　　　　　　　　　　　　　典型非球形颗粒的球形度数据

物　料	性　状	ϕ	物　料	性　状	ϕ
原煤粒	大至 10mm	0.65	砂	平均值	0.75
破碎煤粉	—	0.73	硬砂	尖角状	0.65
烟道飞灰	熔融球状	0.89	硬砂	尖片状	0.43
烟道飞灰	熔融聚集状	0.89	砂	无棱角	0.83
碎玻璃屑	尖角状	0.65	砂	有棱角	0.73

4. 燃料筛分和燃料颗粒特性

（1）燃料筛分。进入锅炉的燃料颗粒的粒径一般是不相等的。通过一系列标准筛孔尺寸的筛子，可以测定出燃料颗粒粒径的大小和组成特性。简单地说，燃料筛分是指燃料颗粒粒径大小的分布范围。如果颗粒粒径粗细范围较大，即筛分较宽，就称作宽筛分；颗粒粒径粗细范围较小，就称作窄筛分。例如，某台循环流化床锅炉，其燃煤颗粒要求 0～13mm，煤颗粒粒径由 0.1mm 至 13mm，允许范围较宽，所以该炉燃料筛分可以称为宽筛分；而另一台锅炉，燃料粒径要求 2～6mm，颗粒粒径不允许小于 2mm 和大于 6mm，因此称为窄筛分。宽筛分和窄筛分是相对而言的，但燃料的筛分对锅炉运行的影响很大。一般来说，一旦锅炉确定，其燃料筛分也就基本确定了，而当煤种变化时其筛分也有所变化。通常，对于挥发分较高的煤，粒径允许范围较大，筛分较宽；对于挥发分较低的无烟煤、煤矸石，一般要求粒径较小，相对筛分较窄（实际上，为降低破碎电耗，一般对煤矸石并不要求破碎得过

细）。国内目前运行的循环流化床锅炉，其燃料粒径多要求在 0～8mm、0～13mm，特殊的要求 0～20mm，这些燃料粒径要求范围较大，均属于宽筛分。

（2）燃料颗粒特性。燃煤循环流化床锅炉，不仅对入炉煤的筛分有一定要求，而且对各种粒径的煤颗粒占总量的百分比也有一定要求。如某台 220t/h 循环流化床锅炉燃用劣质烟煤，粒径范围为 0～10mm，其中直径小于 1mm 的颗粒占 60%，1～8mm 的颗粒占 30%，8～10mm的颗粒占 10%。因此，该锅炉燃料要求的粒径份额之比为 60%：30%：10%。燃料中各种粒径的颗粒占总质量的份额之比称为燃料颗粒特性，也称为燃料的粒比度。当然，还可以把燃料中各粒径占总量的百分比划分得细一些。实际上原煤经过碎煤机破碎后各粒径大小是连续的，按着粒比度在坐标图上作出的是一条连续的曲线，称为颗粒特性曲线。燃煤的颗粒特性曲线可以很直观地反映燃煤的各粒径颗粒占总量的百分比。对锅炉设计和运行来说，燃煤颗粒特性曲线比燃煤筛分、粒比度更确切，是选择制煤设备和锅炉运行的重要参数。

三、流化速度

流化速度是指床料流化时动力流体的速度。对于循环流化床锅炉，动力流体是一次风，空气经一次风机进入空气预热器加热后，送往风室，通过布风板和风帽使床料发生流化。在进行流化床锅炉的设计和计算时，流化速度一般是指假设床内没有床料时空气通过炉膛的速度，因此也称为空塔速度或表观速度。流化速度用 u_0 表示，单位为 m/s，即

$$u_0 = \frac{Q}{A} \tag{2-4}$$

式中　Q——空气或烟气体积流量，m^3/s；
　　　A——炉膛截面积，m^2。

使颗粒床层从静止状态转变为流态化时的最低气流速度，称为临界流化速度，用 u_{mf} 表示，单位为 m/s。关于临界流化速度后面将做专门叙述。

由于炉膛截面积 A 沿炉膛高度可能会有变化，而且锅炉运行中炉内温度也不尽相同，Q 也会发生变化，从广义上讲，流化床锅炉的流化速度不是一个常数。为方便起见，一般给出的流化速度是床内空气速度，假如 Q、A 不变，u_0 就是确定的。

在没有特别注明的情况下，流化速度指的是锅炉在热态时的气流速度，而在热态时，进入炉内的空气燃烧变为烟气，因此有时流化速度又称为烟气速度。流化速度是循环流化床锅炉最基本的概念。运行中控制和调整风量，实际上就控制和调整了流化速度，也就控制了炉内物料的流化状态。所以，一次风量的控制和调整是非常重要的。

流化速度 u_0、流化床空隙率 ε 和流化状态三者有一定的关系。例如，对于某种床料，当流化速度 $u_0 < 3m/s$ 时，空隙率 ε 在 0.45 左右，这时的流化状态称为鼓泡床；当流化速度 $u_0 = 4～7m/s$ 时，对应的空隙率 $\varepsilon = 0.65～0.75$，这时的流化状态为湍流床；当流化速度 $u_0 > 8m/s$ 时，空隙率增大为 $\varepsilon = 0.75～0.95$，这时的流化状态称为快速床。显然，流化床空隙率 ε 随着流化速度大小的变化而变化。

四、颗粒终端速度

正如所知，固体颗粒在流体中下落时，共受到三个力的作用，即重力、浮力和摩擦阻力。重力和浮力之差是使颗粒发生下落的动力，摩擦阻力则是流体阻碍颗粒运动的力，其方向与颗粒运动方向相反。

固体颗粒在静止空气中作初速度为零的自由落体运动时，由于重力的作用，下降速度逐渐增大，速度越大，阻力也就越大。当速度增加到某一数值时，颗粒受到的阻力、重力和浮力将达到平衡，也即空气对颗粒的阻力等于颗粒的浮重（重力与浮力之差）时，颗粒将以等速度向下运动，这个速度称为颗粒的终端速度（或终端沉降速度、自由沉降速度），用 u_t 表示，单位为 m/s。由此推导出单颗粒终端速度的计算公式为

$$u_t = \left[\frac{4}{3} \frac{(\rho_p - \rho_g) \ d_p g}{\rho_g C_D} \right]^{\frac{1}{2}} \qquad (2-5)$$

式中　d_p——颗粒平均直径，m；

　　　ρ_g——流体密度，kg/m³；

　　　C_D——曳力系数，反映颗粒运动时流体对颗粒的曳力（或摩擦阻力），为雷诺数 Re_t 的

　　　　　函数$\left(Re_t = \frac{\rho u_t d_p}{\mu}, \mu \text{ 为气体的动力黏度，单位为 Pa·s} \right)$，一般用实验方法确定；

　　　g——重力加速度（$g = 9.81 \text{m/s}^2$）。

已知 ρ_p、ρ_g、d_p 和 C_D 后，由式（2-5）即可求出 u_t。表 2-2 列出了 200℃和 800℃时煤粉颗粒（$\rho_p = 2000 \text{kg/m}^3$）的终端沉降速度，供参考。

表 2-2 　　　　　　　　　　　**煤粉颗粒的终端沉降速度 u_t** 　　　　　　　　　　m/s

煤粒直径（μm）	30	40	50	60	70	80	90	100	200	300	400	500	600	800	1000
200℃	0.03	0.06	0.12	0.15	0.25	0.27	0.37	0.43	1.13	1.92	2.62	3.38	4.08	5.35	6.58
800℃	—	0.03	0.06	0.09	0.12	0.15	0.21	0.24	0.85	1.62	2.50	3.35	4.21	5.83	7.41

由单颗粒的终端速度计算式（2-5）可以看出，计算 u_t 的关键在于曳力系数 C_D 的确定。由于实际燃烧过程中的颗粒浓度都较大，颗粒之间相互碰撞和摩擦的机会很多，必然给多相流动和燃烧带来较大的影响。当颗粒的体积浓度增大后，颗粒浓度将影响终端沉降速度，随着颗粒浓度加大，空隙率减小，表观黏度将增大，颗粒团的终端速度明显降低。由于颗粒团的运动具有随机性，要准确计算这种影响是十分困难的。实际应用中一般采用经验性的准则方程式来确定 C_D。

颗粒终端速度与临界流化速度之间有一定的关系。实际上，颗粒终端速度也可以理解为当上升气流的速度大到恰好能将固体颗粒浮起并维持静止不动时的气流速度。尺寸和密度较大的颗粒具有较高的终端速度。流化床中的气体流量，一方面受临界流化速度的限制，另一方面也受到固体颗粒被气体夹带的限制。当流化床中上升气流的速度等于颗粒的终端速度时，颗粒就会悬浮于气流中而不会沉降。当气流的速度稍大于这一速度时，颗粒就会被推向上方，因而流化床中颗粒的带出速度即等于颗粒在静止气体中的终端沉降速度。为避免从流化床层中带出固体颗粒，流态化操作时应使气流速度小于或者等于颗粒终端速度。当发生夹带时，被夹带的颗粒可经循环灰分离器分离后循环回床内，或用新给入的燃料来代替，以维持稳定流化状态。

颗粒终端速度与临界流化速度的比值 u_t/u_{mf} 可以反映流化床操作性能。比值大意味着流态化操作速度的可调节范围宽，改变流化速度不会明显影响流化床的稳定操作，同时可供选择的操作速度范围也较宽，有利于获得最佳流态化操作气速；比值较小，说明操作灵活性较

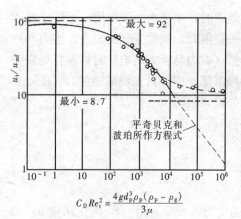

$$C_D Re_t^2 = \frac{4gd_p^3\rho_p(\rho_p - \rho_g)}{3\mu}$$

图 2-1　颗粒终端速度和临界
流化速度之比

差。另外，这一比值还可作为流化床最大允许床高的一个判据。由于流体通过床层时存在压力降，压力低必然引起流速的增加。于是，床层的最大高度就是底部刚开始流化而顶部刚好达到 u_t 时的床高。

平奇贝克（Pinchbeck）和波珀（Popper）推导了一个估算球形颗粒 u_t/u_{mf} 的方程式，其中使颗粒保持悬浮状态的总力取为黏滞阻力和流体撞击力的总和，然后用实验数据与方程式进行对照，如图 2-1 所示。u_t/u_{mf} 的上下限值可直接采用公式计算，即

对于细颗粒　$Re_t < 0.4$，$u_t/u_{mf} = 91.6$
对于大颗粒　$Re_t > 1000$，$u_t/u_{mf} = 8.72$

u_t/u_{mf} 之比值常在 10∶1 和 90∶1 之间。大颗粒的 u_t/u_{mf} 比值较小，说明其操作灵活性较小颗粒差。

五、物料循环倍率

图 2-2 为循环流化床锅炉原理简图。由图可见，循环流化床锅炉实际上是一个床（鼓泡床、湍流床或快速床）加一个物料循环闭路组成的系统。通常用物料循环倍率来反映物料循环的量化程度。物料循环倍率最简单适用的定义是：由循环灰分离器捕捉下来并返送回炉内的物料量（循环物料量）与新给入的燃料量之比，即

$$R = \frac{G_h}{B} \tag{2-6}$$

式中　R——物料循环倍率；

　　G_h——循环物料量，即经循环灰分离器返送回炉内的物料量，kg/h；

　　B——新给入的燃料量或燃煤量，kg/h。

例如，某型 220 t/h 循环流化床锅炉，额定负荷时设计燃煤量 35 t/h，循环灰分离器分离下来并返送回炉内的循环物料量为 500t/h，该炉的循环倍率则为

$$R = \frac{500}{35} = 14$$

对于未布置有飞灰和炉渣返送系统以及未独立设置石灰石和床料添加系统的循环流化床锅炉，利用上述定义计算物料循环倍率极为方便。

式（2-6）表明，当锅炉燃煤量 B 确定后，R 值的大小主要决定于循环物料量。在循环流化床锅炉运行中，入炉煤量一般比较容易控制，而循环物料量 G_h 的影响因素较多，主要有：

（1）一次风量。一次风量的大小，将直接影响循环物料量。一次风量过小，炉内物料的流化状态将发生变化，炉膛上部物料浓度降低，进入分离器的物料量也会减少。这样会影响循环灰分离器的分离效率，从而降低捕捉量，回送量就自然减少。

（2）燃料颗粒特性。煤颗粒特性的变化也将造成循环

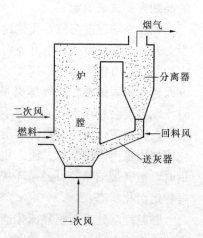

图 2-2　循环流化床锅炉原理简图

物料量的变化。当入炉煤的颗粒变粗，且所占份额较大时，在一次风量不变的情况下，炉膛上部的物料浓度将降低，带来的结果与一次风量过小时的相同。

（3）循环灰分离器效率。分离器效率对物料回送量的影响很大，即使煤的颗粒特性达到要求，一次风量也满足设计条件，但如果物料分离效率降低，也将使循环物料量减少。

（4）回料系统的可靠性。循环流化床锅炉回料系统的可靠性将直接影响物料回送量。当回料系统运行不稳定时，循环灰分离器捕捉到的物料将不能稳定及时回送炉内，循环物料量将发生变化。回料系统对物料返送量的影响主要取决于送灰器的运行状况，送灰器内结焦或堵塞和回料风压头过低都将使 G_h 值减小。

物料循环倍率 R 是循环流化床锅炉中的一个非常重要的参数，在一定程度上反映了循环流化床锅炉的特性。一般将 $R=1\sim5$ 的称为低倍率循环流化床，$R=6\sim20$ 的称为中倍率循环流化床，$R>20$ 的称为高倍率循环流化床。国内早期开发的鼓泡床加飞灰再循环型循环流化床锅炉是比较典型的低倍率循环流化床锅炉，$R=2.5$；中倍率循环流化床锅炉比较典型的是德国巴布科克公司的 Circofluid 型循环流化床锅炉，$R=10\sim15$；高倍率循环流化床锅炉的典型代表为 Pyroflow 型循环流化床锅炉、Lurgi/CE 型循环流化床锅炉等，其 R 有的高达 40 以上。近年来，为减轻炉内磨损和降低风机电耗，大型循环流化床锅炉的 R 值有所降低。

六、夹带和扬析

夹带和扬析是两个不同的概念。夹带一般是指在单一颗粒或多组分系统中，气流从床层中携带走固体颗粒的现象。当气流穿过由宽筛分床料组成的流化床层时，一些终端速度小于床层表观速度的细颗粒将陆续从气固两相混合物中被分离出去并被带走，这一过程称为扬析。换言之，扬析是指从床层中有选择性地携带出某一定量细颗粒的过程。

夹带和扬析对于循环流化床锅炉的设计和运行是非常重要的。实际上，锅炉燃煤属于宽筛分，由一定粒径范围的颗粒组成，而在燃烧和循环分离的过程中，因为煤颗粒的收缩、破碎和磨损，还会有大量的细颗粒形成，这些细颗粒很容易被夹带和扬析。为了合理地组织燃烧和传热，保证锅炉有足够的循环物料并使烟气中的灰尘达到排放标准，必须知道颗粒在夹带气流中的浓度，即要了解颗粒的扬析规律，以便更有效地从烟气中分离回收这些细颗粒。

鼓泡流化床锅炉燃烧室通常分为下部颗粒浓度高的密相区和上部颗粒浓度低的稀相或分散相区，两者之间由一个波动的但却比较明显的界面分开，此界面称为床表面。由床表面至燃烧室烟气出口之间的空间称为自由空域或悬浮空间，其高度称为自由空域高度。自由空域的功能是使固体颗粒从气流中分离出来落回床层。当其高度增加时，落回的颗粒增多而被气流携带走的颗粒减少，即夹带量减少。当自由空域高度达到某一值后，夹带量为常数，此高度称为输送分离高度（transport disengaging height，TDH）。夹带和扬析可以用图 2-3 加以说明。

由图 2-3 可见，当自由空域高度低于输送分离高度 TDH 时，自由空域内固体颗粒的粒度分布随高度而变化，夹带量随高度而减少。当气固两相混合物在 TDH 以上离开流化床体时，颗粒粒度分布和夹带速率都接近为常数，其大小由气流在气力输送条件下的饱和夹带能力而定。与夹带不同，扬析现象不论在高于还是低于 TDH 时都是存在的。一般的，流化床锅炉的悬浮段高度应取为 TDH，过高会增加制造成本，过低则颗粒携带率增大。

夹带和扬析的形成机理十分复杂，有兴趣的读者可以参阅有关资料。

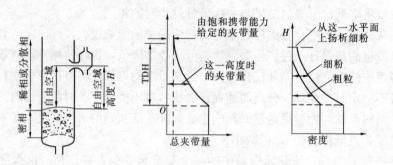

图 2-3　颗粒的夹带和扬析示意图解

第二节　流态化及其典型形态

一、流态化

在自然界中，人们经常会见到一些固体像流体一样流动的现象，如：大风将沙尘扬起，形成沙尘天气和沙尘暴；河水携带泥沙，造成水土流失等。固体颗粒在流体作用下表现出类似流体状态的这种现象，称为流态化现象。

流体作为流化介质，一般有气体和液体两大类。

实际上，当气体（或液体）以一定的速度流过固体颗粒层，并且气体（或液体）对固体颗粒产生的作用力与固体颗粒所受的其他外力相平衡时，固体颗粒层就会呈现出类似于流体状态的性质。这种由于固体颗粒群与气体（或液体）接触时，固体颗粒转变成类似流体的状态称为流态化。因此，流态化一词描述的是固体颗粒与流体接触的某种运动状态。

在流化床锅炉燃烧中，流化介质为气体，固体煤颗粒及其燃烧后的灰渣被流化，称为气固流态化。流化床锅炉与其他类型锅炉的根本区别在于燃料处于流态化运动状态，并在流态化过程中进行燃烧。

如前所述，当气体向上流过颗粒床层时，固体颗粒的运动状态是变化的。流速较低时，颗粒静止不动，气体只在颗粒之间的缝隙中通过。当气体流速增加到某一速度，即临界流化速度之后，颗粒不再由布风板所支持，而全部由气体的摩擦力所承托。此时，对于单个颗粒来讲，它不再依靠与其他邻近颗粒的接触而维持它的空间位置；相反，在失去了以前的机械支承后，每个颗粒可在床层中自由运动，就整个床层而言，具有许多类似流体的性质，如图2-4所示。

流化床具有的类似流体的性质主要表现在以下方面：

（1）在任一高度的静压近似于在此高度以上单位床截面内固体颗粒的重量。

（2）无论床层如何倾斜，床表面总是保持水平，床层的形状也保持容器的形状。

（3）床内固体颗粒可以像流体一样从底部或侧面的孔口中排出。

（4）密度大于床层表观密度（将颗粒间的空体积也看做颗粒体积的一部分，这时单位体积的燃料质量就称为表观密度）的颗粒在床内会下沉，密度小的颗粒会浮在床面上。

（5）床内颗粒混合良好，当加热床层时，整个床层的温度基本均匀。

通常的液固流态化由于颗粒均匀地分散在床层中，因此称为散式流态化。而一般的气固

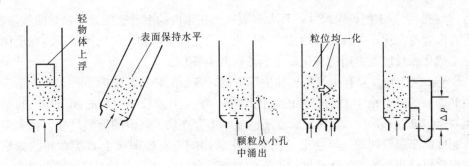

图2-4　流化床性质示意图

流态化，气体不均匀地流过颗粒床层，一部分气体形成气泡经床层短路逸出，颗粒则被分成群体作紊流运动，床层中的空隙率随位置和时间的不同而变化，不能达到均匀的流化，这种流态化称为聚式流态化。燃煤循环流化床锅炉靠空气或烟气流化颗粒状物料，属气固流态化范畴，也属于聚式流态化。

二、固体颗粒的流态化性能与颗粒分类

对于流化介质物性不变的流态化情形，固体颗粒的流态化性能或流化性能与颗粒的粒径、密度密切相关。譬如对于鼓泡流化床，采用细颗粒与粗颗粒时床层的流化状态存在明显的差异，如表2-3所示。因此，一般不能将某一流化系统所得的结果直接用于另一性质不同的流化系统中。另外，区分不同的颗粒是十分必要的，因为正是这些不同的颗粒确定了不同的流态化特性。

表2-3　　　　　　　　　　　　颗粒粗细对流化床层的影响

特　征	细颗粒床	粗颗粒床
气泡	多为均匀的小气泡	大气泡，上升时发生聚并
乳化相	有环流	颗粒间相互运动，部分环流
稳定性	不易腾涌	易腾涌

葛尔达特（Geldart）根据在常温常压下对一些典型固体颗粒气固流态化特性的分析研究，提出了一种非常有用的颗粒分类方式，区分了具有不同流态化特性的四类大致的颗粒群，即依据颗粒平均粒径、颗粒与气体密度差将所有颗粒分为A、B、C、D四类，某种固体颗粒的所属类别，主要取决于颗粒的尺寸和密度，同时也和流化介质的密度等性质有关，因而与它的温度和压力有关，如图2-5所示。图中，A类为细颗粒或可充气颗粒，B类为粗颗粒或鼓泡颗粒，C类为极细颗粒或黏性颗粒，D类为极粗颗粒或喷动用颗粒。

（1）A类。这类颗粒粒径较小，一般为20～90μm，并且密度较小（$\rho_p < 1400kg/m^3$），在鼓泡床床层呈明显的均匀膨胀的流态化。换言之，$u_{mb}/u_{mf} > 1$（u_{mb}为最小鼓泡速度，是指床层内能产生气泡的最

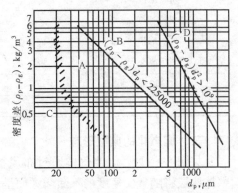

图2-5　不同流态化性能颗粒的粒径范围

小速度），存在最大气泡的极限尺寸，且大多数气泡在床内的上升速度高于颗粒间气流速度。这类颗粒通常容易流化，并且在开始流化到形成气泡之间一段很宽的气速范围内床层能均匀膨胀。化工流化床反应器常用的裂化催化剂即属此类颗粒。

（2）B 类。这类颗粒具有中等粒径和中等密度，典型的粒径范围为 $90\sim650\mu m$，表观密度 ρ_p 在 $1400\sim4000kg/m^3$，且有良好的流化性能。与 A 类颗粒最明显的区别是在起始流化时即发生鼓泡，即 $u_{mb}/u_{mf}=1$。床层膨胀不明显，不存在最大气泡的极限尺寸，且大多数气泡的上升速度高于颗粒间的气流速度。流化床中常用的石英砂即属于 B 类颗粒的典型，此类颗粒在流化风速达到临界流化速度后即发生鼓泡现象。

（3）C 类。这类颗粒粒径很小，一般小于 $20\mu m$，颗粒间的相互作用力很大，属于很难流态化的颗粒，由于这种颗粒相互黏着力大，当气流通过这种颗粒组成的床层时，往往会出现沟流现象。

（4）D 类。这类颗粒通常具有较大的粒径和密度，并且在流化状态时颗粒混合性能较差，大多数燃煤流化床锅炉内的床料及燃料颗粒均属于 D 类颗粒。由于化工领域流化床多集中在 C、A、B 类颗粒，因此以前对 D 类颗粒的流化性能研究很少。近年来的一些研究结果表明，D 类颗粒的流化性能与 A、B 类颗粒有较大区别，如流化时气泡速度低于乳化相间隙的气流速度，即属于所谓的慢速气泡流型。

表 2-4 给出了典型的四类颗粒的主要特性。从表中可见，四类颗粒所反映出的流态化性能差异较大。需要说明是，划分 A 类与 B 类颗粒是以 u_{mb}/u_{mf} 为基础的，A 类与 C 类的划分纯属经验关系，B 与 D 类的划分是基于气泡上升速度与密相中气流速度的相对大小。另外，图 2-5 仅是在室温和常压下得到的，没有考虑流化介质（气体）物性变化的影响。因为随着压力与温度的变化，气体的密度和黏度均会发生明显变化从而使分界线变动，所以也有研究者用阿基米德数 Ar $\left[Ar = \dfrac{d_p^3 \rho_g (\rho_p - \rho_g) g}{\mu^2} \right]$，即考虑气流的密度和黏度对颗粒进行分类。

表 2-4　　　　　　　　　　四类颗粒的主要特性

颗粒类型	A	B	C	D
粒度（$\rho_p = 2500kg/m^3$）	$20\sim90\mu m$	$90\sim650\mu m$	$<20\mu m$	$>650\mu m$
沟流程度	很小	可忽略	严重	可忽略
可喷动性	无	在浅床时	无	有
最小鼓泡速度 u_{mb}	$>u_{mf}$	$=u_{mf}$	无气泡	$=u_{mf}$
气泡形状	平底圆帽		仅为沟流	
固体混合	高	中	很低	低
气体返混	高	中等	很低	低
粒径对流体动力特性的影响	明显	很小	未知	未知

三、流态化的典型形态

如图 2-6 所示，当气体通过布风板自下而上地穿过固体颗粒随意填充状态的床层时，整体床层将随气流速度的不断增大而呈现完全不同的状态：床层将依次历经固定床、鼓泡流化床、湍流流化床、快速流化床，最终达到气力输送状态。床层内颗粒间的气体流动状态也由层流开始，逐步过渡到湍流。一般来讲，从起始流化到气力输送，粗颗粒床的气流速度将增大 10 倍，细颗粒床的气流速度将增大 90 倍。

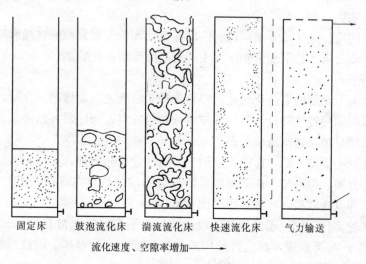

固定床　　鼓泡流化床　　湍流流化床　　快速流化床　　气力输送

流化速度、空隙率增加——→

图 2-6　不同气流速度下固体颗粒床层的流动状态

下面分别介绍上述流态化典型形态存在的条件及特征。

1. 固定床

当气体通过布风板上的小孔进入由固体颗粒组成的床层并穿过颗粒间隙向上流动时，如果床层静止于布风板上，这种床层称为固定床。固定床的明显特征是固体颗粒之间无相对运动。当气体流经固体颗粒时，它对颗粒有曳力，使得气体通过床层时有压力损失，通过固定床的气体流速越高，压力损失就越大。

在循环流化床返料机构的立管中，固体颗粒相对于壁面移动，颗粒之间无相对运动，这类固定床有时也称为移动床。

2. 鼓泡流化床

如图 2-6 所示，通过固定床的气体流速增加，气体压降会连续地上升，直至悬浮气速达到临界流化速度为止。此时，固定床转化为初始流态化状态。在这种状态下，颗粒似乎是"无重量"，多余的气体将以气泡（气泡实际上是一个含有很少颗粒或没有颗粒的气体空腔）的形式上行。由于床料内产生大量气泡，气泡不断上移，小气泡聚集成较大气泡穿过料层并破裂，这时气固两相有比较强烈的混合，与水被加热沸腾时的情况相似，这种流化状态称为鼓泡流化床，也称沸腾床。可以认为，此时气体通过床层的压力降近似等于床层的重量。

3. 湍流流化床

当通过鼓泡流化床的气体流速增加到最小鼓泡速度以上时，气泡作用加剧，气泡的合并和分裂更为频繁，床层压力波动的幅度增大，床层会膨胀。继续不断地增加气速会最终使压力波动幅度大大减小，但波动频率非常高，床层膨胀形式产生变化。此时，气泡相由于快速的合并和破裂而失去了确定形状，甚至看不到气泡，气固混合更加剧烈，大量颗粒被抛入床层上方的自由空域。床层与自由空域仍有一个界面，虽然远不如鼓泡床的清晰，但是床内仍存在一个密相区和稀相区。下部密相区的床料浓度比上部稀相区的浓度大得多，床层呈现湍流流态化形态。

湍流流化床最显著的直观特征是"舌状"气流。其中相当分散的颗粒沿着床体呈"之"字形向上抛射，床面很有规律地周期性上下波动，造成虚假的气栓流动现象。湍流流化床中的床层空隙率一般在 0.65～0.75 的范围内。

湍流流化床的运行风速高于细颗粒的终端速度，而低于粗颗粒的终端速度，运行时气固接触良好。循环流化床锅炉下部密相区大多运行在湍流流态化状态。

4. 快速流化床

在湍流床状态下继续增大流化风速，颗粒夹带量将随之急剧增加。此时，如果没有颗粒循环或较低位置的床料连续补给，床层颗粒将很快被吹空；当床料补给速率大于床内颗粒的飞出速率时，床层呈现快速流态化形态。

快速流态化的主要特征是：床内气泡消失，无明显密相界面；床内颗粒浓度一般呈现上稀下浓的不均匀分布，但沿整个床截面颗粒浓度分布均匀；存在颗粒成团与颗粒返混现象；在床层底部压力梯度比较高，在床的顶部比较低。

另外，在快速流化床中，固体颗粒的粒度较细，平均粒径通常在 $100\mu m$ 以下，在前述的颗粒分类中属于 A 类颗粒，而运行操作的气流速度高，一般高于颗粒终端速度的 5～15 倍，床层空隙率通常在 0.75～0.95 之间。

5. 气力输送

如果在快速流态化状态下将流化风速继续增大到一定值或减少床料补给量，床料颗粒会被夹带离开，床内颗粒浓度变稀，床层将过渡到气力输送状态，即所谓的悬浮稀相流状态。此时的流化风速称为气力输送速度。对于大颗粒来说，气力输送速度一般等于颗粒终端速度；对于细颗粒群，气力输送速度远高于颗粒终端速度。

研究表明，在上行的悬浮稀相流中，颗粒明显地均匀向上运动并且不存在颗粒的下降流动，除在加速区外，床层的压力梯度分布是均匀的。从快速流态化过渡到悬浮稀相流同时伴随着空隙率的增加。通常认为从快速流态化过渡到悬浮稀相流的临界空隙率为 0.93～0.98。如将悬浮稀相流再分成密相气力输送和稀相气力输送，则快速流态化首先向前者过渡。此时，床内颗粒浓度上下均一，单位高度床层压降沿床层高度不变。稀相气力输送的风速高于密相气力输送的风速，其特征是增大风速，床层压降上升。

由上述分析可知，鼓泡流态化可以维持在鼓泡流化床中，也可以维持在循环流化床中，但湍流流态化和快速流态化只能维持在循环流化床中。换言之，鼓泡床可以是循环流化床，也可以不是。但是，湍流床和快速床必须是循环流化床。

值得指出的是，在实际的流态化过程中，常会出现一些不正常的流化状态，主要有以下几种。

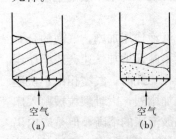

图 2-7　沟流
(a) 贯穿沟流；(b) 局部沟流

（1）沟流。在料层中气流分布或固体颗粒大小分布及空隙率等不均匀而造成床层阻力不均匀的情况下，由于阻力小处气流速度较大，而阻力大处气流速度较小，有时大量的空气从阻力小的地方穿过料层，而其他部位仍处于固定床状态，这种现象称为沟流，如图 2-7 所示。例如，在流化床锅炉冷态试验和点火过程中，当一次风速未达到临界流化速度时，床内易发生沟流。沟流不仅会降低固体颗粒的流化质量，使料层容易产生结焦，而且影响炉内传热和燃烧的稳定性。

（2）腾涌（节涌）。在由鼓泡流态化过渡到湍流流态化之前，流化空气主要是以气泡形式在料层中向上运动的。因此，料层中含有气泡是正常现象。但是气泡过大或集中上涌，就属不正常流化。如果料层中的气泡聚集汇合并充满床体截面的大部分时，床内就会出现"稠密床料层"和携有床料的"稀疏空气层"相间地一起向上运动的情况，当达到某一高度后崩裂，固体颗粒喷涌而下，这种现象称为腾涌（也称为节涌），见图2-8。腾涌发生在鼓泡流态化与湍流流态化之间。炉内发生腾涌时，床面以某种有规律的频率上升、破裂，风压剧烈波动，燃烧不稳定，在床料断层下部易引起结焦。

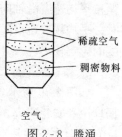

稀疏空气
稠密物料
空气

图2-8　腾涌

第三节　循环流化床的流体动力特性

一、颗粒浓度分布

1. 各种流态化形态下的颗粒浓度分布

图2-9显示出了各种流态化形态下的沿床层高度（或轴向）的颗粒浓度分布。由图可见，循环流化床上部和下部区域的颗粒浓度差别较大：上部区域为稀相区，下部为密相区。当运行工况发生变化时，这个结构不会发生变化，只是稀相、密相的比例及其在空间的分布会相应改变。在鼓泡床阶段，密相区浓度很大，成为连续相，气体往往以气泡的形式存在，成为分散相。如前所述，在快速床阶段，沿床高方向床内颗粒浓度一般呈上稀下浓的不均匀分布，而沿整个床截面颗粒浓度分布均匀，但密相区颗粒浓度降低，稀相区浓度增大。当固体颗粒循环量增加时，稀相区浓度也增加。此时，气体变成连续相，而固体颗粒则成为分散的絮状物。床层进入气力输送状态后，床层上下颗粒浓度趋于一致。

循环流化床气固两相流局部流动是不均匀的。从床内颗粒的速度分布来看，循环流化床可以分为底部的加速区和上部的充分发展区两部分。沿床高方向，尤其在床层底部，颗粒处于加速过程，颗粒垂直方向的平均速度由接近于零（布风板处）加速达到某一稳定的速度，即上部充分发展区的平均颗粒速度。对于任一床层截面，运行风速升高或颗粒循环率减小，颗粒截面平均速度均增大。

对于大多数循环流化床，燃烧所需的空气一部分（一般为50%~80%）从床底部给入，另外一部分作为二次风从床层上方一定高度送入，这样会使气流速度沿床高方向发生变化；由于采用宽筛分燃料，形成了下部的密相床和上部的快速床；另外大量细的循环物料通过返料装置进入密相床，多个因素的综合效果使得下部密相区更可能呈现湍流床状态。

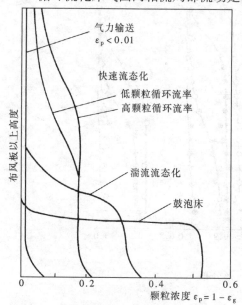

气力输送 $\varepsilon_p < 0.01$
快速流态化
低颗粒循环率
高颗粒循环率
湍流流态化
鼓泡床
布风板以上高度
颗粒浓度 $\varepsilon_p = 1 - \varepsilon_g$

图2-9　各种流态化形态下颗粒浓度的轴向分布

在循环流化床横向截面上，小颗粒会随气流上升，其中会有部分颗粒由于碰撞而下落，但总的趋势是向上的。大颗粒则表现出不同的特点，中心处主要为上升过程，上升到一定高度之后在边壁附近趋于下落。在床层各截面上，颗粒平均速度沿轴向向上增大，如果床层足够高，颗粒速度趋于恒定。当物料循环倍率一定时，平均颗粒速度随流化风速的增大而增大；而当风速一定时，物料循环倍率对颗粒平均速度的影响较小。

2. 颗粒浓度的轴向分布

如图 2-9 所示，循环流化床内颗粒浓度的轴向分布通常呈上稀下浓的不均匀形式。根据理论和实验研究，可以认为颗粒浓度的轴向分布一般分为单调指数函数分布、S 形分布和反 C 形分布三种基本类型。颗粒浓度分布也可以利用床层空隙率分布来衡量。

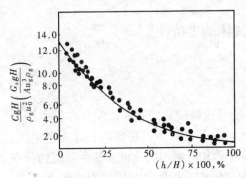

图 2-10　颗粒浓度呈单调指数函数分布

单调指数函数分布表现为随床层高度的增加，轴向空隙率逐渐增大，呈现指数函数的变化规律。这种分布的规律曾由浙江大学在大颗粒循环流化床中测得，如图 2-10 所示。图中，纵坐标内的 C 和 G_s 分别为颗粒浓度（kg/m^3）和循环物料流率 [$kg/(m^2 \cdot s)$]。

S 形分布如图 2-11 所示，S 形分布特点是床层底部为颗粒密相区，床层顶部为颗粒稀相区，在浓稀相间存在拐点。研究表明，拐点位置随运行风速、物料循环倍率以及整个循环回路的存料量的改变而上下变化。许多研究者认为这种分布是循环流化床截面平均空隙率轴向分布的典型形态。

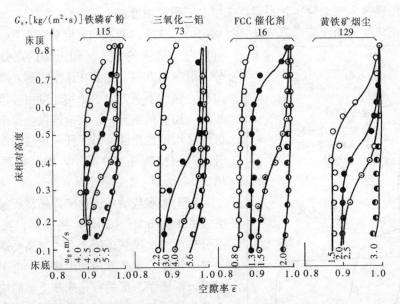

图 2-11　颗粒浓度呈 S 形分布

反 C 形分布如图 2-12 所示。一般来说，上述的两种分布形式在循环流化床出口比较通畅时才能形成，即当出口约束较小时，床层上部空隙率的轴向分布基本不受出口结构的影响，颗粒浓度呈上稀下浓结构。由于在循环流化床锅炉中，为提高床内固体颗粒的浓度水平，多采用气垫直角弯头出口，这种出口结构将对气固两相流产生较强的约束效应。气体通过气垫弯头由垂直运动急转成水平运动，而颗粒在惯性作用下冲向气垫封头，运动受阻后折流向下，一部分颗粒被气流带出（其流量约等于循环物料量），另一部分颗粒沿床壁面向下运动，与向上运动的颗粒产生较强的动量交换并逐渐与气固两相流动相融合，使颗粒浓度轴向分布逆转，呈现上浓下稀趋势。在远离出口的下方，折流颗粒群的影响消失，颗粒密度沿轴向呈上稀下浓分布，此时全床整体沿轴向则出现中间空隙大、两端空隙小的反 C 形分布。

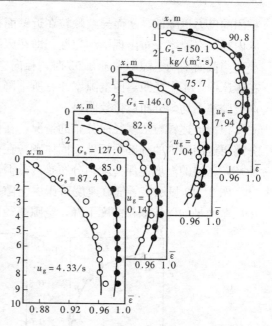

图 2-12　颗粒浓度呈反 C 形分布

3. 颗粒浓度轴向分布的影响因素

（1）运行风速。运行风速升高，床内空隙率增大，床内空隙率趋于均匀，顶部与底部的空隙率差别变小，直至全部的空隙率都接近出口值，从而进入稀相气力输送状态。

（2）循环物料量。与风速的影响正好相反，循环物料量增大时，床层各截面上平均空隙率都逐渐减小，而顶部与底部的空隙率差距加大，沿床层轴向空隙率的梯度也加大。

（3）颗粒物性。采用较大直径的颗粒时，循环流化床截面平均空隙率沿轴向变化较大。与细颗粒床相比，粗颗粒床的床层底部具有较大的颗粒浓度，而在床层顶部颗粒浓度更小些。与颗粒直径的影响相似，当颗粒密度不同时，密度大的颗粒在循环流化床的空隙率分布情况类似于粗颗粒的情况，即床层底部的空隙率相对较小，顶部的空隙率相对较大。

（4）床截面尺寸。床截面尺寸主要影响截面平均空隙率的分布。尺寸较小时，边壁效应相对较大，边壁颗粒密集区在截面上所占的比例增大。此时，不仅床层密度增大，而且颗粒浓度沿轴向分布的不均匀性也增大；反之，尺寸较大时，床层密度减小，颗粒浓度的轴向分布趋于均匀。

（5）床体结构。对于由大颗粒组成的流化床特别是循环流化床，颗粒浓度沿轴向不易出现 S 形分布，一般呈单调指数下降。正如前述，由于循环流化床出口处气垫直角弯头结构的影响，颗粒浓度轴向分布变为反 C 形。在循环流化床锅炉中，由于在床内一定高度上还可能存在截面收缩、二次风的加入等，而且床内物料一般由宽筛分及密度不同的颗粒组成，从而使床内空隙率分布变得更为复杂。一般可以认为，在床层下部有一个由大颗粒组成的密相床，再叠加上一个由前面所述的空隙率分布，则总体上讲是呈单调指数下降或反 C 形分布的。

4. 颗粒浓度的径向分布

在循环流化床中，流化介质以柱塞流的形式向上流动。实验研究表明，由于壁面的摩擦效应，靠近壁面处的气流速度低于床层中心的气流速度。在床内核心区上行的固体颗粒，因为流体动力的作用会向边壁漂移，当到达壁面时，由于此处气流速度较低，流体对颗粒或颗粒团的曳力也降低，从而导致颗粒在近壁面处的上升速度减小或者转而向下运动，循环流化床内径向空隙率分布出现不均匀性，即在床层中心区的空隙率较大，而靠近壁面处空隙率较小。当截面平均空隙率大于 0.95 时，径向空隙率分布就比较平坦。对于圆形截面，一般仅在距床壁 1/4 半径距离内空隙率才有所下降；而对于平均截面空隙率小于 0.95 的床层，径向空隙率不均匀分布就比较明显。

根据上述颗粒浓度径向分布的情况，在循环流化床中，除了固体颗粒通过循环灰分离器分离再送回床内的外部循环外，固体颗粒在核心和边壁处的上升和下落也构成了颗粒的床内循环，床层的温度能保持均匀分布是内外循环共同作用的结果。

图 2-13 显示出了气流速度对床层空隙率径向分布的影响。由图可见，气流速度增加，床层截面平均固体颗粒浓度下降，空隙率径向变化变小，曲线变得平坦。

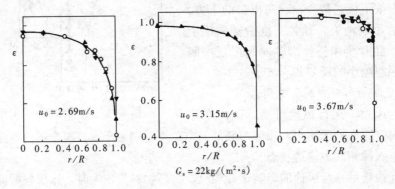

图 2-13　流化风速对颗粒浓度径向分布的影响

二、压力分布

1. 床内压力的轴向分布

循环流化床的轴向压力分布在一定程度上反映了床内固体颗粒的滞留量及气固之间的动量交换，是循环流化床锅炉控制的重要依据。

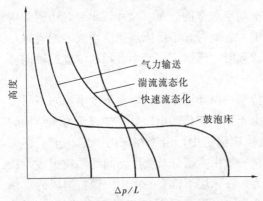

图 2-14　各种流态化形态下床内压力的轴向分布

研究表明，不同的流态化形态具有不同的轴向压力分布，但基本都是在床层底部压力梯度比较大，上部区域的压力梯度比较小，与颗粒浓度的轴向分布相类似，如图 2-14 所示。从图中还可看出，由于床内压力值正比于当地的颗粒浓度，与其他的流态化形态相比，鼓泡流化床沿轴向（高度）明显存在着密相区和稀相区。

2. 压力降落

从前面的介绍中可知，作为流化介质的空气通过床层时会有压力降落。厄贡（Ergun）在前人研究结果的基础上，通过实验得出了包含层流和湍流的床层压降综合表达式，即

$$\frac{\Delta p}{H} = 150\frac{(1-\varepsilon)^2}{\varepsilon^3}\frac{\mu u_0}{(\phi d_\mathrm{p})^2} + 1.75\frac{1-\varepsilon}{\varepsilon^3}\frac{\rho_\mathrm{g} u_0^2}{\phi d_\mathrm{p}} \qquad (2-7)$$

式中　Δp——床层压力降，Pa；

　　　　H——床层高度，m。

　　这是一个较为普遍认同的床层压力降落表达式。其中，等式右边第一项为黏性项，当流速较低时，它占主导作用；第二项为惯性项，当流速较高，流动为湍流时，该项起主要作用。式（2-7）中引入的颗粒球形度 ϕ，对非球形颗粒情形也是适用的。

　　有学者提出了循环流化床某段床层总压降的计算式，式中考虑纯气流流动时的摩擦阻力、气体的重位压头、物料重力引起的压力降和物料颗粒与管壁的冲击、摩擦以及颗粒间的摩擦与碰撞造成的压力损失等四项。研究表明，与物料重力引起的压力降相比，其他各项要小一个数量级以上，可近似忽略。于是，在床层内高度为 Δh 的任意两点间的压降计算式可简化为

$$\Delta p = \rho_\mathrm{p} g (1 - \overline{\varepsilon}) \Delta h \tag{2-8}$$

式中　$\overline{\varepsilon}$——床层截面平均空隙率。

　　显然，如果已知轴向颗粒浓度分布，就可以利用上式计算出压力沿床层的分布规律。

　　由前述的固体颗粒浓度径向分布规律可知，由于大量的固体颗粒是在壁面附近下落，虽然这部分颗粒不需要完全被向上流动的气体支撑，压降中没有这些颗粒的影响份额，但综合考虑其他几项影响压降的因素，式（2-8）应与实际情况基本相符。

　　试验表明，在同一循环物料流率 G_s 的条件下，床层压降随运行风速 u_0 的增加而下降。这意味着在同一循环物料流率条件下，风速越大，床内的颗粒浓度越小，因而床内压降和速度成反比关系，见图 2-15。另外，在相同气流速度下，随循环物料流率增加，床层压降增加，变化规律近似线性，见图 2-16。

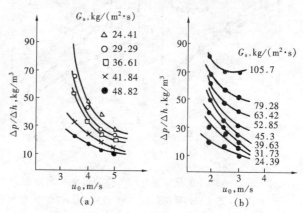

图 2-15　循环流化床内风速与压降的关系
（a）硅胶颗粒；（b）FCC 催化剂颗粒

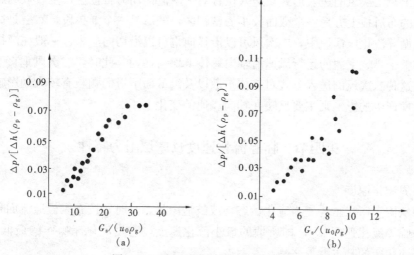

图 2-16　循环物料流率与压降的关系
（a）FCC 催化剂颗粒；（b）硅胶颗粒

三、气体速度分布

1. 气体速度的轴向分布

在循环流化床锅炉中，如无二次风加入，一般认为气体表现的是塞状流。若床截面保持均匀，则沿轴向的气体速度分布基本上是均匀的。但是，如果加入二次风和床层截面变化，则沿轴向气体的速度分布会不均匀，进而造成固体颗粒运动速度的不均匀。其次，固体颗粒浓度沿轴向是变化的，由于气固间的相互作用，气体在颗粒间隙中的实际速度沿轴向也是不均匀的。根据有二次风送入及床内截面有变化的实际情况，通常用截面上的平均值来求得循环流化床中气体速度在轴向的分布。

2. 气体速度的径向分布

了解床内截面上气体速度的径向分布，有利于研究颗粒的横向运动、浓度径向分布和磨损等问题。图 2-17 显示出的是循环流化床稀相段气体速度的径向分布。由图 2-17（a）可见，当增大床内固体颗粒的浓度时，气流速度的径向分布不均匀性会增大。此时，床层中心区气流速度增大，而边壁区气流速度减小。图 2-17（b）表明，当截面平均气流速度（流化速度）u_0 增大时，虽然床层任一径向位置的气流速度 u_g 都随之增大，但床中心区的气流速度比 u_g/u_0 随气流速度增大而增大，边壁区的气流速度比 u_g/u_0 随气流速度增大而减少，使得气体速度径向分布变得更为不均匀。

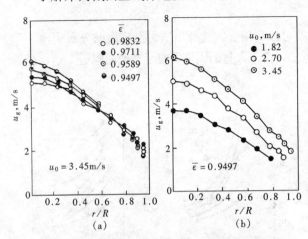

图 2-17　循环流化床稀相段气体速度的径向分布
（a）改变固体颗粒浓度；（b）改变流化速度

另外，由于壁面对气流的作用，以及沿壁面下降的固体颗粒流的作用，气体局部速度在床层径向也有很大的不均匀性，这种不均匀性超过了轴向的不均匀性。

应该指出，二次风的送入形式及送入位置对炉内流体动力特性会产生较大的影响。循环流化床锅炉的布风板上方是一个截面较小的密相区，随后是一个渐扩段，然后是截面较大的稀相区。在循环流化床锅炉中，二次风可以沿径向也可以沿切向通入。一般在渐扩段内加入二次风，使整个燃烧室内的运行风速沿轴向总体上保持均匀。此时，二次风垂直于水冷壁面直接送入。这种二次风的送入方式对气体扩散以及沿壁面下滑的颗粒有较大的影响，对炉内流体动力特性产生的影响则主要反映在轴向风速的变化上。

第四节　临界流化速度及床层阻力特性

一、临界流化速度

将床料从固定床状态转变为流化状态（或鼓泡床状态）时，按布风板通流面积计算的空气流速称为临界流化速度 u_{mf}，即所谓的最小流化速度，它是流化床操作的最低气流速度，是描述循环流化床的基本参数之一。

确定临界流化速度 u_{mf} 的方法主要有理论计算和实验测定两种，但最好的方法是通过实验测定。在没有条件进行实验测定时，可借助经验数据查表计算获得。

实际上，临界流化速度 u_{mf} 是当床层压降等于床层颗粒重量时所对应的流体速度。以上行气流穿过布风板上处于堆积状态的颗粒床层为例，在起始流化状态，存在式（2-9）所示的床层力平衡方程：

$$\Delta p A = A H_{mf}(1-\varepsilon_{mf})(\rho_p - \rho_g)g \tag{2-9}$$

式中　ε_{mf}——临界状态下的床层空隙率；

$\quad\quad H_{mf}$——临界状态下的床层高度，m；

$\quad\quad A$——床层截面积，m^2。

整理后有

$$\frac{\Delta p}{H_{mf}} = (1-\varepsilon_{mf})(\rho_p - \rho_g)g \tag{2-10}$$

由式（2-7）和式（2-10）得出

$$150\frac{(1-\varepsilon_{mf})}{\phi^2\varepsilon_{mf}^3}\frac{\rho_g d_p \mu_{mf}}{\mu} + 1.75\frac{1}{\phi\varepsilon_{mf}^3}\left(\frac{\rho_g d_p u_{mf}}{\mu}\right)^2 = \frac{\rho_g d_p^3(\rho_p - \rho_g)g}{\mu^2} \tag{2-11}$$

求解这个二次方程，得到

$$u_{mf} = \frac{\mu}{\rho_g d_p}\sqrt{C_1^2 + C_2 Ar} - C_1 \tag{2-12}$$

其中，$C_1 = 85.71\dfrac{1-\varepsilon_{mf}}{\phi}$，$C_2 = \dfrac{\phi\varepsilon_{mf}^3}{1.75}$，$Ar$ 为阿基米德数。

由于影响临界流化速度的因素较多，条件完全相同或比较接近的平行实验是很难实现的，不同研究者得到的式（2-12）中的常数不尽相同，用它得到的结果比较粗糙。但是，式（2-12）反映了临界流化速度与颗粒和流体的物性以及流动状态之间的定量关系，这在对流化床进行理论分析和建模过程中是经常用到的。

另外，从式（2-12）可以看出，临界流化速度不仅与固体颗粒的粒度和密度有关，还与流化气体的物性参数（密度和黏度）等有关。因此，在锅炉运行中，当床温变化时，气体的密度和黏度都发生变化，临界流化速度也会发生变化；在其他条件不变时，颗粒粒径增大或颗粒密度增大时，临界流化速度也会增大。当温度升高时，气体密度变小，气体黏度变大，但黏度变化对临界流化速度影响较小，因此保持相同的曳力必须提高临界流化速度。

浙江大学根据宽筛分石煤燃料的冷态和热态试验结果，并结合国外燃煤流化床的试验数据，提出了在 $Ar=(2\sim700)\times10^4$ 时计算临界流化速度的经验准则关系式为

$$Re_{mf} = 0.0882\, Ar^{0.528} \tag{2-13}$$

式中，与临界流化风速对应的雷诺数 $Re_{mf} = \dfrac{u_{mf}d_p}{v_g}$ 中的定性尺寸 $d_p = \phi\Sigma x_i d_{pi}$，$x_i$ 是直径为 d_{pi} 的颗粒质量百分比。对石煤和矸石类燃料颗粒，颗粒球形度 ϕ 可取 0.6；对烟煤颗粒，ϕ 可取 0.54；v_g 为气体的运动黏度，单位为 m^2/s。

整理式（2-13），可以得到

$$u_{mf} = 0.294\frac{d_p^{0.584}}{v_g}\left(\frac{\rho_p - \rho_g}{\rho_g}\right)^{0.528} \tag{2-14}$$

式（2-14）得到的计算结果与实测值误差在 $\pm10\%$ 以内，在层燃炉和流化床锅炉的设

计和计算中上式得到了应用。

在循环流化床锅炉运行中，对应于临界流化速度的一次风风量称为临界流化风量，即

$$Q_{mf} = u_{mf}A \qquad\qquad (2-15)$$

式中　　Q_{mf}——临界流化风量，m^3/s。

临界流化速度和临界流化风量是循环流化床锅炉运行中重要的参数。型号不同的锅炉或床料（或物料）发生变化时，其临界流化速度和临界流化风量是不一样的。对于循环流化床锅炉正常运行时，炉内呈湍流床和快速床流化状态。从鼓泡床转化为湍流床，由湍流床进入快速床，以及最终达到气力输送，均有相对应的流化速度和流化风量。尽管这种风速和风量在锅炉操作中也极为重要，但不能称为临界流化速度和临界流化风量。

在实际燃煤流化床锅炉中，由于燃煤一般为宽筛分，燃煤粒度范围较宽，一些大颗粒不容易流化，为了防止大颗粒沉积发生结渣，必须保证布风板上全部风帽小孔之上的料层均处于流化状态，实际运行最低风速应当大于临界流化速度。对于实际运行的流化床，为使床层达到充分流化的流化风速通常为临界流化速度的 2～3 倍。

关于临界流化速度的实验测定将在介绍循环流化床锅炉的运行时加以叙述。

二、床层阻力特性

所谓流化床床层阻力特性，就是指流化气体通过料层的压降 Δp 与按床截面计算的冷态流化速度 u_0 之间的关系，即所谓压降—流速特性曲线。压降—流速特性曲线一般通过试验测量得到。

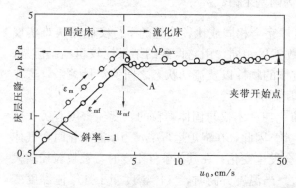

图 2-18　均匀粒度床料的床层压降—流速特性曲线

对均匀颗粒组成的床层，当通过床层的气体流速很低时，床层处于固定床状态。随着气流速度的增加，床层压降成正比例增加。当气流速度达到一定数值时，床层压降达到最大值 Δp_{max}，如图 2-18 所示。Δp_{max} 的值略高于单位床截面上床料的重量。如果继续增加气流速度，固定床会突然"解锁"，床层压降降至近似等于单位床截面上床料的重量，此时对应的气流速度即为临界流化速度。

当气流速度超过临界流化速度后，床层就会出现膨胀或鼓泡现象，进入鼓泡流化床状态。进一步增加气流速度，在较宽的范围内，床层的压降几乎维持不变，这与流化床的准流体特性相关。

顺便指出，上述从低气流速度上升到高气流速度的压降—流速特性试验称为"上行"试验法。由于床料初始装入床层时，属于人为堆积，内部堆积状态差别较大，"上行"试验测得的数据重复性较差，实际中往往采用从高气流速度向低气流速度进行，通常称为"下行"试验法。

如果床层是由宽筛分颗粒组成的，当气流速度增加后，一些细颗粒很容易在大颗粒之间的空隙中起到较好的润滑作用，并促使大颗粒松动。另外，由于细颗粒容易流化，在床层尚未整体流化前，床内的小颗粒就已经部分流化。图 2-19 显示了宽筛分物料的床层压降—流速特性曲线。由图可见，与均匀颗粒床层相比，宽筛分颗粒床层从固定床转变为流化床没有

明显的"解锁"现象，而是比较平滑的过渡。在固定床状态和完全流化状态，宽筛分颗粒床层与均匀颗粒床层的压降曲线相同。

图 2-20 是典型鼓泡流化床锅炉的冷、热态床层阻力特性曲线的示意。由图可见，在料层开始流化之前，压降 Δp 随着流化风速 u_0 的增加而急剧增大；料层开始流化后，Δp 随着 u_0 的增加而基本维持不变。对于颗粒堆积密度一定、厚度一定的料层，其床层阻力是一定的。当料层厚度固定后，料层温度对床层阻力影响不大。

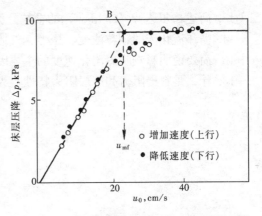

图 2-19　宽筛分床料的床层压降—流速特性曲线

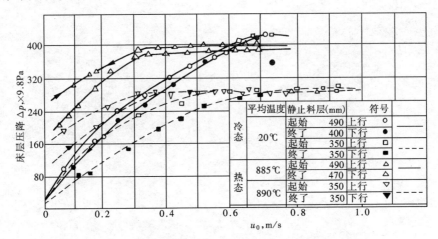

图 2-20　典型鼓泡流化床锅炉冷态与热态床层阻力特性曲线

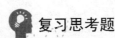 复习思考题

1. 什么是床料和物料？它们之间有什么区别和联系？

2. 什么是颗粒密度、堆积密度和空隙率？

3. 什么是颗粒球形度？

4. 什么是燃料筛分和燃料颗粒特性？

5. 什么是流化速度、临界流化速度？试列出临界流化速度的理论计算式。

6. 流化速度、流化床空隙率、流化状态三者之间有什么关系？

7. 什么是颗粒终端速度？它与临界流化速度之间有什么关系？

8. 何谓物料循环倍率？影响物料循环倍率的主要因素有哪些？

9. 何谓夹带和扬析？试分析两者之间的区别与联系。

10. 何谓自由空域高度？何谓输送分离高度（TDH）？试分析两者之间的区别与联系。

11. 什么是流态化？流化床具有的类似流体的性质主要表现在哪些方面？

12. 流态化的典型形态有哪些？它们各有哪些主要特征？如何避免出现不正常的流化状态？

13. 简述葛尔达特（Geldart）的颗粒分类方法。

14. 循环流化床的颗粒浓度、压力、气体速度分布各有什么特点？

15. 简要说明影响临界流化速度的主要因素。

16. 什么是料层阻力和床层阻力特性？为什么要测定压降－流速特性曲线？

第三章 循环流化床锅炉的燃烧与传热

燃烧与传热是锅炉工作时的两个基本过程。在锅炉中，通过燃烧将燃料的化学能转变为烟气的热能，烟气的热量传递给受热面内工质，产生符合要求的蒸汽。由于循环流化床锅炉中固体煤颗粒在流化状态下燃烧，气体与固体颗粒、固体颗粒之间以及床层与换热表面之间发生热量传递过程，且存在高浓度的物料循环，其燃烧过程与传热机理与常规煤粉炉有比较大的区别。

第一节 循环流化床锅炉燃烧的特点

一、循环流化床锅炉的主要特征

由前述的流态化典型形态及图 2-2 可知，循环流化床锅炉的燃烧实际上是鼓泡流化床或湍流流化床或快速流化床与气力输送叠加的炉内过程，处于鼓泡流化床和气力输送燃烧之间。实现这一燃烧过程的关键在于燃烧颗粒在离开炉膛出口后经适当的气固分离装置（循环灰分离器）和回送装置（立管和送灰器）不断送回床层循环燃烧。这正是循环流化床锅炉的主要特征和区别于传统鼓泡流化床锅炉最显著的特点。

另外，在循环流化床锅炉中，由于流化速度较高（一般在 4～6m/s），炉内气固两相流体的流动特性发生变化，即不再是鼓泡床流化状态，而是进入湍流床或快速床流化状态。为了减小固体颗粒对受热面的磨损，物料和燃料粒径一般比鼓泡流化床锅炉小得多。

二、循环流化床锅炉燃烧的特点

实际上，循环流化床锅炉是在鼓泡流化床锅炉的基础上发展起来的。鼓泡流化床锅炉的燃烧具有以下特点：

（1）低温、强化燃烧。鼓泡流化床锅炉炉膛温度通常在 850～950℃ 范围内，比层燃炉的炉膛温度（1100～1300℃）和煤粉炉的炉膛温度（1200～1500℃）都低。一般来说，鼓泡流化床炉内温度比煤的灰变形温度低 100～200℃，如果温度超过灰的变形温度，则会出现大面积结渣，流化床燃烧条件就会被破坏。鼓泡床的容积热强度、截面热强度分别是层燃的 5 倍和 3～4 倍。

（2）炉内温差较大。鼓泡流化床锅炉温度场沿水平方向较均匀，而沿炉膛高度方向上温差较大。由于大部分煤粒在炉膛下部燃烧并放出绝大多数热量，为吸收这部分热量，防止料层温度过高而结焦，在床内密相区必须布置埋管，炉膛下部床内温度一般控制在 950℃ 以内；上部由于处于稀相区，物料浓度低，与炉床温度一般相差 100～200℃。在运行中如果调整不当，炉膛上下的温度水平可能相差更大。

（3）燃料适应性强。在燃料燃烧过程中，鼓泡流化床本身因积累了大量灼热物料而成为一个蓄热容量很大的热源，这有利于燃料的迅速着火和稳定燃烧。譬如，10t/h 鼓泡流化床锅炉积累了 2～2.5t 物料，35t/h 鼓泡流化床锅炉积累了 6～8t 物料，而即便燃用低热值煤时，新送入床内的煤颗粒还不到灼热物料的 1%。由于物料中 95% 以上是灼热的惰性灰渣，可燃物含量在5%以下，这些灼热的物料并不与新加入的燃料争夺氧气；相反，灼热物料还提供了丰富的热量，使新加入的煤颗粒得以被迅速加热，析出挥发分并稳定地着火燃烧。另外，煤颗粒中挥发分和固定碳燃烧所释放的热量，其中一部分又用来加热物料。这样，鼓泡流化床锅炉炉内温度始终能保持一个稳定的水平。所以，流化床锅炉不仅能烧优质燃料，而且能烧各种劣质燃料，包括灰分高达80%的石煤、水分高达60%的褐煤和煤矸石、煤泥等。

（4）燃烧效率较低。因为鼓泡流化床锅炉的流化速度一般不大于3m/s，采用宽筛分燃料，且燃料颗粒相对较粗（最大粒径可达30mm），所以煤颗粒进入床层后，大多沉积在炉膛下部与灼热物料混合加热沸腾燃烧。虽然对于大而重的燃料颗粒，由于它们不易"漂浮"于炉膛出口被烟气带走，只能在床内沸腾或悬浮于炉膛上部燃烧，炉内停留时间较长，可以燃尽并以炉渣的形式从溢流口排出。但是，原煤中必然会含有一部分细小颗粒；另外，煤经破碎机破碎后也将产生一定量的小颗粒。这些细小颗粒送入炉内后停留时间很短就被烟气携带出燃烧室，从而使飞灰中可燃物含量增大，降低锅炉的燃烧效率。特别是对于那些不易着火和燃烧的燃料，这类细小颗粒就更难燃尽，燃烧效率会进一步受到影响。如果布风板面积和静止料层高度一定，燃用低发热量煤时给煤量越大，颗粒平均停留时间越短，灰渣中固体不完全燃烧损失也将加大。

前已述及，循环流化床锅炉是一个床（鼓泡床、湍流床或快速床）加一个物料循环闭路组成的系统。与鼓泡流化床燃烧相比，循环流化床锅炉燃烧的特点是：

（1）燃烧效率比较高。在循环流化床锅炉中，高速运行的烟气与处于强烈湍流扰动中的固体颗粒密切接触发生流态化燃烧反应，并且有大量颗粒返混。同时，又通过循环灰分离器将绝大部分高温固体颗粒捕集后送回炉内再次参与燃烧，燃料颗粒在炉内的燃烧时间大大延长。由于与鼓泡流化床在燃烧方式上的差异，大量的结果显示，循环流化床锅炉的燃烧效率明显要比鼓泡流化床锅炉的燃烧效率高。

图3-1显示了锅炉燃烧效率与物料循环倍率的关系。由图可见，随着循环倍率的增加，燃烧效率增加。

循环倍率增加而使燃烧效率增加的原因，在于大量未燃尽颗粒的循环燃烧提高了燃料颗粒的燃尽度。相应的飞灰含碳量随循环倍率变化的曲线表明，由于飞灰的循环燃烧，其含碳量大幅度降低，见图3-2。

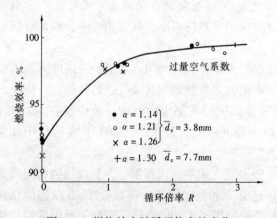

图3-1　燃烧效率随循环倍率的变化

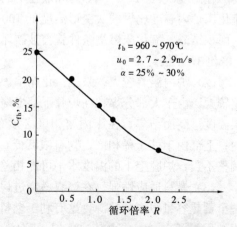

图3-2　飞灰含碳量随循环倍率的变化

从理论上讲，大粒径固体颗粒在循环流化床锅炉内燃尽并不存在问题，尽管它们需要的燃尽时间很长，如平均直径为 2mm 的煤颗粒燃尽需要 50 多秒，粒径更大的甚至达几分钟。但由于大煤粒仅停留在床层内燃烧，停留时间将大大超出所需的燃尽时间。但是，如果运行中一次风调整不当和排渣间隔时间过短或过长，就有可能将未燃尽的炭粒排掉，使炉渣含碳量增大。参与外循环的中等粒径的煤颗粒，一般一次循环是很难燃尽的。表 3-1 给出不同粒径的煤颗粒燃尽时间和需要循环次数以及实际循环次数。由表列数据可知，如果锅炉设计和运行调整合理，参与循环的煤粒实际循环次数和通过炉膛的时间均将超出所需的循环次数和所需的燃尽时间，从而提高循环流化床锅炉的燃烧效率。

表 3-1　　　　　　　　　　煤颗粒燃尽所需的时间及循环次数

煤粒直径（mm）	0.1	0.5	1.0	2.0	>2.0
最长燃尽时间（s）	0.68	8.9	23.1	50.1	炉内循环
需要的最大循环次数	0	3.6	7.2	16	炉内循环
实际循环次数	0	6.0	12.0	27	

注　煤种为煤矸石、石煤，总体循环倍率 $R=2.36$。

（2）燃料适应性极好。循环流化床锅炉虽然不像鼓泡流化床锅炉那样，物料在炉内有一个明显的界面，但是炉床下部的物料浓度足够大，对于循环倍率高的锅炉也在 $100\sim300kg/m^3$，相当于炉内有一个很大的"蓄热池"，温度为 $850\sim900℃$。当新燃料进入炉内后，立刻被灼热物料强烈地掺混合加热，能很快着火燃烧。即便是不易着火和燃尽的高灰分、高水分、低热值、低灰熔点的劣质燃料，进入炉内后也能燃烧和燃尽，这是因为新给入燃料所吸收的热量只占床层总热容量的千分之几甚至几千分之几，"蓄热池"有足够的热量加热新燃料而不致引起炉内温度大的变化。另外，新燃料在炉内的停留时间也远远大于其燃尽所必需的时间。因此，只要颗粒特性满足锅炉燃烧的要求，运行中调整适当，几乎所有的固体燃料都可以在循环流化床锅炉内燃尽，如洗煤厂的煤泥、油页岩、炉渣、木屑、洗矸、煤矸石、垃圾处理厂的垃圾、难于着火和燃尽的无烟煤以及泥煤、石油焦和焦炭等。

（3）煤的清洁燃烧。循环流化床燃烧属于清洁煤燃烧技术，煤的清洁燃烧是循环流化床锅炉燃烧的最主要特点之一。向炉内加入石灰石粉或其他脱硫剂，在燃烧中可直接除去 SO_2，炉膛下部采用欠氧燃烧（$\alpha<1$）和二次风分段给入等方式，可以降低 NO_x 的排放。同时，使燃烧份额的分配更趋合理，炉内温度场也更加均匀。这些将在第九章中加以叙述。

三、循环流化床锅炉的燃烧特性参数

作为目前两大主要循环流化床锅炉流派的 Lurgi 型和 Pyroflow 型循环流化床锅炉，其典型的燃烧特性参数具有代表性，分别示于表 3-2 和表 3-3 中。其中，Lurgi 型循环流化床锅炉的燃料颗粒粒径为 $0\sim7mm$，石灰石脱硫剂颗粒粒径 $100\sim200\mu m$，床料颗粒平均为 $50\sim300\mu m$。

表 3-2　　　　　　　　　　Lurgi 型循环流化床锅炉燃烧特性参数

运行风速	一次风量	过剩空气量	床温	循环倍率	燃烧效率	脱硫率（Ca/S=1.5）	NO_x 排放量	负荷调节速率	锅炉效率
4~6m/s	40%~50%	15%~20%	850~900℃	40左右	>99%	90%	<100~300ppm	>5%MCR/min	>90%

表 3 - 3　　　　　　　**Pyroflow 型循环流化床锅炉燃烧特性参数**

参　数	燃烧效率	锅炉效率	脱硫率		NO$_x$ 排放量	负荷调节比	负荷调节速率
			高硫煤	低硫煤			
指　标	＞99％	＞90％	＞90％	＞70％	＜200ppm	3∶1～4∶1	5％MCR/min

第二节　循环流化床锅炉中煤颗粒的燃烧过程

一、循环流化床中煤的燃烧过程

一定宽度筛分的固体燃料在循环流化床中的燃烧是一个复杂的过程，它涉及气固两相流体的流动、热量和质量的传递、化学反应以及若干相关的物理化学现象。因此，这一过程除了受燃料本身特性，如挥发分含量、反应活性、颗粒粒径分布的影响外，还受到流化状态、氧气扩散条件、温度等众多因素的影响。

目前，对流化床燃烧的分析研究大多集中在鼓泡流化床条件下，而对循环流化床条件下的燃烧过程及其机理研究较少。由于鼓泡流化床的密相区与循环流化床的密相区有一定的相似性，人们已经习惯于接受循环流化床与鼓泡流化床的燃烧过程和机理相似的观点。最新的研究表明，循环流化床中的单颗粒燃烧与鼓泡流化床中的单颗粒燃烧两者之间的确差异不大。但是，对于气固两相流整体而言，燃料颗粒的燃烧并非是独立的，而是燃料颗粒与颗粒、燃料颗粒与床料颗粒形成"群体"燃烧，并且这种气固两相流体的燃烧与其流动特性密切相关。显然，由于循环流化床与鼓泡流化床在流动特性上的差异性，两者的燃烧过程和机理也必然是不同的。

由于绝大多数循环流化床锅炉以煤为主要燃料，下面定性地讨论煤颗粒的燃烧过程。

当煤颗粒进入循环流化床以后，迅速受到高温物料和烟气的包围加热，一般经历水分蒸发、挥发分析出与燃烧、焦炭燃烧等过程，中间伴有煤粒的破碎、磨损等现象，如图 3 - 3 所示。

因此，通常认为煤颗粒在循环流化床的燃烧过程大致经历以下四个连续变化的阶段：①颗粒被加热和干燥；②挥发分的析出和燃烧；③煤颗粒膨胀和破裂（一级破碎）；④焦炭燃烧和再次破裂（二级破碎）。

实际上，煤颗粒在循环流化床中的燃烧过程不能简单地被划分成上述几个孤立阶段，并认为是"串联"进行的，因为有时往往几个过程会同时"并联"发生。譬如，大量的试验研究表明，挥发分的析出、燃烧过程与焦炭的燃烧过程存在明显的重叠现象。

二、煤颗粒的加热和干燥

循环流化床锅炉燃用的煤种一般水分较大，燃用泥煤浆时其水分甚至超过 40％。如前所述，循环流化床锅炉内的物料绝大部

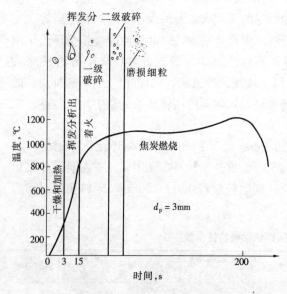

图 3 - 3　煤颗粒燃烧的过程

分是灼热的灰渣，可燃物含量很少。由于燃料量只占床料重量的极小部分，大约 1%～3%，当新鲜给煤进入循环流化床后，立即被大量灼热的物料所包围并被迅速加热到接近床温，一般加热速率能达到 100～1000℃/s。煤颗粒粒径越大，加热速率越低，加热时间越长。在这个阶段，煤颗粒受到加热、蒸发水分并被烘干。

三、挥发分的析出和燃烧

挥发分析出过程是指煤颗粒因受高温物料加热分解并产生大量气态可燃物质的过程。随着高温物料的加热，煤颗粒将首先发生热分解反应而释放出挥发分。挥发分的析出是分阶段进行的。第一个稳定析出阶段在温度为 500～600℃ 的范围内，第二个稳定析出阶段则在温度为 800～1000℃ 的范围内。虽然煤的工业分析提供了煤中挥发分的数值，但实际燃烧过程中影响挥发分的含量和组成成分的因素很多，譬如煤种、煤粒粒径分布以及加热速率、初始温度、最终温度、最终温度下的停留时间、挥发分析出时的压力等。

挥发分析出的时间与煤质、颗粒尺寸、床温和煤颗粒加热时间等因素有关。譬如，对于烟煤、褐煤和油页煤等，由于组织结构松软，如果颗粒尺寸较小，煤颗粒一进入循环流化床就能析出绝大部分挥发分，有时挥发分的析出可能是瞬间就完成的；而对于无烟煤、石煤和颗粒较大的烟煤等，由于组织结构较坚硬，煤颗粒在循环流化床内受热后，挥发分析出与焦炭燃烧过程有时几乎同时进行。

挥发分析出后，达到相应成分的着火温度时即开始燃烧。对于细煤颗粒，由于挥发分析出非常快，并且释放出来的挥发分将细煤颗粒包围、燃烧，在煤颗粒的周围产生扩散火焰，这些细煤粒燃烧所需要的时间很短，一般从给煤口进入炉床到炉膛出口就可以燃尽，无需经循环灰分离器再返送回炉膛。但对于那些未能被烟气携带出炉膛不参加物料再循环的较大煤颗粒，其挥发分析出过程就很慢，如平均直径为 3mm 的煤颗粒需要近 15s 左右才能析出全部的挥发分；而且大颗粒在炉内的掺混过程也慢得多。由于大颗粒基本沉积在炉膛下部，送入的氧量又不足，较大煤颗粒析出的挥发分往往有很大一部分在炉膛中部燃烧。另外，因为挥发分的燃烧受到氧的扩散速率的控制，炉内的氧浓度分布，特别是悬浮段的氧浓度分布对挥发分燃烧的质量以及热量释放的位置有直接影响，而氧在炉内的分布和扩散又取决于床内气固混合情况，所以挥发分的燃烧也与床内的物料分布和流动有关。

要将挥发分析出与燃烧过程进行的时间区分开来是很困难的。由于挥发分的燃烧是在氧和未燃挥发分的边界上进行的，通常由界面处挥发分和氧的扩散所控制。对于煤颗粒，扩散火焰的位置取决于氧的扩散速率和挥发分析出速率。氧的扩散速率低，火焰离煤粒表面的距离就远。对于粒径大于 1mm 的煤颗粒，挥发分的析出时间与煤颗粒在循环流化床中的整体混合时间具有相同的数量级，在炉膛顶部有时也能观察到大颗粒周围的挥发分燃烧火焰。

一般的，流化床内煤中挥发分的燃烧放热量可占到煤燃烧总放热量的 40% 左右。煤燃烧过程中挥发分的析出与燃烧改善了煤颗粒的着火性能：一方面，煤颗粒受热后有大量挥发分析出并燃烧，而挥发分的析出与燃烧反过来又加热了煤颗粒，使煤颗粒温度迅速升高，有利于着火；另一方面，挥发分的析出改变了煤颗粒的孔隙结构，从而改善了焦炭的燃烧反应。

四、焦炭的着火与燃尽

挥发分析出后所剩下的固体物质称为焦炭。经历过热解过程即挥发分析出过程后，煤颗粒基本变为焦炭，进入焦炭燃烧过程，但这两个过程往往有一定的重叠。煤颗粒进入炉膛的初期以挥发分析出和燃烧为主，后期以焦炭的燃尽为主。一般认为，煤颗粒中挥发分析出和燃烧时间约为 $1\sim10s$，而焦炭燃尽时间比挥发分析出和燃烧时间大两个数量级。因此，煤颗粒在循环流化床锅炉中的燃烧时间主要是由焦炭燃烧过程所决定的。

焦炭的燃烧过程比较复杂。

在焦炭的燃烧过程中，气流中的氧气先到达颗粒表面，在焦炭表面与碳发生氧化反应，生成 CO_2 和 CO。由于焦炭是多孔颗粒，内有大量尺寸和形状不同的小孔，这些小孔的总面积要比焦炭的外表面积大几个数量级，有些情况下氧会通过扩散进入小孔在小孔表面与碳进行氧化反应。

焦炭燃烧的工况取决于化学反应速率与氧气扩散速率，二者的综合作用决定着整个燃烧反应。根据化学反应速率和氧气扩散速率作用程度的不同，可简单地分为以下三种燃烧工况：

1. 动力控制燃烧

动力控制燃烧是指燃烧反应主要受化学反应速率控制的情况。此时，化学反应速率远低于氧气扩散速率。对于较大煤颗粒的焦炭，在 $600℃$ 以下的低温燃烧可能处于这种工况。另外，如果燃烧温度较低，由于大颗粒本身的终端沉降速度大，颗粒与烟气之间的滑移速度也大，颗粒表面的气体边界层较薄，扩散阻力小，此时氧气不但容易达到焦炭表面，甚至到达焦炭内部孔隙，这也是造成化学反应速率远小于氧气扩散速率的因素。对于多孔细颗粒焦炭，如果传质速率很高，在 $800℃$ 温度范围内燃烧可能处于这种工况。一般认为，当多孔焦炭颗粒处于动力控制燃烧工况时，由于氧扩散到整个颗粒，氧浓度在焦炭颗粒内是均匀的，燃烧在焦炭颗粒内也是均匀进行的，焦炭颗粒的密度降低而直径不变。在循环流化床锅炉中，动力控制燃烧工况主要发生在启动过程（此时温度低，化学反应速率也低）以及细颗粒燃烧（此时扩散阻力很小）等情况。

2. 扩散控制燃烧

燃烧反应主要受扩散速率控制的情况为扩散控制燃烧。在扩散控制燃烧工况中，氧气扩散速率或传质速率远低于化学反应速率。由于化学反应速率很高，通过相对慢的传质而到达颗粒表面的有限的氧气很快就被化学反应所消耗。这种工况常见于大颗粒焦炭，因为此时传质速率比化学反应速率低。而对于较细煤颗粒的焦炭，考虑到颗粒本身的终端沉降速度较小，气固滑移速度也小，颗粒表面的气体边界层较厚，扩散阻力大。当温度较高时，化学反应速率较高，也有可能处于这种工况。

3. 动力—扩散控制燃烧

在动力—扩散控制燃烧中，化学反应速率与扩散速率大体相当。这种燃烧工况常见于鼓泡流化床和循环流化床某些区域中的中等粒径焦炭。此时，氧气在焦炭中的透入深度有限，并且在接近焦炭颗粒外表面的小孔内发生反应时大部分会被消耗掉，即焦炭孔隙的氧扩散速率与化学反应速率大致相同。许多研究者认为，循环流化床中焦炭颗粒的燃烧主要在这一控制区域，甚至包括细颗粒也是如此。虽然细粒径颗粒的燃烧在循环流化床温度条件下接近动力控制，但是由于细颗粒容易形成颗粒团，从而使氧气向焦炭颗粒扩的效果不佳，循环流化床内的细颗粒也有可能处于动力—扩散控制燃烧。动力—扩散控制燃烧也称为过渡控制燃烧。

循环流化床锅炉和鼓泡流化床锅炉燃煤颗粒的粒径通常为 $0\sim13mm$。由于这种粒径范围的颗粒在循环流化床中能得到充分混合，在相同的床料粒径、床温和氧浓度下，循环流化床的传质速度比鼓泡流化床要高得多。一般的，随着燃烧的进行，焦炭颗粒缩小，气固传输速度增加，燃烧工况也从扩散控制燃烧移到动力—扩散控制燃烧，最后到动力控制燃烧。

应当注意，循环流化床锅炉内煤颗粒的燃烧，除少量细小颗粒外，绝大多数处于焦炭燃烧阶段。当煤颗粒被加热，挥发分析出燃烧后，未被一次燃尽的煤颗粒往往转化为焦炭颗粒或外层为焦炭内部仍为"煤"的颗粒。因为焦炭的燃烧要比煤燃烧困难得多，所以在炉内的停留时间要比按煤燃烧燃尽计算所需的时间长。另外，中等程度结焦的煤在挥发分析出过程中（420~500℃）要经历一个塑性相，煤中的小孔被破坏，此时颗粒的表面积最小。此后，随着煤颗粒内部气相物质析出，煤颗粒均匀膨胀形成球状颗粒。

五、煤颗粒的膨胀、破裂和磨损

在循环流化床锅炉实际运行过程中，煤颗粒的炉内燃烧行为是十分复杂的。循环流化床锅炉燃煤特别是热爆性比较强的煤种，无论是大颗粒还是中等粒径颗粒，在炉内被加热干燥、析出挥发分的同时，将膨胀、爆裂成中等粒径颗粒或细颗粒，随着燃烧的进行这些颗粒甚至可能再次发生爆裂，如图 3-4 所示。另外，煤颗粒在流化床中循环运动时，由于颗粒间存在着相互碰撞摩擦等机械作用，导致从较大颗粒表面撕裂和磨损下来许多微小颗粒，这一过程称为磨损。颗粒的破裂和磨损使大的煤颗粒减少，对循环流化床燃烧过程有较大的影响。

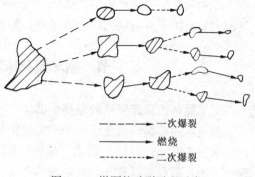

图 3-4　煤颗粒破裂过程示意

煤颗粒中析出的挥发分有时会在颗粒内部产生很高的压力而使颗粒产生破裂，这种现象称为一级破碎。经过一级破碎后，煤颗粒变成数个小颗粒。当焦炭处于动力控制燃烧或动力—扩散控制燃烧工况时，焦炭内部的小孔增加，从而使焦炭内部的连接力削弱。此时，如果作用在焦炭上的气动力大于其内部连接力，焦炭就会破裂产生碎片颗粒，这个过程称为二级破碎。显然，二级破碎发生在挥发分析出后的焦炭燃烧阶段。如果煤颗粒处于动力控制燃烧工况，即整个焦炭均匀燃烧，所有内部的化学键急剧瓦解断裂，导致二次破碎。此时，整个焦炭颗粒同时产生破裂，称为渗透破裂。

循环流化床锅炉燃用的煤种大多数热爆性比较强，煤的破裂对锅炉性能影响很大，因为它直接决定了床内固体颗粒的粒径分布，从而影响到物料的扬析夹带过程、传热过程和燃烧份额分布。譬如，由于上述的膨胀、破裂作用，初期不参与循环的大颗粒爆裂成中等粒径颗粒将参与物料的外循环；中等粒径颗粒爆裂后转化成细小颗粒，特别是形成一些可扬析的细颗粒，将可能不再参与循环（循环灰分离器捕捉不到），而随烟气进入尾部烟道；显然，颗粒的破碎使给煤的粒径分布发生显著改变，容易造成床内密相区和稀相区的燃烧份额偏离设计工况，影响锅炉运行。

大颗粒因磨损而产生的微小颗粒的粒径大多小于 $100\mu m$，循环灰分离器一般不易将它们从烟气中分离出来，这是锅炉不完全燃烧热损失的主要部分。但是，由于煤颗粒在炉内循环掺混过程中不断地碰撞磨损，在使颗粒直径变小的同时将焦炭颗粒外表一层不再燃烧的"灰壳"摩擦掉，这对于煤颗粒的燃烧和燃尽，提高锅炉效率又是有利的。

　　在燃烧存在的情况下磨损会加剧。这是因为焦炭颗粒中含有不同反应特性的显微组分聚集体，使得焦炭表面的氧化或燃烧不均匀，在焦炭表面燃烧较快的某些部分形成联结细颗粒之间的"连接臂"，在床料的机械作用下这些连接臂受到破坏的结果。这个过程称为有燃烧的磨损或燃烧辅助磨损。在快速流化床中，由于机械力与焦炭和床料间的相对速度成正比。焦炭的磨损速度也与这个相对速度成正比。快速流化床内固有的流动结构使得颗粒的磨损速度比在鼓泡流化床内高 1～4 倍。

　　煤颗粒的破裂和磨损阶段很难确切区分。磨损就其本质而言是一种缓慢的破碎过程，它着重于固体颗粒间的机械作用，即颗粒表面粗糙不平的物质在这种作用下以磨损成细颗粒的形式从颗粒表面分离。因此，影响颗粒磨损的主要因素是颗粒表面的结构特性、机械强度及外部操作条件等。磨损的作用贯穿于整个燃烧过程。煤颗粒的破裂则主要是由于自身因素引起的使颗粒粒径发生变化的过程，并且具有短时间快速改变粒径分布的特点。此外，煤颗粒投入床内后受到高温颗粒群的挤压、大颗粒内部温度分布不均匀引起的热应力以及流化床中气泡和颗粒团上升造成的压力波动等，均会影响到煤颗粒的破裂特性。

第三节　循环流化床锅炉的燃烧区域与燃烧份额

一、循环流化床锅炉的燃烧区域

　　如前所述，循环流化床锅炉的主要特征是燃烧颗粒离开炉膛出口后，经循环灰分离器和回送装置不断地送回炉内燃烧。根据结构形式的不同，循环流化床锅炉的燃烧区域也有差别。譬如，带高温循环灰分离器的循环流化床锅炉，燃烧主要发生在三个区域：炉膛下部密相区（二次风口以下）、炉膛上部稀相区（二次风口以上）、高温循环灰分离器区；采用中温循环灰分离器的循环流化床锅炉只有炉膛上、下两个燃烧区域。由于循环流化床锅炉的其他部分对燃烧的贡献很小，从燃烧的角度不再将其划分为燃烧区域，如立管、送灰器等。

　　（1）炉膛下部密相区。前已述及，这是一个充满灼热物料的大"蓄热池"，是稳定的着火源。新给入的燃料及从高温循环灰分离器收集的未燃尽的焦炭被返送回到此区域，由一次风将这些物料流化。燃料挥发分的析出和部分燃烧发生在该区域。当锅炉负荷增加时，可以增加一次风与二次风的比值，以输送数量较多的高温物料到炉膛上部区域燃烧并参与热量交换和质量交换。当锅炉负荷低而不需要分级燃烧时，二次风也可以停掉，以满足锅炉负荷变化的要求。该区域内通常处于还原性气氛中。

　　（2）炉膛上部稀相区。被输送到这里的焦炭和一部分挥发分以富氧状态燃烧，大多数燃烧反应都发生在这个区域。由于焦炭颗粒在炉膛截面的中心区域向上运动，同时沿截面贴近炉膛向下移动，或者在中心区域随颗粒团向下运动，焦炭颗粒在被夹带出炉膛之前已沿炉膛高度循环运动了多次，大大延长了焦炭颗粒在炉膛内的停留时间，有利于焦炭颗粒的燃尽。一般而言，上部区域比下部区域在高度上要大得多。

　　（3）高温循环灰分离器区。未燃尽的焦炭颗粒被带出炉膛进入该区域。由于焦炭颗粒在此停留的时间较短，而且此处氧浓度较低，焦炭在循环灰分离器中的燃烧份额很小。不过，一部分 CO 和挥发分常常在高温循环灰分离器区域燃烧，使其燃烧份额有所增加。

　　在循环流化床锅炉中，不同焦炭颗粒燃烧所处的主要燃烧区域也不完全相同。譬如，对于粒径小于 $50～100\mu m$ 的细颗粒焦炭，其所处的燃烧区域大部分在炉膛上部的稀相区，也会有少量在高温循环灰分离器内燃烧。部分细颗粒由于随颗粒团运动而被分离器分离出来，其余部分则逃离分离器作为飞灰进入锅炉尾部烟道，造成锅炉的机械不完全燃烧热损失；对于由一次破碎和二次破碎产生的焦炭碎片，由于尺寸相对较大（代表性尺寸为 $500\sim 1000\mu m$），作为飞灰逃离分离器和由床层底部冷渣口排出炉膛的可能性不大；对于直径大于 1mm 的粗焦炭颗粒，它们一部分在炉膛下部密相区燃烧，一部分被带往炉膛上部稀相区继续燃烧，还有一些被夹带出炉膛，但这部分颗粒也很容易被循环灰分离器捕集并送回炉膛内再燃烧。粗颗粒在炉内的停留时间长，燃尽度高。粗颗粒一般以炉渣的形式从炉膛底部的冷渣口排出，炉渣的含碳量很低。

二、循环流化床锅炉的燃烧份额

1. 循环流化床燃烧份额的概念

在循环流化床锅炉设计和运行中，燃烧份额显得十分重要。循环流化床燃烧份额是指炉内每一燃烧区域中燃料燃烧量占燃料总燃烧量的比例，一般可用燃料在各燃烧区域内所释放的热量占燃料总发热量的百分比表示。实际上，炉内不同位置上燃烧份额的分布反映了燃煤在各燃烧区域内的燃烧程度和燃料燃烧热量的释放规律，即能量平衡。目前，国外一般通过计算各燃烧区域中焦炭颗粒和挥发分的燃烧量得到燃烧份额的分布，而国内循环流化床设计中，沿床高的燃烧份额分布的选取主要是凭经验。

循环流化床锅炉燃烧主要发生在密相区和稀相区，炉膛内这两个燃烧区域的燃烧份额之和接近于 1。因为密相区的燃烧份额会影响到料层温度控制、炉内传热以及锅炉的连续安全运行，所以密相区燃烧份额是一个重要参数。譬如，在其他条件不变的情况下，当密相区燃烧份额增加，也就是燃煤在密相区的放热量份额增加时，为保持密相区出口温度不变，必然要增加密相区的吸热量，即应相应增加密相区的受热面积；如果密相区的受热面无法增加，则会使密相区出口烟温提高，即带入稀相区的烟气焓增加；二者必居其一。在锅炉实际运行中，如果这部分热量不能有效地被密相区受热面吸收或被烟气带走，则密相区的热量平衡就遭到破坏，从而使密相区炉膛温度升高，出现炉内高温结渣。

研究表明，循环流化床锅炉密相区燃烧份额远低于相同条件下鼓泡流化床锅炉密相区燃烧份额，后者可达 80%。因此，在鼓泡流化床锅炉中必须在密相区布置埋管才能维持密相区的热量平衡。

2. 燃烧份额分布的主要影响因素

（1）煤种。

燃烧份额的概念最早应用在鼓泡流化床锅炉的设计中。鼓泡流化床锅炉的密相区和稀相区分界比较明显，而且燃烧份额主要集中在密相区，是一个确定值。JB/DG1060—1982 标准中的鼓泡流化床锅炉密相区燃烧份额推荐值见表 3-4。由于煤种对燃烧份额的影响主要体现在挥发分含量上，该推荐值主要考虑煤的挥发分对密相区燃烧份额的影响。由表中数值可以看出，挥发分低的无烟煤及劣质煤在密相区的燃烧份额大，而挥发分高的煤其燃烧份额反而小。其中，褐煤在密相区的燃烧份额最小。这是因为褐煤挥发分在密相区析出以后，一部分还来不及在床层中燃烧便被气流带到稀相区。

表 3-4　　　　　　　　　　　　鼓泡床密相区燃烧份额推荐值

名　　称	煤 矸 石	Ⅰ类烟煤	褐　煤	Ⅰ类无烟煤
密相区燃烧份额	$0.85\sim 0.95$	$0.75\sim 0.85$	$0.7\sim 0.8$	$0.95\sim 1.0$

　　循环流化床锅炉的实际运行表明，挥发分通常比较容易在炉膛上部燃烧，一般在炉膛上部的浓度分布较高，燃烧份额较大。图3-5是燃用焦炭和烟煤两种情况下燃烧份额沿床高的分布曲线。由图可见，焦炭在密相区中的燃烧份额明显高于相近实验条件下烟煤在密相区的燃烧份额，表明煤中挥发分很大一部分被带到了稀相区进行燃烧。因此，对于挥发分含量高的煤种，其在炉膛上部释放的热量较多；而对于低挥发分煤种，其热量较多地释放在炉膛下部。要想准确地了解挥发分在炉膛内燃烧份额的分配，仍需要进一步研究挥发分析出和燃烧规律。

　　（2）颗粒粒径和燃料筛分。

　　在同样的流化速度下，粒径小的燃煤颗粒在密相区的燃烧份额会比较小。对于同样筛分范围的煤，由于细颗粒所占的份额不同，燃烧份额也会不一样。当细颗粒份额增加时，被扬析到稀相区燃烧的煤颗粒份额增多，使密相区的燃烧份额减小。循环流化床锅炉中采用窄筛分、小粒径的燃煤时，在密相区的燃烧份额要小得多。这样，在密相区不必布置埋管也能维持密相区的热量平衡。

　　（3）流化速度。

　　当流化速度增加时，同样粒径的燃煤颗粒在密相区的燃烧份额会减小。为了减少破碎的困难和降低成本，有不少循环流化床锅炉采用宽筛分煤颗粒，譬如粒径范围为 0～8mm、0～10mm或 0～13mm。因此，在密相区常选用较高的流化速度，使细颗粒被带到稀相区燃烧，降低密相区的燃烧份额，维持密相区的热量平衡。

　　（4）循环物料量。

　　物料循环量直接影响到炉内的热量分配。当循环倍率提高时，一方面循环细颗粒对受热面的传热量及从密相区带走的热量增加，有利于密相区的热量平衡；另一方面，细颗粒循环再燃的机会增加，使燃烧效率提高。

　　（5）过量空气系数。

　　过量空气系数是燃料燃烧时实际供给空气量与理论所需空气量之比。一般的，过量空气系数增加，床内氧浓度变高，但床内含炭量会明显下降，扬析到上部区域的颗粒含碳量也会下降，因而此区域的燃烧量增加不明显，甚至会下降。图3-6是过量空气系数分别为 1.05 和 1.15 时燃烧份额沿床高的分布曲线。由图可见，在稀相区，虽然过量空气系数由 1.05 增加到 1.15 时氧气浓度升高较多，但是由于颗粒含炭量相对较低，两工况在稀相区的燃烧份额相差较小。在密相区中，虽然过量空气系数为 1.15 情况下的颗粒含炭量较过量空气系数为 1.05 时要低，但是氧气浓度更高，一定程度上氧气到达焦炭颗粒表面的机会要大，因此密相区中前者的燃烧份额略高于后者。

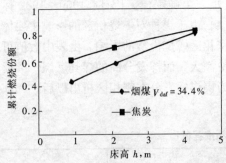

图3-5　挥发分含量对燃烧份额分布的影响

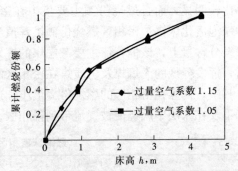

图3-6　过量空气系数对燃烧份额分布的影响

（6）床温。

一般的，密相区床温越高，床下部燃烧份额所占的比重也就越大。由于床温增高，焦炭颗粒的反应速率加大，并且气体扩散速度有所增加，密相区的燃烧份额会稍有上升。床温越高，过渡区中挥发分释放速率和焦炭颗粒燃烧速率加快，在密相区上部燃烧份额会明显增加，而且整个燃烧室内燃烧量增加。

（7）一、二次风配比。

不同一次风比例 α_1 下燃烧份额沿床高的分布曲线如图 3-7 所示。由图可见，一次风比例增加后，由于氧气供应量增加，密相区的燃烧份额会有所上升，但是由于受密相区气泡相和乳化相传质阻力的限制，密相区燃烧份额的增加远低于一次风比例的增加。

具体一、二次风配比对燃烧份额分布的影响与燃料性质有关。另外，对于不同型式的循环流化床锅炉，由于设计工况不同，其燃烧份额和一、二次风配比也不相同。在循环流化床锅炉的设计中，常常通过调节一、二次风配比来调节密相区的燃烧份额。事实上，由于二次风一般在稀相区给入，二次风不可能参与密相区的燃烧，此时的一次风比例就是密相区燃烧份额的最大值（此时的过量空气系数不应过大），调整一次风比例就可以控制密相区的燃烧份额。一般的，循环流化床锅炉密相区燃烧份额为 $30\%\sim70\%$，一次风比例为 $30\%\sim70\%$。

（8）循环灰分离器效率。

循环灰分离器是循环流化床锅炉运行的关键部件之一，它的分离效率对燃烧份额有直接影响。降低循环灰分离器的分离效率，密相区的燃烧份额会增加；如果分离效率过低，循环流化床内就无法形成大的循环量，此时循环流化床的运行类似于鼓泡流化床，密相床会发生超温。图3-8是循环灰分离器分离效率提高前后累计燃烧份额沿床高的分布曲线。由图可见，分离效率提高后，密相区的燃烧份额有所下降。

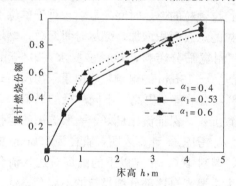

图 3-7　不同一次风比例下的燃烧份额分布

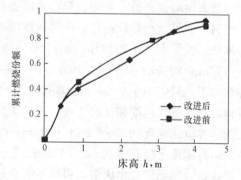

图 3-8　分离效率对燃烧份额分布的影响

第四节　影响循环流化床锅炉燃烧的因素

一、燃煤特性

燃煤特性包括挥发分含量、发热量、灰熔点以及颗粒粒径和燃料筛分等对循环流化床锅炉的燃烧均会带来影响。

对于结构比较松软、挥发分含量较高的烟煤、褐煤和油页岩等，当煤在流化床中热解时首先析出挥发分，煤颗粒变成多孔的松散结构，周围的氧向颗粒内部扩散和燃烧产物向外扩散的阻力小，燃烧速率较高；对于结构密实、挥发分含量少的无烟煤、石煤等，当煤热解时，分子的化学键不易破裂，内部挥发分不易析出，四周的氧气难以向颗粒内部扩散，燃烧速率降低；对于挥发分含量少、灰分高、含碳量又低的劣质煤，煤粒表面燃烧后形成一层坚硬的灰壳，阻碍着燃烧产物向外扩散和氧气向内扩散，煤粒燃尽困难。譬如，对燃用石煤的流化床锅炉溢流渣的分析表明，虽然燃料颗粒在炉内经过了较长时间的停留和燃烧，但在灰壳所包覆的炭核中不仅存在可燃的固定碳，而且还含有挥发分。

不同燃料的焦炭物理性质差别很大，对燃烧的影响也不同。焦炭呈粉末状的燃料称为"不焦结"的燃料，焦炭形成松散焦块的燃料称为"弱焦结性"的燃料，焦炭形成坚硬焦块的燃料称为"强焦结性"的燃料。如果循环流化床锅炉燃用不焦结性燃料，一些呈粉末状焦炭颗粒尚未燃尽就有可能被带出炉膛。要是循环灰分离器效率不高，飞灰含碳量将增加，从而加大机械不完全燃烧损失。

当锅炉燃用煤种的发热量比设计煤种低得较多时，可能会使流化床密相区温度偏低而影响燃烧。由于降低煤的发热量，其折算灰分和折算水分必然增加，每千克燃料带出密相区的热焓增加，此时密相区燃料的放热和吸热有可能失去平衡。如果发热量低至 7500kJ/kg 以下，会更加敏感。设计燃用低热值煤的流化床锅炉，应在密相区少布置受热面，才能保证密相层维持正常燃烧所需要的温度。

正如所知，煤中的灰分是有害物质，它不仅使煤的发热量降低，而且影响煤的着火和燃烧。此外，灰分还会污染锅炉受热面，影响传热，增加磨损。不同的燃料具有不同的灰熔点。当温度达到灰的软化温度（ST）时，灰分开始有黏性，容易造成结渣。结渣后流化床难以维持正常的流化状态，无法保证燃煤在炉膛内有效燃烧，甚至会造成被迫停炉。

就煤颗粒的燃烧而言，一方面，单颗炭粒的燃烧速率随着炭粒尺寸的增大，即炭粒表面积的增大而增加；另一方面，粒径的增加却会延长煤颗粒的燃尽时间。显然，对于单位重量的燃料，如果减小颗粒粒径，则颗粒数增加，炭粒的总表面积增加，燃尽时间缩短，燃烧速率加快。实际上，正如前述，循环流化床锅炉燃用宽筛分燃料，粒径多要求在 0～8mm、0～13mm，特殊的要求 0～20mm，但大多数情况是 0～13mm 的煤颗粒。由于采用反击式破碎机加工，其中小于 0.5mm 的煤粒占 25%～30%，有的甚至更高。不同粒径的燃料，有其各自的临界流化速度和飞出速度。为使粗颗粒不致沉积，保证流化良好，一般选用的运行速度为临界流化速度的 1.5～2 倍（按颗粒平均粒径 d_p 考虑）。计算表明，直径为 2.0mm 的颗粒的运行速度已经超过 0.5mm 颗粒的飞出速度，燃料中 0.5mm 以下的细煤粒送入流化床后很快就会随烟气带出床层，机械不完全燃烧损失主要来自这部分细煤粒的不完全燃烧。因此，在循环流化床燃烧中，在尽量降低颗粒扬析的情况下，适当减少燃煤粒径，缩小筛分范围，乃是提高燃烧效率的一项有效措施。

二、布风装置和流化质量

流化床燃烧室的布风装置（包括布风板、风帽及风室等）要求配风均匀，以消除死区和粗颗粒沉积，保证底部流化质量良好。同时，进入床层的空气不仅要求分配均匀，而且要形成细流，以减小初始气泡直径。在鼓泡流态化状态中，气泡在沿床层上升的过程中不断增长、合并，形成大气泡。气泡上升速度又随气泡直径增大而增加，这导致从气泡补充到乳化相中炭粒表面的扩散阻力增加，燃烧速率降低。另外，大气泡动量大，上升到床层表面破裂时，会将气泡尾涡中携带的细颗粒抛向上部空间，增加了烟气中的颗粒夹带，造成燃烧效率降低。因此，合理的布风结构是减小气泡尺寸，改善流化质量，减少细颗粒带出量，提高燃烧效率的有效途径。一般采用小直径风帽，合理布置风帽数量和风帽排列方式，设计良好的等压风室，均能明显提高流化质量。

由于循环流化床锅炉多数采用 0～13mm 的宽筛分煤粒，如果床层底部按一次风量计算出的空塔速度比鼓泡流化床锅炉高得不多，此时循环流化床锅炉密相区还是处于鼓泡流态化状态，有气泡的生成、长大和破裂，有气泡相和乳化相。所以，在这种循环流化床的设计中，应特别注意布风的均匀性和流化质量。

三、给煤方式

加入到床层的燃料要求在整个床面上播散均匀，以防止局部碳负荷过高而造成局部缺氧。因此，给煤点应分散布置，给煤量不宜集中加入。有资料表明，给煤点间距采用 600～1000mm，每个给煤点负担床面 1m² 左右为宜；但这样布置会使给煤点数量太多，造成给煤系统复杂化，运行可靠性降低。

目前，多数流化床锅炉每个给煤点负担床面 3～4m²，给煤口附近煤量过于集中。由于煤热解后挥发物首先析出和燃烧，消耗了大量氧气，在给煤口附近形成缺氧区，使该处的细颗粒因缺氧而无法燃烧，随上升气流直接穿过床层进入稀相区。如果在稀相区无足够的停留时间和较高的温度，就会形成飞灰的不完全燃烧损失。燃煤的细颗粒组分越高，这种损失也越大。对于挥发物含量很高的烟煤、褐煤及洗煤矸石等，由于局部缺氧，甚至析出的挥发物都不能在床层内完全燃尽，进入锅炉尾部受热面受到冷却后，形成焦胶和灰分，黏附在受热面上，堵塞烟气通道，影响锅炉安全运行。对燃用这类燃料的流化床锅炉，采用正压给煤时，在给煤口加装播煤风，可以改善燃烧工况，减少挥发物和细颗粒的不完全燃烧损失，提高燃烧效率。但播煤风是从密相正压区加入的，受着上升气固流的抑制作用，穿透深度很有限，细颗粒和挥发物的横向扩散并不强烈，不可能使可燃物在床内分布均匀。如在给煤口上方布置二次风，可使炉内烟气得到比较强烈的混合和搅拌，取得明显的燃烧效果。

还有一部分鼓泡流化床锅炉，采用皮带或圆盘给煤机将燃料送入流化床的负压区，细颗粒燃料未经过高温料层就被烟气带入悬浮段。由于细颗粒燃料在悬浮段中停留时间太短，即使有较高的温度，也得不到充分的燃烧，增大了飞灰含碳损失。但是，负压给煤方式播散面积较大，局部缺氧现象不如正压螺旋给煤那样严重，这种给煤方式对于燃料中细颗粒含量不多和水分含量较大的鼓泡流化床锅炉还是可取的。

四、床温

在床层中，煤颗粒的挥发分析出速率和碳的反应速率随床温的增加而增大，提高床温有利于提高燃烧速率和缩短燃尽时间。但是，床温的提高受到灰熔点的限制，通常要求床温比煤的变形温度（DT）低 100～200℃。因此，床温的最高限值应根据煤的变形温度来确定，一般床温控制在 850～950℃，最高不超过 1050℃。对于采用添加剂在床内进行脱硫的流化床锅炉，脱硫的最佳反应温度为 850～870℃，床温过高，脱硫效率急剧降低，钙硫比增大。

稀相区的温度也特别重要。对于燃烧细颗粒份额较高和挥发分含量大的燃料，提高稀相区温度，可以使这部分可燃物进一步燃烧，降低烟气中的可燃物损失。尤其对于循环流化床锅炉，由于通过分离器收集送回炉膛的细颗粒中主要是固定碳，必须在 800℃以上的温度才会着火、燃烧，这部分细颗粒的燃烧区域主要在稀相区。因此，应保持稀相区温度在 850～900℃。提高稀相区的温度的措施主要是根据稀相区热量的平衡，适当布置稀相区受热面。

五、床体结构和飞灰再燃

床体结构对燃烧效率有很大影响，除影响流化质量外，还影响细颗粒在炉膛内的停留时间。设计床体结构时，应合理组织气流，使可燃物与空气在床内得到充分混合与搅拌，有利于细颗粒在床内进行重力分离。对于鼓泡流态化状态，应减少扬析所造成的飞灰含碳损失。为使细颗粒在悬浮段能够燃尽，在鼓泡流化床锅炉设计时，可采用较大悬浮段横截面积，以降低悬浮段流速，延长细颗粒在悬浮段的停留时间；同时，在悬浮段维持较高温度，使细颗粒能在悬浮段充分燃烧。显然，扩大悬浮段面积，降低烟速，就会相应增大炉体结构尺寸。因此，这种考虑只适用于 10t/h 以下小容量鼓泡流化床锅炉的情形。

为改善和提高循环流化床锅炉的燃烧，一方面，在设计中应适当减少稀相区断面积，使稀相区达到一定的气流速度和一定的颗粒浓度，并使颗粒在炉膛内做"环核"流动，形成内循环，延长在炉内的停留时间；另一方面，采用分离性能好的高温或中温循环灰分离器，将逃逸炉膛的细颗粒捕集下来送回炉膛循环燃烧，也就是组织好外循环。而对于鼓泡流化床锅炉，可加装飞灰回燃装置，将从悬浮段沉降、分离出来的具有一定含碳量的飞灰送入主床燃烧或在单独设置的飞灰燃尽床中燃烧；另外，在悬浮段上部用水冷管构成卧式旋风筒收集飞灰循环燃烧，在悬浮段出口处设置 U 形分离燃尽段等措施也取得了很好的效果。

六、运行水平

循环流化床的燃烧与锅炉运行水平亦有密切关系。一台设计良好的流化床锅炉，如运行水平不高，技术管理不善，燃烧效率有可能降低。在运行中，应根据负荷和煤质的变化，随时调整锅炉燃烧工况，保持正常的床温和合理的风煤比，调整好一、二次风的比例，很好地组织在密相区和稀相区的燃烧，同时保证飞灰回送装置的正常运行等，以降低气体和固体不完全燃烧损失。

关于循环流化床锅炉的运行将在第八章中讨论。

第五节　循环流化床锅炉的传热分析

一、循环流化床的主要传热过程

循环流化床锅炉的传热概念涉及范围很广，包括炉内和炉外。具体有气体与固体颗粒以及颗粒之间的传热；床层与水冷壁之间的传热；床层与炉内埋管间的传热；外置式换热器中鼓泡床层与埋管间的传热；循环灰分离器或气体一次分离器内的传热等。下面仅讨论循环流化床锅炉的炉内传热，重点是床层与受热面之间的传热。

循环流化床锅炉的炉内传热过程与燃烧过程同时发生。正如前述，此时炉内是一个温度均匀而稳定的大蓄热体，并伴有高浓度的物料循环。床层中绝大部分是反应过的惰性灰粒，只有所占比例很小的新加入的煤粒在床内燃烧。除在布风板上方一段不太高的区域中，由于温度较低的空气刚进入床层床温较低外，整个流化床的温度可看作是相等的。研究表明，流化床的热传递速率高，其表观导热率为银的 100 倍。

循环流化床锅炉炉内传热机理与常规煤粉炉不同。煤粉炉炉膛内由于烟气携带的飞灰浓度很低，主要通过辐射方式将燃料燃烧释放的热量传递给受热面，为保证足够的传热量，设计中要求的炉膛温度比较高；而循环流化床锅炉因为炉膛内部有大量固体物料的循环运动，所以颗粒和气体的对流换热作用不可忽视。另外，由于循环流化床的床温保持在 850～

900℃这个较低的范围内，烟气辐射换热量的份额与煤粉炉相比也比较小。因此，循环流化床锅炉炉内传热既要考虑对流换热的影响，也要考虑辐射换热的作用。

与鼓泡流化床一样，循环流化床内主要存在两类传热过程：

（1）气体与固体颗粒以及固体颗粒之间的传热。尽管以颗粒总表面积为基准的颗粒与气体间的换热表面传热系数很小，通常只有 $6\sim23W/(m^2\cdot K)$，但在循环流化床锅炉内，气体与固体颗粒之间的换热表面传热系数是相当大的。这是因为，床内气体与固体颗粒之间的滑移速度大，热边界层比较薄，传热热阻小。虽然单个细颗粒的滑移速度比较小，但是由于在悬浮段细颗粒有团聚行为而形成大尺寸的颗粒团，和气体之间仍能保证较大的滑移速度；另外，固体颗粒之间的频繁碰撞也导致其热边界层较薄，强化了传热。因此，气体与固体颗粒以及固体颗粒间的换热十分有效，使得炉膛温度表现出相当程度的均一性。

（2）床层与受热面之间的传热。循环流化床床层与受热面（埋管、水冷壁等）之间的传热包括颗粒对流、气体对流和辐射三种方式。颗粒对流换热考虑的是床内高温运动颗粒与受热表面之间的热量传递，实质上是导热；气体对流换热是指床内高温气体在一定速度下与受热表面之间的换热；辐射换热则是考虑床内高温颗粒和气体对受热面的辐射热交换。按一级近似，床层与受热面之间总的传热系数可看作是这三种传热方式的传热系数之和。

二、循环流化床传热的基本方式

如上所述，循环流化床锅炉床层与受热面之间的传热主要包括以下三种基本方式。

1. 颗粒对流换热

固体颗粒聚集成团是循环流化床的一个主要特征。每一颗粒团是由数量众多的颗粒聚集而成的，颗粒团的温度与床温相同，这些颗粒团自成一运动主体。当它们运动到受热面附近并与之接触时，其间存在较大的温度梯度。这时，热量很快地从颗粒团经过气膜以热传导方式传给受热面，或者颗粒团直接碰撞受热面通过导热与受热面进行热量传递。由于颗粒团是间断地扫过受热面而不是在壁面连续地覆盖形成颗粒层，颗粒团在运行一段距离后会弥散或离开壁面，壁面处又会被新的颗粒团所取代。显然，颗粒团在受热面附近停留的时间愈长，颗粒团与受热面间的温度梯度则愈小；反之，停留时间愈短，亦即颗粒团的更新率愈高，则颗粒团与受热面间的温度梯度愈大，热量传递速率就愈高。在其他条件相同的情况下，颗粒尺寸减小，单位受热面上接触的颗粒数量越多，传热过程就越强烈。此外，当床温升高时，床层与受热面之间的表面传热系数增大。通常颗粒粒径为 $40\sim1000\mu m$ 时，颗粒对流放热是炉内传热的主要方式。

2. 气体对流换热

固体颗粒与受热面接触发生导热的同时，气流也在颗粒与受热面表面间进行对流换热。一般情况下，颗粒对流换热的份额要比气体对流传热的份额大得多。但是，在循环流化床稀相区颗粒浓度极低的情况下，气体对流换热份额会增大并变得重要起来。这是因为循环流化床稀相区中颗粒团以外的部分并非"纯气流"，实际上上升气流中还含有少量颗粒，这些颗粒增加了气体的扰动，使颗粒间气流处于湍流前的过渡状态或湍流状态。所以气体对流换热非常显著，在热量传递过程中所占的比例大大增加。

3. 辐射换热

辐射换热也是循环流化床锅炉中的主要传热方式。当床温高于 $600℃$ 以后，辐射换热份额增大并显得越来越重要。另外，当颗粒浓度减小时，由于颗粒对流换热过程减弱，辐射换热份额也会增大。

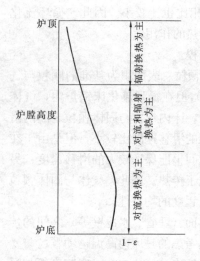

图 3-9　沿炉膛高度传热方式随固体
颗粒浓度的变化（Pyroflow 型）

三、循环流化床锅炉床层与受热面之间的传热

在循环流化床锅炉中，由于炉内气固两相混合物中固体颗粒浓度沿炉膛高度方向（或轴向）的分布不同，不同区段的传热方式（包括总传热系数）也不尽相同，如图3-9所示。由图可见，沿着炉膛高度方向随着固体颗粒在气固两相混合物中所占份额（1−ε）的减小（或颗粒浓度的降低），传热方式由炉膛下部的颗粒对流换热为主转变为颗粒对流换热和辐射换热为主，继而转变为炉膛上部的颗粒和气体的辐射换热为主，各部分的传热系数值示于表3-5。顺便指出，对于沿炉膛高度方向上的某一截面，由于边壁处颗粒浓度高于中心区域，床中心传热系数最小，而边壁处较大。

由于上述情况，在讨论循环流化床锅炉床层与受热面之间的传热时，要分别考虑下部密相区和上部稀相区（悬浮段）的不同情况。

1. 密相区与受热面之间的传热

循环流化床锅炉下部密相区固体颗粒浓度较大，多属湍流流态化区，流动状态类似于鼓泡流化床的流化状态，其传热也类似于鼓泡流化床。循环流化床密相区与受热面之间的传热包括了颗粒对流换热、气体对流换热和辐射换热三种基本方式，但由于密相区内物料浓度很高且返混流动剧烈，气体对流换热作用较小，对受热面的辐射作用相对也较小，传热方式以颗粒对流换热为主。

表 3-5　　　　各种传热方式的传热系数

传热方式	传热系数 [W/(m²·K)]
颗粒和气体辐射	57～141
颗粒对流和辐射	141～340
颗粒对流	340～454

2. 稀相区与受热面之间的传热

在炉膛上部的稀相区，固体颗粒在上升气流中集聚形成颗粒团。大部分床料沿床中间区域上升，而在靠近壁面的区域内以颗粒团的形式贴壁下滑。在下滑过程中，这些颗粒团又会被近壁处的上升气流打散而随之向上运动，再次形成新的颗粒团贴壁下滑，周而复始。因此，床层向壁面的传热包括了气体对流换热、颗粒对流换热及气固流体对受热面的辐射换热等方式。

需要说明的是，在循环流化床上部稀相区极低颗粒浓度的情况下，气体对流换热变得重要起来。另外，在上升气流中除颗粒团外还包含少量的分散颗粒，它们对受迫对流换热起着重要作用。颗粒团与分散颗粒交替地与壁面接触进行传热，即颗粒对流换热。此时，颗粒团与壁面间的传热热阻包括与壁面的接触热阻和颗粒团本身的导热热阻两部分；在稀相区，由于颗粒浓度较小，颗粒对流换热下降，辐射换热份额变大。在炉膛最上部，颗粒和气体的辐射换热占主导地位。

四、影响循环流化床锅炉炉内传热的主要因素

由于循环流化床内存在着复杂的气固两相流动，各种因素对传热的影响又因三种不同传热方式而有显著的差别，加之锅炉结构布置的多样化，循环流化床锅炉炉内传热比较复杂。目前对于循环流化床锅炉炉内传热的机理尚不十分清楚，下面仅对影响床层与受热面之间传热的主要因素作简单介绍。

1. 颗粒浓度

在循环流化床内，炉内传热系数随着床内悬浮固体物料浓度或颗粒浓度的增加而增大，传热过程强烈地受到床内物料颗粒浓度的影响。正如前述，因为炉内热量向受热面的传递，是由四周沿壁面向下流动的颗粒团和中心区域向上流动的含有分散颗粒的气流完成的，由颗粒团向壁面的导热（颗粒对流换热）比分散相的对流换热强烈得多，特别是较密的床层有较大份额的壁面被这些颗粒团所冲刷，受热面在密的床层得到的来自物料颗粒的热量传递比在稀的床层多，加之固体颗粒的热容量也要比气体的大得多，所以物料颗粒浓度对总传热系数的影响是最主要的。图 3-10 反映了截面平均颗粒浓度对传热系数的影响。由图可见，颗粒浓度对炉内传热系数的影响比较显著。

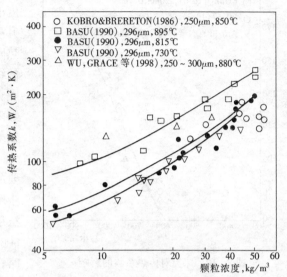

图 3-10　颗粒浓度对传热系数的影响

有的研究认为循环流化床中传热系数与悬浮物密度的平方根成正比。由于悬浮段颗粒浓度分布沿床高通常按照指数形式衰减，因此在不同炉膛高度上物料浓度不同，总的传热系数是不同的。其中，辐射换热和对流换热所占的份额也随之发生变化。实际上，床内颗粒浓度对传热的影响反映的是循环流化床锅炉中气固流体流动的影响。

2. 颗粒尺寸及分布

在鼓泡流化床中小颗粒的传热系数要比大颗粒的传热系数大。但是，在循环流化床中颗粒尺寸对传热系数的影响并不非常明显。运行结果表明，对于具有水冷壁的商业应用循环流化床锅炉，颗粒尺寸对传热系数无明显的直接影响。然而，在燃用宽筛分燃料的循环流化床锅炉中，如果细颗粒所占的份额增多，则会有较多的颗粒被携带到床层上部，增加了截面颗粒浓度，从而使传热加强。

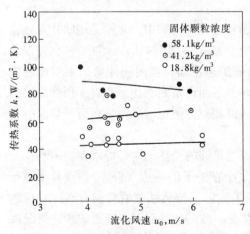

图 3-11　流化速度对传热系数的影响

3. 流化速度

在循环流化床中，若保持固体颗粒的循环量不变，一般而言，随着流化速度的增加，一方面气体对流换热增强，另一方面由于床层内颗粒浓度的减小而造成传热系数下降。再者，对于颗粒浓度较大的床下部密相区，由于颗粒对流换热实质上是以非稳态导热为主，传热系数随流化速度增大而减小；而对于颗粒浓度较低的稀相区，气体对流将比较明显，传热系数可能随流化速度增加而增大。在这两种相反趋势的共同作用下，当固体颗粒浓度一定时，传热系数在不同流化速度下变化很小，如图 3-11 所示。

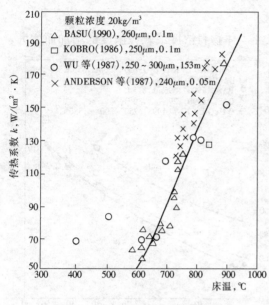

图 3-12　床温对传热系数的影响

4. 床温

在循环流化床的密相区中，随着床层温度的升高，传热系数基本呈线性增大。床温升高导致壁面处气体边界层的导热系数增大，热阻减小，同时，辐射换热也会增强。两者的综合作用如图 3-12 所示。由图可见，对于颗粒浓度相对高的情形（20kg/m³），传热系数随温度的升高线性增加（在炉膛上部由于辐射换热起主要作用情况会有所不同）。

实际上，床温对传热系数的影响更为重要的是反映在辐射换热表面传热系数上。关于辐射换热在总的传热中所占比例，目前看法还不尽一致。多数学者认为，当床温低于 600℃时，辐射换热所占比例很小，可以忽略；而当床温达到 800℃时，则必须考虑辐射换热的贡献。有试验表明，在床温为 850～950℃时的辐射换热份额为 20%～40%。

因此，有些循环流化床锅炉在循环量不能达到设计要求的情况下，会采用提高床温的办法来提高传热系数，以保证锅炉出力。

5. 物料循环倍率

在一定的气体流速下，物料循环倍率增大，即返送回炉内床层的物料增多，炉内物料量加大，床内物料的颗粒浓度增加，传热系数增大。因此，物料循环倍率越大，炉内传热系数也愈大，反之亦然。物料循环倍率对炉内传热的影响，实质上反映的是颗粒浓度对炉内传热系数的影响，关于后者在前面已做过讨论。

6. 受热面结构与布置

在受热面管径不是很大的情况下，传热系数随管径的增大而有所减小，其主要原因是当管径增大时，固体颗粒在管子周围停留时间增加；但当管径远大于颗粒粒径时，管径对传热几乎无影响。另外，单根竖管传热系数比水平管高；管束的传热系数比单管小，并与节距有关。

正如所知，肋片即扩展表面能够强化传热。在循环流化床锅炉中，常常采用肋片来强化壁面换热。肋片的形式可以是焊接于管子表面的竖直金属条，即侧向肋（鳍片），也可以是针肋。有鳍片相连接的管排构成膜式水冷壁，成为锅炉包覆面，侧向肋片增加了壁面的吸热。但此时仅有一面暴露于烟气中从炉膛吸收热量，另一面得不到利用。在管子顶部焊接的扩展肋片则可使两面都参与传热。这种扩展肋片还可以相对方便地增减，从而可对炉内的换热面积进行细调。

对于大容量循环流化床锅炉，在炉内壁面不能布置足够的受热面时，可以在炉内悬挂受热面或增加流化床外部热交换器。悬挂受热面或者集中在炉子的一边（管屏），或者水平布置在炉子中部（Ω管）。不少研究者在试验台上测量了室温下传热系数的横向分布，发现越靠近壁面处传热系数越大，这与局部颗粒浓度的变化是一致的。然而对于高温炉膛，情况就会发生改变。在离开壁面的地方，颗粒的对流换热虽然较低，但由于炉内中心区的角系数最大，辐射换热作用大大增强，总传热系数在离开壁面处稍高或大致等于壁面处的传热系数，颗粒浓度较低时尤其如此。高颗粒浓度时由于颗粒对流的增强，其变化情况有可能相反。

另外，受热面的垂直长度也对传热系数有影响。譬如炉内颗粒浓度较高时，如果受热面的垂直长度较长，顺着壁面下滑的颗粒团有足够的时间被冷却，从而形成一个比炉膛中心区温度低的热边界层，部分削弱了中心区对受热面辐射换热的影响。

第六节　循环流化床锅炉的传热研究与计算

一、循环流化床锅炉传热研究

众所周知，传热过程对锅炉的设计和运行有直接影响。在循环流化床锅炉设计中，传热系数决定着受热面的数量、布置及结构。如果传热系数选取不当，就难以实现稳定燃烧和安全经济运行。因此，传热系数的准确性对锅炉的设计、制造和运行的可靠性、安全性均起着举足轻重的作用。

循环流化床炉膛内的传热与煤粉炉两者有所不同：后者飞灰浓度很小，一般为几十个 g/m^3，而前者的颗粒浓度较高，热容量较大，颗粒对水冷壁产生强烈的对流和辐射作用。因此，循环流化床锅炉燃烧室中，床层对壁面的总体传热系数可达 $200W/(m^2 \cdot K)$ 左右，远比一般煤粉炉高。另外，固体颗粒的热物性和密度、颗粒粒径与筛分特性等物理性质的影响以及水冷壁的独特结构等，都使循环流化床锅炉中气固两相流的流动和传热变得更为复杂。迄今为止，无论是实验测量还是模型研究，都不能较为准确地查明循环流化床炉膛内的局部和总体传热系数值。因此，对循环流化床传热规律的研究是一个既有价值又很迫切的课题。

下面简略介绍近年来学者们在循环流化床燃烧室内的传热方面所做的部分工作，以期引起读者的关注和兴趣。

1. 传热模型

由于对循环流化床内流体特性的了解不够，目前还没有完善的循环流化床锅炉的传热模型，现今较为普遍的两种理论模型是颗粒团（或称乳化团）换热模型和热力边界层模型。

对于密相区与受热面之间的传热，许多学者提出了不同的观点，其中公认的是 1955 年米克里（Mickley）和费尔班克斯（Fairbanks）提出的基于颗粒团不稳定导热机理的颗粒团交替模型。颗粒团换热模型认为，可以将流化床中的物料看成是由许多"颗粒团"组成的，密相区与受热面之间的传热热阻来自贴近受热壁面的颗粒团。由于气泡的作用，颗粒团在换热壁面附近周期性地更替，更替的频率取决于床内的湍流程度。流化床与壁面之间的传热速率依赖于这些颗粒团的放热速率以及颗粒团与壁面的接触频率。图 3-13 为颗粒团交替换热模型示意。

自颗粒团换热模型提出以来，许多学者在此基础上作了修改、补充和发展，提出了一些更趋完善的模型。譬如，将颗粒团处理成连续介质的连续介质假设

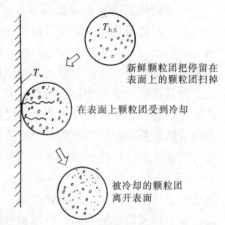

图 3-13　颗粒团交替换热模型示意

模型，将颗粒团处理成离散颗粒（包括单颗粒、双颗粒、四颗粒）的颗粒换热模型，将颗粒团处理成气、固交替叠层排列的对颗粒数不做限制的交替层模型（又称交变平板模型）和交替换热模型等。巴苏（Basu）和弗雷泽（Fraser）系统描述了交替换热模型。该模型认为，在快速流态化下，颗粒团和分散相交替流过受热面。总的换热表面传热系数由对流换热表面传热系数和辐射换热表面传热系数直接相加得到。两项换热表面传热系数中的每一项再按颗粒团和分散相覆盖壁面的时间比例线性叠加。

李克勒（Leckner）认为在存在边界颗粒下降流的情况下，壁面与颗粒层之间存在一个颗粒很少的气体层，其中的温度梯度很大，由气体层和颗粒层构成了一个热力边界层。燃烧室中气固两相流对边壁的传热是通过边界层的传热来实现的。锅炉容量越大，边界层越厚。分析靠近壁面气固两相的质量、动量和能量平衡情况，可以得到床层向壁面传热的详细情况。

李克勒的边界层分析方法比较复杂。与之相比，交替换热模型显得简单一些，用来解释循环流化床中的许多现象比较有效。但是，由于交替换热模型难以考虑下降流对辐射的阻碍作用和粒径分布较广时的情形，所用的关联式并不能广泛地应用于各种工况，仍显得有些粗糙。

2. 实验研究

在模型尚不能准确预测的情况下，实验研究就成为了解循环流化床传热的主要手段和依据。

循环流化床传热的实验研究很大一部分是在实验室中进行的。基昂（Kiang）等使用短圆柱形电加热探头在直径为 0.1m 高为 3.66m 的循环流化床中，用 $53\mu m$ 的颗粒进行了实验，发现床层与探头之间的换热表面传热系数随床内固体颗粒循环量的增加而增加。弗基尔（Feugier）等在内径 0.15m 高 7m 的循环流化床上实验发现，平均传热系数随床层密度、固体颗粒循环流率的增大而增大，随颗粒平均粒径的增大而明显减小。其他一些学者也在实验台上得出了类似的结论。

现有的实验室结果大多数来自冷态和小型实验台，虽然可以反映出一些传热规律，但限于目前所掌握的流动和传热知识不是很完备，还不能够完全将冷态和小型实验台上的结果通过模化转换到工程实际中，加之锅炉热态运行数据往往属于商业秘密，特别是大规模循环流化床锅炉热态试验的结果不但少，而且数据不完整，因此，必须进行循环流化床锅炉的热态传热试验研究，测量锅炉的传热系数。

典型的热态试验是安德森（Andersson）和李克勒在一台 12MW$_{th}$（下标"th"表示热功率）的循环流化床锅炉上进行的床层对膜式水冷壁的传热实验，循环流化床燃烧室截面积为 1.7m×1.7m，高为 13.5m。他们用四种方法考察了床层对壁面的传热系数，即用炉膛热平衡法计算炉膛内床层对膜式水冷壁的平均传热系数；用装于两管之间鳍片部位的导热式热流计测量床层对壁面的局部传热系数；用某一段管子两端水温的变化来求此处局部的吸热量和传热系数；在水冷壁及鳍片上埋设热电偶测量膜式水冷壁中的温度分布，通过计算温度场与热流的关系确定传热系数。研究表明，当炉内平均颗粒浓度在 $5\sim30kg/m^3$ 范围时，沿炉膛高度基于实际传热面积的平均传热系数为 $100\sim160W/(m^2\cdot K)$。当床截面平均颗粒浓度为 $3\sim80kg/m^3$ 时，局部传热系数在 $50\sim280W/(m^2\cdot K)$ 之间变化。而且，在不同的流化风速和不同的床高上，由于颗粒浓度不同，边壁固体下降流的状况也不一样，从而造成了局部位置上热流趋势的不同。当颗粒沿着管子与鳍片形成的沟槽下滑时会发生集聚，而造成当地的颗粒浓度增高。颗粒的积聚一方面给局部水冷壁以高的对流和辐射换热量，另一方面对炉膛中心的气体向壁面的辐射有屏蔽作用。这与巴苏的研究结果一致。清华大学的研究人员用热流计（热流探头）分别测量了两台 75t/h 和一台 20t/h 循环流化床锅炉燃烧室的传热系数和颗粒浓度分布，具体方法是用热流计内的温度梯度推算热流计端部从炉膛吸收的热量，从而测出床层对壁面的传热系数。测量发现，沿着炉膛高度向上，床层对壁面的传热系数呈递减趋势，随着与墙面距离的增加，局部颗粒浓度也呈明显的递减趋势。局部颗粒浓度对当地传热过程有很大的影响。

采用上述测量方法可以得到一些有价值的信息，但也是存在一些误差的信息。譬如，在用热流探头测量床层对水冷壁的传热系数时，探头破坏了所测量区域的局部热流状况；探头的表面温度不等于真实水冷壁的温度；如果探头的周向隔热保温做得不好，还容易从侧面吸入热量等，这是误差产生的原因。热流计的另一不足之处在于它不能测量管子和鳍片上更细微的热流分布情况。

由于循环流化床锅炉传热系数测量的困难，加之锅炉热态运行数据往往属于商业秘密，特别是大规模循环流化床锅炉热态试验的结果不仅少，而且数据不完整，文献中鲜见循环流化床锅炉传热系数的报道。表 3-6 给出了国内外研究者通过热态测试得到的一些循环流化床锅炉中的传热系数。

表 3-6　　　　　　　　　　一些循环流化床锅炉中传热系数的范围

厂址和研究者	功率 （MW）	传热系数 W/(m²·K)	炉膛尺寸 （长×宽×高）(m)	炉膛风速 （m/s）	炉膛温度 （℃）
美国 Nucla（Boyd 和 Friedman，1991）	110	100～135*	6.9×7.4×34	2.6～5.1	774～913
瑞典 Chalmers 大学（Andersson 和 Leckner，1992）	12（热）	100～160	1.7×1.7×13.5	1.8～6.1	640～880
法国 Carling（Jestin 等，1992）	125	90～160**	8.6×11×33	—	850
加拿大 Chatham（Couturier 等，1993）	72（热）	170～220**	3.96×3.96×23	6.4	875
德国 Flensberg（Werdermann 和 Werther，1994）	109	177～157*	5.13×5.13×28	6.3	855
德国 Duisberg（Werdermann 和 Werther，1994）	226	445～595***	（直径）8		
中国扬中（王勤辉等，1998）	50（热）	～168	5.45×2.9×21	5.8～6.1	950
中国建江（Jin 等，1999）	50	150～300	3×6×20	～5.1	920
中国杭州（浙江大学，1999）	50	113～195	5.5×8.94×26	5.0	900～970
加拿大（程乐鸣，2000）	165	110～170	7×18×36	4.6～5.2	800～950
中国山东（Wang 等，2005）	135	93～140	6.6×13.1×38	5.2～5.9	800～930

*　　根据有关公布数据推导而得。
**　　按设计传热表面的传热系数为 115～210 W/(m²·K)。
***　用水平管束测量。

另外，许多研究者在对一定运行床温条件下测得的传热系数及其影响因素进行回归分析和总结，提出了一些工业循环流化床锅炉中计算炉内受热面传热系数的经验公式，其中的部分计算式列于表 3-7。这些计算式中的参变量只有炉膛固体颗粒浓度，不仅直观实用，而且计算值与实际值较为吻合，可供设计、调试与运行时参考。

表 3-7　　　　　　　　　　一些工业循环流化床锅炉中传热系数的经验公式

研　究　者	经验公式	炉膛固体颗粒浓度 ρ_b （kg/m³）	炉膛温度 T_b （℃）
Andersson 和 Leckner (1992)	$h_w=30\rho_b^{0.5}$	5～80	750～895
Golriz 和 Sunden (1994)	$h_w=88+9.45\rho_b^{0.5}$	7～70	800～850
Basu 和 Nag (1996)	$h_w=40\rho_b^{0.5}$	$5<\rho_b<20$	$750<T_b<850$
Andersson (1996)	$h_2=70\rho_b^{0.085}$ $h_w=58\rho_b^{0.36}$	>2 $\leqslant 2$	637～883

3. 热流计算

目前，绝大多数的循环流化床传热理论和实验研究，主要集中在气固两相热流体对壁面的传热上，对热量在由管子和鳍片构成的膜式水冷壁上的传递规律、鳍片上的温度分布状况以及温度状况如何反映气固两相流对膜式水冷壁传热的影响等则研究不够，而这正是关乎工业设计中水冷壁的尺寸选取等问题。因此，水冷壁侧的热流计算是非常重要的。

如果循环流化床锅炉处于稳定运行状态，虽然颗粒团会间歇地与某些壁面接触，但由于这种变化的频率高，此处水冷壁内的温度分布按时间平均计可近似看成是稳态的。另外，工业循环流化床锅炉内的水冷壁一般纵向尺寸较大，而且循环流化床的一个重要特征是床内的温差（包括高度方向）很小，可以近似认为热流仅从炉膛垂直传向壁面，水冷壁内无纵向传热。因此，水冷壁内部的传热大致可简化为一个二维导热问题。

鲍恩（Bowen）等考虑了膜式水冷壁中间鳍片厚度、宽度以及导热系数对水冷壁的热量吸收和壁面温度分布的影响，采用有限差分法进行了膜式水冷壁的传热计算。结果表明，鳍片对增加整个水冷壁的吸热量起着非常重要的作用。增加鳍片宽度可以使鳍片向管子输送更多热量，然而这种增加并不是越大越好。当炉膛宽度一定时，鳍片变宽必然会挤占管子所占的空间，虽然节省管材，但会使总的传热系数下降。由于有限差分法的网格划分只是正方形、矩形或正三角形，安德森和李克勒在用实验方法的同时，用有限元法计算了水冷壁温度场与热流的关系，并结合热平衡法确定适当的经验系数，最后通过测量壁面温度差乘以经验系数的方法来确定热流密度。这种方法不破坏水冷壁结构，而且比较准确，是一种较好的测量水冷壁吸热量的方法。

水冷壁内的温度和热流分布与水冷壁的结构尺寸、材料的导热系数、管内外流体的物性参数、温度和传热系数等都有关系。目前，国内在循环流化床水冷壁侧热流计算中还存在一些主要问题。一是不同情况下的选择水冷壁形式以及水冷壁管规格的原则和方法尚不够明确。在锅炉计算手册中，常规锅炉水冷壁管子和鳍片的结构尺寸可按水循环方式和压力进行粗略选取，但对循环流化床锅炉尚无选择标准（现常用的管子为 $\phi51\sim\phi63.5$，节距从 78～100mm 不等）。二是由于条件限制难以实地测量水冷壁总热流、热流密度、沿管壁的热流分布和壁面温度，从而对水冷壁设计和校核的准确性（包括材料和尺寸的选取等）带来影响。譬如，由于壁面温度直接影响水冷壁的材料和尺寸的选取，显然当水冷壁的节距拉大时，鳍片的温度会升高；在循环流化床锅炉大型化的过程中希望知道目前的水冷壁尺寸是偏于危险还是偏于保守，而国家计算标准有关壁温的计算式虽然考虑了壁厚、鳍片厚度及导热系数等因素的影响，但是以已知热流为前提，而且对不同形式的膜式水冷壁，都可能得到相同的结果。三是特殊形式受热面的处理。循环流化床特殊形式的受热面包括光管水冷壁、双面曝光的水冷壁和带有防磨层的水冷壁等，它们的壁温和传热量情况与一般水冷壁不尽相同。譬如，在同样的炉膛条件下双面曝光的水冷壁热负荷显然大于普通的单面受热水冷壁。因此，在采用与悬浮段同一规格的水冷壁时就必须考虑材料的允许温度范围。再如，循环流化床炉膛的吸热主要集中在上部，这是因为炉膛下部的磨损相当严重，一般都在管子上加焊的防磨销钉上覆盖上一层防磨耐火材料，类似于卫燃带。在循环流化床锅炉的设计计算中一般认为这部分水冷壁的传热系数非常小，并且所占面积不大，传热往往被忽略。但是，越来越高的锅炉设计要求使得了解这一部分水冷壁传热量的特征及大小成为需要。目前，对于循环流化床锅炉，只是采用经验传热数据来计算用防磨材料包覆的水冷壁的吸热，未见关于具体算法的文献。

二、循环流化床锅炉的传热计算

1. 燃烧室受热面的传热

循环流化床燃烧室受热面主要采用有鳍片相连接的管排构成的膜式水冷壁，典型结构如图 3-14 所示。正如前述，近壁区存在颗粒浓度很高的贴壁下降流。床层与受热面的传热由床中心上升流动的烟气及其夹带的物料与壁区物料的热量交换、质量交换，以及近壁区气固两相流与壁面的对流和辐射两步完成。近壁区下降流与壁面之间存在着 5~10mm 的边界层，辐射换热几乎全部发生在近壁区内，辐射换热面积即可近似为受热面的外表（床侧或烟气侧）全面积 A_t，对流也是发生在烟气侧全面积 A_t 上，故循环流化床锅炉燃烧室受热面的传热面积是曲面全面积 A_t，这是与煤粉炉的重要差别之处。

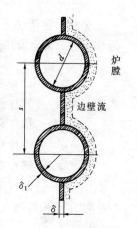

图 3-14 燃烧室
受热面结构

循环流化床锅炉燃烧室受热面的吸热量为

$$Q = KA_t\Delta T \tag{3-1}$$

式中　Q——传热量，W；

　　　K——基于烟气侧全面积的传热系数，W/(m²·K)；

　　　ΔT——床温 T_b 与受热面内工质温度 T_f 之差（K），即 $\Delta T = T_b - T_f$；

　　　A_t——烟气侧全面积，m²。

传热热阻包括床侧热阻、工质侧热阻、受热面本身热阻和附加热阻四部分，并与结构有关。按照扩展表面受热面传热系数形式，有

$$K = \cfrac{1}{\cfrac{1}{\alpha_{b,w}} + \cfrac{1}{\alpha_f}\cfrac{A_t}{A_f} + \cfrac{\delta_1}{\lambda} + R} \tag{3-2}$$

式中　$\alpha_{b,w}$——烟气侧壁面总表面名义表面传热系数，W/(m²·K)；

　　　α_f——工质侧表面传热系数，可按有关标准选取，W/(m²·K)；

　　　A_f——工质侧总面积，m²；

　　　δ_1——受热面管壁厚度，m；

　　　λ——受热面金属导热系数，可从相关手册中查取，W/(m·K)；

　　　R——附加热阻，m²·K/W。

式（3-2）中的附加热阻 R 包括壁面污染和受热面耐火层热阻，即有

$$R = R_s + \frac{\delta_a}{\lambda_a} \quad\quad\quad (3-3)$$

式中　R_s——受热面壁面污染系数，可按有关标准选取，$m^2 \cdot K/W$；

　　　δ_a——受热面耐火层厚度，m；

　　　λ_a——受热面耐火层导热系数，可从相关手册中查取，$W/(m \cdot K)$。

对于图 3-14 所示的受热面结构，受热面内外面积比为

$$\frac{A_t}{A_f} = 1 + \frac{2}{\pi}\left[\frac{s - \delta - (2-\pi)\delta_1}{d - 2\delta_1} - 1\right] \quad\quad\quad (3-4)$$

式中　s——管节距，m；

　　　δ——鳍片厚度，m；

　　　d——管子内径，m。

至此，在传热系数计算式（3-2）等式右端各项中，仅烟气侧壁面总表面名义换热表面传热系数 $\alpha_{b,w}$ 为未知。$\alpha_{b,w}$ 受管节距、鳍片厚度和壁面污染情况影响，可表示为

$$\alpha_{b,w} = \left[\frac{A_{fin}}{A_t}(\eta\mu \cdot \nu - 1) + 1\right]\frac{\alpha_b}{1 + \alpha_b R_s} \quad\quad\quad (3-5)$$

式中　A_{fin}——鳍片面积，m^2；

　　　η——鳍片利用系数（即肋效率）；

　　　μ——鳍片宽度系数；

　　　ν——鳍片厚度系数；

　　　α_b——烟气侧换热表面传热系数，$W/(m^2 \cdot K)$。

鳍片面积与烟气侧全面积之比 A_{fin}/A_t 为

$$\frac{A_{fin}}{A_t} = \frac{s - d}{s - \delta + \left(\frac{\pi}{2} - 1\right)d} \qu\quad\quad\quad (3-6)$$

鳍片利用系数 η 为

$$\eta = \frac{th(\beta h)}{\beta h} \quad\quad\quad (3-7)$$

$$h = \frac{s - d}{2\mu \sqrt{N}} \quad\quad\quad (3-8)$$

式中　h——鳍片的有效高度，m。

式（3-8）中，N 反映受热面的受热情况，单面受热时 $N=1$，双面受热时 $N=2$；而 β 与受热面受热情况、膜式水冷壁结构尺寸和材料等有关，可表示为

$$\beta = \left[\frac{N\alpha_b h_1}{\delta\nu\lambda(1 + \alpha_b R_s)}\right]^{\frac{1}{2}} \quad\quad\quad (3-9)$$

其中，h_1 为鳍片折算高度，$h_1 = (s-d)/2\mu$。另外，鳍片宽度系数 μ 和鳍片厚度系数 ν 均与受热面结构尺寸有关。根据实验，当 $s/d = 1.3$ 时，$\mu = 0.97$；当 $s/d = 1.7$ 时，$\mu = 0.9$。鳍片厚度系数 ν 为

$$\nu = \frac{N\delta_1}{5(s - d)} \quad\quad\quad (3-10)$$

现在，式（3-5）中烟气侧换热表面传热系数 α_b 为未知。考虑到燃烧室气固两相混合物

与壁面的换热包括辐射和对流两部分，按二者线性叠加处理，则有

$$\alpha_b = \alpha_r + \alpha_c \tag{3-11}$$

式中　α_r——辐射换热表面传热系数，$W/(m^2 \cdot K)$；

　　　α_c——对流换热表面传热系数，$W/(m^2 \cdot K)$。

根据前面对循环流化床燃烧室受热面传热理论分析与近似，可以导出烟气侧换热表面传热系数 α_b。

辐射换热表面传热系数 α_r 受床层与壁面之间的系统黑度 ε、床温 T_b 和管子外壁温度 T_w（K）的影响，可写为

$$\alpha_r = \varepsilon\sigma(T_b + T_w)(T_b^2 + T_w^2) \tag{3-12}$$

式中　σ——斯忒潘-玻尔兹曼常数，$\sigma = 5.67 \times 10^{-8} W/(m^2 \cdot K^4)$。

T_w 与管子材料和壁厚、工质的温度和流速以及床层温度有关。实际上，受热面材料和壁厚的选取主要考虑受热介质的压力及温度。而在循环流化床锅炉条件下，床层温度基本在 850~950℃之间。于是，T_w 可简单写作

$$T_w = T_f + \Delta T_w \tag{3-13}$$

式中　ΔT_w——受热面管子内外侧温度之差，K。

可近似表示为 $\Delta T_w = (c_0 + c_1 T_f)\sqrt{N}$。一般的，常数 c_0 为 4~6，c_1 为 0.1~0.2。

床层与壁面之间的系统黑度 ε 可写成

$$\varepsilon = \cfrac{1}{\cfrac{1}{\varepsilon_b} + \cfrac{1}{\varepsilon_w} - 1} \tag{3-14}$$

式中　ε_b——床层黑度；

　　　ε_w——壁面黑度，一般为 0.5~0.8。

在气固两相流中，床层黑度 ε_b 由颗粒黑度和烟气黑度两部分组成，即

$$\varepsilon_b = \varepsilon_p + \varepsilon_g(1 - \varepsilon_p) \tag{3-15}$$

式中　ε_p——固体物料黑度；

　　　ε_g——烟气黑度。

固体物料黑度 ε_p 可以表示成

$$\varepsilon_p = \left\{ \frac{\bar{\varepsilon}_p}{(1 - \bar{\varepsilon}_p)B}\left[\frac{\bar{\varepsilon}_p}{1 - \bar{\varepsilon}_p} + 2\right] \right\}^{\frac{1}{2}} \frac{\bar{\varepsilon}_p}{(1 - \bar{\varepsilon}_p)B} \tag{3-16}$$

式中　$\bar{\varepsilon}_p$——固体物料表面平均黑度；

　　　B——系数，$B = 1/2 \sim 2/3$。

固体物料表面平均黑度 $\bar{\varepsilon}_p$ 与颗粒浓度 $C_{V,p}$ 有关，其表达式为

$$\bar{\varepsilon}_p = 1 - \exp(-c_\varepsilon C_{V,p}^m) \tag{3-17}$$

式中　c_ε，m——常数，$c_\varepsilon = 0.1 \sim 0.2$，$m = 1/5 \sim 2/5$。

烟气黑度 ε_g 的计算式为

$$\varepsilon_g = 1 - \exp(-ks) \tag{3-18}$$

式中　k——烟气辐射减弱系数；

　　　s——烟气辐射厚度，近似为下降流厚度，m。

烟气辐射减弱系数 k 可按式（3-19）简单计算：

$$k = \left(\frac{0.55 + 2r_{H_2O}}{\sqrt{s}} - 0.1 \right) \left(1 - \frac{T_b}{2000} \right) r_\Sigma \qquad (3-19)$$

式中　r_{H_2O}——烟气中水蒸气所占份额；

$\quad\quad\ \ r_\Sigma$——烟气中三原子气体所占份额。

　　对流换热表面传热系数 α_c 由烟气对流和颗粒对流两部分组成，即

$$\alpha_c = \alpha_{c,g} + \alpha_{c,p} \qquad (3-20)$$

式中　$\alpha_{c,g}$——烟气对流换热表面传热系数，$W/(m^2 \cdot K)$；

$\quad\quad\ \ \alpha_{c,p}$——颗粒对流换热表面传热系数，$W/(m^2 \cdot K)$。

　　烟气对流换热表面传热系数 $\alpha_{c,g}$ 与烟气流速有关，其计算式为

$$\alpha_{c,g} = c_{c,g} u_f^L \qquad (3-21)$$

式中　$c_{c,g}$——烟气对流系数，$J/(m^3 \cdot K)$；

$\quad\quad\ \ u_f$——烟气速度，m/s；

$\quad\quad\ \ L$——常数。

　　一般的，$\alpha_{c,g} = 2.4 \sim 4.5 W/(m^2 \cdot K)$。

　　颗粒对流换热表面传热系数 $\alpha_{c,p}$ 按式（3-22）计算：

$$\alpha_{c,p} = c_{c,p} (u_f/5)^m \alpha_{c,p0} \qquad (3-22)$$

式中　$c_{c,p}$——颗粒对流系数；

$\quad\quad\ \ m$——流化速度影响因子；

$\quad\quad\ \ \alpha_{c,p0}$——初始流态化条件下颗粒对流理论换热表面传热系数，其值与颗粒的粒度、温度以及受热面的布置有关，$W/(m^2 \cdot K)$。

　　颗粒对流系数 $c_{c,p}$ 的表达式为

$$c_{c,p} = 1 - \exp(-c_c C_{V,p}^n) \qquad (3-23)$$

式中　c_c，n——常数，一般的，c_c 的范围为 $0.15 \sim 0.30$，$n = 0.1$。

　　在以上计算中，$C_{V,p}$ 被定义为近壁区的局部物料容积浓度，燃烧室物料浓度分布可参见有关文献。在近壁区的局部物料容积浓度 $C_{V,p}$ 计算困难的条件下，可用燃烧室特征物料浓度计算受热面的平均传热系数。据有关文献介绍，按上述方法得到的计算结果与运行值吻合较好，用于工程设计是可靠的。

　　2. 冷却式循环灰分离器的传热

　　冷却式（水冷或汽冷）循环灰分离器中的受热情况更为复杂，由于分离器各位置上的流动情况存在差异，各处烟气中的固体物料浓度不同，详细的传热计算比较困难。一般的，可取分离器入口烟气中的固体颗粒浓度作为分离器中物料浓度的平均值，考虑分离器受热面的耐火材料热阻，按燃烧室的计算方法近似处理，不致引起较大的误差。

　　3. 外置流化床换热器（外置冷灰床）的传热

　　外置流化床换热器受热面的传热系数采用经验方法确定。传热系数可表示为

$$K_{ehe} = \frac{1}{\dfrac{1}{\alpha_b} + \dfrac{1}{\alpha_f}} \qquad (3-24)$$

式中　K_{ehe}——外置流化床换热器受热面的传热系数，$W/(m^2 \cdot K)$；

$\quad\quad\ \ \alpha_b$——烟气侧表面传热系数，$W/(m^2 \cdot K)$；

α_f——工质侧换热表面传热系数，$W/(m^2 \cdot K)$。

由于工质侧换热表面传热系数 α_f 可按有关标准选取，下面主要讨论烟气侧换热表面传热系数 α_b 的计算方法。

换热器流化床的流化速度为

$$u_{ehe} = \frac{V_a \dfrac{T_{ehe} + 273}{273}}{A_b} \qquad (3-25)$$

式中 u_{ehe}——外置流化床换热器流化速度，m/s；

V_a——标准状态下外置流化床换热器流化空气容积流量，m^3/s；

T_{ehe}——外置流化床换热器床层温度，℃；

A_b——布风板有效面积，m^2。

对于竖埋管情形，对流换热表面传热系数 α_c 为

$$\alpha_c = 0.01844 \frac{\lambda_a}{d} C_R (1 - \varepsilon_{ehe}) \left(\frac{c_a \rho_a}{\lambda_a}\right)^{0.43} \left(\frac{d\rho_a u_{ehe}}{\mu_a}\right)^{0.23} \left(\frac{c_s}{c_a}\right)^{6.8} \left(\frac{\rho_s}{\rho_a}\right)^{0.66} \qquad (3-26)$$

式中 λ_a——流化空气导热系数，$W/(m \cdot K)$；

c_a——流化空气比定压热容，$J/(kg \cdot K)$；

ρ_a——流化空气密度，kg/m^3；

μ_a——流化空气的动力黏度，$Pa \cdot s$；

ρ_s——固体颗粒密度，kg/m^3；

c_s——固体颗粒比定压热容，$J/(kg \cdot K)$；

ε_{ehe}——换热器流化床床层空隙率；

C_R——由管子在流化床中径向位置 r 决定的校正系数，示于图 3-15；

d——受热面管子内径，m。

顺便指出，式（2-36）中的数群 $(c_a\rho_a/\lambda_a)$ 显然不是无因次的，量纲为 SM^{-2}。

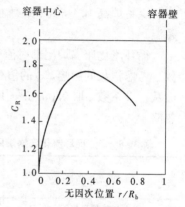

图 3-15 管子处于流化床
非中心位置时的校正系数
R_b—流化床内径

对于横埋管情形，当 $\dfrac{d\rho_a u_{ehe}}{\mu_a} < 2000$ 时，对流换热表面传热系数 α_c 为

$$\alpha_c = 0.66 \frac{\lambda_a}{d} \left(\frac{c_a \mu_a}{\lambda_a}\right)^{0.3} \left[\left(\frac{d\rho_a u_{ehe}}{\mu_a}\right)\left(\frac{\rho_s}{\rho_a}\right)\left(\frac{1 - \varepsilon_{ehe}}{\varepsilon_{ehe}}\right)\right]^{0.44} \qquad (3-27)$$

当 $\dfrac{d\rho_a u_{ehe}}{\mu_a} > 2000$ 时，对流换热表面传热系数 α_c 为

$$\alpha_c = 420 \frac{\lambda_a}{d} \left(\frac{c_a \mu_a}{\lambda_a}\right)^{0.3} \left[\left(\frac{d\rho_a u_{ehe}}{\mu_a}\right)\left(\frac{\rho_s}{\rho_a}\right)\left(\frac{1 - \varepsilon_{ehe}}{\varepsilon_{ehe}}\right)\right]^{0.3} \qquad (3-28)$$

辐射换热表面传热系数 α_r 为

$$\alpha_r = 5.76 \times 10^{-11} \varepsilon_w \frac{(t_{ef} + 273)^4 - (t_w + 273)^4}{t_{ehe} - t_w} \qquad (3-29)$$

式中 t_w——埋管壁面温度，一般的，饱和时取 $t_w = t_{sat} + 30℃$，过热时可取 $t_w = t_{sat} + 100℃$，t_{sat} 为饱和水的温度，℃；

ε_w——埋管壁面黑度，一般取 0.8；

t_{ef}——料层有效辐射温度，℃。

料层有效辐射温度 t_{ef} 由下式计算：

$$t_{ef} = t_w + \psi(t_{ehe} - t_w) \tag{3-30}$$

式中　ψ——修正系数，一般取 0.8～0.9。

烟气侧表面传热系数 α_b 由对流换热和辐射换热两部分组成。至此，烟气侧换热表面传热系数 α_b 即可按式（3-31）求出：

$$\alpha_b = \alpha_c + \alpha_r \tag{3-31}$$

4. 尾部对流受热面的传热

布置在循环灰分离器出口之后的过热器、再热器、省煤器、蒸发对流管束和空气预热器等吸收烟气的热量，这部分的传热计算与传统锅炉基本一致。但是，由于分离器出口烟气中所含颗粒的粒径相对比较粗，一般为 40～80μm，而煤粉炉为 15～25μm，且飞灰的形态与煤粉炉不同，未经高温熔化，对尾部受热面的污染远远小于煤粉炉，尤其在较高温度时，这一区别更为明显。因此，在循环流化床锅炉的尾部烟道中，受热面高温段的热有效系数比相应的煤粉炉高 0.1～0.25，倘若循环流化床锅炉的过热器按煤粉炉计算设计，必然导致超温。

循环流化床锅炉尾部对流受热面和空气预热器的传热计算可分别用热有效系数或利用系数 ψ 考虑积灰的影响，ψ 的值列于表 3-8 中。计算过热器、再热器的管壁温度时，受热面壁面灰污染系数 ε 取 0.002m² · K/W。另外，分离器进出口烟道对相邻受热面的空间辐射不可忽略。

表 3-8　　循环流化床锅炉尾部对流受热面热有效系数和空气预热器利用系数 ψ 值

受热面名称	所处烟气温度（℃）	烟气速度（m/s）	ψ	
			有吹灰	无吹灰
过热器再热器	700～900	7.5～12	0.72～0.84	0.70～0.83
过热器再热器	500～700	6～9	0.71～0.82	0.70～0.80
省煤器	450～600	7～10	0.62～0.67	0.60～0.64
省煤器	300～450	6～9	0.60～0.65	0.58～0.61
空气预热器（空气走管内）	250～400	6～10	0.58～0.63	0.56～0.59
空气预热器（空气走管内）	100～250	6～9	0.55～0.61	0.55～0.61
空气预热器（烟气走管内）	250～400	7～13	0.75～0.82	0.72～0.80
空气预热器（烟气走管内）	100～250	7～12	0.73～0.80	0.70～0.78

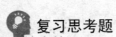 复习思考题

1. 鼓泡流化床锅炉的燃烧特点有哪些？与鼓泡流化床燃烧相比，循环流化床锅炉燃烧的主要特点是什么？

2. 煤颗粒在循环流化床锅炉内的燃烧要经过哪几个连续变化的过程？这些过程各有什么特点？

3. 什么是动力控制燃烧和扩散控制燃烧？

4．什么是煤颗粒的破碎和磨损？它们对循环流化床锅炉的燃烧和传热有什么影响？

5．带高温循环灰分离器的循环流化床锅炉中有哪些燃烧区域？

6．何谓燃烧份额，并简述影响循环流化床锅炉密相区燃烧份额的主要因素。

7．分析说明影响循环流化床锅炉燃烧的主要因素。

8．循环流化床锅炉床层与受热面间传热的基本方式有哪些？简述影响循环流化床锅炉炉内传热的主要因素。

9．简述循环流化床锅炉的颗粒团换热模型。

10．试分析了解循环流化床锅炉传热计算的思路与方法。

第四章　循环流化床锅炉的燃烧系统及设备

循环流化床锅炉主要由燃烧系统和汽水系统所组成。正如所知，燃料在锅炉的燃烧系统中完成燃烧过程，并通过燃烧将化学能转变为烟气的热能，以加热工质；汽水系统的功能是通过受热面吸收烟气的热量，完成工质由水转变为饱和蒸汽，再转变为过热蒸汽的过程。本章讨论循环流化床锅炉的燃烧系统及设备。

第一节　燃　烧　系　统　概　述

一、循环流化床锅炉燃烧系统总体布置

循环流化床锅炉的燃烧系统及设备主要包括：燃烧室（炉膛）、布风装置、物料循环系统、给料系统、烟风系统、除渣除灰系统、点火启动装置等。其中，炉膛、循环灰分离器和飞灰回送装置（有时包括外置流化床换热器）构成物料循环回路。通常也将给料系统、烟风系统、除渣除灰系统合并称为辅助系统。

图 4-1 为典型的循环流化床锅炉燃烧系统图。由图 4-1 可见，在锅炉设备主体结构上，循环流化床锅炉与煤粉锅炉的主要区别就在于燃烧系统及设备。

二、基于燃烧系统的循环流化床锅炉分类

对于不同循环流化床锅炉，燃烧系统的主要区别在于循环灰分离器的位置、型式和是否布置外置流化床换热器等方面。

在大型循环流化床锅炉中，循环灰分离器的位置对整个循环流化床锅炉的结构布置和运行特性有直接影响。按分离器工作温度的不同，循环流化床锅炉可大致分成高温分离型循环流化床锅炉、中温分离型循环流化床锅炉和组合分离型循环流化床锅炉。高温分离型循环流化床锅炉目前应用最为广泛，其分离器的工作温度与燃烧室基本相同，约为 850～900℃。典型代表是美国福斯特·惠勒公司和法国阿尔斯通公司制造的 Lurgi 型循环流化床锅炉。中温分离型循环流化床锅炉由于将分离器置于高温过热器、甚至是部分省煤器之后，分离器内的烟气温度只有 400℃左右，分离器的体积可以大幅度减小。比较典型的有 Circofluid 型循环流化床锅炉等。组合分离型循环流化床锅炉现在已得到一定的发展，比较典型的如巴威（B&W）公司的循环流化床锅炉，它接近于煤粉锅炉的"∏"型布置，特别适合于旧煤粉锅炉的改造。

按分离器形式，循环流化床锅炉可分为炉外分离和炉内分离两种类型。

虽然外置流化床换热器不是循环流化床锅炉的必备部件，但布置与不布置外置流化床换热器是目前循环流化床锅炉发展中的两大流派。因此，在实际中也可按有无外置流化床换热器对循环流化床锅炉进行分类。

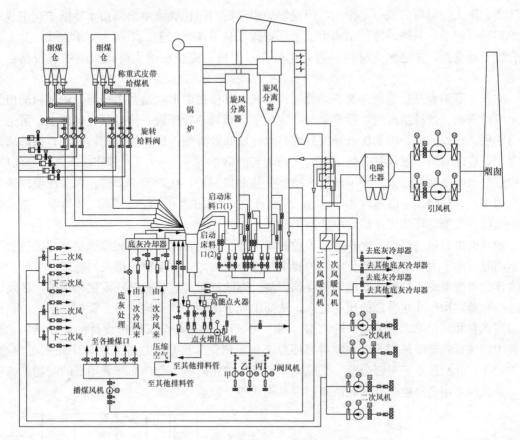

图 4 - 1　循环流化床锅炉燃烧系统图

第二节　燃　烧　室

一、燃烧室（炉膛）结构

循环流化床锅炉燃烧室（炉膛）的结构及特性取决于其流态化状态。循环流化床锅炉的流化速度一般在 4～6m/s 之间。采用较低流化速度的，其炉膛底部为密相区，上部则是固体颗粒浓度相对较稀的稀相区；采用较高流化速度的，其特点是固体颗粒分布在炉膛的整个高度上，炉膛底部颗粒浓度不存在明显的浓相。无论何种情况，为控制循环流化床锅炉燃烧污染物的排放，除将整个炉膛内温度控制在 850～950℃ 以利于脱硫剂的脱硫反应之外，还往往采用分级燃烧方式，即将占全部燃烧空气比例 50%～70% 的一次风，由一次风室通过布风板从炉膛底部进入炉膛，在炉膛下部使燃料最初的燃烧阶段处于还原性气氛，以控制 NO_x 的生成，其余的燃烧空气则以二次风形式分级在上部位置送入炉膛，保证燃料的完全燃烧。

1. 炉膛结构形式

与其他形式的锅炉相比，循环流化床锅炉炉膛有明显差别。目前采用的炉膛结构形式主要有：圆形炉膛、下圆上方形炉膛、立式方形（长方形或正方形）炉膛等。

圆形炉膛或下圆上方形结构的炉膛，圆形部分一般不设水冷壁受热面，完全由耐火砖砌成。因此，炉膛内衬耐热且能防止炉内（或密相区内水冷壁受热面）的磨损。虽然这种结构对防磨和压火保温可起到一定作用，但是锅炉启动时间仍比燃烧室全部由水冷壁结构组成的锅炉启动时间长。另外，这种结构由于上部炉膛被悬吊在钢架上，下部为支承方式，其上下接合处不易密封，加之耐火材料对温升速度要求严格，完全由耐火砖砌成的炉膛目前已不多见。

　　立式方形炉膛是目前最常见的炉膛结构形式，其横截面形状通常为矩形，炉膛四周由膜式水冷壁围成。这种结构的炉膛常常与一次风室、布风装置连成一体悬吊在钢架上，可上下自由膨胀。立式方形炉膛的优点是密封好，水冷壁布置方便，锅炉体积相对较小，锅炉启动速度快，启动时间一般仅是燃烧室由耐火砖砌筑的锅炉的 $1/3 \sim 1/4$。另外，工艺制造简单。其缺点是水冷壁磨损较大。为了减轻水冷壁受热面的磨损，在炉膛下部密相区水冷壁内侧均衬有耐磨耐火材料，一般厚度小于 50mm，高度在 $2 \sim 4m$ 范围内，如图 4-2 所示。立式方形炉膛已在大型循环流化床锅炉中普遍采用。

　　随着锅炉容量的增加，立式方形炉膛的高度和长宽比将增加，而截面积和体积比将会减小；同时，由于大容量循环流化床锅炉要求给煤分布均匀，要考虑给煤点的位置；另外，从经济性的角度考虑，炉膛高度的增加受到限制。因此，对大容量的循环流化床锅炉，必须设法维持炉膛结构尺寸在合理的比例之内，从而出现了多种炉膛结构方案。譬如，图 4-3（a）为采用具有共同尾部烟道的双炉膛结构。图 4-3（b）为采用分叉腿形设计的炉膛结构。在炉膛中间布置翼墙受热面，或在物料循环系统布置流化床换热器。除了在其中布置过热器、再热器外，有的还布置一部分蒸发受热面以解决在炉膛内蒸发受热面布置不下的问题；或在单一炉膛内采用全高度带有开孔的双面曝光膜式壁分隔墙，见图 4-3（c）。

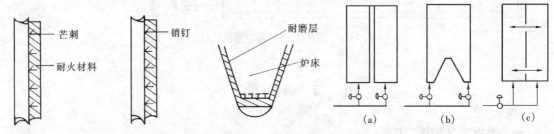

图 4-2　水冷壁内衬防磨简图

图 4-3　大型循环流化床锅炉的炉膛结构
(a) 双炉膛；(b) 分叉腿形单炉膛；
(c) 带开孔的分隔屏

2. 炉膛结构尺寸

炉膛的结构尺寸包括长、宽、高以及截面收缩状况。

　　循环流化床炉膛的截面热负荷通常为 $3 \sim 5MW/m^2$，相应的流化速度为 $4 \sim 6m/s$。根据选定的截面热负荷和流化速度可以确定炉膛横截面积。如前所述，当炉膛横截面积确定后，炉膛的截面形状可以有多种形式。对于目前普遍采用的四周为膜式水冷壁的立式方形炉膛，其矩形截面长宽比的确定主要考虑以下因素：①炉膛内受热面、尾部受热面、分离器等布置的相互协调；②二次风在炉膛内有足够的穿透能力，炉膛过深会使二次风在炉内穿透能力变弱，造成挥发分在炉膛内扩散不均匀；③固体颗粒（包括燃料、石灰石和循环灰）的供给以及在横向的扩散等。

　　循环流化床锅炉炉膛高度是循环流化床设计的一个关键参数。炉膛高度的确定应综合考虑以下方面的要求：①保证燃料的完全燃烧，对分离器不能收集的细颗粒在炉膛内一次通过时能够燃尽；②能布置全部或大部分蒸发受热面；③使返料立管能有足够的高度，从而有足够的静压头维持物料正常循环流动；④保证脱硫所需的最短气体停留时间；⑤应与循环流化床锅炉尾部烟道或对流段所需高度相一致；⑥锅炉采用自然循环时，应保证锅炉在设计压力下有足够的水循环动力。作为一般考虑，细颗粒的燃尽时间大约需要 3～5s；若流化速度为5m/s，则燃烧室高度不低于 15～25m。

3. 炉膛下部区域的设计要求

循环流化床锅炉燃烧所需的空气按一、二次风分级送入时，一般床层就被人为地分成两个区域：下部密相区和上部稀相区，二次风口的位置也就决定了密相区的高度。一次风通过布风板送入炉膛，作为流化介质并提供密相区燃烧所需要的空气。二次风可以单层或多层送入，送入口应在炉膛扩口处附近，以保证上部的燃烧份额。在二次风口以下的床层，如果截面积保持与上部区域相同，则流化风速会下降，特别是在低负荷时会产生床层流化不良等现象，所以循环流化床锅炉的二次风口以下区域大多采用较小的横截面积，并采取向上渐扩的结构，如图 4-4 所示。二次风口位置一般离布风板 1.5～3m。

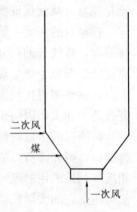

图 4-4 不等截面
炉膛形状

炉膛截面的收缩可以有两种方式：一种是下部区域采用较小的截面，在二次风口送入位置采用渐扩的锥形扩口，扩口的角度小于 45°；另一种是在炉膛布风板上就呈锥形扩口状，这有助于在布风板附近提高流化风速，减少床内分层和大颗粒沉底，有利于燃烧和降低上部截面烟速，减小受热面磨损，增加物料在炉内的停留时间，提高燃烧效率。

二、燃烧室（炉膛）开口

在循环流化床锅炉的炉膛内，为送入锅炉燃烧需要的燃料、空气、脱硫剂、循环物料以及排出烟气、灰渣等，除一、二次风口外，还需要设置给煤口、脱硫剂进口、循环物料进口、炉膛烟气出口、排渣口和各种观察孔、人孔、测试孔等。另外，为监测锅炉安全经济运行，还要安装必要的温度、压力测点。炉膛内各种开孔的数量、大小和位置应该合理选择和布置，尽量减少对水冷壁的破坏，保持炉膛严密不漏风。同时，对所有孔口处都应采取措施进行特殊的防磨处理。

1. 给煤口

燃料通过给煤口进入循环流化床内。给煤口处的压力应高于炉膛压力，以防止高温烟气从炉内通过给煤口倒流。通常采用密封风将给煤口和上部的给料装置进行密封。给煤点的位置一般布置在敷设有耐火材料的炉膛下部还原区，并且尽可能地远离二次风入口点，以使煤中的细颗粒在被高速气流夹带前有尽可能长的停留时间。有些循环流化床锅炉，煤先被送入返料装置预热，然后与循环物料一起进入炉内，这种给煤方式对于高水分和强黏结性的燃料比较适合。

因为循环流化床锅炉床内的横向混合远比鼓泡流化床强烈，所以其给煤点的数量比鼓泡流化床锅炉要少，一般认为一个给煤点可以兼顾 9～27m² 的床面积。如果燃料的挥发分含量高，反应活性高，则可以取低值，反之取高值。

2. 石灰石给料口

由于石灰石脱硫时的反应速度比煤燃烧速度低得多，而且石灰石给料量少，粒度又较小，对其给料点的位置及数量要求可低于给煤点，既可以采用给料机或气力输送装置将石灰石单独送入床内，也可以将其通过循环物料口或给煤口给入。目前，国内中小容量循环流化床锅炉普遍采用气力输送装置在给煤点附近将石灰石送入，大型锅炉采用单独的石灰石给料装置。

3. 排渣口

循环流化床锅炉的排渣口设置在床的底部，通过排渣管排出床层最底部的大渣。排放大渣可以维持床内固体颗粒的存料量以及颗粒尺寸，不致使过大的颗粒聚集于床层底部而影响流化质量，从而保证循环流化床锅炉的安全运行。

排渣口的布置一般有两种方式：一种是布置在布风板上，即去掉一定数量的风帽代之以排渣管，排渣管的尺寸应足够大，以使大颗粒物料能顺利地通过排渣管排出；第二种方式是将排渣管布置于炉壁靠近布风板处，这样，就无须在布风板上开孔布置排渣管，但在床面较大时，这种布置比较困难。目前多数采用第一种布置方式，并特别注意将排渣管周围的风帽开孔适当加大，以使布风均匀。

排渣口的个数视燃料颗粒尺寸而定。当燃料颗粒尺寸较小且比较均匀时，可采用较少的排渣口，譬如排渣口的个数可以等于给煤点数，因为此时沉底的大颗粒较少或近乎等于零；相反，如果燃用的燃料颗粒尺寸较大，此时应增加排渣口，并在布风板截面上均匀布置，以使可能沉底的大颗粒能及时从床层中排出。

4. 循环物料进口

为增加未燃尽碳和未反应脱硫剂在炉内的停留时间，循环物料进口（又称返料口）布置在二次风口以下的密相区内。由于这一区域的固体颗粒浓度比较高，设计时必须考虑返料系统与炉膛循环物料进口点处的压力平衡关系。循环物料进口的数量对炉内颗粒横向分布有重要影响，通常一个送灰器有一个返料口。为加强返料的均匀性，防止密集物料可能带来的磨损以及局部床温偏低，可以采用双腿送灰器，以增加循环物料进口。

5. 炉膛出口

炉膛出口对炉内气固两相流体的流体动力特性有很大影响。采用特殊的炉膛出口结构可使炉膛顶部形成气垫，床内固体颗粒的内循环增加，炉膛内固体颗粒浓度会呈倒 C 型分布。循环流化床锅炉以采用具有气垫的直角转弯炉膛出口为最佳，也可采用直角转弯型式的炉膛出口，因为这类炉膛出口的转弯结构可以增加对固体颗粒的分离，从而增加床内固体颗粒的浓度，延长颗粒在床内的停留时间。

6. 其他开孔

除上述开口外，循环流化床锅炉中的观察孔、炉门、人孔、测试孔等其他开孔等可根据需要而设定。但应该提出的是，由于循环流化床锅炉炉内受热面采用膜式水冷壁结构，设置这些开孔时必须穿过水冷壁，需要水冷壁"让管"。在"让管"时，必须注意向炉膛外"让管"，而炉膛内不能有任何突出的受热面，否则会引起严重的磨损问题。

第三节　布　风　装　置

一、布风装置本体结构

布风装置是流化床锅炉实现流态化燃烧的关键部件。目前流化床锅炉采用的布风装置主要有两种形式：风帽式和密孔板式。风帽式布风装置由一次风室、布风板、风帽（喷管）和隔热层组成。密孔板式布风装置包括风室和密孔板。我国流化床锅炉中使用最广泛的是风帽式布风装置。典型的风帽式布风装置结构如图4-5所示。

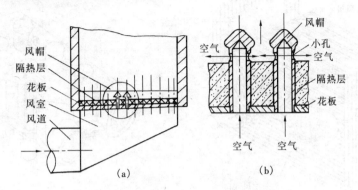

图4-5　典型风帽式布风装置结构示意
(a) 布风板结构；(b) 风帽结构

　　如图4-5所示，由风机送来的空气从位于布风板下部的风道进入一次风室，再通过风帽底部的通道从风帽上部径向分布的小孔流出。由于经过二次导向与分流，小孔的总通流面积又远小于布风板面积，从风帽小孔中喷出的气流具有较高的速度和动能。气流进入床层底部吹动颗粒，并在风帽周围和帽头顶部产生强烈扰动的气垫层，从而强化了气固之间的混合，产生小而少的气泡使床层建立起良好的流态化状态。

　　风帽式布风装置的优点是布风均匀。当负荷变化时，流化质量稳定。但风帽帽顶容易烧坏，磨损也较严重。

　　为保证流化床的正常工作，对布风装置的要求是：①能均匀、密集地分配气流，避免布风板上面局部形成死区；②风帽小孔出口气流具有较大动能，使布风板上的物料与空气产生强烈扰动和混合；③空气通过布风板的阻力损失不能太大，以尽可能降低风机的能耗；④具有足够的强度和刚度，能支承本身和床料的重量，锅炉压火时能防止布风板受热变形，风帽不烧损，检修清理方便；⑤结构要合理，能防止锅炉运行或压火时床料由床内漏入风室。

　　1. 布风板

　　流化床锅炉炉膛下部密相区底部的炉算称为布风板。布风板是布风装置的重要部件，其主要功能是：①支撑风帽和床料；②对气流产生一定的阻力，使流化空气在炉膛横截面上均匀分布，维持流化床层的稳定；③通过安装在它上面的排渣管及时排出沉积在炉膛底部的大颗粒和炉渣，维持正常流态化。

　　按冷却条件的不同，布风板一般有水冷式和非冷却式两种。

　　由于大型循环流化床锅炉一般采用热风点火，要求启停时间短、变负荷快，采用水冷式布风板有利于消除热负荷快速变化对流化床锅炉造成的热膨胀不均匀等不利影响。另外，采用床下点火时必须使用水冷风室和水冷式布风板。水冷式布风板常采用膜式水冷壁管拉稀延伸形式，在管与管之间的鳍片上开孔，布置风帽，如图4-6所示。

　　非冷却式布风板由厚度为12～20mm的钢板或厚度为30～40mm的铸铁板制成，板上按布风要求和风帽形式开有一定数量的圆孔。非冷却式布风板通常称为花板，或就简称作布风板。布风板的截面形状及其大小取决于流化床锅炉炉膛底部的截面形状，目前用得最广泛的是矩形布风板。布风板上的开孔也就是风帽的排列以均匀分布为原则，通常按等边三角形

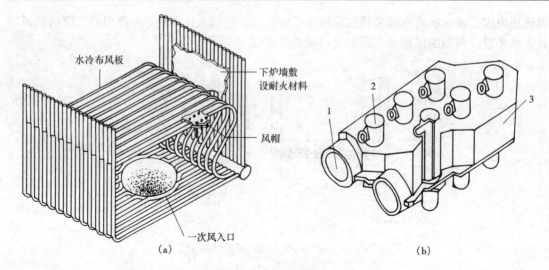

图 4-6　由膜式水冷壁构成的水冷风室和水冷式布风板

(a) 水冷风室和水冷式布风板；(b) 水冷式布风板上的单口定向风帽

1—水冷管；2—定向风帽；3—隔热层

排列，节距的大小与风帽帽沿尺寸、风帽的个数及小孔出口流速等相互匹配。

图 4-7 是非冷却式布风板的典型结构。为便于固定和支撑，布风板每边需留出 50～100mm 的安装尺寸。当采用多块钢板拼装时，必须用焊接或用螺栓将钢板连成整体，以免受热变形不一致，发生扭曲，使布风板漏风和隔热层产生裂缝。为及时排除床料中沉积下来的大颗粒和炉渣，要求在布风板上开设若干个大孔作为排渣口（冷渣管孔），以便安装排渣管，如国产 75t/h 循环流化床锅炉通常布置 3 个左右的排渣口。排渣管常用 $\phi108$ 的金属管，能够顺利将大渣排出。另外，为弥补由于安装排渣管损失的风帽开孔，排渣管周围的风帽应适当加大开孔，或者布置特殊风帽。

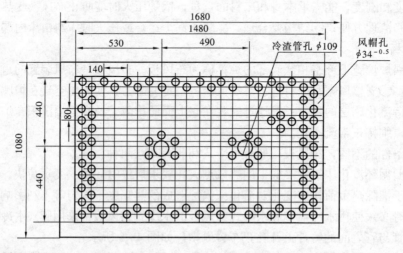

图 4-7　非冷却式布风板结构

2. 风帽

风帽是流化床锅炉实现均匀布风以维持炉内合理的气固两相流动的关键部件，直接关系到锅炉的安全经济运行。图4-8所示为部分循环流化床锅炉的风帽外观。

图4-5（b）所示为一种带有小孔的风帽。早期的鼓泡流化床锅炉，多采用大直径风帽，这类风帽往往造成流化质量不良，飞灰带出量很大。经过多年实践，目前的循环流化床锅炉趋向于采用小直径大孔径风帽，帽头直径约为40~50mm。由于风帽的帽头直接浸埋在高温床料中，正常运行时风帽中有空气流通，可以得到冷却，但在压火时因没有空气通过，容易烧损。风帽应采用耐热铸铁铸造，如高硅耐热球墨铸铁RQT-Si5.5，也可用一般耐热铸铁RTSi5.5。当采用热风点火时，

图4-8　部分循环流化
床锅炉风帽

由于点火期间流过高温烟气，常用耐热不锈钢来制作，但普通耐热不锈钢风帽抗磨损性能较差。

随着循环流化床锅炉的发展，出现了多种结构形式的风帽，主要有小孔径风帽、大孔径风帽及定向风帽等。图4-9示出的是目前广泛应用的几种风帽，图（a）、图（b）为带有帽头的风帽，这种风帽阻力大，长时间连续运行后，一些大块杂物容易卡在帽沿底下，不易清除，冷渣也不易排掉，积累到一定程度，需要停炉进行清理，但气流的分布均匀性较好；图（c）、图（d）为无帽头风帽，这种风帽阻力较小，制造简单，但气流分配性能略差。每个风帽的四周侧向开6~12个孔，小孔直径一般采用4~6mm，可以一排或双排均匀布置，小孔中心线成水平，见图（a）~图（c）；或向下倾斜15°，以利于风帽间粗颗粒的扰动和减少细颗粒通过风帽小孔漏入风室，如图（d）所示。

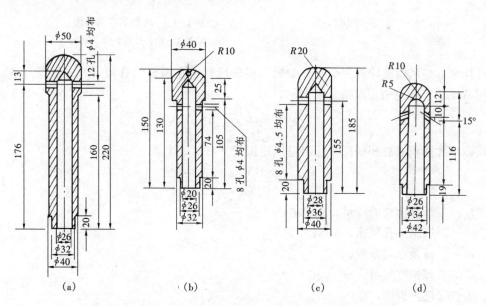

图4-9　典型风帽结构
(a)、(b) 有帽头的风帽；(c)、(d) 无帽头的风帽

循环流化床锅炉运行中在炉膛底部往往会有一些大的渣块，为使这些渣块有控制地排出床外，许多循环流化床锅炉采用了定向风帽。定向风帽的特点是布风均匀；采用大开孔喷口

可以防止堵塞；喷口布置不是垂直向上而是朝着一定的水平方向，喷口定向射流有足够的动量，能有效地将沉积在床层底部的大颗粒灰渣及杂物沿规定方向吹至排渣口排出。定向风帽有两种结构形式，即单口定向风帽和双口定向风帽，分别见图 4 - 6（b）和图 4 - 10。图4 - 11所示为其他典型形式的风帽，其中，图（a）为钟罩式风帽，图（b）为 T 形风帽，图（c）为 S 形风帽。以上几种风帽中钟罩式风帽实际使用效果最好，该型风帽最早由德国EVT 公司开始使用。

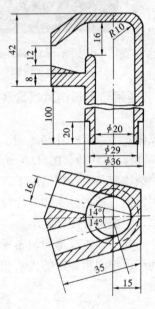

图 4 - 10　双口定向风帽

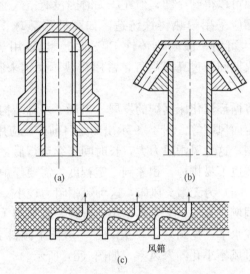

图 4 - 11　典型形式的风帽
（a）钟罩式风帽；（b）T 形；（c）S 形

　　开孔率 η 是风帽设计的一个重要参数，指各风帽小孔面积的总和 $\sum f(\mathrm{m}^2)$ 与布风板有效面积 $A_\mathrm{b}(\mathrm{m}^2)$ 的比值，以百分率表示，即

$$\eta = \frac{\sum f}{A_\mathrm{b}} \times 100\% \qquad (4 - 1)$$

　　风帽小孔面积的总和根据小孔出口风速按式（4 - 2）计算：

$$\sum f = \frac{\alpha_1 B_\mathrm{j} V^0}{3600 u_{\mathrm{or}}} \times \frac{273 + t_0}{273} \qquad (4 - 2)$$

式中　B_j——计算燃料消耗量，kg/h；

　　　u_{or}——风帽小孔风速，m/s；

　　　α_1——过量空气系数；

　　　V^0——理论空气量，m^3/kg；

　　　t_0——进风温度，℃。

　　小孔面积确定后，一般取小孔直径 $d_{\mathrm{or}} = 4 \sim 6\mathrm{mm}$，用式（4 - 3）计算开孔数，即

$$m = \frac{4 \sum f}{n \pi d_{\mathrm{ot}}^2} \qquad (4 - 3)$$

式中　m——单个风帽的开孔数，应取偶数；

　　　n——风帽数量；

d_{ot}——风帽小孔直径，m。

实际上，风帽的计算往往不能一次完成，需要在风帽数量、开孔数、小孔直径及小孔风速之间进行反复调整，以使小孔风速和风帽数量符合设计要求。

由式（4-3）和式（4-1）可得开孔率为

$$\eta = \frac{nm\pi d_{or}^2}{4A_b} \times 100\% \tag{4-4}$$

对于鼓泡流化床锅炉，η 通常为 $2\%\sim3\%$；而对于循环流化床锅炉，由于采用高流化风速，对布风条件要求相对宽松，开孔率可以适当提高，一般为 $4\%\sim8\%$。

小孔风速是布风装置设计的一个重要参数。小孔风速越大，气流对床层底部颗粒的冲击力越大，扰动就越强烈，越有利于大颗粒的流化。但风帽小孔风速过大，风帽阻力增加，所需风机压头增大，风机电耗增加；反之，小孔风速过低，容易造成粗颗粒沉积，底部流化不良，冷渣含碳量增大，尤其当负荷降低时，往往不能维持稳定运行，造成结渣灭火。根据经验，对粒径范围为 $0\sim10mm$ 的燃煤，一般取小孔风速为 $35\sim40m/s$；而对于粒径范围为 $0\sim8mm$ 的燃煤，一般取小孔风速为 $30\sim35m/s$。对于密度大的煤种取高限，密度小的取低限。

由于壁面对颗粒的摩擦阻力，在流化床的四周墙壁处，风帽小孔直径应稍加大。在排渣口处由于排渣管占去了几个风帽位置，该部位上的风帽小孔直径也需增大。为防止给煤口附近由于给煤集中而产生流化不良和缺氧现象，该处的风帽小孔开孔面积也需要增大一些，因而在实际设计中常采用变开孔率布风板。

均匀稳定的流化床层要求布风板具有一定的压降，一方面使气流在布风板下的速度分布均匀，另一方面可以抑制由于气泡和床层起伏等原因引起的颗粒分布和气流速度分布不均匀。布风板压降的大小与布风板上风帽开孔率的平方成反比。但布风板的压降给风机造成了压头损失与电耗，因此设计中应考虑维持均匀稳定的床层所需的布风板最小压降。根据运行经验，布风板阻力为整个床层阻力（布风板阻力加料层阻力）的 $25\%\sim30\%$ 时可以维持床层的稳定运行。

二、隔热层

为避免布风板受热而挠曲变形，在布风板上必须有一定厚度的隔热层，即耐火保护层，如图 4-12 所示。保护层厚度根据风帽高度而定，一般为 $100\sim150mm$。风帽插入布风板以后，布风板自下而上涂上密封层、绝热层和耐火层，直到距风帽小孔中心线以下 $15\sim20mm$ 处。这一距离不宜超过 20mm，否则运行中容易结渣，但也不宜离风帽小孔太近，以免堵塞小孔。涂抹保护层时，为了防止堵塞小孔，事先应用胶布把小孔封闭，待保护层干燥以后做冷态试验前把胶布取下，并逐个清理小孔，以免堵塞而引起布风不均。

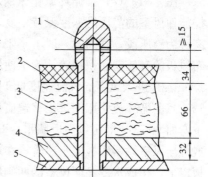

图 4-12　隔热层结构
1—风帽；2—耐火层；3—绝热层；
4—密封层；5—花板

三、一次风室与风道

一次风室连接在布风板下部，其功能是使从风道进入的空气降低速度，动压转化为静压；同时，在一定的布风板压降下，布风板上的气流可以分布得更为均匀。因此，一次风室可以起到稳压和均流的作用。

　　一次风室的布置应当满足：①具有一定的强度、刚度及严密性，在运行条件下不变形，不漏风；②具有一定的容积使之具有稳压作用，并能消除进口风速对气流速度分布均匀性的不良影响（一般要求风室内平均气流速度小于 1.5m/s）；③具有一定的导流作用，尽可能地避免形成死角与涡流区；④结构简单，便于维护检修，且风室应设有检修门和放渣门。风室支吊在布风板上，风室钢板的厚度一般为 4mm。另外，若风室过大，须在布风板上设计支撑框架，以免引起布风板变形。

　　图 4-13 示出的是几种常见的风室布置方式。其中，图 4-13（a）～（c）气流均是从底部进入风室，风室呈倒锥体形，具有布风容易均匀的优点，但其既要求较高的高度，又要求适合于圆形的布风板。在流化床锅炉中常见的是图 4-13（d）～（f）三种形式。图 4-13（d）与（e）结构上较为简单，（f）增加了气流的导向板，使气流的分布更易于均匀；但也由于导向板的存在，排渣管必须穿板引出，结构上稍显复杂。

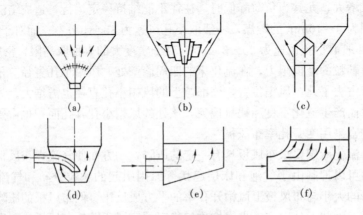

图 4-13　风室结构

　　图 4-13（e）是循环流化床锅炉最常用的等压风室，其结构特点是具有倾斜的底面，这样能使风室的静压沿深度保持不变，有利于提高布风的均匀性。倾斜底面距布风板的最短距离称为稳压段，其高度一般不小于 500mm，底边倾角一般为 8°～15°，风室的水平截面积与布风板的有效截面积相等。为了使风室具有更好的均压效果，风室内气流的上升速度不超过 1.5m/s，进入风室的气流速度低于 10～15m/s。

　　目前循环流化床锅炉中普遍应用等压水冷风室，见图 4-6。布风板上的水冷壁延伸管向下弯曲 90° 构成等压风室后墙水冷壁，前墙水冷壁向下延伸构成水冷风室前墙，然后弯曲形成等压风室倾斜底板的水冷管，在水冷管之间焊接鳍片密封。炉膛两侧墙水冷壁延伸至布风板以下，构成水冷等压风室的两侧墙水冷壁。水冷等压风室的水冷壁管子以及与等压风室相连的热风管道钢板的内侧都焊有销钉，并敷设一定厚度的隔热耐火层。

　　风道是连接风机与风室所必需的部件。气流通过风道时，必然因与风道壁面的摩擦、气流的转向及风道的截面变化等带来一系列的压降。这个压降与布风板的压降不同，后者是为维持稳定的流化床层所必需的，而风道压降则只是一种损失。因此，在风道的布置中，应尽可能地减少压力损失，减少风机的电耗。

　　因为风道的压力损失 Δp（Pa）与风道中气体流速 u_g 的平方成正比，与风道的长度、风道的转向、截面变化等项所决定的阻力系数的总和 $\sum \xi$ 成正比，即

$$\Delta p = \sum \xi \frac{u_{\mathrm{g}}^2 \rho_{\mathrm{g}}}{2} \tag{4-5}$$

所以应尽可能地缩短风道长度和减少不必要的转折和截面变化，在必须转向时尽可能采用逐渐弯曲的弧形转向形式，使总的阻力系数较小。另外，要避免采用过高的气流速度。减少流速可以显著降低压降，同时也有利于在风室中得到较为均匀的气流速度分布。但这会导致风道截面的增大从而增加金属用量。对于金属管道，在估计风道截面时，通常取用的流速为 $10\sim15\mathrm{m/s}$。

风道的截面可按式（4-6）估算：

$$A_{\mathrm{T}} = Q_{\mathrm{g}} / (3600 u_{\mathrm{g}}) \tag{4-6}$$

式中　A_{T}——风道的截面积，m^2；

　　　Q_{g}——风道中的空气流量，m^3/h；

　　　u_{g}——风道中的空气流速，$\mathrm{m/s}$。

第四节　物 料 循 环 系 统

一、循环灰分离器

（一）循环灰分离器的种类

物料循环系统为循环流化床锅炉所独有，主要由循环灰分离器和飞灰回送装置等组成（见图4-14），其作用是将大量高温固体物料从烟气中分离下来并返送回炉膛内，以维持炉内的快速流态化状态，使燃料和脱硫剂能够多次循环燃烧和反应。循环灰分离器是循环流化床锅炉的最重要的标志性设备之一。从某种意义上讲，没有循环灰分离器就没有循环流化床锅炉，循环流化床燃烧技术的发展也取决于气固分离技术的发展，分离器设计上的差异标志着不同的循环流化床技术流派。

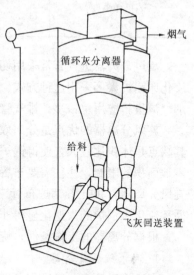

图4-14　物料循环系统示意图

循环灰分离器必须满足下列要求：①能够在高温下正常工作；②能够满足极高浓度载粒气流的分离；③具有低阻特性；④具有较高的分离效率；⑤与锅炉整体上适应，使锅炉结构紧凑。

鉴于循环灰分离器对循环流化床锅炉的重要性，各国制造厂家和研究机构均十分重视并开发出不同型式的分离器：按分离原理分有离心式旋风分离器和惯性分离器；按分离器的运行温度分有高温分离器（800～900℃）、中温分离器（400～500℃）和低温分离器（300℃以下）；按冷却方式分有绝热分离器（钢板耐火材料）和水（汽）冷却式分离器；按布置的位置分有炉膛外布置和炉膛内布置的分离器，即所谓的外循环分离器和内循环分离器等。即便同是离心式分离器，也有立式布置和卧式布置、圆形和方形的不同。在各式各样的分离器中，当前使用较为普遍的是外置高温旋风分离器和内置惯性分离器。

（二）旋风分离器

旋风分离器的分离原理比较简单。烟气携带物料以一定的速度（一般大于 20m/s）沿切线方向进入分离器，在内部作旋转运动，固体颗粒在离心力和重力的作用下被分离下来，落入料仓或立管，经飞灰回送装置返回炉膛，分离出颗粒后的烟气由分离器上部进入尾部烟道。旋风分离器布置在炉膛外部，属外循环分离器。

旋风分离器一般由进气管、筒体、排气管、圆锥管等几部分构成。其结构尺寸包括：筒体直径、进口高度、进口宽度、排气管直径、排气管插入深度、筒体高度、总高度、排料口直径等，一般用筒体直径表示其相对大小。表 4-1 给出了目前工业循环流化床锅炉旋风分离器的主要结构尺寸与特性参数。

表 4-1　　　　　　工业循环流化床锅炉旋风分离器的典型数据

热功率（MW）	67	75	109	124	124	207	211	230	234	327	394	396	422
分离器数量（个）	2	2	2	1	2	2	2	2	2	2	3	2	4
筒体直径 D_0（m）	3	4.1	3.9	4.1	7.2	7.0	6.7	6.8	6.7	7.0	5.9	7.3	7.1
850℃下单台气体流量 Q（$\times10^6$m³/h）	0.175	0.19	0.285	0.325	0.54	0.55	0.55	0.6	0.61	0.85	0.68	1.03	0.55
入口气速 u_g（m/s）	43	25	41	43	23	25	27	29	30	38	43	43	24

旋风分离器进气管常采用切向进口。由于普通切向进口（平顶盖）结构布置方便，循环流化床锅炉大多采用这种方式。另外，蜗壳式切向进口可以减小分离器的阻力，提高处理的烟气流量，应用也较多。排气管布置则有上排气与下排气两种，见图 4-15。

旋风分离器的优点是分离效率高，特别是对细小颗粒的分离效率远远高于惯性分离器；其缺点是体积比较大，使得锅炉厂房占地面积较大。另外，大容量的锅炉因受分离器直径和占地面积的限制，往往需要布置多台分离器。譬如，220t/h 锅炉布置两台直径为 6～7m 的旋风分离器，400t/h 锅炉布置三台直径更大的旋风分离器。因此，旋风分离器的布置对于循环流化床锅炉的大型化显得非常重要。

根据分离器的工作条件，旋风分离器可分为高温、中温和低温三种。

1. 高温旋风分离器

高温旋风分离器通过一段烟道与炉膛连接，其布置根据锅炉结构及分离器数量的不同而有所变化，大多布置于炉膛后部，也有的布置在炉膛前墙或两侧墙，并多采用上排气形式。

高温旋风分离器的结构形式主要有两种，一种是由钢板和耐火材料构成不冷却的绝热旋风筒，另一种是由膜式壁构成通过水（或蒸汽）冷却的水（汽）冷却式旋风筒。

（1）高温绝热旋风分离器。

高温绝热旋风分离器的筒体结构示于图 4-16。高温旋风分离器内烟气和物料温度高（850℃左右），甚至有颗粒在分离器内继续燃烧，同时物料在分离器内高速旋转，故绝热分离器内衬有较厚（80mm 以上）的高温耐火材料，外设保温层隔热。

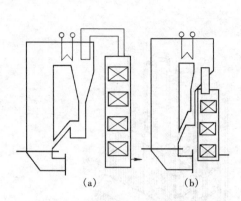

图 4 - 15　不同排气方式的分离器布置

（a）上排气分离器；（b）下排气分离器

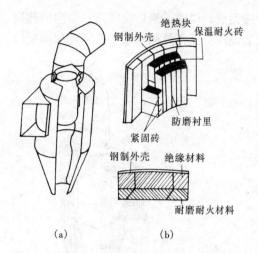

图 4 - 16　高温绝热旋风分离器

（a）旋风筒；（b）筒壁结构

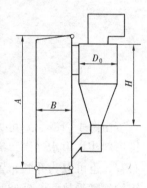

图 4 - 17　燃烧室和高温
绝热旋风分离器
主要尺寸

表 4 - 2 列出了 220t/h 及以下容量循环流化床锅炉燃烧室和高温绝热旋风分离器的主要尺寸以及两者的匹配情况，表中尺寸说明参见图 4 - 17。

应用绝热旋风筒作为分离器的循环流化床锅炉称为第一代循环流化床锅炉。德国鲁奇公司较早地开发出采用保温、耐火及防磨材料砌成筒身的该型分离器，并为鲁奇公司、奥斯龙公司以及由其技术转移的公司设计制造的循环流化床锅炉所采用。据统计，目前有78％的循环流化床锅炉采用了绝热高温旋风分离器。但这种分离器也存在一些问题，主要是旋风筒体积庞大，钢材耗量较高，密封和膨胀系统复杂，耐火材料用量较大，分离器热惯性大，启动时间较长。另外，在燃用挥发分较低或活性较差的强后燃性煤种时，旋风筒内的燃烧将导致分离后的物料温度上升，从而引起旋风筒内或立管及飞灰回送装置内的超温结焦。

表 4 - 2　　　　　　循环流化床锅炉燃烧室和高温绝热旋风分离器主要尺寸

蒸发量 （t/h）	A （m）	B （m）	D_0 （m）	H （m）	分离器数量 （个）
9	9.1	1.8	3	4.6	1
23	12.2	2.7	3.7	6.1	1
46	15.2	3.7	4.6	7.6	1
90	15.2	3.7×7.7	4.6	7.6	2
150	29	5	7.5	16	1
220	30	4.5×6	6	12	2

（2）水（汽）冷却式高温旋风分离器。

为保持绝热式旋风筒的优点，同时有效地克服其缺陷，福斯特·惠勒公司开发了水（汽）冷却式旋风分离器，其结构如图 4 - 18 所示。该型分离器外壳由水冷壁或蒸汽管弯制焊接而成，取消了绝热旋风筒的高温绝热层，受热面管子内侧布满销钉并涂一层较薄的高温耐磨浇注料。壳外侧覆盖一定厚度的保温层，内侧只敷设一薄层防磨材料。

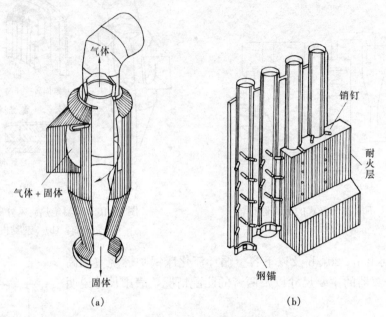

图 4 - 18　水（汽）冷却旋风分离器结构示意图
(a) 分离器本体；(b) 分离器耐火材料结构

由图 4 - 18（a）可见，整个分离器的外壳，包括烟气入口通道、分离器顶棚、筒体和倒锥形料斗均由水（汽）冷却的膜式壁构成，水（汽）流过分离器膜式壁受热面时可以是串联布置，也可以为并联布置。实际上，水（汽）冷却式分离器已成为锅炉的一个压力部件，是锅炉炉膛受热面的延伸，因而可以采取顶部吊挂的设计，使其在受热膨胀时和炉膛一起向下膨胀，从而大大地减小了它与炉膛和尾部受热面热膨胀的差别，使炉膛与分离器、分离器与尾部受热面接口处的机械设计得以简化。

由于与锅炉的水（汽）系统构成了一个整体，冷却型分离器有许多优点。譬如，在燃烧难燃燃料，如无烟煤、煤矸石、石油焦及垃圾制成的燃料时，燃烧可能会在分离器中发生，此时水（汽）分离器的膜式壁受热面可吸收燃烧释出的部分热量，从而防止分离器内因 CO 和残碳后燃造成温度升高而引起的结渣；可以节省大量保温和耐火材料，缩短锅炉的启停时间等。另外，由于有水（汽）冷却，分离器的外壳可采用与炉膛相同的保温材料，使其外壁温度维持在 54℃左右的正常值（非冷却的钢板耐火材料分离器的外壁温度可高达 110℃），较低的分离器外壁温度可以改善锅炉运行的经济和安全性；但缺点是容易造成飞灰可燃物升高，制造工艺复杂，初投资比较高。

要注意的是，由于采用水冷却的分离器是将锅炉水循环系统和分离器的膜式壁相连，形成一个自然循环的水冷分离器，与蒸汽冷却式分离器相比，水冷却式分离器不利于达到最佳的自然水循环工况。因此，设计采用自然循环方式的水冷分离器时，必须重视水循环的安全性，对于高压锅炉尤为重要。

（3）方形高温旋风分离器（离心式紧凑型分离器）。

正如前述，循环流化床锅炉大多采用圆形的高温绝热旋风筒分离器。用钢板耐火材料制作的旋风筒，不但造成分离器的体积和重量过大，而且存在着耐火材料的热膨胀、磨损寿命和内部结渣的可能性。水（汽）冷却式旋风筒虽然可以避免钢板耐火材料旋风筒的缺憾，但结构相对较复杂，制造成本较高。为克服这类旋风筒分离器的不足，又保持其分离效率高的优点，福斯特·惠勒公司开发出一种水冷方形离心分离器的专利技术，其最大的结构特点是外形为非圆形，如正方形、长方形或多边形，一般采用方形。方形离心分离器由膜式壁构成，与锅炉炉膛共用，实际上成为炉膛受热面的组成部分，在炉膛和分离器之间不存在热膨胀的问题，它使整个锅炉的布置显得非常紧凑，见图4-19。因此，方形分离器又称紧凑型分离器。图4-20为紧凑型循环流化床锅炉的流程，图4-21为一容量为70MWe带有旋风筒分离器的循环流化床锅炉与同容量的紧凑型循环流化床锅炉尺寸的比较。由图可见，方形分离器使得循环流化床锅炉的布置大为紧

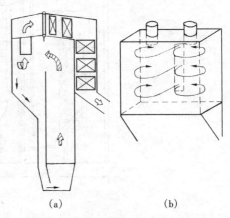

图4-19　方形分离器旋结构示意图
（a）分离器布置；（b）分离器结构

凑。由于方形高温旋风分离器（离心式紧凑型分离器）的优越性，方形分离器在循环流化床锅炉中具有良好的应用发展前景，福斯特·惠勒公司和奥斯龙公司合并后即将方形分离器循环流化床锅炉作为大型化方向进行重点发展。另外，由于紧凑型循环流化床锅炉结构形状上的特点，它还特别适合用于将老的煤粉炉改装成更高效低污染物排放的循环流化床锅炉，例如波兰图罗电站的200MWe煤粉炉改造为260MWe紧凑型循环流化床锅炉。

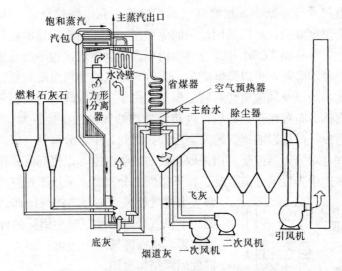

图4-20　带方形分离器的循环流化床锅炉布置及流程

清华大学在福斯特·惠勒公司方形离心分离器的基础上，发展了改进型的带加速段的方形分离器，即"水冷异型分离器"，1995年获得专利，并成功应用于75t/h完善化循环流化床锅炉上。这种方形分离器入口处增加了一曲面导流板，该导流板与其入口处的一直壁面形成了渐缩形加速段，并在分离器内部用膜式水冷壁或耐火材料将其方形拐角处填充成圆弧

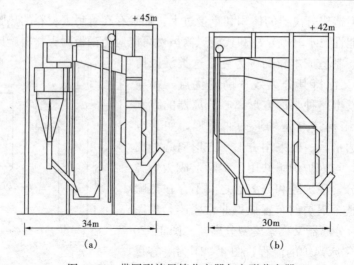

图 4-21　带圆形旋风筒分离器与方形分离器
的循环流化床锅炉布置及尺寸比较
(a) 循环流化床锅炉采用圆形旋风筒分离器；(b) 循环流化床锅炉采用方形分离器

形。这些改进措施可减小流动阻力，使气流容易形成离心旋转，进一步提高分离效率，有效地克服了绝热旋风分离器的后燃结焦问题；另外，与圆形水（汽）冷却式旋风分离器相比，降低了制造成本。

2. 中温旋风分离器

中温旋风分离器入口烟气温度较低，一般为 400~500℃，通常布置在过热器之后。与高温旋风分离器相比，中温旋风分离器有如下优点：①由于入口烟气温度较低，烟气总容积相对降低，分离器尺寸可以减小，加之烟气黏度降低，利于颗粒分离，可以提高分离器效率；②由于分离器温度降低，可以采用较薄的保温层，从而缩短锅炉的启停时间，另外，在保温相同的条件下，散热损失减小；③分离器内不会发生燃烧，也不会造成超温结焦；④对保温材料的耐高温要求降低，可以降低成本；⑤分离下来的物料温度较低，这对控制床层温度，防止床内发生结渣以及调整负荷有利。但是，由于中温分离器与高温分离器不同，后者布置在过热器前而前者布置在过热器后，过热器处的烟气含物料量较大，固体颗粒也较粗，增加了过热器的磨损，严重影响锅炉的安全运行。因此，中温分离器一般应用于低倍率循环流化床锅炉上，并且对分离器前受热面采取有效的防磨措施，以提高其使用寿命。

目前应用较多的中温旋风分离器是一种下排气的分离器。采用下排气分离器是为了克服常规上排气旋风分离器结构与尾部烟道的协调布置问题。下排气分离器可以缩小锅炉的外部尺寸，简化烟道布置，从而降低锅炉造价。图 4-22 为下排气分离器旋风筒结构简图。

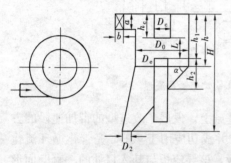

图 4-22　下排气分离器旋风筒结构简图

3. 低温旋风分离器

低温分离器的工作温度一般小于 300℃，通常布置在省煤器或空气预热器之后。实际上，采用低温分离器的锅炉是飞灰回燃型鼓泡流化床锅炉，并不是真正意义上的循环流化床锅炉，故此处不做详细讨论。

（三）惯性分离器

惯性分离器是利用某种特殊的通道使介质流动的路线突然改变，固体颗粒依靠自身惯性脱离气流轨迹从而实现气固分离。这种特殊的通道可以通过布设撞击元件来实现（如U形槽分离器、百叶窗式分离器），也可以专门设计成型（如S形分离器）。惯性分离器通常布置在炉膛内部，属于内循环分离器。

1. U形槽分离器（异型槽钢分离器）

U形槽分离器（异型槽钢分离器）在炉膛顶部采用错列垂直（或倾斜）布置，如图4-23所示。槽钢的两边不是直角边，而是向内倾斜。如图4-24所示，当物料随烟气上升时进入分离器，由于烟气和物料的密度差别很大，惯性不同，一部分物料进入异型槽钢内，实现与烟气的分离，另一部分细小颗粒随烟气从第一排异型槽钢缝隙处继续上升，进入第二排槽钢中再分离。因为分离器是垂直（或倾斜）布置，大多数的颗粒沿异型槽钢返回炉内循环，反复燃烧。该分离器结构简单，容易布置，同时由于炉内分离，不需要回送装置，运行中不需要操作。但异型槽钢分离器直接布置在炉膛内，环境温度高，物料冲刷磨损严重，为避免分离器烧坏变形和减小磨损，必须采用优质耐热钢材制造，成本很高。另外，该分离器效率不高，目前仅应用于小容量循环流化床锅炉上。

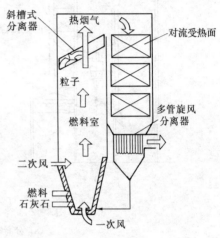

图4-23　U形槽分离器布置

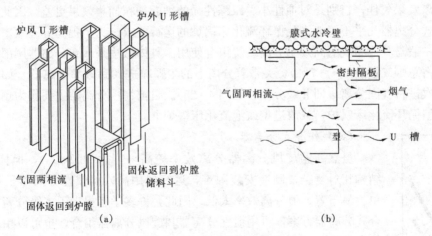

图4-24　U形槽分离器示意
(a) 分离器结构；(b) 分离过程

2. 百叶窗式分离器

百叶窗式分离器是由一系列的平行叶片（叶栅）按一定的倾角组装而成的，其叶片分为平板型和波纹型。波纹型叶片效率高于平板型，因此目前采用百叶窗分离器的循环流化床锅炉均采用波纹型叶片。图4-25示出了百叶窗分离器的布置。百叶窗分离器的分离原理是：从入口进入的含尘气流依次流过叶栅，当气流绕流过叶片时，尘粒因惯性的作用撞在叶栅表面并反弹而与气流脱离，从而实现气固分离。分离出颗粒的气体从另一侧离开百叶窗分离器，被分离出的颗粒浓集并落到叶栅的尾部，见图 4-26。由于百叶窗分离器布置于炉膛出口，温度在 850℃ 左右，因此属于高温分离，另外为降低物料对叶片的磨损，分离器叶片一般由碳化硅或其他高温耐火材料制成。

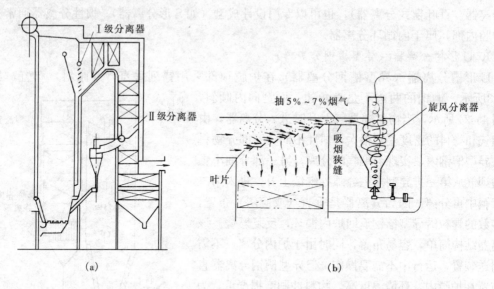

(a)　　　　　　　　　　　　　　　　(b)

图 4-25　带百叶窗式分离器的循环流化床锅炉

(a) 分离器的布置；(b) 水平入口的分离器

　　百叶窗式分离器结构简单，布置方便，与锅炉匹配性好，热惯性小，流动阻力一般也不高，但分离效果欠佳，特别是对惯性小、跟踪性强的细微颗粒捕集效果更差。因此，单独利用百叶窗式分离器几乎不可能满足循环流化床锅炉的运行要求。为了提高分离效率，百叶窗式分离器一般与其他型式的高效率分离装置组合使用。具体做法是，在分离器尾部抽引部分烟气（约占总烟气量的 5%～7%），夹带着分离下的尘颗粒进入高效率分离器（如旋风分离器）中再次进行气固分离，即Ⅱ级分离（见图 4-25）。目前惯性分离器主要作为预分离装置应用于小型循环流化床锅炉，或改进型鼓泡流化床锅炉上。

　　（四）组合式分离器

　　虽然高温旋风分离器分离效率较高（可达 99.99%），但体积庞大，结构相对复杂，制造安装困难，运行费用高；而惯性分离器虽然结构简单、易布置，但分离效率太低。因此，许多学者提出了多级分离方案或组合式分离器方案，可用惯性分离器和旋风分离器组合，也可以用多级惯性分离器组合。

　　显然，组合式分离器不是一个单独的分离装置，它常由二级甚至三级分离器串联（有时还有并联）布置而成。布置方式可以是两级旋风分离器串联或两级惯性分离器串联，也可是先惯性分离器，再旋风分离器。精心设计的组合式分离器能达到令人满意的分离效率。美国巴威（B&W）公司在大型循环流化床锅炉中有采用两级槽型分离器加尾部多管旋风分离器的设计，见图 4-27。

　　应该指出，循环流化床锅炉一般不采用两级旋风分离器串联的方式，

图 4-26　百叶窗式分离器流谱

因为这种方式的压力损失太大。相对于采用高温旋风分离器方案，目前倾向于采用惯性分离器作初级分离，旋风（或多管旋风）分离器作为二次分离的组合式分离器。

（五）循环灰分离器的选型、主要性能指标及其影响因素

1. 选型

循环灰分离器是循环流化床锅炉的关键部件。不同类型的循环流化床锅炉，多是以采用的分离装置不同为特征的。因此，循环灰分离器的选型与设计是循环流化床锅炉设计的一个重要组成部分。原则上，分离器的选型应进行综合经济技术比较，得出最佳方案。可以根据分离器的运行条件，特别是循环倍率和系统能耗的要求来确定所选用的分离器的类型。通常，对于较低的循环倍率，采用合适的惯性分离器就可以满足对分离效率的要求，这时，可以获得较低的压力损失或系统能耗，具有结构简单、投资和运行维护费用低等好处。对于较高的循环倍率或较小的颗粒粒度，则往往需采用合适的旋风分离器或多级惯性分离器方能满足循环倍率对分离效率的较高要求，这时不得不以增加分离器的阻力或系统能耗等为代价。大型循环流化床锅炉，因结构布置的困难，可以选用多个旋风分离器并联的方式。

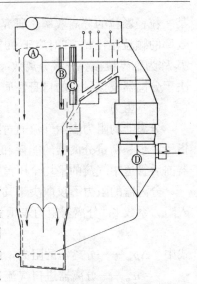

图 4-27　美国巴威（B&W）公司
循环流化床锅炉分离系统
Ⓐ—炉顶撞击返回；Ⓑ—炉内 U 型槽
分离器；Ⓒ—水平烟道 U 型槽分
离器；Ⓓ—多管旋风分离器

2. 主要性能指标

评价分离器的性能指标有分离效率、阻力、烟气处理量和经济性（投资和运行费用）等。其中，分离器的分离效率和阻力两项指标最为重要。

（1）分离效率。

分离器的分离效率 η 是指含灰烟气在通过分离器时，捕集下来的物料量 G_c（kg/h）占进入分离器的物料量 G_i（kg/h）的百分比，即

$$\eta = \frac{G_c}{G_i} \times 100\% \tag{4-7}$$

若循环流化床锅炉中的物料循环倍率 R 确定，并已知燃料性质、飞灰份额和飞灰含碳量，则分离效率就可按式（4-8）计算：

$$\eta = \frac{R}{R + A_{ar}\alpha_{fh}/(1 - C_{fh})} \tag{4-8}$$

式中　A_{ar}——燃料灰分，%；

　　　α_{fh}——飞灰份额，%；

　　　C_{fh}——飞灰含碳量，%。

分离效率反映的是分离器分离气流中固体颗粒的能力，它除了与分离器结构尺寸有关外，还取决于固体颗粒的性质、气体的性质和运行条件等因素。因此，分离效率不宜简单地用做比较分离器自身性能的指标，只有针对具体的处理对象和运行条件才有意义。

显然，分离器的分离效率与颗粒的粒径有关，粒径越大，分离效率就越高。为了进一步表明分离器的分离性能，还经常采用分离分级效率的概念。分级分离效率 η_i 是指分离器对

某一粒径颗粒的分离效率。研究表明，在工程应用范围内，η_i 可以表示成对应于 50% 分离效率的颗粒粒径 d_{50} 和对应于 99% 分离效率的颗粒粒径 d_{99} 的函数。其中，d_{50} 称为切割粒径，d_{99} 称为临界粒径。分级分离效率由于是对某一粒径而言的，与进口物料的粗细无关，只取决于分离器及该颗粒的自身性质，更适合用来描述分离器的性能。

（2）阻力。

分离器的阻力表示气流通过分离器时的压力损失，是评价分离器性能的另一项重要技术指标，也是衡量分离器的能耗和运行费用的重要依据。通常，分离器的阻力 Δp_{sp} 是以分离器前后管道中气流的平均全压差来表示的。

分离器的阻力不仅取决于其自身的结构尺寸，还与运行条件等有关。为方便起见，常引入阻力系数 ζ，分离器阻力表示为

$$\Delta p_{sp} = \zeta \rho_g u_{sp}^2 / 2 \qquad (4-9)$$

式中　Δp_{sp}——分离器的阻力，Pa；

　　　u_{sp}——分离器进口气流速度，m/s。

由式（4-9）可见，阻力与速度的平方成正比。阻力系数与分离器的结构尺寸有关，结构一定，则阻力系数为一常数。通常，分离器分离效率的提高是以阻力增加为代价的。但可以通过优化分离器的结构尺寸，保证其具有较高的分离效率而同时阻力较低，即以最小的能量消耗，达到最佳的分离效果。

3. 主要影响因素

循环流化床锅炉循环灰分离器与传统除尘技术中的除尘器相比，运行条件差别较大。一般来说，循环流化床锅炉分离器所处理的烟气流量大，温度高，颗粒浓度高，粒径也相对较大，这对分离器的分离性能产生了很大的影响。

（1）进口烟气流速。

分离器进口烟气流速 u_{sp} 对分离器的分离效率和阻力都有很大影响。

从理论上讲，旋风分离器或惯性分离器的阻力都是与入口气体流量或流速的平方成正比的，但实际上略有偏差。试验研究表明，阻力与流量或流速大约成 $1.5 \sim 2.0$ 次方的关系，与分离器的结构尺寸及测试条件等有关。通常，在没有确切试验数据的情况下，认为阻力与流速的平方成正比。

一般来说，分离器进口流速越高，分离效率越高，阻力也就越大。但当流速过高，超过某一特定值时，随进口流速的提高，分离效率反而下降。就旋风分离器和惯性分离器而言，对某一特定的颗粒，通常存在一个最佳的进口流速。超过这一流速，气流的湍动程度增大很多，会造成严重的二次夹带，即湍流的影响大于分离作用，致使分离效率降低。研究表明，这一最佳值与分离器的结构形式和尺寸、气固两相的特性等有关。一般取进口风速为 $18 \sim 35 \mathrm{m/s}$。

（2）温度。

循环流化床锅炉中分离器一般都在较高的温度下运行，温度对分离器的性能有重要影响。这种影响是通过温度对烟气密度和烟气黏度的影响来体现的。

由于气体温度升高，黏度增加，使得颗粒更难从气流中分离出来，分离效率随黏度的增加而降低。有数据表明，某旋风分离器当温度为 $20\,^\circ\mathrm{C}$ 时，对于粒径为 $10\,\mu\mathrm{m}$ 的颗粒分离效率为 84%，而在 $500\,^\circ\mathrm{C}$ 时分离效率仅为 78%。虽然气体密度对分离效率也有影响，但通常烟

气密度与颗粒密度相比，烟气密度值甚小，其影响可以忽略，除非压力或烟气密度很高，才加以考虑。

温度对阻力有较大的影响。由于气体的密度与温度成反比，由式（4-9）可知，分离器的阻力与气体密度 ρ_g 成正比，亦即与气体温度成反比，温度升高，阻力下降；而气体黏度对阻力的影响通常可以忽略。

（3）进口颗粒浓度。

气流流过分离器时所产生的阻力主要包括：气流的收缩与膨胀、器壁的摩擦、旋涡的形成以及旋转动能转化为压力能等引起的能量消耗。不同结构形式的分离器，上述各项对阻力的贡献有所不同。在较低的颗粒浓度下，随浓度的增加，通常阻力是降低的；而当颗粒浓度超过某一特定值（临界浓度）时，随浓度的增加，阻力却增加。颗粒浓度对旋风分离器阻力的影响十分复杂，是多种因素综合作用的结果，其临界浓度的数值与分离器的结构形式、尺寸以及运行条件等有关。

颗粒浓度对分离效率的影响也存在类似的规律：即存在一临界浓度值，低于该值时，随浓度的增加，分离效率增加；高于临界值后，分离效率将随浓度的增加而降低。该临界值也与旋风分离器的结构形式、尺寸以及运行条件等有关。

需要说明的是，尽管低于临界值时分离器的分离效率会随进口颗粒浓度的增加而增加，但增长速度却远不及浓度的增加。因此，出口颗粒浓度总是随进口颗粒浓度的增加而增大的。

（4）颗粒粒径分布和密度。

颗粒的粒径分布是影响分离器分离效率的最重要的因素之一。对于旋风分离器和惯性分离器，颗粒所受到的分离作用力与阻力之比随颗粒粒径的增加而增大。因此，大颗粒比小颗粒更容易从气流中分离。同样，随颗粒密度的增加，分离效率提高。特别是当粒径较小时，密度的变化对分离效率的影响大；而当粒径较大时，密度变化对分离效率的影响变小。

颗粒粒径对分离器的阻力影响很小，可以忽略。

（5）旋风分离器结构参数。

通常，旋风分离器进口宽度和进口形式、排气管插入深度和直径、筒体直径等对分离器性能影响很大。实际上，由于旋风分离器各部分参数是相互关联的，应该综合考虑它们对分离器性能的影响。

在风速一定时，随着分离器进口高宽比的增加，分离效率会略有增加，而压力损失也会增加，通常取分离器进口宽度为分离器直径 D_0 与排气管直径 D_e 之差的一半，即 $(D_0-D_e)/2$，高宽比 $a/b=2\sim3$。高温旋风分离器进口形式有切向式和蜗壳式两种。切向式进口简单，而蜗壳式进口虽然结构稍显复杂，但可使气固混合物平滑进入分离器，减小气固混合物对筒体内气流的撞击和干扰，因此分离效率较高，而阻力损失相对较小，是一种比较理想的进口形式。

由于旋转气流和颗粒在排气管与壁面之间运动，因此排气管插入深度直接影响旋风分离器性能。随着插入深度的增加，分离效率提高，当排气管插入深度大约是进气管高度的 $0.4\sim0.5$ 倍时，分离效率最高，随后分离效率随着排气管插入深度的增加而降低。排气管插入过深会缩短排气管与锥体底部的距离，增加二次夹带机会；插入过浅，会造成正常旋流核心的弯曲，甚至破坏，使其处于不稳定状态，同时也容易造成气体短路而降低分离效率。

排气管插入深度对压力损失也有影响。插入深度过长、过短，压力损失都增加；而当排气管插入深度为进气管高度的 $0.4\sim0.5$ 倍时，压力损失最小，此时分离效率也最高。

在一定范围内，排气管直径越小，旋风分离器效率越高，但压力损失也越大。一般取 $D_e/D_0 = 0.3 \sim 0.5$。

圆筒体直径对分离效率有很大影响。筒体直径越小，离心力越大，分离效率越高。筒体直径一般应根据所处理的烟气流量而定。在循环流化床锅炉中，由于烟气量很大，筒体直径通常很大（有的甚至达到 9m）。筒体直径增大，要保证足够高的分离效率，进口流速要相应提高。但由于阻力正比于流速的平方，要控制阻力，进口流速也不能太高，圆筒体直径的增加又受到限制。这时可考虑几个分离器并联，以满足对分离效率和阻力的设计要求。并联时，每一分离器的直径减小，分离效率提高，但应当保证气流在并联的各分离器中的均匀分布，否则会使总分离效率降低。

二、飞灰回送装置

飞灰回送装置的功能是将循环灰分离器分离下来的高温固体颗粒连续稳定地回送至压力较高的炉膛内，并使反窜到分离器的气体量为最小。循环流化床锅炉运行时，大量固体颗粒在炉膛、分离器和回送装置以及外置式换热器等组成的物料循环回路中循环。一般循环流化床锅炉的循环倍率为 $5\sim20$，也就是说有 $5\sim20$ 倍给煤量的返料灰需要经过回送装置返回炉膛再燃烧。同时，运行中返料量的大小依靠飞灰回送装置进行调节，而返料量的大小直接影响到锅炉的燃烧效率、床温以及锅炉负荷。因此，飞灰回送装置是关系到锅炉燃烧效率和运行调节的一个重要部件，其工作的可靠性直接影响锅炉的安全经济运行。

飞灰回送装置应当满足以下基本要求：

（1）物料流动稳定。由于循环的固体物料温度较高，飞灰回送装置中又有空气，在设计时应保证物料在回送装置中流动通畅，不结焦。

（2）气体不反窜。由于分离器内的压力低于炉膛内的压力，回送装置将返料灰从低压区送至高压区，必须有足够的压力来克服负压差，同时要求既能封住气体而又能将固体颗粒送回床层。事实上，对于旋风分离器，如果有气体从回送装置反窜进入，将大大降低分离效率，从而影响物料循环和整个循环流化床锅炉的运行。

（3）物料流量可控。循环流化床锅炉的负荷调节很大程度上依赖于循环物料量的变化，这就要求回送装置能够稳定地开启或关闭固体颗粒的循环，同时能够调节或自动平衡固体物料流量，从而适应锅炉运行工况变化的要求。

飞灰回送装置一般由立管（料腿）和送灰器（回料阀）两部分组成。

1. 立管（料腿）

通常将物料循环系统中的分离器与送灰器之间的回料管称为回料立管，简称立管，又称为料腿。立管的主要作用是：①输送物料，与送灰器配合连续不断地将物料由低压区向高压区（炉膛处）输送；②系统密封，产生一定的压头防止回料风或炉膛烟气从分离器下部反窜，因此它在循环系统中起着压力平衡的重要作用。由于循环流化床锅炉中分离装置多采用旋风分离方式，即使少量的气体从立管中漏入分离器，也会对分离器内的流场造成不良影响，降低分离效率，因此在循环流化床锅炉中立管一般采用移动床。

立管的设计主要是根据循环回路的压力特性和循环物料量确定立管的高度和直径。如图4-28 所示的带流化密封送灰器的物料循环回路中，立管的压降 Δp_{CE}（Pa）需平衡循环流化

床的压降 Δp_{AB} （Pa）、分离器压降 Δp_{BC} （Pa） 和送灰器装置部分的压降 Δp_{EA} （Pa）。由于立管的压降 Δp_{CE} 在临界流态化状态时达到最大，由压力平衡关系式

$$\Delta p_{CE} = \Delta p_{AB} + \Delta p_{BC} + \Delta p_{EA} \qquad (4-10)$$

可得立管的最小高度为

$$H_{\min} = \frac{(\Delta p_{AB} + \Delta p_{BC} + \Delta p_{EA})_{\max}}{\rho_p (1 - \varepsilon_{mf}) g} \qquad (4-11)$$

式中　$H_{\min}$——立管最小高度，m。

实际设计时，可取立管高度 $H = (1.5 \sim 2.0) H_{\min}$。

举例如下：当循环流化床的压降 $\Delta p_{AB} = 8000 \text{Pa}$，分离器压降 $\Delta p_{BC} = 3000 \text{Pa}$，送灰器装置压降 $\Delta p_{EA} = 500 \text{Pa}$，颗粒密度 $\rho_p = 1800 \text{kg/m}^3$，颗粒之间临界空隙率 $\varepsilon_{mf} = 0.42$ 时，立管的最小高度为 1.12m。实际取值一般不小于 2m。

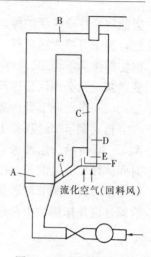

图 4-28　物料循环回路的压力平衡

确定立管直径的原则是应能保证固体颗粒在内部流动通畅，无搭桥现象，并能达到足够的固体颗粒流量。一般固体颗粒流速可取 $u_p = 0.3 \sim 0.5 \text{m/s}$，已知固体颗粒质量流率 G_s （kg/s） 时，立管的直径可用式 （4-12） 计算：

$$d = \sqrt{\frac{4 G_s}{\pi (1 - \varepsilon) \rho_p u_p}} \qquad (4-12)$$

式中　ε——空隙率，可采用颗粒堆积空隙率 ε_0 进行计算。

2. 送灰器 （回料阀）

飞灰回送装置中的送灰器 （也称为回料阀、返料阀） 分机械式和非机械式两大类。

机械式送灰器靠机械构件动作来达到控制和调节固体颗粒流量的作用，如球阀、蝶阀、闸阀等。实际上，由于循环流化床锅炉中高温分离的物料温度一般在 $800 \sim 850℃$，机械阀需在高温下工作，机械装置在高温状态下会产生膨胀，加上阀内的流动介质是固体颗粒，固体颗粒易卡涩，运动时也会产生比较严重的磨损，循环流化床锅炉中很少采用机械式送灰器。目前仅有 Lurgi 型锅炉的飞灰回送装置中采用机械式送灰器。

非机械式送灰器采用气体推动固体颗粒运动，无需任何机械转动部件，所以其结构简单、操作灵活、运行可靠，在循环流化床锅炉中获得广泛应用。非机械式送灰器依其工作特点可以分为阀型送灰器 （可控式送灰器） 和自动调节型 （通流型送灰器） 两大类。

（1） 阀型送灰器 （可控式送灰器）。

阀型送灰器主要形式包括 L 形阀、V 形阀、J 形阀、H 形阀和换向密封阀等，如图 4-29 所示。这种送灰器不

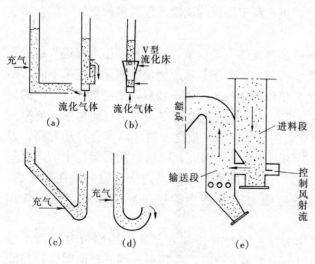

图 4-29　阀型送灰器示意图

(a) L形阀；(b) V形阀；(c) 换向密封阀；(d) J形阀；(e) H形阀

但能将颗粒输送到炉膛，可以开启和关闭固体颗粒流动，而且能控制和调节固体颗粒的流量，属于可控式送灰器。但是，在循环流化床锅炉实际运行中如果操作不当，可能导致立管内物料流动不稳定、吹空，以至通过立管大量窜烟气，使分离器无法工作。阀型送灰器要改变送灰量则必须调整送灰风量，也就是说，送灰风量必须随锅炉负荷的变化进行调整。

（2）自动调节型送灰器（通流型送灰器）。

自动调节型送灰器主要有流化密封送灰器（又称 U 形阀）、密闭输送阀、N 形阀等，如图 4 - 30 所示。这种送灰器通过阀体和立管自身的压力平衡来自动地平衡固体颗粒的流量，对固体颗粒流量的调节作用很小；但该类型送灰器的密封和稳定性很好，可以有效地防止气体反窜。自动调节型送灰器能随锅炉负荷的变化自动改变送灰量，而无需调整送灰风量。目前循环流化床锅炉中普遍采用的是流化密封送灰器，其布置见图 4 - 31。

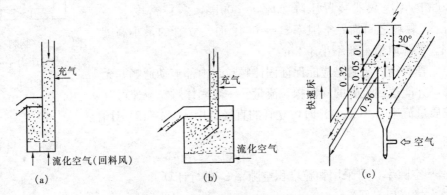

图 4 - 30　自动调节型送灰器示意图
(a) 流化密封送灰器；(b) 密封输送阀；(c) N 型阀

流化密封送灰器（U 形阀）由一个带回料管的鼓泡流化床和分离器立管组成，二者之间有一个隔板，采用空气进行流化，送灰器的结构示意参见图 8 - 7。送灰器内的压力略高于炉膛，以防止炉膛内的空气进入立管。在立管内可以充气，以利于固体颗粒的流动。特别是在立管与流化床的连通部分布置水平喷管，更有利于物料的流动。但过多的充气可能会使气流反窜，破坏循环流化床的正常运行。

流化密封送灰器立管中固体颗粒的料位高度能够自动调节，从而使其压力与送灰器的压降及驱动固体颗粒流动所需的压头相平衡。譬如，当由于某种原因使物料循环流率下降，则进入立管中的物料量减少，若飞灰回送装置仍以原来的流率输送物料，则必然使立管中的料位高度降低，从而导致输送流率减小，直到与循环流率一致，建立新的平衡状态；反之，料位高度会自动升高，以适应较高的循环流率。因而，U 形送灰器运行中，当充气状态一定时，料位高度可以自动适应，但是是在变化的。这种自适应能力需要适当的物料高度和适当的充气相配合。

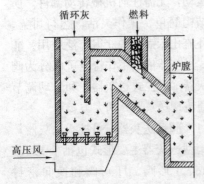

图 4 - 31　流化密封送灰器的布置

流化密封送灰器的长度方向通常用隔板分成两个分室，也可分成更多个分室，在隔板底部开口使固体颗粒能在各分室中流动。开口可覆盖整个送灰器的宽度，其高度根据固体颗粒水平流速确定（一般流速选择为 0.05～

0.25m/s）。根据试验结果，高度越小，送灰器的固体颗粒流量越小，但流动的可控性和稳定性越好。

与立管相比，流化密封送灰器的出口管（回料管或返料管）中固体颗粒流速更高，但固体颗粒浓度会更低，所以其截面至少应等于立管的截面尺寸，并且其倾斜角至少应超过堆积角（一般大于55°）。如果循环物料量很大，为了减少炉膛内固体颗粒入口处的浓度，应该采用如图4-14所示的分叉回料管形式。

为了防止送灰器的布风板因受热而挠曲变形，应在布风板上敷设耐火层和隔热层，厚度一般为50～80mm。另外，在送灰器的四周和顶部内侧也要敷设耐火层和隔热层，其厚度应根据所输送物料的温度和耐火隔热材料的性质确定。整个送灰器用钢板密封，以保证送灰器有足够的刚度和密封性能。在送灰器顶部还应开一个检修孔，以便在停运时捡出送灰器中的小渣块。

三、外置流化床换热器（外置冷灰床）

正如第一章第二节所述，外置流化床换热器（EHE，External Heat Exchanger）是布置在循环流化床锅炉（如 Lurgi 型循环流化床锅炉）灰循环回路上的一种热交换器（见图1-3和图1-5），一般采用钢板结构，内衬耐火材料（也有采用水冷管壁结构的）。考虑到外置流化床换热器同时兼有主循环回路的部分受热面和送灰器两种功能，但不是循环流化床锅炉的必备部分，故列入物料循环系统加以介绍。

实际上，外置流化床换热器是一个细颗粒的低速鼓泡流化床，流化风速一般为0.3～0.5m/s（最高在1.0m/s左右），流化床内的固体颗粒直径为0.1～0.5mm。只要布置适当，受热面的磨损并不是很严重。通常在外置流化床换热器内按温度分布布置不同形式的受热面管束，各受热面之间可以用隔墙隔开，如图4-32所示。图中，流化床换热器内从右至左依次布置的是过热器、再热器和蒸发受热面。外置流化床换热器主要靠调节进入换热器的固体颗粒流量和直接返回炉膛的固体物料流量的比例来调节流化床床温。这虽然在结构上增加了复杂性，但床温调节比较灵活，而且将燃烧与传热分离，可以使二者均达到最佳状态。根据报道，如果将过热器或再热器布置在流化床换热器中，则汽温调节灵活，甚至无须喷水减温调节汽温。

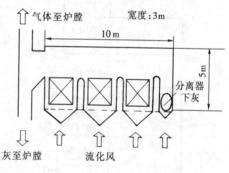

图4-32　外置流化床换热器的结构

外置流化床换热器内的传热系数可按常规鼓泡流化床传热系数的计算方法确定（参见第三章第六节外置流化床换热器的传热计算）。在外置流化床换热器的设计中，因为需布置受热面，所以其床层面积一般都比仅作返料用的飞灰回送装置大。虽然流化风速不高，但总风量比较大，所以在外置流化床换热器上部总是布置有空气旁通管道，将流化空气直接引入炉膛的稀相区。一方面保持外置流化床换热器的压力稳定，使床内流动不产生脉动；另一方面使这股热空气作为二次风或三次风使用，以提高锅炉的整体效率。

福斯特·惠勒公司开发出一种所谓整体式再循环外置流化床换热器（INTREX），当真与炉膛连为一体时，有"下流式"和"溢流式"两种布置。图4-33所示为"溢流式"方式。与上述形式的外置流化床换热器相比，INTREX在结构上有了很大的改进。图4-34为典型的 INTREX 布置方式，INTREX 的运行方式见图 4 - 35。

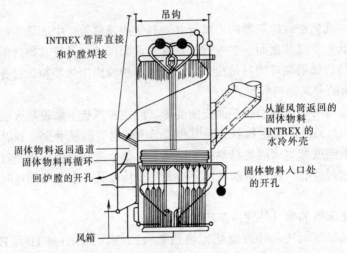

图 4 - 33　整体式再循环流化床换热器（INTREX）的结构（"溢流式"）

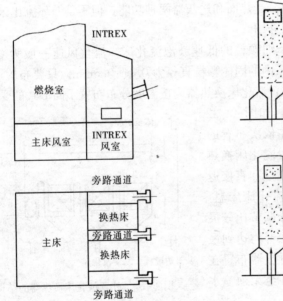

图 4 - 34　INTREX 布置方式图

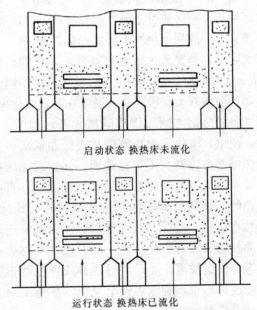

图 4 - 35　INTREX 的运行原理示意图

由图 4 - 34 可知，换热床有三条旁路流化通道。两个流化床换热器中分别布置过热器和再热器的埋管受热面。旁路通道各有位置较高的溢流口。两个换热床有位置略低的溢流口，旁路通道与换热床之间的隔墙上都有连通窗口。旁路通道、换热床下均设有布风板、风帽，下面的风室则是分开的，可分别根据物料堆积、压实或流化的要求调节流化风量。INTREX 中采用较复杂结构的目的是：①启动时分离出的物料不受到冷却，直接送回主床（燃烧室），升温快，启动速度快；②启动时保护换热床中的过热器、再热器等受热面；③启动后可灵活地调节进入换热床中的固体物料量及从旁路通道直接进入主床的物料量，以调节主床温度。

图 4 - 35 是 INTREX 运行原理示意图。锅炉冷态启动时，为保护过热器等还无足够蒸汽

流过的受热面，从分离器来的高温物料不进入有埋管受热面的鼓泡床（此时该鼓泡床不运行），而是通过旁路通道直接进入溢流口回到炉膛。此时，由于换热床不通风流化，床内物料将沉积、压实并堵死隔墙上的联通口，即床内物料是不流动的。在正常运行时，旁路通道和有埋管受热面的鼓泡床均进行流态化运行，通过控制不同室的流化床的高度，可使全部或部分高温固体物料进入有埋管受热面的鼓泡床进行换热，然后再溢流进入返回通道回到炉膛。长期运行表明，INTREX 设计简单，结构紧凑，检查维修方便；由于采用浅床和低速流化，运行耗电少，埋管受热面传热效率高，金属消耗量少；由于直接与炉膛相连而没有膨胀节，运行十分安全可靠；固体热床料为均匀的细颗粒，流化速度低，对埋管受热面不会有磨损；高温过热器埋管受热面不在烟气的腐蚀温度范围内，埋管受热面不会被腐蚀；另外，由于只需调节各鼓泡床室的流化风速即可调节换热器的不同运行方式，调节控制方便。INTREX是大型带再热器的 FW 型循环流化床锅炉的优点之一。

第五节　给　料　系　统

一、煤制备系统及主要设备

1. 煤制备系统概述

循环流化床锅炉的给料系统包括煤制备系统、给煤系统和石灰石（脱硫剂）输送系统。其中，煤制备系统的工作状况关系到炉内的燃烧。正如所知，燃煤颗粒尺寸大小及其粒径的组成，对流化床锅炉的燃烧、传热、负荷调节特性等都有十分重要的影响。循环流化床锅炉正常燃烧时，入炉煤中大于 1mm 的煤粒一般在炉膛下部燃烧，小于 1mm 的颗粒在炉膛上部燃烧，带出炉膛的细小颗粒经分离器收集后送回炉膛中循环燃烧。分离器不能捕捉的极细颗粒一次通过燃烧室，若颗粒在炉膛内的停留时间小于燃尽时间，将使飞灰含碳量增加，燃烧效率降低。循环流化床锅炉燃煤经制备后，如果粗颗粒含量过高，将造成燃烧室下部燃烧份额和燃烧温度增加，燃烧室上部燃烧份额和燃烧温度降低；如果细颗粒偏多，不仅会增加厂用电耗，而且使燃烧工况偏离设计值，甚至在分离器内的燃烧份额过大，引起分离器内结渣。

国外对循环流化床锅炉燃煤粒径的要求经历了由细变粗的认识过程。譬如，德国鲁奇公司最初要求循环流化床锅炉的入炉粒径小于 0.9mm，但在 270t/h 流化床锅炉投运时，大量细粉进入高温旋风分离器内燃烧，造成分离器内结渣并使飞灰可燃物增加。为使锅炉正常运行，遂对入炉煤粒径要求从小于 0.9mm 增大到小于 6mm。国内则相反，对循环流化床锅炉燃煤粒径的要求的认识是由粗变细。由于早期的循环流化床锅炉大多采用简单机械破碎设备来制备入炉煤，入炉煤的粒径要求在 0～25mm，实际运行中往往在 0～50mm 的范围内，导致受热面及炉墙严重磨损，锅炉出力达不到设计要求。新投运及改造后的循环流化床锅炉，入炉煤粒径普遍限制在 0～13mm 范围内，锅炉的负荷特性大为改善。

燃煤的粒径范围及粒径配比是根据不同的炉型和不同的煤种而确定的，同时还与运行操作系统条件有关。一般来说，高循环倍率的流化床锅炉，燃料粒径较细；低循环倍率的流化床锅炉，粒径较粗；挥发分低的煤种，粒径一般要求较细；高挥发分易燃的煤种，颗粒粒径可粗一些。欧洲大型循环流化床锅炉的燃煤颗粒配比大体为：0.1mm 以下的份额小于 10%；1.0mm 以下的份额小于 60%；4.0mm 以下的份额小于 95%；10mm 以上的份额为0。

在实际操作中，欧美国家循环流化床锅炉，以及国内中、低循环倍率的循环流化床锅炉，大致上按式（4-13）制备入炉煤颗粒：

$$V_{daf} + a = 85\% \sim 90\% \qquad (4-13)$$

式中　V_{daf}——干燥无灰基挥发分含量，%；

　　　a——入炉煤颗粒中小于1mm的份额，%。

如前所述，循环流化床锅炉的燃煤粒径一般在0～13mm之间（R_{90}要求大于90%），要比煤粉锅炉要求的径粒大得多。因此，循环流化床锅炉的煤制备系统远比煤粉锅炉的制粉系统简单。目前国内循环流化床锅炉的煤制备系统大多采用破碎设备加上振动筛。

图4-36是循环流化床锅炉常采用的煤制备系统的流程。该系统采用锤击式破碎机破碎原煤，然后经机械振动筛分。一级碎煤机将原煤破碎至35mm以下，经过振动筛，将大于13mm的大颗粒送入二级碎煤机继续破碎，二级碎煤机出口的燃煤全部进入锅炉的入炉煤煤仓。在原煤水分较低（如$M_{ar} < 8\%$）、当地气候条件干燥、原煤本身较碎并经严格筛分的情况下，该方案制备的燃料基本能满足流化床锅炉的要求。如果原煤水分较大、当地雨水较多，则须采用带热风或热烟气干燥和输送装置的燃料制备系统。

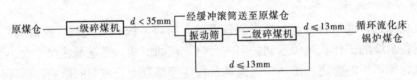

图4-36　某台220t/h循环流化床锅炉煤制备系统流程

2. 煤制备系统的主要设备

循环流化床锅炉的制煤设备应能满足出力、粒径和筛分要求，同时应安全可靠、维护简单、环保性能良好。目前采用较多的破碎设备是钢棒滚筒磨和锤击式破碎机。

（1）钢棒滚筒磨。

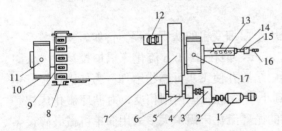

图4-37　钢棒滚筒磨外形结构

1、16—电动机；2、4—弹性联轴器；3—减速机；5—小齿
轮座；6—小齿轮；7—大齿轮；8—出料罩；9—排料窗；
10—轴承座；11—轴承；12—出料算板；13—螺旋
给煤机；14—联轴器；15—减速器；17—油孔

循环流化床锅炉燃料制备系统采用的钢棒滚筒磨，机型主要是中心进料、周边排料型，其外形结构如图4-37所示。

钢棒滚筒磨在工作时，筒体回转带动研磨体（钢棒）随筒体升高，达到一定高度后，钢棒靠本身自重下落，滚压、碾磨、破碎物料。由于棒与棒之间接触时是线接触，首先受到钢棒冲击和研磨的是那些大颗粒物料，而小颗粒夹杂在大颗粒之间，受到的粉碎作用较小，从而使钢棒滚筒磨磨碎产品的粒径较为均匀，通过磨的极细颗粒较少。

周边排料型钢棒滚筒磨出料的料面较浅，出料的速度快，比中心排料型钢棒滚筒磨提高出力20%～40%。滚筒磨采用橡胶衬板可使回转体质量减轻，电耗降低，并能根据需要改变出料窗算板孔径控制出料粒径。另外，钢棒滚筒磨还具有噪声小、粉尘少、结构简单、便于制造等特点。

（2）锤击式破碎机。

锤击式破碎机一般包括壳体、碾磨板、转子、杂物出口、粗颗粒进口和细颗粒出口等，如图4-38所示。转子由轴、锤击臂和锤头三部分组成。在细颗粒出口还设有分离器，将不合格的粗颗粒分离下来，回送后重新碾磨。分离器有离心式、可调挡板式等形式。

锤击式破碎机的形式有多种，转子的圆周速度有高低之分，煤的进、出口可以径向布置，也可以切向布置。由于循环流化床锅炉相对煤粉锅炉而言燃煤粒径要求较粗，适用于循环流化床锅炉的锤击式破碎机的圆周速度一般较低。图4-38为巴布科克（Babcock）公司生产的GS型锤击式破碎机的示意图，采用切向进口，并装有可调叶片式分离器，以调整出口颗粒粒径，转子的圆周速度为50m/s。

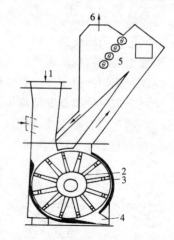

图4-38　德国巴布科克公司的GS型锤击式破碎机

1—粗煤进口；2—转子；3—碾磨板；4—杂物排出口；5—可调叶片分离器；6—细煤出口

锤击式破碎机的研磨室内，破碎煤粒的力来自于三个方面，一是转子锤头对煤粒的撞击；二是煤粒受离心力作用与碾磨板之间的撞击；三是煤粒之间的相互碰撞、摩擦。较细的煤粒受到气流的携带离开研磨室，不合格的煤粒经过分离器被分离下来，回到研磨室重新破碎。

锤击式破碎机的出料粒径也可通过更换不同规格的筛板来控制。譬如，国产PCHZ-1016型环锤式破碎机的出料粒径就是通过筛板来调节的。转子与筛板之间的间隙也可根据需要通过调节机构进行调整。

锤击式破碎机能破碎多种物料，包括循环流化床锅炉燃烧需要的原煤和石灰石。另外，可根据煤中挥发分的不同制备不同粒径配比的成品煤，能较好地满足流化床锅炉的要求。如美国CE公司制造的循环流化床锅炉，燃用V_{daf}为50%的烟煤时，采用锤击式破碎机制备燃料，成品煤中小于1mm的颗粒份额为36%。

二、给煤系统及主要设备

1. 给煤方式和给煤系统

（1）给煤方式。

循环流化床锅炉的给煤方式，按给煤位置分有床上给煤和床下给煤；按给煤点处的压力分有正压给煤和负压给煤。

床下给煤是指利用喷管将较细的物料穿过布风板向上喷洒的给煤方式，目前只在小型锅炉上采用；将煤送入布风板上方的给煤方式称为床上给煤。床上给煤点可以根据需要布置在循环流化床的不同高度上。

采用正压给煤还是负压给煤，由炉内气固两相流的动力特性决定。对于炉内呈湍流床和快速床的中高物料循环倍率的循环流化床锅炉而言，炉内基本处于正压状态，负压点很高或不存在，因此只能采用正压给煤；负压给煤一般使用在物料循环倍率比较低、有比较明显的料层界面、负压点相对较低的锅炉上。

对于负压给煤方式，因为给煤口处于负压，煤靠自身重力流入炉内，所以结构简单，对给煤粒径、水分的要求均较宽。但这种给煤方式一般给煤点位置都比较高，细小颗粒往往未燃尽就被烟气吹走而落不到床内。另外，给煤只是靠重力撒落不易做到在炉内均匀分布，给煤局部集中可能导致挥发分集中释放，造成挥发分的裂解，产生黑烟和局部温度过高、结焦等问题。正压给煤可以避免负压给煤的不足，由于燃煤从炉膛下部密相区输送入，能立即与温度很高的物料掺混燃烧。为使给煤顺利进入炉内并在炉内均匀分布，正压给煤都布置有播煤风，锅炉运行中应注意播煤风的使用和调整，当负荷、煤质以及燃料颗粒、水分有较大变化时，均应及时调整播煤风。

　　给煤点的位置和数量，对锅炉运行的影响不可忽视。尽管循环流化床锅炉物料的横向掺混较好，但仍不如纵向混合强烈。如果给煤点太少或布置不当，必然造成给煤在炉内分布不均，影响炉内温度均匀分布和燃烧效率，严重时会导致炉内局部结焦。对于容量为220t/h以上的锅炉更应注重给煤点的布置和设计，同时考虑给煤口、回料口和排渣口的布置。

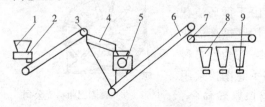

图4-39　循环流化床锅炉给煤系统
原则性布置简图

1—原煤斗；2—给煤机；3——段带式输送机；
4—筛分设备；5—破碎机；6—二段带式
输送机；7—三段带式输送机；8—炉前
（成品）煤仓；9—炉前给煤机

　　（2）给煤系统。

　　循环流化床锅炉的给煤系统一般应包括原煤斗、筛分设备、破碎机、给煤机、炉前给煤机（或送灰器）和输送设备等，图4-39为系统的原则性布置简图。下面所指的给煤系统实际上是给煤点处的炉前给煤系统。

　　锅炉容量较小时，由于给煤点较少，给煤点可以单独设置在前墙、后墙或侧墙上。在后墙给煤时，一般都是采用送灰器给煤方式。容量稍大些的锅炉，在采用送灰器给煤时，为增加给煤的均匀性，常采用一种如图4-14所示的分叉回送装置。它实际上是将流化密封送灰器的回料管一分为二（见图8-7），等于增加了给煤点。而对于125MW或更大容量机组的循环流化床锅炉，为使燃料在燃烧室内能充分混合，增加给煤点，可以将成品煤仓布置在炉前，采用所谓前墙给煤子系统和送灰器给煤子系统联合的给煤系统，如图4-40所示。在前墙给煤子系统中，皮带给煤机4将煤送入双向螺旋给料机5，螺旋给料机5再将煤输送至两个前墙给煤点；在送灰器子系统中，皮带给煤机1将煤送至沿锅炉侧墙布置的链式输送机2，链式输送机2再将煤送到布置在后墙的链式输送机3，然后送到旋风分离器下端的飞灰回送装置中。该系统的常规运行方式是：将60%的燃料送到送灰器子系统中，40%的燃料送到前墙给煤子系统，这两个子系统都有输送100%燃料的能力。

　　另一种给煤系统是直吹式系统。图4-41为某台125MW机组的煤/石灰石直吹式给料系统，其特点是将煤和石灰石（脱硫剂）的破碎、干燥和输送过程结合在一起。该系

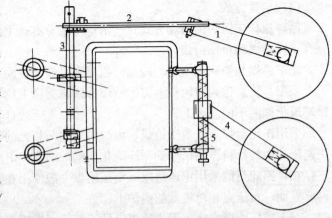

图4-40　前墙给煤和送灰器给煤联合的给煤系统

1—皮带给煤机；2、3—链式输送机；
4—给煤机；5—螺旋给料机

统由两台出力为 50% 的碎煤机组成，每
台碎煤机带两条输送管道。碎煤机 1 由
皮带给煤机 2 给煤，石灰石通过螺旋给
料机 3 送入，一部分热二次风通过增压
风机 4 送入碎煤机内，将煤/石灰石混合
物送入燃烧室。

　　与传统的给煤系统相比，直吹式给
料系统的优点是减少了给煤设备部件，
给煤设备和给煤点的布置具有灵活性；
具有干燥燃料的能力；可省去独立的石
灰石输送系统。但缺点是系统维护的要
求比较严格，投资和运行的费用较高，
能耗较大。

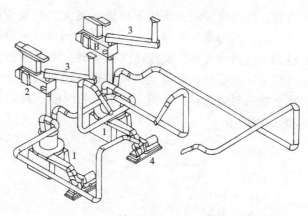

图 4-41　某台 125MW 机组的煤/石灰石给料系统
1—碎煤机；2—给煤机；3—螺旋给料机；4—风机

　　直吹式给料系统常用于燃用废弃物的循环流化床锅炉上，因为这种系统对燃料的干燥非
常有利。但由于废弃物燃料灰分高，输送燃料时所需的一次风量比较高，并要求在低负荷时
保持不变，降低了锅炉效率。虽然采用多台小容量碎煤机时能满足调节出力的要求，但使系
统更加复杂。

　　2. 给煤设备

　　给煤设备通常包括皮带给煤机、圆盘给煤机、刮板给煤机和螺旋给料机及气力输送设备
等，其功能是将经破碎后合格的煤和石灰石送入炉膛。

　　(1) 皮带给煤机。

　　图 4-42 是皮带给煤机结构图。皮带给煤机的皮带（胶带）宽度一般为 400～1000mm。
通常用插板调节皮带上料层厚度来控制给煤量，也可以采用变速电动机改变皮带运行速度控
制给煤量，电动机通过变速箱将皮带运行速度控制在 0.04～0.2m/s。采用皮带给煤机的关
键在料斗（燃煤仓）的设计。一般都采用钢制料斗，料斗出料侧呈垂直状，另三个面与水平
面的夹角 α 和 β 应较大，一般取 $\alpha>80°$，$\beta>70°$，防止煤粒在料斗中黏结，保证即使含水高
达 9% 时，也能自动连续进料，无需人工捣料。但由于料斗下口较大，皮带机上单位面积
所承受的压力也较大，在料斗部位皮带的托辊（起支撑和带动皮带的作用）数量应增多，
相邻两托辊中心距尽可能缩短，这样就使料斗内物料的重量由载重托辊承受。为了防止
皮带滚筒打滑，在前滚筒后面可加装一个反滚筒以压紧
皮带。

　　皮带给煤机结构简单，给料比较均匀且易于控制；而
缺点是当锅炉出现正压操作或不正常运行时，给料口往往
有火焰喷出，以致烧坏皮带。皮带给煤机通常只适合用于
负压给煤的情况。

　　(2) 圆盘给煤机。

　　圆盘给煤机由转子、转盘、刮板和料斗组成，结构
如图 4-43 所示。圆盘通常为钢制，上加一层防磨板，如
铸钢板、辉绿岩板等；或在圆盘上加焊钢筋，保存一层

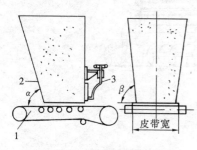

图 4-42　皮带给煤机结构
1—皮带；2—料斗（燃煤仓）；
3—插板调节装置

物料，防磨效果好，既便于检修，又大大延长使用寿命。圆盘转动靠下部伞形齿轮的带动，电动机功率一般为 4.2～10kW，圆盘转速可在 19～36r/min。给煤量可通过变速电动机调节转速或者调节刮板高度来实现。由于圆盘直径较大（有的可达 2m 以上），料斗也可较大。料斗形状可以是倒圆锥形，也可以是上大下小的方形，还可以将料斗放大，以减小物料对圆盘单位面积上的压力和保证下料均匀，上述形状分别如图 4-44（a）、（b）和（c）所示。

图 4-43　圆盘给煤机结构

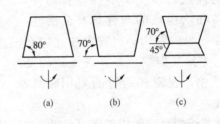

图 4-44　圆盘给煤机料斗形状

　　圆盘给煤机对含水量在 10% 以下的煤能正常连续下料，而且调节方便，管理简单，维修量也不大。但是，圆盘给煤机在供料的均匀性和供料面的宽度以及动力消耗等方面不如皮带给煤机好，传动装置和设备的制造安装也较复杂，投资较多。

　　（3）螺旋给料机。

　　正如前述，皮带给煤机通常只能用于负压给料，但从改善燃烧性能考虑，往往希望燃料能在床层正压区给入。常用的正压区机械式给料设备是螺旋给料机（俗称绞笼），如图 4-45（a）所示。螺旋给料机可以采用电磁调速改变螺旋杆的转速来改变给煤量，调节非常方便；但由于螺旋杆端部受热以及颗粒与螺旋杆叶片之间存在较大的相对运动速度，螺旋杆容易变形，螺杆和叶片容易发生磨损。

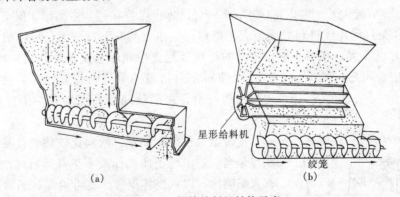

图 4-45　螺旋给料机结构示意
(a) 不带星形给料装置；(b) 带星形给料装置

　　图 4-45（b）显示的是一种与星形给料机结合的螺旋给料机。由于前者采用旋转刮板结构，比较容易通过电磁调速电动机改变给煤量。这种给料机较为适合易发生"搭桥"现象的物料输送和给料。

（4）埋刮板给煤机。

埋刮板给煤机是一种常见的给煤设备，如图 4-46 所示。它的刮板和链条都埋伸到积存的物料中，利用物料的内摩擦力和侧压力进行输送，具有布置灵活、运行稳定、不易卡塞、密封性好、调节性能强等优点，而且它一般不受长度的限制，还可加装计量装置。若采用特殊工艺，可以使刮板带有一定的弯曲弧度。目前，这种给煤设备为很多循环流化床锅炉所采用，尤其是当较大容量的锅炉部分给煤点设计在锅炉两侧或后墙，而给煤设备又比较长（>20m）时，采用埋刮板给煤机比较合适。但是，一般的埋刮板输送设备并不完全适合循环流化床锅炉对给煤机械的要求，因为常规埋刮板给煤机体积多较庞大，刮板设计也不能完全满足 0~10mm 范围的细小颗粒的输送要求，部分埋刮板给煤机密封

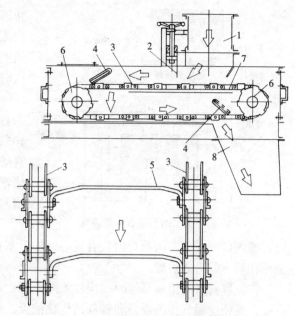

图 4-46　埋刮板给煤机
1—进煤管；2—煤层厚度调节板；3—链条；4—导向板；
5—刮板；6—链轮；7—上台板；8—出煤管

性也比较差。与煤粉锅炉相比，用于循环流化床锅炉的埋刮板给煤机必须经过特殊改造。

三、石灰石输送系统

石灰石输送方式主要有两种：一种是重力给料，另一种是气力输送。

重力给料是将破碎后的石灰石送入一个与煤斗同一高度的石灰石斗，石灰石与煤同时从各自的斗中落入皮带给煤机，再从皮带给煤机进入落煤管送入炉膛。它的优点是系统简单，运行和维修方便。但也存在一些缺点，譬如，要实现重力给料过程，就必须将在较低位置处破碎的石灰石输送到较高位置处的石灰石斗，增加了输送路程；较高位置的石灰石斗使钢架的支撑重量增加，从而增加了金属耗量；另外，作为脱硫剂的石灰石的给料量应该根据 SO_2 的排放值进行控制和调节，但在重力给料中煤与石灰石是同时落入皮带给煤机的，煤与石灰石的输入量不能分开控制，所以客观上重力给料无法根据 SO_2 的排放值调节石灰石给料量，达到保证排放和经济运行的目的；再者，石灰石与煤一起进入落煤管，由于煤对含水量的要求不太高（一般要求煤的收到基水分 M_{ar} 小于 12%），而石灰石对含水量的要求较高（一般不得高于 3%），一旦水分相对较高的煤与石灰石在落煤管中混合，就可能造成石灰石潮湿黏结，引起落煤管不畅，并可能影响床内的石灰石焙烧和脱硫效果。因此石灰石通常采用气力输送方式。

与重力给料相比，气力输送的系统和设备比较复杂，但它克服了重力给料存在的问题。譬如，它无需将煤斗置于较高的位置，炉膛给料口的位置有较大的选择余地；更重要的是，它将石灰石给料系统和给煤系统完全分开，可自由地根据 SO_2 的排放值调节石灰石给料量，从而达到保证排放和经济运行的目的。

图 4-47 是典型的石灰石气力输送系统。破碎后的石灰石进入石灰石斗，经料斗隔离阀进入变速重力皮带给煤机，再经过回转阀进入气力输送管路送往炉膛。石灰石风机出口装有

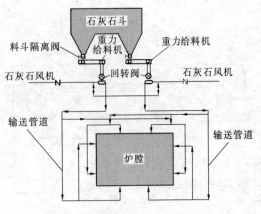

图 4 - 47　典型的石灰石输送系统

止回阀，以防止因风机意外停机而造成石灰石回流进入风机。并且，在风机出口止回阀的管道上设有横向连接风道，以保证在一台风机停运时整个石灰石给料系统能正常运转。

石灰石输送采用单独的石灰石风机，是因为石灰石气力输送要求的风机压头很高，约4000kPa，远高于一次风机的压头。风机进口装有滤网，运行中要保持滤网的清洁。如果滤网堵塞，会造成输送管路的压力下降而导致管路堵塞。

石灰石进入炉膛有三种方式：有独立的石灰石喷入口；在二次风喷口内装有同心圆的石灰石喷管；将石灰石输入循环灰入口管道，与循环物料一起进入炉膛。

在设置石灰石给料系统时，应注意结合锅炉容量、煤质含硫量及脱硫效率要求进行合理布置，并相应做好辅助设备和管件的优化配置。此外，在设计和施工过程中，还应注意以下问题：①应具有良好的密封性能，防止物料外漏；②要配置较为精确的计量和灵活的调节装置，可根据烟气中的 SO_2 排放值适时地调节石灰石加入量；③应考虑有效的防磨措施，同时采取措施防止石灰石颗粒磨损炉内受热面；④要选择合适的输送速度，并进行阻力计算和风机压头的核算。

第六节　烟 风 系 统

一、烟风系统概述

烟风系统是循环流化床锅炉的风（冷风和热风）系统和烟气系统的统称。

与煤粉炉和链条炉相比，循环流化床锅炉为了增加物料流化和物料循环，使得其风系统比较复杂，尤其是容量较大、燃用煤种范围较宽的循环流化床锅炉采用的风机更多，譬如一次风机、二次风机、引风机、冷渣风机、回料风机、煤和石灰石输送（给料）风机、外置流化床换热器流化风机、烟气回送风机等，风系统就显得更为复杂。

循环流化床锅炉烟气系统相对简单，与常规煤粉锅炉相比较，只是在风机的选型上有所区别，有烟气回送系统的锅炉增加了烟气再循环风机。这里主要介绍循环流化床锅炉的风系统。

二、风系统的组成及其作用

从风系统中不同用风的作用来看，循环流化床锅炉的风系统主要由燃烧用风和输送用风两部分组成。前者包括一次风、二次风、播煤风（也称三次风），后者包括回料风、石灰石输送风和冷却风等。

1. 燃烧用风

（1）一次风。

正如所知，煤粉炉中一次风是指携带煤粉进入炉膛的空气，其主要作用是输送煤粉（形成风粉混合物）和提供煤粉着火所需的氧气，它可以是热空气，也可以是经煤（细）粉分离器分离出来的乏气（干燥剂）；而循环流化床锅炉的一次风是经空气预热器加热过的热空气，主要作用是流化炉内物料，同时提供炉膛下部密相区燃料燃烧所需要的氧量。一次风由一次风机供给，经布风板下一次风室通过布风板和风帽进入炉膛。

由于布风板、风帽及炉内物料（或床料）阻力很大，并要使物料达到一定的流态化状态，就要求一次风应有较高的压头，一般为 $10\sim20$ kPa。一次风压头大小主要与床料成分、密度、固体颗粒的尺寸、床料厚度及床层温度等因素有关；一次风量的大小取决于流化速度、燃料特性以及炉内燃烧和传热等因素，一般占总风量的 $40\%\sim70\%$，当燃用挥发分较低的燃料时，一次风量可以调整得大一些。因为一次风压和风量的调整对循环流化床锅炉的正常运行起着至关重要的作用，所以造成一次风机的选型比较困难。

一次风压头高、风量大，常规煤粉锅炉的送风机难以满足其要求，特别是较大容量的循环流化床锅炉。因此，有的循环流化床锅炉的一次风由两台或两台以上风机供给，对压头要求更高的锅炉，一次风机也可采用串联运行的方式提高压头。通常一次风为空气，但有时掺入部分烟气，特别是锅炉低负荷或煤种变化较大时，为了满足物料流化的需要，又要控制燃料在密相区的燃烧份额，往往采用烟气再循环的方式。

（2）二次风。

与煤粉炉相比，循环流化床锅炉的二次风的作用稍有差别。它除了补充炉内燃料燃烧所需要的氧气并加强物料的掺混外，还能适当调整炉内温度场的分布，起到防止局部烟气温度过高、降低 NO_x 排放量的作用。因此，二次风常采用分级布置的方法。最常见的是分二级从炉膛不同高度给入，有的也分三级送入炉膛。根据炉型不同，二次风口的布置，有的位于侧墙，有的位于四周炉墙，还有的四角布置，但无论怎样布置和给入，绝大多数布置于给煤口和回料口以上的某一高度。运行中通过调整一次风、二次风配比和各级二次风比来控制炉内燃烧和传热。

二次风一般由二次风机供给，有的锅炉一、二次风机共用。由于二次风口一般处在正压区，二次风压头也高于煤粉炉的送风机压头，若一、二次风共用一台风机，其风机压头按一次风需要选择。

（3）播煤风。

播煤风（也称作三次风），其概念来源于抛煤机锅炉。循环流化床锅炉播煤风的作用与抛煤机锅炉的播煤风一样，是使给煤能比较均匀地播撒入炉膛，让炉内温度场分布更为均匀，提高燃烧效率。同时，播煤风还起着给煤口处的密封作用。

播煤风一般由二次风机供给，运行中应根据燃煤颗粒、水分及煤量大小来适当调节，以保证煤在床内播撒均匀，避免因风量太小使煤堆积在给煤口，造成床内因局部温度过高而结焦，或因煤颗粒烧不透就被排出而降低燃烧效率。

2. 输送用风

（1）回料风。

如前所叙，对于非机械型送灰器，回料风（送灰风）作为输送动力将物料回送炉内。根据送灰器种类的不同，回料风的压头和风量大小及调节方法也不尽相同。对于自动调节型送灰器当调整正常后，一般不做大的调节；对于 L 型阀往往根据炉内的工况需要调节回料风，从而调节回料量。回料风占总风量的比例很小，但对压头要求很高。因此，对于中小容量锅炉回料风一般由一次风机供给，较大容量的锅炉因回料量很大（有时多达 1000t/h 左右），为使送灰器运行稳定，常设计回料风机独立供风。对于送灰器和回料风应经常监视，防止因风量调整不当造成送灰器内结焦而影响锅炉的正常运行。

（2）石灰石输送风和冷却风。

当采用石灰石作为脱硫剂并采用气力输送方式时，循环流化床锅炉应有石灰石输送风，即专门用来输送石灰石脱硫粉剂的空气。循环流化床锅炉通常在炉旁设有石灰石粉仓，虽然石灰石粉粒径一般小于 $1\sim2mm$，但因其密度较大，普通的风机无法将石灰石粉从锅炉房外输送入石灰石粉仓内，用气力输送时须单独设立石灰石输送风机，此时应注意风机的选型。

冷却风是专供循环流化床锅炉风冷式冷渣器冷却炉渣的冷空气。风冷式冷渣器实际上是采用鼓泡流化床原理，用冷风与炉渣进行热量交换以冷却炉渣。因此，冷却风应有足够的压头克服冷渣器内和炉膛内的阻力。冷却风常由一次风机的出口引一路冷风供给，大容量锅炉常单独布置冷渣器冷却风机。

三、风系统的布置

循环流化床锅炉的特点之一是风系统复杂，风机种类多，投资高，运行电耗高。每种风机作用不同，而且锅炉工况变化时，各部分风的调节趋势和调整幅度又不尽相同，且往往相互影响，给运行人员的操作带来困难。因此，在风系统设计时必须进行技术经济比较和系统优化，尽可能地减少风机和简化系统，但常常受到运行技术的限制。

1. 中小容量锅炉的风系统

中小容量循环流化床锅炉，风量相对较小，风机选型方便。对于系统技术要求不太高，尤其是国产 $75t/h$ 容量以下的锅炉，基本未采用石灰石脱硫和连续排渣、冷渣技术，所以风系统设计比较简单，主要有以下两种方式：

（1）采用送风机，提供一次风、二次风、播煤风和回料风。根据锅炉容量的不同，一般布置两台送风机并联运行，由送风机供给锅炉所需的一次风、二次风、播煤风及回料风。该方式的优点是风机数量少、系统简单，投资小，但运行操作比较复杂，调整每一风门将影响其他风的变化。开大或关小风机挡板，各路风都随之增大或减小，如果风机设计不当，常常出现"抢风"现象。由于一次风、二次风压头要求相差较大，由一台风机供给一、二次风往往很难完全达到设计上的要求。

（2）采用一次风机提供一次风、回料风，二次风机提供二次风、播煤风。这种方式是将一、二次风分别由各自的风机提供，比较好地解决了上述矛盾，但风系统较方式（1）复杂些。两者综合比较，方式（2）优于方式（1）。

2. 较大容量锅炉的风系统

对于容量为 $130t/h$ 及以上的锅炉，由于总风量较大，而大风量、高压头风机的选型比较困难，常采用风机串联的方式提高风压。较大容量锅炉均采用石灰石脱硫和连续排渣，有的还设计有烟气再循环和飞灰运送系统；风系统更加复杂，风机类型和数量大大增加，投资相对较大。以下只介绍两种比较简单的风系统布置方式。

（1）布置一次风机、二次风机、风冷式冷渣器风机、给料风机、石灰石输送风机。一次风机提供一次风、副床或外置流化床换热器流化一次风、回料风；二次风机提供二次风、播煤风、煤制备系统用风；冷渣器风机提供冷却风；给料风机提供给料风；石灰石输送风机提供石灰石输送风。

（2）布置送风机、加压风机、给料风机、石灰石输送风机、飞灰运送风机。送风机提供二次风、播煤风，经过加压风机后提供一次风、冷渣风；回料风机提供回料风；石灰石输送风机提供石灰石输送风、给料风；飞灰运送风机提供飞灰返送风。

　　两种布置方式的共同特点是采用分别供风的形式，低压风由二次风机供给，高压用风基本由一次风机供给，特殊用风独自设置风机。当然在具体系统设计时也应考虑互为备用。这两种布置方式，对于运行操作和调整比较方便。方式（2）中，高压风由容量较大的送风机提供风源，再由送风机出口串联的加压风机增压后供出，以满足一次风和冷渣器用风（或回料风）的需要。

　　图4-48显示的是某台220t/h锅炉烟风系统，其中风系统按方式（2）布置，主要风机及其参数和数量列于表4-3。由图可见，一台容量较大的送风机提供的风源分成了三路：其中一路作为一次风，经送风机出口串联的加压一次风机增压，并依次经过暖风器、空气预热器加热后送往炉膛下部的水冷一次风室，经水冷布风板和风帽进入炉膛；另外一路作为二次风，经空气预热器加热后在炉膛的不同高度进入燃烧室，以利于燃料燃尽并实现分级燃烧；第三路作为冷渣器流化风，经冷渣风机增压后供给冷渣器，冷渣器流化风将大渣冷却到一定温度后携带部分细颗粒送回炉膛。回料风由一台高压风机单独供给，用于使飞灰回送装置中的物料流化流动，并返回炉膛。石灰石输送风由两台输送风机单独供给，用于输送石灰石进入炉内进行脱硫。燃料燃烧后的烟气由两台并联运行的引风机引经烟囱排向大气。

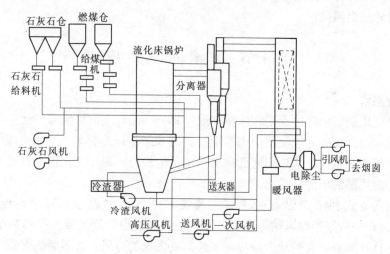

图4-48　某台220t/h循环流化床锅炉的烟风系统布置

表4-3　　　　　　　　　　某台220t/h循环流化床锅炉的风机配置

名　称	风机参数（标准状态下）		数　量（台）
送风机	246554m³/h	14.9kPa	1
加压一次风机	102730m³/h	12.24kPa	1
冷渣风机	14794m³/h	29.4kPa	1
回料风机	3944m³/h	68.3kPa	1
石灰石输送风机	822m³/h	68.6kPa	2
引风机	216334m³/h	6.642kPa	2

3. 风机的选型

在锅炉风机的选型中，应已知不同条件下的流量和压头（至少应已知所需的最大流量和最大压头），被输送空气的温度和密度，以及工作条件下的大气压力。根据所选的流量和全压，在制造厂家提供的风机性能参数表中查找合适的型号、转速和电机功率，或通过风机选择曲线图确定所选风机的机号并按所需功率选用电机。实际上，循环流化床锅炉往往对风机有特殊要求，选型时应作综合分析和考虑。

譬如，为保证在高料层高度下能较好地流化，所选用的一次风机就必须有足够的压头以满足其料层要求，从而使得在同一携带率时能将足够多的细颗粒带至炉膛上部区域飞出炉膛出口进入循环灰分离器。但不同形式的循环流化床锅炉，由于流化速度和携带量不同，对风机的要求又各不同。一次风机的参数选择要充分考虑床料（包括煤中的灰分、石灰石、外加床料）的密度和当地海拔高度的修正要求。

再如，循环流化床锅炉与鼓泡流化床锅炉相比，对引风机的性能有特殊的要求。在选用引风机时，应考虑锅炉分离器、尾部受热面管束和烟道的阻力，特别要考虑所配的尾部除尘器的阻力。如果所配的除尘器阻力大，选择引风机的全压就要相应增加，并要考虑所在地区的海拔高度。

由于循环流化床流化速度比较高，飞灰颗粒直径比较大，若尾部除尘器的除尘效果欠佳，引风机可能会存在一定的磨损。为保证锅炉的稳定运行并满足烟尘排放指标，应选用高效除尘器和低转速引风机。

第七节　除渣除灰系统

一、除渣系统

在循环流化床锅炉燃烧过程中，床料（或物料）一部分飞出炉膛参与循环或进入尾部烟道，一部分在炉内循环。为保证锅炉正常运行，沉积于炉床底部较大粒径的颗粒需要排除，或者炉内料层较厚时也需要从炉床底部排出一定量的炉渣。循环流化床没有溢流口，主要以底渣形式从炉膛底部的出渣口排出。

炉渣的输送方式和输送设备的选择主要决定于灰渣的温度。对于温度较高的灰渣（800～1000℃），一般采用冷风输送方式，即在输渣过程中炉渣经冷风冷却后被送入渣仓内再装车运出。这种除渣方式的缺点是冷却灰渣需要大量的冷风，管道磨损严重，而且灰渣需要在渣仓储存冷却一定时间才可运出利用，适用于渣量不大、未设冷渣器的小型循环流化床锅炉。对于中等容量以上的循环流化床锅炉一般均布置有冷渣器，通常冷渣器将灰渣冷却至200℃以下，然后采用埋刮板输送机将灰渣输送至渣仓内；如果炉渣温度低于100℃也可采用链带输送机械输送，较低温度的灰渣亦可采用气力输送方式。气力输送方式系统简单、投资小，易操作，但管道磨损较大。目前最常用的输渣方式是采用埋刮板输送机输送和气力输送。

如果采用炉内石灰石脱硫技术，循环流化床锅炉的灰渣排放量比煤粉炉高出20%～50%。由于属低温燃烧，灰渣的活性好，炉渣含碳量很低（一般为1%～2%），排出的灰渣中还含有大量的生石灰和硫酸钙。循环流化床锅炉灰渣除直接用于填埋、铺路外，还可以进行综合利用。譬如，炉渣可以用于制砖，作水泥混合材料、混凝土骨料等。

二、冷渣器

循环流化床锅炉炉渣在排出之前的温度与床温比较接近，排渣温度略低于床温，此时炉渣具有大量的物理显热，对灰分高于30％的中低热值燃料，如果灰渣不经冷却，灰渣物理热损失可达2％以上；另外，一般的灰处理设备可承受的温度上限大多在150～300℃之间，炽热灰渣的处理和运输十分麻烦，不利于机械化操作，故灰渣冷却是必需的；再者，炉渣中也有很多未完全反应的燃料和脱硫剂颗粒，为进一步提高燃烧和脱硫效率，有必要使这部分细颗粒返回炉膛。因此，在将炉渣排至灰处理系统之前，需要安全可靠地将高温炉渣冷却至一定的允许温度之内（100℃左右），并尽可能地回收高温灰渣的物理热以改善锅炉的热效率。炉渣的冷却通过冷渣器来完成。冷渣器是循环流化床锅炉除渣系统中的重要部件。实际上，冷渣器的不正常工作常常是导致被迫减负荷甚至停炉的主要原因之一。

冷渣器种类繁杂。按炉渣运动方式的不同，冷渣器可分为流化床式、移动床式、混合床式及螺旋给料机式等；按冷却介质的不同，冷渣器又可分为水冷式、风冷式和风水共冷式三种；按热交换方式的不同，冷渣器有间接式和接触式两种，前者指高温物料与冷却介质在不同流道中流动，通过间接方式进行换热，而后者则指两者直接混合进行传热，一般用于空气作冷却介质的场合。

间接式冷渣器的具体结构大致有以下几种：

（1）管式冷渣器。其中最简单的是单管式冷渣器，高温渣在管内流动，水在管外逆向流动，二者通过管壁交换热量。

（2）流化床省煤器。在流化床内布置许多埋管，流化了的灰渣料层与水通过壁面交换热量。由于流化床具有优良的传热特性，效果较好。

（3）螺旋给料机式（绞笼式）冷渣器。热灰渣沿绞笼流道前进，水在绞笼外的水冷套内逆向流动（当然，也可在绞笼螺片或主轴的水夹套内流动）。由于单轴绞笼所能提供的传热面积有限，为强化冷却效果，还可采用双联绞笼，使在同样出渣流量下水冷面积增加约一倍。

接触式灰渣冷却装置的特点是灰渣与冷却介质直接接触，为不破坏炉渣的物理化学性质，同时也为不产生污水，冷却介质通常为空气。这种系统主要有以下几种形式：

（1）流化床冷渣器。即通过流化床埋管间的传热使灰渣冷却。

（2）气力输送式冷渣器。高温灰渣借助于冷渣系统尾部的送风机与冷风一起吸入输渣管，在管内气固两相混合传热，达到冷渣的目的。

（3）移动床冷渣器。其结构多样化，不仅有密相移动床，也有稀相气流床。

（4）混合床冷渣器（流化—移动叠置床冷渣器）。它结合了流化床和移动床各自的优点，实行多层次的逆流冷却。冷却风分若干层进入冷却床，并使上部床层流化，而下部床层处于移动床工况。热渣首先进入流化床，利用其传热好的特点迅速冷却至300℃左右，然后进入移动床，利用其逆流传热特性进一步冷却。由于移动床压力损失小，送入移动床的冷风经初步加热后仍可作为上部流化床的流化介质。

（一）水冷螺旋给料机式冷渣器

水冷螺旋给料机式冷渣器，简称水冷螺旋冷渣器，俗称水冷绞笼，属于间接式冷渣器。图4-49（a）为采用水冷螺旋冷渣器的除渣系统。

水冷螺旋冷渣器是使用最普遍的冷渣器之一。其结构与螺旋给料机所不同的是螺旋叶片轴为空心轴，内部通有冷却水，外壳也是双层结构，中间有水通过。炉渣进入螺旋冷渣器后，一边被旋转搅拌输送，一边被轴内和外壳夹层内流动的冷却水冷却。为增加螺旋冷渣器的冷却面积，防止叶片过热变形，有的螺旋冷渣器的叶片制成空心状，与空心轴连为一体充满冷却水；还有的冷渣器采用双螺旋轴或多螺旋轴结构。图 4-49（b）为双螺旋冷渣器结构示意图，主要由旋转接头、料槽、机座、机盖、螺旋叶片轴、密封与传动装置等组成。

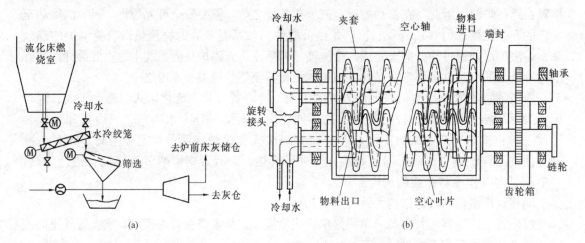

图 4-49　水冷螺旋冷渣器的系统布置和结构示意
(a) 水冷螺旋冷渣器的除渣系统；(b) 双螺旋冷渣器的结构

循环流化床锅炉的灰渣进入双螺旋水冷绞笼后，在两根转动方向相反的螺旋叶片作用下，作复杂的空间螺旋运动，运动着的热灰渣不断地与空心叶片、轴及空心外壳接触，其热量由空心叶片、轴及空心外壳内流动的冷却水带走，冷却下来的灰渣经出口排掉，完成整个输送与冷却过程。

水冷螺旋冷渣器的出渣能力取决于设计参数，如绞笼（叶片）外径、轴径以及转速。显然，冷却效果与转速有关。同一几何尺寸下，转速越高则灰渣停留时间越短，出渣温度越高，一般推荐绞笼转速为 20~60r/min。

水冷螺旋冷渣器具有体积小、占地面积小、容易布置、冷却效率较高等优点，而且这种装置由于不送风，灰渣再燃的可能性很小。但与接触式灰渣冷却装置，譬如流化床冷渣器或移动床冷渣器相比，其传热系数较小，因此需要的体积较大。在运行中也出现了一些问题，如绞笼进口处叶片和外壁的磨损，导致水夹套磨穿漏水，增加了灰处理的困难，为了防止漏水，水冷螺旋冷渣器安装时往往进口向下倾斜。另外，还存在轴和叶片受热变形扭曲、堵渣、电动机过载等问题。其他的缺点还有：①对金属材料要求高，制造工艺比较复杂，设备的初投资较大；②由于很难选择性排渣，使石灰石利用率和燃料的燃烧效率降低，增加了运行成本；③由于螺旋冷渣器较长，运行中被金属条或其他硬物卡死时易造成断轴等机械故障。

近年来，随着不断地改进与研发，水冷螺旋系列的滚筒式冷渣器作为单级或第二级冷渣器，目前已被广泛地应用于我国的循环流化床锅炉中。滚筒式冷渣器结构原理参见图 4-50。

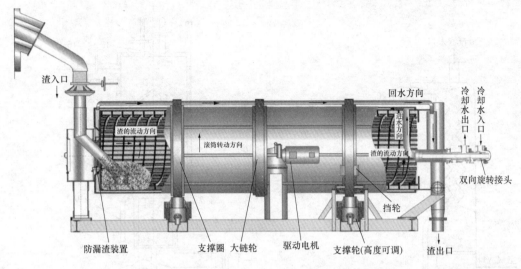

图 4-50　滚筒式冷渣器的结构示意

（二）风冷式冷渣器

风冷式冷渣器主要是利用流化介质（空气或烟气）与灰渣逆向流动完成热量交换，从而使灰渣冷却，属于接触式冷渣器。风冷式冷渣器种类很多，但主要是流化床冷渣器、移动床冷渣器、混合床冷渣器和气力输送式冷渣器四种。其中，根据系统布置的不同，流化床冷渣器又有单流化床和多室流化床之分。

1. 流化床冷渣器

（1）单流化床冷渣器。

图 4-51 是风冷式单流化床冷渣器的典型布置。在紧靠燃烧室下部设置两个或多个单室流化床冷渣器。通过定向风帽（导向喷管）将炉底的高温热渣送入冷渣器中。冷却介质由冷风和再循环烟气组成，加入烟气的目的是为了防止残炭在冷渣器内继续燃烧。冷渣器内的流化速度为 1～3m/s。冷风量根据燃料灰分确定，约占燃烧总风量的 1%～7%。根据锅炉炉内压力控制点的静压力，通过脉冲风来控制进入冷渣器的灰渣量。炉渣经冷渣器冷却到 300℃ 左右以后，排至下一级冷渣器（如水冷螺旋绞笼等），继续冷却到 60～80℃。

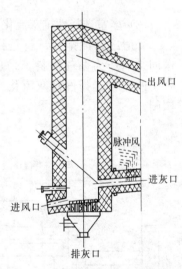

图 4-51　风冷式单流化床冷渣器

风冷式单流化床冷渣器有多种形式。图 4-52 是一种带 Z 形落渣槽的流化床冷渣器。灰渣自上而下沿 Z 形通道下落，来自流化床的空气沿 Z 形通道逆流而上，气固之间产生接触换热，可以获得较好的冷却效果。图 4-53 是一种塔式流化床冷渣器。流化床上方布置有若干挡渣板，灰渣下落时与来自下部流化床的空气充分接触冷却后，再进入流化床继续冷却。这种冷渣器的冷却效果较好。

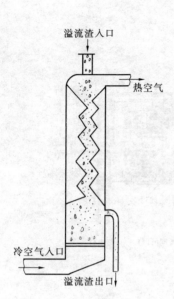

图 4-52　Z形落渣槽单室流
化床冷渣器

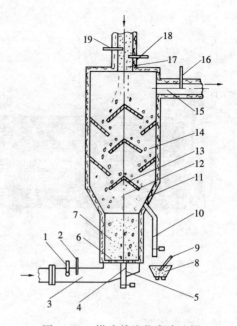

图 4-53　塔式单流化床冷渣器
1—笛形测速管；2、12—温度测点；3—进风管；4—冷渣管；5—风室；
6—布风板；7—流化床；8—渣车；9—出口渣温测点；10—溢流管；
11—保温层；13、18—挡渣板；14—自由空间；15—出风管；
16—出口风温测点；17—进渣管；19—入口渣温测点

（2）多室选择性排灰流化床冷渣器。

所谓选择性排灰，就是将炉渣进行风力筛选，粗颗粒冷却后排放掉，而细颗粒则被送回炉内作为循环物料。采用选择性排灰的流化床冷渣器的典型代表是福斯特·惠勒公司的多室选择性排灰流化床冷渣器，其系统图见图 4-54，图 4-55 是该冷渣器的结构图。

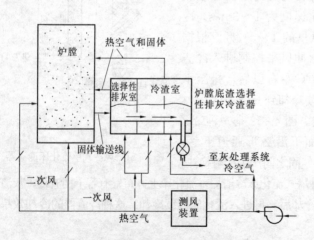

图 4-54　选择性排灰流化床冷渣器系统图

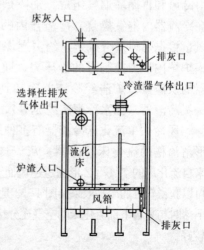

图 4-55　选择性排灰流化床
冷渣器结构图

该种冷渣器的作用主要有：①选择性地排除炉膛内的粗床料，以控制床层的固体床料量，并避免炉膛密相区床层流化质量的恶化；②将进入冷渣器的细颗粒进行分离，并重新送回炉膛，维持炉内循环物料量；③将粗床料冷却到排渣设备允许的温度；④用冷空气回收床料中的物理热，并将其作为二次风送回炉膛。

选择性排灰流化床冷渣器通常被分隔成若干个分室，每一个分室都是一个鼓泡流化床。第一室为选择性排灰室（筛选室），其余则为冷渣室（冷却室）。从炉膛下部排出的炉渣经输送短管进入冷渣器的第一室进行选择性排灰。来自飞灰回送装置送风机的高压空气被注入输送短管，以帮助灰渣送入冷渣器。冷风作为各个分室的流化介质，而且每个冷却床独立配风。为提供足够高的流化速度来输送细料，对筛选室内的空气流速采取单独控制，以确保细颗粒能随流化空气（作为二次风）重新送回炉膛。冷渣室内的空气流速根据物料冷却程度的要求，以及维持良好混合的最佳流化速度的需要而定。筛选室和冷渣室都有单独的排气管道，以便将在冷渣器被加热的流化空气作为二次风送入炉膛。送入口位置一般设在二次风口高度上，因为此处炉膛风压低，可以节省冷渣器的风机压头。在冷渣器内，各分室间的物料流通是通过分室隔墙下部的开口进行的。为防止大渣沉积和结焦，流化床冷渣器采用布风板上的定向风帽来引导颗粒的横向运动。在定向喷射的气流作用下，灰渣经分室隔墙下部的通道边运动边被冷却，当炉渣被冷却到所需要的温度时，则从最后一个冷却室的排渣孔排至灰处理系统。定向风帽的布置应尽可能延长灰渣的横向运动型位移量。在排渣管上布置有旋转阀来控制排渣量，以确保炉膛床层压差的稳定。

流化床冷渣器采取分室结构，形成逆流换热器布置的形式，各分室以逐渐降低的温度工况运行，可以最大限度地提高待加热空气的温度，使冷却用空气量减少，有利于提高冷却效果。分室越多，效果越明显，但系统的复杂性随之增加，通常以 3～4 个分室为宜。

多室选择性排灰流化床冷渣器可以有间歇和连续两种运行方式。对可能有大块灰渣残存的燃料，一般采用间歇运行方式；反之，则采取连续运行方式。采用间歇运行时，如果筛选室中的渣温低于 150～300℃，即放空各床。渣温监控和放渣采用程控，充放时间与煤种有关，通常一次充放周期约为 30min。

2. 移动床冷渣器

在移动床冷渣器中，灰渣靠重力自上而下运动，灰渣与受热面或空气接触换热，冷却后的灰渣从排渣口排出。仅利用空气作为冷却介质的移动床冷渣器，称为风冷式移动床冷渣器，同时在床内布置受热面的称为风水共冷式移动床冷渣器。

移动床冷渣器具有结构简单、运行可靠、操作简便等优点，其特色是可以产生比较大的逆流传热温差。从理论上说，用风冷时，冷风可以被加热至很高温度，流程阻力小，磨损轻微，经合理配风后能大大改善冷渣效果。但是，因为其传热系数较小，加之不可避免的传热死角，故要求冷却空间的体积较大，造价也相对较高，可以作为小容量或低灰分流化床锅炉的冷渣装置。

移动床冷渣器的结构多样，不仅有密相移动床，也有稀相移动床。由此，开发了各种分段式移动床冷渣器。图 4 - 56 为东南大学研制的多层送风冷渣装置。

3. 混合床冷渣器

混合床冷渣器实际是一种流化—移动床叠置式冷渣装置，如图 4 - 57 所示。它自上而下由进渣控制器、流化床、移动床、锥斗和出渣控制机构组成。在流化床的悬浮段热风出口处布置有内置式撞击分离器。热渣经过进渣控制器后进入流化床，初步冷却至 300℃，然后下落至移动床继续冷却。来自风箱的冷风进入三层风管内，并分别送入下部移动床和上部流化床。冷渣经叶轮式出渣机排入输送机械，热风经内置分离器净化后可作为二次风。

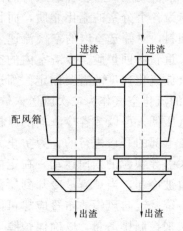

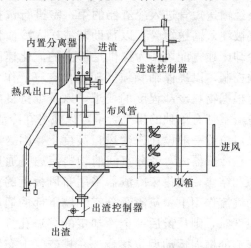

图 4 - 56　多层送风式移动床冷渣器　　　　图 4 - 57　流化—移动床叠置式冷渣装置

这种装置的特点是：①流化—移动床叠置，由于利用了流化床传热系数大和移动床的逆流传热特性，流化床内温度分布很均匀，能有效防止红渣的出现。与移动床结合后，可以在较小的风渣比下充分冷渣，并将风温提高至 300℃ 以上，冷渣器兼具有流化床和移动床的优点；②进出渣控制机构能方便地根据炉膛内的存料量调节锅炉放渣量；③布置紧凑，由于充分利用了流化床的悬浮空间，整个装置空间高度可控制在 3m 以下，能适应各种循环流化床锅炉；④进出渣控制装置可处理 40mm 以下的渣粒，而移动床内流道宽，渣流顺畅，无堵塞搭桥现象。

运行结果表明，利用该装置可以将灰渣冷却至输送机械可接受的温度，其实用风渣比为 1.85～2.5m³/kg，热风温度高于 280℃，可以作为二次风送入炉膛。

4. 气力输送式冷渣器

图 4 - 58 所示是浙江大学研制的一种气力输送式冷渣器。灰渣出炉后，利用鼓风机进口

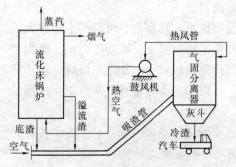

图 4 - 58　气力输送式冷渣器流程图

真空将灰渣与冷却空气抽入一根输渣冷却管，渣被风带到水封重力沉降室或旋风分离器分离下来，而热风则通过鼓风机送入炉膛。该装置输渣管内的风速一般为 12～20m/s，输送浓度为 0.2kg/kg（渣/气）左右，即气固比约为 4.5～5.0，输渣管长度根据冷渣量确定，一般在 7m 以上。运行数据表明，该装置能将 800℃ 左右的热渣冷却至 120～140℃，风可被加热至 120℃ 左右，实测的压力损失不超过 500Pa。

（三）风水共冷式流化床冷渣器

对于高灰分的燃料或大容量的流化床锅炉而言，由于单纯的风冷式流化床冷渣器往往难以满足灰渣的冷却要求，除采用两级冷渣器串联布置外，还可采用风水共冷式流化床冷渣器，即在风冷式流化床冷渣器中布置埋管受热面用以加热低温给水（替代部分省煤器）或凝结水（替代部分回热加热器）。通过利用床层与埋管受热面间强烈的热交换作用，大大提高冷却效果，并最大限度地减小冷渣器的尺寸。

风水共冷式流化床冷渣器的冷却效果好，但系统却较风冷式流化床冷渣器复杂。另外，对于风水共冷式冷渣器，由于灰渣粒度较大，流化速度较高，必须采取严格的防磨措施，以防止埋管受热面的磨损。

三、除灰系统

细灰是烟气通过锅炉尾部、烟道及除尘器时从烟气中分离、沉积在灰斗的粉末状物质。

虽然循环流化床锅炉除灰系统与煤粉炉没有大的差别，多采用静电除尘器和浓相正压输灰或负压除灰系统，但是应当特别注意循环流化床锅炉飞灰、烟气与煤粉炉的差异。譬如，循环流化床锅炉由于炉内脱硫等因素使其烟尘比电阻较高，而且除尘器入口含尘浓度大，飞灰颗粒粗等，这些都将影响静电除尘器的除尘效率和飞灰输送。因此，对于循环流化床锅炉，不宜采用常规煤粉炉的电除尘器，必须特殊设计和试验。此外，输灰也应考虑灰量的变化以及飞灰颗粒的影响。

为了便于调节床温，有时会将静电除尘器灰斗收集的部分飞灰由仓泵经双通阀门送入再循环灰斗，再由螺旋输送机或其他形式的输灰机械排出并由高压风送入燃烧室。这个系统称为冷灰再循环系统。除尘器冷灰再循环有以下三个优点：①提高炭粒的燃尽率；②提高石灰石的利用率；③调节床温，使其保持在最佳的脱硫温度。但冷灰再循环系统使整个锅炉的系统变得更为复杂，控制点增多，对自动化水平要求较高。

第八节　启 动 燃 烧 器

一、启动燃烧器的功能与布置

循环流化床锅炉的冷态点火启动就是将床料加热至运行所需的最低温度以上，以便投煤后能稳定燃烧运行。

由于从点燃底料到正常燃烧是一个动态过程，燃用的多是难以着火的劣质煤，循环流化床锅炉冷态启动比煤粉炉中的煤粉点燃或层燃炉中煤块的点燃困难得多，通常需要采用燃油或燃烧天然气的燃烧器，在流态化的状态下将惰性床料加热到600℃以上的温度，然后投入固体燃料，使燃料着火燃烧。这种用于锅炉点火和启动主燃烧室的燃烧器称之为启动燃烧器。启动燃烧器投运后，随着固体燃料的不断给入，床温不断升高，相应的减少启动燃烧器的热量输出，直至最后停止启动燃烧器的运行，并将床温稳定在850~950℃的范围内，即完成锅炉的点火启动过程。

循环流化床锅炉燃油或燃烧天然气的冷态启动燃烧器有两种不同的布置方式，即床上布置、床内布置和床下布置。其中，床内布置指布置在布风板上，床下布置多指一次风道内布置。图4-59为采用床上布置方式时启动燃烧器的位置。由图可见，启动燃烧器布置在炉膛下部流化床层上面的两侧墙上。图 4 - 60 为奥斯龙公司在美国纽克拉（Nucla）电站 110MW 循环流化床锅炉上采用的启动燃烧器床下布置（布置在一次风道内，又称风道燃烧器）方式。

二、启动燃烧器的结构

1. 床上和床内布置的启动燃烧室

图 4 - 59 所示的启动燃烧器为一种燃油燃烧器（俗称油枪），图 4 - 61 是它的结构简图。由图可见，燃烧器略向下倾斜安装，目的是使火焰能与流化床层接触，更好地加热床料。图 4 - 62 为布置在布风板上燃烧气体燃料的启动燃烧器示意。如图所示，燃烧器喷管置于布风板的风帽中间，在启动时从风帽小孔流出的空气不但为床料提供流化风，也提供天然气燃烧所需的氧气，使天然气的燃烧过程在流化床内进行以加热床料。

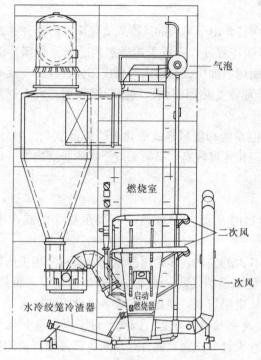

图 4 - 59　启动燃烧器的床上布置

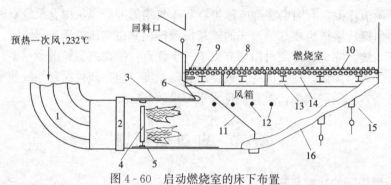

图 4 - 60　启动燃烧室的床下布置

1——次风道；2—膨胀节；3—绝热层；4—启动燃烧器；5—启动燃烧器调整装置；6—风箱折焰角；
7—裂缝位置；8—膨胀槽；9—风帽；10—布风板绝热保护层；11—回漏床料返送管；12—起吊位置；
13—支撑结构；14—水冷布风板；15—回漏床料收集装置；16—回漏床料

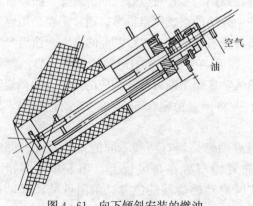

图 4 - 61　向下倾斜安装的燃油
启动燃烧器

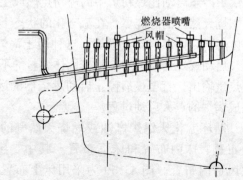

图 4 - 62　布风板上的燃烧气体燃料的
启动燃烧器

2. 床下布置的启动燃烧器

图 4-63 为福斯特·惠勒公司的布置在一次风道内的启动燃烧器外形示意图。在循环流化床锅炉冷态启动时，风道燃烧器先将一次风加热至 $700\sim800\,^{\circ}\!C$ 的高温，高温一次风进入水冷风箱，再通过布风板将惰性床料流化，并在流态化的条件下对床料进行均匀地加热。与启动燃烧器床上或床内的布置方式相比，由于风道燃烧器采用将一次风加热到高温来预热床料的启动方式，热风加热使床内温度分布十分均匀；再加

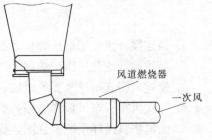

图 4-63　福斯特·惠勒公司的风道燃烧器外形示意图

上床内强烈的湍流混合和传热过程，对床料的加热十分迅速，炉膛散热损失也很小，可大大缩短启动时间，节省启动用燃料。据估算，一台 300MW 的循环流化床锅炉，每冷态启动一次，风道燃烧器启动要比床上布置燃烧器节省启动燃料 60％。因此，布置在一次风管道内的启动燃烧器现在普遍得到应用。

图 4-64 为巴布科克公司设计的一次风道内启动燃烧器的结构示意图。它与一次风从风箱底部进入的风道燃烧器不同（见图 4-63），其一次风从风箱的侧面（根据布置方便可从炉膛的前墙或后墙）进入风箱。启动燃烧器系统由油/气燃烧器和热烟气发生炉构成。布置在一次风道内的热烟气发生炉，其顶端为一油/气燃烧器，燃烧器可设计成切向进风或轴向进风。燃烧器产生的火焰在热烟气发生炉中燃烧并燃尽。在热烟气发生炉的尾端可加入部分冷空气，以控制进入一次风箱的高温热烟气的温度。在正常运行时，一次风旁路热烟气发生炉，直接进入风箱。

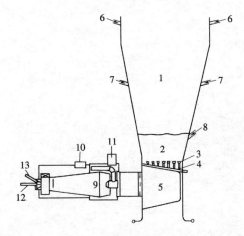

图 4-64　巴布科克公司的风道燃烧器结构示意

1—锅炉；2—流化床层；3—风帽；4—天然气启动系统；5—一次风室；6—三次风；7—二次风；
8—给料口；9—热烟气发生炉；10—启动燃油风进口；11—空气进口（正常运行时提供燃烧用风，
启动运行中混入空气）；12—油启动燃烧器；13—天然气启动燃烧器

启动燃烧器床下布置的主要优点是可以提高床温加热速率，但也有局限性。譬如，如果采用高温非冷却式旋风分离器，由于对耐火材料有较为严格的低温升速率要求，采用床下布置方式就应慎重。

复习思考题

1. 简述循环流化床锅炉燃烧系统及设备的组成。

2. 简述循环流化床锅炉炉膛的结构及其主要特点。

3. 简述风帽式布风装置的组成，以及对布风装置的基本要求。

4. 一次风室、布风板和风帽各有何功能？

5. 画出物料循环系统示意图，标注主要设备名称，并说明物料循环系统的作用。

6. 循环灰分离器的主要形式有哪些？它们各有什么主要特点？

7. 循环灰分离器的主要性能指标有哪些？主要影响因素有哪些？

8. 何谓循环灰分离器的分离效率？

9. 飞灰回送装置由哪些部件组成？它们各有何作用？

10. 简述循环流化床锅炉的给料系统的组成及其主要设备。

11. 简述不同容量循环流化床锅炉风系统的布置特点。

12. 循环流化床锅炉的风系统主要包括哪些风？并简述各种风的基本概念和作用。

13. 试根据循环流化床锅炉机组的运行特点归纳锅炉风机的选型原则。

14. 简述循环流化床锅炉除渣系统的基本要求。

15. 冷渣器的作用是什么？冷渣器可分为哪几类？目前普遍使用的冷渣器是什么？

16. 简述循环流化床锅炉启动燃烧器的作用和布置方式。

第五章　循环流化床锅炉的汽水系统和控制系统

　　本章主要介绍循环流化床锅炉汽水系统的布置和设备组成；另外，由于循环流化床锅炉参数的提高和容量的扩大，自动化程度也随之不断提高，本章还介绍了循环流化床锅炉控制系统的组成特点。

第一节　循环流化床锅炉汽水系统的布置

一、概述

　　锅炉的汽水系统一般指给水送入省煤器后直至变成过热蒸汽离开锅炉所经过的整个系统，其功能是通过受热面吸收烟气的热量，完成工质由水转变为饱和蒸汽、再转变为过热蒸汽的过程。因此，要求循环流化床锅炉汽水系统必须能有效地吸收燃料燃烧释放出来的热量，将锅炉的给水经加热、蒸发、过热等过程而变为符合要求的过热蒸汽，送往汽轮机做功。超高压以上参数的大容量锅炉机组，其汽水系统中还有蒸汽再热系统，即将经汽轮机高压缸作过功的蒸汽，重新加热到一定温度后再送回到汽轮机的中、低压缸继续做功。

　　由于汽水系统的受热面是锅炉的主要受热面，由省煤器、水冷壁、过热器和再热器组成的汽水系统的布置，对锅炉的可靠性和经济性的影响很大。当蒸汽参数、锅炉容量和燃料性质不同时，达到上述要求的具体措施是不同的，即不同锅炉的汽水系统的布置也各不相同。因此，循环流化床锅炉汽水系统中的省煤器、水冷壁、过热器、再热器等受热面的组成及作用与常规煤粉锅炉的基本相同，其主要不同之处在于受热面的布置上有一定的特殊性。

二、系统布置

　　循环流化床锅炉目前多采用的是自然循环汽包锅炉，其汽水系统主要由省煤器、汽包、下降管、水冷壁、过热器和再热器等受热面及其相应的联箱、连接管道等组成。

　　图5-1为某台220t/h循环流化床锅炉的汽水系统布置图。它采用自然循环，炉膛内布置水冷壁、蒸发管（翼墙水冷壁）和第二级过热器，对流烟道布置在锅炉尾部，烟道的上部（即过热器部分）的四周及顶棚布置有包覆过热器。在尾部对流烟道内，沿烟气流程依次布置有第三级过热器、第一级过热器、W形蒸发屏、省煤器，最后布置有管式空气预热器。

　　膜式水冷壁的供水来自于两根集中下降管，W形蒸发屏的供水由汽包供给。过热蒸汽温度采用两级给水喷水减温调节。两级喷水减温器分别布置在第一级过热器与第二级过热器、第二级过热器与第三级过热器之间。

　　锅炉给水通过 $\phi273\times38.8mm$、材质为SA106B的连接管引至省煤器（见图5-2）。省煤器材质为SA210A。连接管路上布置有给水控制装置，由主给水调节阀（DN200）控制，后经省煤器两个出口联箱通过一根 $\phi273\times21.44mm$、材质为SA106B的连接管

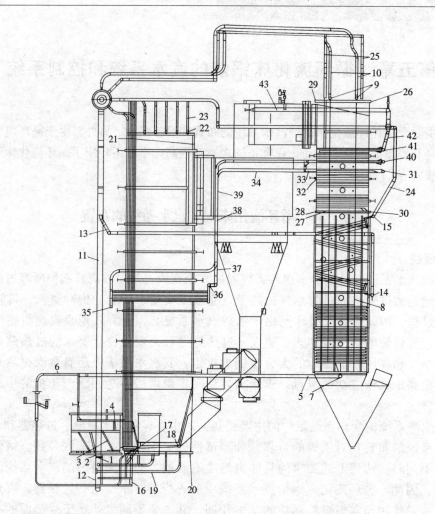

图 5-1　某台 220t/h 循环流化床锅炉汽水系统布置图

1—给水到冷渣器阀门；2—冷渣器进口联箱；3—冷渣器内部循环管；4—冷渣器出口联箱；5—冷渣器与省煤器
之间的给水管；6—冷渣器的旁路给水管；7—省煤器进口联箱；8—省煤器中间联箱；9—省煤器出口联箱；
10—省煤器到汽包的连接管；11—下降管；12—下降管分配联箱；13—到 W 形蒸发屏的下降管；14—W 形
蒸发屏进口联箱；15—W 形蒸发屏出口联箱；16—前、后墙水冷壁下联箱进水管；17—前墙水冷壁
下联箱；18—后墙水冷壁下联箱；19—侧墙水冷壁下联箱进水管；20—侧墙水冷壁下联箱；21—前、
后墙水冷壁上联箱；22—侧墙水冷壁上联箱；23—汽水混合物进汽包的连接管；24—W 形蒸发屏
出口到汽包的连接管；25—饱和蒸汽引出管；26—包覆过热器上联箱；27—包覆过热器侧墙
下联箱；28—包覆过热器前墙下联箱；29—包覆过热器前墙上联箱；30—第一级过热器进口
联箱；31—第一级过热器出口联箱；32—第一级过热器到第一级喷水减温器的蒸汽管；
33—第一级喷水减温器；34—到第二级过热器的蒸汽管；35—第二级过热器进口联箱；
36—第二级过热器出口联箱；37—第二级过热器到第二级喷水减温器的蒸汽管；
38—第二级喷水减温器；39—到第三级过热器的蒸汽管；40—第三级过热器
进口联箱；41—第三级过热器出口中联箱；42—到集汽联箱的蒸汽管；
43—集汽联箱（去汽轮机高压缸）

将给水引至汽包（汽包尺寸为 $\phi1880 \times 75mm$，筒体长度 11564mm，材质 19Mn6），经给
水分配后，由两根 $\phi457.2 \times 34.93mm$、材质为 SA106B 的集中下降管通过 10 根 $\phi168.3 \times$

14.27mm 和 4 根 ϕ273×31.75mm、材质为 SA106B 的分配管送到一个前墙下联箱及两个侧墙下联箱，另有两根 ϕ273×21.44mm 引出管由汽包下部引入 W 形蒸发屏（见图 5-3）。

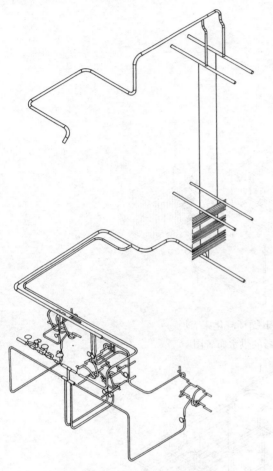

图 5-2　某台 220t/h 循环流化床锅炉
给水管路布置图

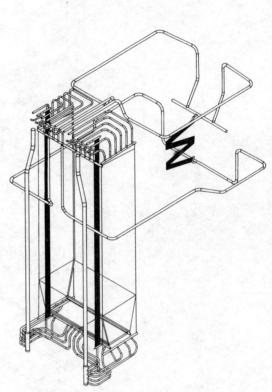

图 5-3　某台 220t/h 循环流化床锅炉 W 形
蒸发屏及翼形管墙水冷壁布置图

　　锅炉给水分一路送往炉膛底部的冷渣器，供冷却炉渣用水，如图 5-4 所示。两根集中下降管向前墙下联箱、两个侧墙下联箱及翼墙水冷壁供水（见图 5-3），前墙下联箱向前墙水冷壁、炉底布风板水冷壁管、后墙水冷壁供水，炉膛前、后墙水冷壁分别由 124 根 ϕ63.5×5.59mm、材质为 SA210A-1 管子组成，两个侧墙水冷壁管各由 70 根 ϕ63.5×5.59mm、材质为 SA210A-1 管子组成，水冷壁管共计 388 根；还有两路翼墙水冷壁，其作用是增加蒸发受热面、支撑前墙。前、后墙水冷壁管引至前墙上联箱，通过 10 根 ϕ168.3×14.27mm 连接管引至汽包；两个侧墙上联箱各通过 6 根 ϕ168.3×14.27mm 的连接管引至汽包，W 蒸发屏通过 2 根 ϕ273×21.44mm 的连接管引至汽包。给水通过上述五路回路，在炉膛和尾部烟道内加热成汽水混合物，送至各自的上联箱，并通过共 24 根连接管引至汽包。汽水混合物在汽包内进行汽水分离，分离出来的水被送入汽包水空间继续进行水循环，被分离出来的蒸汽从汽包顶部引出，进入过热器受热面（过热器材质为 SA213T 系列），最后经主蒸汽管送往汽轮机做功（见图 5-5）。

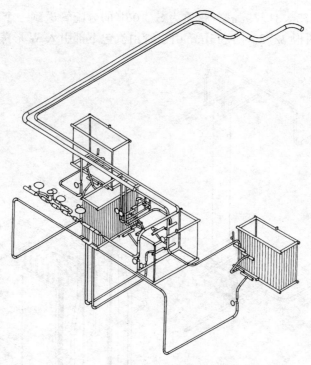

图 5-4　某台 220t/h 循环流化床锅炉
给水系统中冷渣器的供水布置图

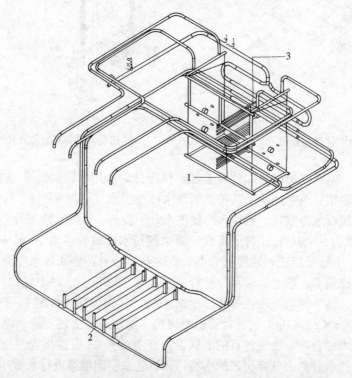

图 5-5　某台 220t/h 循环流化床锅炉过热器系统布置图
1—第一级过热器；2—第二级过热器；3—第三级过热器

蒸汽流程如下所示：

第一级喷水减温器

汽包──→顶棚过热器──→包覆过热器──→第一级过热器──→第二级过热器──┐

┌───┘
│第二级喷水减温器
└──→第三级过热器──→集汽联箱──→主蒸汽管→汽轮机高压缸

下节将结合该台 220t/h 循环流化床锅炉汽水系统的布置，分别介绍循环流化床锅炉汽水系统中各受热面的作用和特点。

第二节　循环流化床锅炉汽水系统的设备组成

一、省煤器

省煤器是利用锅炉尾部烟气热量加热锅炉给水的热交换器，它属于加热受热面。锅炉的省煤器有以下作用：

（1）节省燃料。锅炉炉膛中燃料燃烧生成的高温烟气，在将热量传递给水冷壁、过热器和再热器后，温度还很高。如果将烟气再经过锅炉尾部省煤器，烟气温度即可降低，从而减少排烟热损失，提高锅炉效率，节省燃料。省煤器的名称即由此而来。

（2）改善汽包的工作条件。由于采用省煤器，提高了进入汽包的给水温度，减小了汽包壁与给水之间的温度差，也就减小了汽包的热应力，从而改善了汽包的工作条件，延长汽包的使用寿命。

（3）降低锅炉的造价。因为给水在进入蒸发受热面之前，先在省煤器内加热，所以就减少了水在蒸发受热面内的吸热量。这样就可采用管径较小、管壁较薄、传热温差较大、价格较低的省煤器来代替部分造价较高的蒸发受热面，从而使锅炉的造价降低。

因此，省煤器已是现代锅炉中不可缺少的部件，循环流化床锅炉也是如此。

省煤器按使用材料可分为钢管省煤器和铸铁省煤器。目前，大、中容量锅炉广泛采用钢管省煤器。钢管省煤器的优点是强度高、能承受冲击、工作可靠，同时传热性能好、重量轻、体积小、价格低廉；缺点是耐腐蚀性差。但由于现代锅炉给水都经严格处理，受热面管内腐蚀的问题已基本得到解决。

省煤器按出口水温可分为沸腾式省煤器和非沸腾式省煤器。

（1）沸腾式省煤器。在这种省煤器中，其出口水温不仅可达到饱和温度，而且可使部分水汽化，生成的蒸汽量一般约占给水量的 10%～15%，最多不超过 20%，以免省煤器中介质的流动阻力过大。

（2）非沸腾式省煤器。在这种省煤器中，其出口水温低于该压力下的沸点，即未达到饱和状态，一般低于沸点 20～25℃。

中压锅炉多采用沸腾式省煤器，高压以上锅炉则多采用非沸腾式省煤器，这是因为随着压力的提高，水的汽化热相应减小，加热水的热量相应增大，故需将水的加热部分转移到炉内水冷壁管中进行，以防止炉膛温度过高，避免炉内受热面结渣。

钢管省煤器不论沸腾式或非沸腾式，结构完全一样。它们均由一些水平蛇形管和进口、出口联箱组成。蛇形管一般由外径为 28～57mm 的无缝钢管弯制而成，管壁厚度由强度计算确定，一般为 3～7mm。管材一般为 10 号钢或 20 号钢。为了使结构紧凑，国产锅炉蛇形管多为错列布置，并力求减小管间节距。

循环流化床锅炉为延长省煤器管使用寿命，材质有采用合金钢的，如 SA210。采用光管时，蛇形管多采用顺列布置。

目前，省煤器大多采用光管受热面。但对于循环流化床锅炉而言，无论是采用高温分离器还是采用中温分离器，省煤器区域的颗粒浓度与常规煤粉锅炉的相差不大，除非燃料的含灰量特别高。但对于采用组合分离器的循环流化床锅炉，省煤器可能会工作在两级分离器之间，此处颗粒浓度会比较高。此时，可通过适当控制烟速、在管子弯头处加防磨罩等措施来减轻省煤器管子的磨损。另外，还可采用鳍片式省煤器或膜式省煤器，既可以有效地防止磨损，又可增加传热面积。

二、蒸发受热面

1. 汽包

汽包是自然循环锅炉中很重要的部件，其主要作用有：

（1）汽包是锅内工质加热、蒸发、过热各个过程的连接枢纽和分界。给水经省煤器加热后送入汽包，汽包向过热器系统输送饱和蒸汽。同时汽包还与下降管、水冷壁等连接，形成自然水循环回路。

（2）增加锅炉的蓄热量，有利于运行锅炉的调节。由于汽包内存有一定水量，具有一定的蓄热能力。在锅炉负荷变化时起蓄热器的作用，可以延缓蒸汽压力的变化速度。

蓄热能力是指工况变化而燃烧条件不变时，锅内工质及受热面、炉墙所吸收或放出热量的能力。如当锅炉负荷增加而燃烧未及时调整时，锅炉蒸汽压力下降，饱和温度也相应降低。原压力下的饱和水以及与蒸发受热面连接的金属管壁、炉墙、构架的温度也随着降低，它们必将放出蓄热，用来加热锅水，从而产生附加蒸汽量。附加蒸汽量的产生弥补了部分蒸汽量的不足，汽压下降的速度减慢；相反，在锅炉负荷降低时，锅水、金属管壁、炉墙等会吸收热量，汽压上升的速度减慢。汽包水容积越大，蓄热能力越强，则自行保持锅炉负荷与参数的能力越强。

（3）改善蒸汽品质。由于汽包内部装有各种蒸汽净化装置，如汽水分离装置、蒸汽清洗装置、排污及加药装置等，蒸汽品质得以改善。

（4）保证锅炉安全运行。汽包上装有水位计、压力表和安全阀等附件，可以监督锅炉的运行情况。

循环流化床锅炉的汽包结构与常规锅炉的并无原则区别，图 5-6 显示的是某台 220t/h 循环流化床锅炉的汽包内部结构。

2. 下降管

汽包中的水通过下降管连续不断地送往水冷壁下联箱，供给水冷壁，以维持正常的水循环。大中容量锅炉的下降管都布置于炉外，不受热，并加以保温，减少散热损失。

下降管有小直径分散下降管和大直径集中下降管两种。小直径分散下降管的直径一般为 108～159mm。由于管径小、数量多（40 根以上），流动阻力较大，对水循环不利，多用于小容量锅炉。现代大容量锅炉都采用大直径集中下降管，它的优点是流动阻力小，有利于水循环，并能节约钢材，简化布置。

联箱的作用是将进入其中的工质集中混合并均匀地分配出去，通过联箱还可连接管径和数量不同的管子。联箱通常不受热，由无缝钢管两端焊接弧形封头构成，材质一般为20号碳钢。

3. 水冷壁

循环流化床锅炉的水冷壁通常布置在炉膛四周，通过传热将锅炉给水加热成为汽水混合物。水冷壁的传热方式主要是辐射传热和对流传热。在低于临界压力的循环流化床锅炉中，蒸发受热面一般即指炉膛水冷壁。

水冷壁的采用最初是为了降低炉墙温度，以保护炉墙，提高运行可靠性，而今天它已成为锅炉不可缺少的蒸发受热面。水冷壁主要有以下作用：

（1）产生汽水混合物。炉膛中的高温火焰和固体颗粒对水冷壁进行辐射传热和对流传热，使得水冷壁内的工质吸收热量后由水逐步变成汽水混合物。

（2）降低锅炉造价。由于火焰对水冷壁的辐射换热与火焰热力学温度的四次方成比例，炉内火焰温度很高，水冷壁的辐射吸热很强烈，加之炉内固体颗粒对水冷壁强烈冲刷而形成的对流换热，采用水冷壁比采用对流蒸发管束节省金属，从而使锅炉受热面的造价降低。

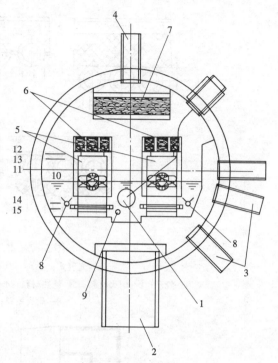

图 5-6　某台 220t/h 循环流化床锅炉汽包内部结构图

1—给水管（省煤器来水）；2—下降管；3—汽水混合物引入管；4—饱和蒸汽引出管；5——次分离器（旋风分离器）；6—二次分离器；7—百叶窗分离器；8—排污管；9—加药管；10—汽包正常水位线；11—汽包中心线；12—高水位跳闸线；13—高水位报警线；14—低水位报警线；15—低水位跳闸线

此外，装设水冷壁后，炉墙内壁温度可大为降低。因此，炉墙的厚度可以减小，重量减轻，为采用轻型炉墙创造了条件。

（3）防止结渣，保护炉墙。在炉膛内敷设一定面积的水冷壁，可防止床层及受热面结渣。同时，还可减小结渣和高温对炉墙的破坏作用，提高锅炉运行的安全可靠性。

自然循环锅炉的水冷壁都是由许多相互平行的上升管、两端与联箱连接构成的组合件垂直布置在炉膛四壁。管材一般采用碳钢。循环流化床锅炉因为固体颗粒的磨损，有采用合金钢管材，如 SA210。

水冷壁的结构形式主要有光管式、膜式与销钉管式等，如图 5-7 所示。

对于循环流化床锅炉，由于耐火防磨内衬减少了蒸发热量的吸收（见图 5-8，图中用深线表示的部分为易磨损需敷设耐火防磨材料的部位），为增加蒸发受热面的吸热量，有的锅炉在炉膛内布置翼形管墙水冷壁管（见图 5-3），其结构示如图 5-9。

三、过热器和再热器

过热器是将饱和蒸汽加热成为过热蒸汽的热交换器，再热器则是将汽轮机高压缸的排汽重新加热到一定温度的热交换器。

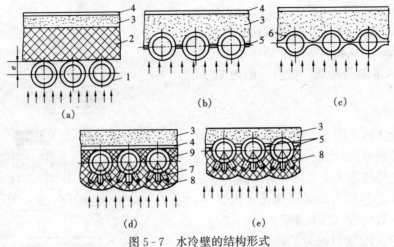

图 5-7　水冷壁的结构形式

(a) 光管式；(b)、(c) 膜式；(d)、(e) 销钉管式

1—管子；2—耐火材料；3—绝热材料；4—炉皮；5—扁钢；6—轧制鳍片管；7—销钉；
8—耐火填料；9—铬矿砂材料

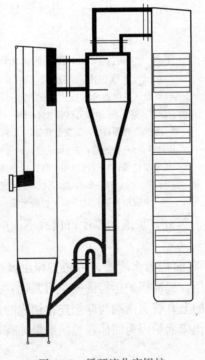

图 5-8　循环流化床锅炉
耐火防磨材料敷设部位

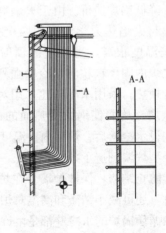

图 5-9　翼形管墙水冷壁管
（蒸发管）的结构和布置

过热器和再热器是锅炉的重要部件。前者能够提高电站的循环热效率，同时还可以降低汽轮机末级叶片的排汽湿度；后者除了可以降低汽轮机末级叶片的排汽湿度外，也有提高电站循环热效率的作用。

正如所知，提高蒸汽初参数（如压力和温度）是提高电站循环热效率的重要途径。随着金属材料的发展，我国电站锅炉目前已普遍采用超高压、亚临界压力甚至超临界压力。然而，蒸汽温度的进一步提高受到金属材料耐高温的限制，现在的绝大多数电站锅炉的过热汽温停留在 540～555℃ 的水平。由于只提高蒸汽压力，而不相应的提高过热蒸汽的温度，会使蒸汽在汽轮机内膨胀终止时的湿度过高，影响汽轮机工作的安全性。蒸汽再热器的采用一方面可进一步提高电站循环热效率（一般一次再热可使循环热效率提高 4％～6％，二次再热可再提高 2％左右），另一方面可使汽轮机末级叶片蒸汽湿度控制在允许范围内。我国超高压及其以上的锅炉机组均采用一次再热，当蒸汽参数很高时采用二次中间再热。

过热器和再热器是锅内工质温度最高的受热面。为了保证合理的传热温差，它们的大部分受热面布置在烟温较高的烟道内，甚至炉膛内部。因此，这些受热面的热负荷也很高。由于过热蒸汽，特别是再热蒸汽对管壁的冷却能力较差，即管壁对蒸汽的表面传热系数较小，过热器和再热器也是锅炉中管壁温度最高的受热面，其工作条件最差。考虑到运行工况对汽温的影响以及并列管间的热偏差，这些不利因素的叠加，有可能造成受热面管子超温或磨损而爆管。

循环流化床锅炉炉膛的正常运行温度范围为 850～950℃，这是由炉内脱硫时钙基脱硫剂的最佳脱硫反应温度和控制 NO_x 的排放要求所决定的。一般的，循环流化床锅炉炉膛正常运行温度是通过炉膛内燃料的燃烧放热和炉内受热面吸热的平衡来加以实现。实际上，还与锅炉的主回路（炉膛、分离器、飞灰回送装置）和尾部烟道之间的热量分配有关。随着循环流化床锅炉容量的增大和蒸汽参数的提高，特别是再热锅炉，其主回路上布置的蒸发受热面所能吸收的热量远小于主回路应该吸收的热量，这就势必要将某些受热面，如过热器或再热器等布置在主回路中，以便将炉膛的运行温度控制在所要求的范围内。因此，对于容量超过 50MW 的高压循环流化床锅炉，要将一部分受热面（如过热器、再热器）布置在炉膛中间。

循环流化床锅炉的典型特征是烟气流速较高，烟气中灰的浓度大，颗粒粒度大，对炉内受热面的冲刷磨损严重，因此布置在炉膛中间的受热面与常规煤粉锅炉的屏式受热面不同，需要特殊设计，譬如采用 Ω 管屏式受热面。图 5-10 为奥斯龙公司发展研制的在炉膛内布置的 Ω 管管屏，其外形为方形，这种结构可以有效地防止沿气流方向后面部分受热面的磨损，管屏结构如图 5-11 所示。Ω 管管屏由耐高温强抗磨合金钢（10CrMo910）制成。实践表明，Ω 管屏式受热面可以长期运行且磨损不严重。

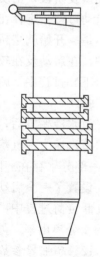

图 5-10　Ω 管屏的布置

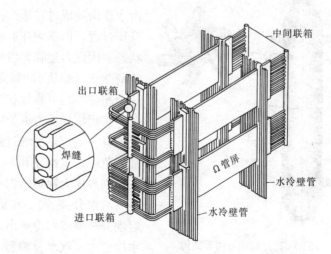

图 5-11　Pyroflow 型循环流化床锅炉的 Ω 管屏结构

由于 Ω 管的管屏是专利技术，并且制造成本比较高，炉膛上部的受热面也可以设计成翼形屏式受热面（见图 5-9）。翼形屏式受热面利用膜式壁制造而成，管屏纵向布置。为了保证磨损余量，屏式受热面的管束选用厚壁管，最下面的管子附加有保护钢箍和钢板，管束穿过炉膛水冷壁的筋板处焊有套管，以使管束可以自由膨胀。各管屏之间采用 U 形弯管连接，以防止屏式受热面的固有频率与燃烧室的激振频率接近时出现共振。目前，翼形屏式受热面的使用也比较普遍。

四、超临界参数循环流化床锅炉的汽水设备

正如所知，随着压力的提高，水的饱和温度随之相应提高，汽化潜热减小，水和汽的密度差也减小。当压力提高到 22.12MPa 时，汽化潜热为零，汽和水的密度差也等于零，该压力称为临界压力。水在临界压力下加热到 374.15℃ 时，即全部汽化成蒸汽，该温度称为临界温度（即相变点）。超临界压力与临界压力时情况相同，当水被加热到相应压力下的相变点温度时，即全部汽化。因此，超临界压力下水变成蒸汽，不再存在汽水两相区。

超临界参数循环流化床锅炉同时兼备了循环流化床锅炉清洁燃烧和超临界参数锅炉的优点，代表了现代电站锅炉的先进技术。超临界参数锅炉的技术关键是水冷壁。经过长期发展，螺旋管圈与垂直管屏水冷壁成为目前的主流技术。为避免循环流化床锅炉炉内边壁下降颗粒流对管壁的磨损，要求管子的布置要平行于烟气和固体物料的流动方向，煤粉直流锅炉炉膛中通常采用的螺旋管圈布置在循环流化床锅炉中是不可行的。因此超临界参数循环流化床锅炉的水冷壁必须采用垂直管屏结构。

对大多数压力低于 18MPa 的锅炉，利用下降管中水与上升管中汽水混合物的密度差，可以实现水蒸发系统的自然循环，因此水系统采用自然循环汽包炉较为适宜。对 20MPa 以上压力包括超临界参数锅炉，由于水、汽之间的密度差变小，水的自然循环已经不可靠，应采用强制循环直流锅炉设计。显然，对于超临界压力锅炉，只能采用直流锅炉的汽水循环方式，不能采用汽包炉的自然循环方式。

在超临界压力锅炉的正常运行期间（非启、停过程中），由水变成过热蒸汽经历了两个阶段，即加热和过热，不存在饱和蒸发阶段，工质状态由水逐渐变成过热蒸汽。而锅炉启动过程一定存在一个升压过程，即锅炉在启动时，并不是一开始就是超临界状态。因此，超临界参数电站锅炉，在启动及在较大的负荷变化（如从 100% 降到 70% 以下）过程中，就存在一个超临界与亚临界状态的转换问题。

在超临界压力锅炉中，炉水经过水冷壁管后，直接变为有一定过热度的过热蒸汽，但蒸汽压力一旦落入亚临界范围，水冷壁出口就可能有一部分水存在。因此，在超临界压力锅炉的汽水系统中，设置了一个启动分离器（汽水分离器）。在锅炉启停及低负荷过程中，采用启动分离器将水冷壁出口蒸汽中的水分离出来，再送入水冷壁中。汽水分离器示如图 5-12。超临界参数循环流化床锅炉的汽水系统布置及设备可参见第七章的第八节。

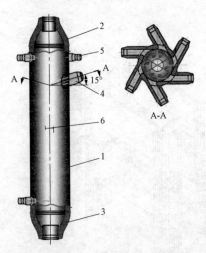

图 5-12　启动分离器结构

1—筒身；2—汽侧封头；3—水侧封头；
4—管接头；5—手孔管接头；6—热电偶插座

第三节　循环流化床锅炉调节控制的基本要求

一、调节控制系统的主要功能

循环流化床锅炉控制系统的基本要求与其控制对象的技术方案和设计思想紧密相关，下面的内容是针对目前使用较多的简单回路循环流化床锅炉提出的。若采用外置流化床换热器，或者是双烟道再热器调温方式，其控制要求则有所不同。

循环流化床锅炉调节控制系统的主要功能有：①锅炉主控；②给水控制；③汽温控制；④一次风量控制；⑤二次风量控制；⑥风机进口风温（暖风器）控制；⑦床温控制；⑧引风量控制；⑨燃料量控制；⑩石灰石量控制；⑪炉渣排放控制；⑫启动燃烧器及其风量控制。

二、控制回路的内容

1. 锅炉负荷控制回路

锅炉负荷信号是由主蒸汽联箱压力和实际蒸汽流量的测量信号组合形成的。锅炉负荷需求信号使燃料量与所需要的空气量改变，从而在维持主蒸汽压力为预先设定值的前提下，改变所需蒸汽流量、燃料放热量以及整个热力过程。

2. 热量补偿控制回路

总燃料量测量值作为燃料流量信号控制回路的反馈信号。同时，空气流量控制回路的需求量信号应考虑到锅炉传热量和燃料发热量的某些变化。因此，总燃料量（即热量）必须加以补偿。

3. 给水流量控制回路

给水流量控制回路的设计应能保证锅炉输入的给水量与输出的蒸汽流量平衡，以维持汽包中所要求的水位。上述要求的实现，在启动期间是靠控制启动给水调节阀的开度，而在正常运行时是靠控制主给水调节阀的开度，两个调节阀分别从单冲量或三冲量控制器中得到其控制信号。单冲量控制既可以是自动运行，也可以是手动运行；三冲量控制既可以是级联控制运行，也可以是手动控制运行。单冲量控制只观察汽包水位，在启动期间使用；而三冲量控制是同时观察汽包水位、蒸汽流量及给水流量，具有较高的控制水平，在稳定的高负荷下使用。

4. 进口风温控制回路

进口风温控制系统用于控制空气预热器冷端温度，以保证该温度高于烟气中硫酸的露点，从而防止空气预热器冷端金属的低温腐蚀。

在空气进入空气预热器前，调整进入暖风器的蒸汽量，以保证进入空气预热器的风温足够高，通常使空气预热器的进口风温与空气预热器出口烟气温度的平均值尽量高于酸露点，这一平均温度称为冷端温度。冷端温度的设定值，需根据燃料中的含硫量而定。

除了降低空气预热器冷端可能的腐蚀外，在锅炉启动及低负荷运行直至达到正常的烟气出口温度前，预热参加燃烧的空气，可降低燃用的燃料量。

5. 过热汽温控制回路

过热蒸汽温度控制分两段，分别基于串级调节完成。在第一段进行喷水，以控制离开第一级过热器的蒸汽温度。主调节器响应第二级过热器出口和手动调节的主设定值之间的温差，副调节器响应由主调节器修改的温度和第一级过热器出口蒸汽温度之间的温差，将离开第二级过热器的蒸汽温度控制到合理范围内；在第二段进行喷水，以控制离开第二级过热器的蒸汽温度。主调节器响应第三级过热器出口和手动调节设定值之间的温差，副调节器响应由主调节器修改的温度和第二级过热器出口蒸汽温度之间的温差，最终将离开锅炉的主蒸汽温度控制到额定值。若为中压参数，则过热器汽温调节由一段完成即可。

6. 再热汽温控制回路

若有再热系统，则需要对再热蒸汽温度进行调节。整个再热蒸汽温度控制分两段完成，其原理同过热蒸汽温度的控制。

7. 床温控制回路

床温控制回路的作用是根据锅炉负荷的要求将床温维持在规定值。通常床温的规定值约为880℃。循环流化床锅炉在此温度条件下运行，可以保证最佳的燃烧效率和脱硫效率。为将床温控制在规定值，一、二次风的比率要随床温而变化。

8. 一次风流量控制回路

一次风机提供的空气作用有二：一是流经布风板的一次风用于流化燃烧室内床料；二是送入床下燃油启动燃烧器（风道燃烧器）作为燃烧配风，以产生温度足够高的烟气。据此，进行一次风流量调节。

9. 二次风流量控制回路

二次风机提供的预热空气，部分作为给煤机的密封风，送至给煤风环，以促使煤顺利进入炉膛，防止给煤线路中烟气的回流；其余部分作为二次风，通过布置在燃烧室四面墙上的二次风喷管喷入炉内，用于燃料的完全燃烧，帮助控制床温以及调整燃烧室的过剩空气量。据此，进行二次风流量调节。

10. 炉膛负压控制回路

循环流化床锅炉是平衡通风锅炉，通过控制燃烧产物的排出量及相对于给料的过剩空气量，维持炉膛内固定负压值（通常负压为100Pa）。引风机从除尘器吸入烟气，并将清洁的烟气经烟囱排出。

11. 石灰石量控制回路

石灰石控制回路的作用是维持床中有足够的石灰石量，以控制 SO_2 排放量低于允许的环保要求值，并维持床中有足够的床料。

12. 床压控制回路

床压控制回路的目的是控制燃烧室内的床料量。燃烧室内的床料量直接正比于床压。无论是床压还是床料存量，都对床温和传热效率有直接的影响。另外，床料量还影响到二氧化硫的脱除率。

13. 启动燃烧器燃油流量控制回路

在循环流化床锅炉的启动和停炉期间，床下燃油启动燃烧器维持锅炉所需的主蒸汽压力，将床温提高到煤的点火温度，通过控制油调节阀的开度改变油燃烧器的出力，进而控制床下风箱的风温。

一般循环流化床锅炉的主要控制回路汇总如表 5 - 1 所示。

表 5-1　　　　　　　　　　　　控 制 回 路 汇 总 表

序号	控制回路	被调节量	控制变量	控制机构
1	锅炉负荷控制	主蒸汽压力	给煤量、燃油量	给煤机转速、燃油调节阀
2	给水流量控制	汽包水位	给水量	给水旁路调节阀 主给水调节阀
3	过热汽温控制	过热汽温	减温水量	减温水调节阀
4	再热汽温控制	再热汽温	减温水量	减温水调节阀
5	燃烧室床温控制	床温	一、二次风比率	一、二次风调节挡板
6	燃烧室床压控制	床压	排渣量	排渣管脉动风电磁阀
7	石灰石量控制	SO_2 排放量	石灰石流量	石灰石给料机
8	炉膛负压控制	炉膛负压	烟气量	引风机入口挡板
9	一次风流量控制	一次风量、床温	一次风量	一次风机入口导叶
10	二次风流量控制	烟道含氧量、床温	二次风量	二次风量总挡板
11	送风机出力控制	送风机出口压力	送风量	送风机入口导叶
12	启动燃烧器油流量控制	床下风箱风温	燃油量、配风量	燃油调节阀燃烧器风量挡板
13	暖风器出口风温控制	空预器冷端温度	暖风器蒸汽流量	暖风器蒸汽流量调节阀

第四节　循环流化床锅炉的分散控制系统

一、概述

分散控制系统 DCS（Distributed Control System）的显著特征是"分散"。"分散"有两层意思：一是各种被控制设备在地理位置是分散的，相应的控制系统设备在位置上也分散布置；二是指控制系统所具有的功能是分散的，即计算机控制系统的数据采集、过程控制、运行显示、监控操作等按功能进行分散，这同时意味着整个系统的危险性分散。功能分散是分散控制系统的主要内涵。由于在功能分散的基础上，又可将运行的操作与显示集中起来，即操作管理集中，分散控制系统又称为集散控制系统。

就锅炉的控制而言，与大容量煤粉锅炉相比，国内大多数已投运的中小容量循环流化床锅炉的自动化水平还比较落后，有些小容量流化床锅炉甚至完全依赖于手动操作。某些采用了 DCS 的 75t/h 循环流化床锅炉，也只是将其作为常规调节系统的辅助监控手段，仅设计了少量的汽压、给水、汽温等常规模拟控制回路，输入/输出点数仅为 100～300 点之间。

随着锅炉参数的提高和容量的扩大，循环流化床锅炉要求的自动化程度不断提高，目前循环流化床锅炉已逐步采用 DCS，大容量高参数循环流化床锅炉几乎都是采用 DCS 进行控制。一些大容量循环流化床锅炉的 DCS 实现了锅炉的监视、控制和连锁保护功能。譬如，单台 220t/h 循环流化床锅炉的输入/输出点数超过 1000 点，相当于一台 100MW 等级煤粉锅炉的控制点数。有些循环流化床锅炉 DCS 的功能非常完整，覆盖了数据采集、模拟量控制、顺序控制和炉膛安全保护等系统。

二、DCS 的功能与设备组成

（一）DCS 的功能

DCS 的功能主要包括四个方面，即热工检测（数据采集）、模拟量控制、顺序控制和热工连锁保护。

1. 热工检测（数据采集）

热工检测是指自动地检查和测量反映机组运行过程中的各种热力参数，以及生产设备的工作状态。通过热工检测能及时地反映机组运行的情况和变化趋势，为运行人员的操作提供依据，并为其他热工自动控制装置的调节提供信号。热工检测对保证机组安全、经济运行起着很重要的作用。

循环流化床锅炉 DCS 的热工检测功能由数据采集系统 DAS（data acquisition system）来完成。DAS 包含了几乎所有非电量和电量测量数据的处理、显示、报警、记录、存储等基本内容，也包括数据统计、数据分析、操作指导、故障分析等事务，该系统与常规煤粉锅炉 DCS 中的 DAS 基本相同。

在循环流化床锅炉中，热工检测的主要项目有主蒸汽和再热蒸汽的压力、温度和给水压力、温度、流量，以及汽包水位、炉膛压力、床温、氧量、排烟温度、风温、风压、燃料量、石灰石量等。随锅炉参数、容量的不同，热工检测参数从近百个点到数千个点不等。

2. 模拟量控制（协调控制）

模拟量控制是指自动和连续地调节、控制机组的运行状态，使机组的运行参数维持在规定范围内或按一定的规律变化。譬如，维持汽包水位为设定值，调整蒸汽的压力使之满足负荷要求等。模拟量控制系统在循环流化床锅炉中已得到广泛应用，其中的主要项目有给水自动控制、燃烧自动控制、过热汽温和再热汽温自动控制等。

3. 顺序控制

顺序控制是指依据预先拟订的步骤、条件或时间，对运行中的设备或系统自动地依次进行一系列操作，以改变设备和系统的工作状态（如风机的启停、阀门的开关等）。顺序控制可以是最简单的单个对象（一个阀门或一台电动机）的启停和开关控制，也可以是一个系统甚至整个机组的启停顺序控制。目前，在 130t/h 及以上容量的循环流化床锅炉中，顺序控制系统已得到逐步应用。

采用顺序控制系统的主要是燃料与燃烧的管理与控制部分，譬如炉膛保护监视系统 FSSS（Furnace Safeguard Supervisory System）。该系统控制着与燃烧相关设备的启停和有关控制阀门的开关。目前顺序控制的主要应用范围是主、辅机的启停操作和部分系统的运行操作以及事故处理。

4. 热工连锁保护

热工连锁保护是指当锅炉机组在启停或运行过程中发生危及设备和人身安全的情况时，为防止事故发生并避免事故扩大，热工监控设备自动采取的保护动作措施。热工保护动作形式可分为三类：一是报警信号，向操作人员提示机组运行中的异常情况；二是连锁动作，必要时按既定程序自动启动设备或自动切除某些设备及系统，使机组维持原负荷运行或减负荷运行；三是跳闸保护，当发生危及机组设备或人身安全的重大故障时，实施跳闸保护，停止机组（或部分设备）的运行，避免事故的扩大。

（二）DCS 的设备组成

根据研制的公司或厂家的不同，DCS 的设备组成有所不同。主设备一般由过程控制单元、过程控制观察站、操作接口单元、工程师站、计算机接口单元、通信网络等部分组成：

（1）过程控制单元是实现过程控制的基本硬件设备，它负责过程信号的采集和处理、过程控制、顺序控制、批量处理控制以及优化等高级控制。

（2）过程控制观察站和操作接口单元是由一台专用的过程控制计算机和若干个选配的显示、操作、打印等终端构成的人机接口设备。在其硬件和软件的支配下，实现对过程和系统的有效观察、操作与管理。

（3）工程师站是在个人计算机的基础上，配以专用软件而形成的工具性设备。它是专门为工程师准备的人机接口，用于控制系统的设计，控制逻辑的在线或离线组态，系统的调试与诊断，同时也可从网络中获取信息，对现场进行监视。

（4）计算机接口单元是由一组模件组成的通信口。通过此口能实现 DCS 与其他计算机的物理连接和软件沟通，达到信号交换的目的。

（5）通信网络是一个多层次、各自独立的网络结构。譬如，第一层网络为子总线，第二层网络为控制公路，第三层网络是 NET 环网或工厂环网，第四层网络为 NET 中心环网等。

（三）DCS 的控制层次

DCS 的控制层次分为四级，即就地操作层、过程控制层、控制管理层、生产管理层。

（1）就地操作层是 DCS 的基础。其主要任务是：进行过程数据采集，进行直接数字的过程控制，以及设备监测和系统的测试和诊断，实施安全性、冗余化方面的措施。

（2）过程控制层的作用主要是根据用户的需要，通过组态控制方案，对单元内的程序流程实施整体优化，并对下层产生确切命令。其功能有：优化过程控制，自适应回路控制，优化单元内各装置的配合，通过获取直接控制层的实时数据以进行单元内的活动监视等。

（3）控制管理层是人机接口设备，是生产过程的命令管理系统。其功能是：进行生产过程监视，现场设备直接操作，控制参数设置，在线、离线自诊断，生产报表打印等。

（4）生产管理层是全厂自动化的最高层次，是经营决策层。它包括工程技术、经济活动、生产管理、人事活动等诸多方面。主要功能有：进行机组运行的经济性分析，机组性能分析、机组检修管理、生产资料的合理配置、生产成本核算等。

三、循环流化床锅炉的典型 DCS 介绍

下面结合某台 450t/h 循环流化床锅炉，对典型 DCS 做简单介绍。

（一）循环流化床锅炉的模拟量控制系统

循环流化床锅炉与煤粉锅炉相同，具有多参数、非线性、时变和多变量紧密耦合的特点，但比煤粉锅炉具有更多的输入/输出变量，耦合关系也更为复杂。

典型的循环流化床锅炉的模拟量控制系统组成应有以下部分：①负荷指令回路；②主汽压调节；③床温调节；④给煤量调节；⑤总风量调节；⑥石灰石量调节；⑦一次风量调节；⑧二次风量调节；⑨二次风压调节；⑩高压风压力调节；⑪主汽温调节；⑫汽包水位调节；⑬燃油母管压力调节；⑭启动燃烧器风量调节；⑮启动燃烧器燃油压力/流量调节；⑯床枪（油枪）燃油压力/流量调节；⑰炉膛压力调节；⑱床料差压调节；⑲底灰压力、温度调节（采用流化床冷渣器）。

其中，循环流化床锅炉汽水系统的控制系统设计与常规煤粉锅炉的差别不大。譬如，给水控制系统也采用汽包水位、蒸汽流量和给水流量三冲量控制，通过调节给水泵转速或给水调节阀开度，维持汽包水位的平衡；锅炉出口主蒸汽温度采用喷水减温调节等。但是，循环流化床锅炉的燃烧系统及其控制与煤粉锅炉有较大的差异，根据其系统的特点，还需设计其他一些独特的控制回路。

1. 燃料量控制系统

给煤量主要受负荷指令和风—燃料交叉连锁信号的控制。首先，根据负荷指令计算出需要的燃料量；然后，根据风—燃料配比要求，由实际风量计算出允许的最大燃料量，二者低选信号再作为燃料主调节器的输出分别控制各台给煤机速度控制回路。这样，也就保证了动态过程中先加风后加煤，先减煤后减风。这与常规煤粉锅炉的控制机理相同。

给煤机的转速控制一般推荐采用线性较好的变频调节方式。多台给煤机也设计有增益自校正回路，可以无扰动地任意切投不同给煤机的手动和自动。

2. 石灰石量控制系统

调节石灰石量的目的是满足锅炉 SO_2 排放量的要求。控制回路一般设计成串级调节方式。上级调节器为 SO_2 调节器，下级调节器为石灰石量调节器。当 SO_2 变化时，调节石灰石螺旋给料机的转速，使进入炉膛的石灰石量相应变化。

在调节回路中，总给煤量作为前馈信号加入石灰石量调节器。锅炉入炉煤量变化时，SO_2 也要相应变化。如果仅根据 SO_2 信号调石灰石量，则延迟比较大。将给煤量作为前馈信号，使石灰石量先根据煤量变化，然后再根据 SO_2 信号进行校正，可以减少调节延迟。

3. 风量控制

如前所述，循环流化床锅炉的风系统较一般煤粉锅炉复杂，主要包括一次风、二次风、回料风和播煤风等。根据锅炉的形式不同，设计有一次风机、二次风机、高压罗茨风机等，对采用气力播煤的锅炉，还设计有播煤风机。

循环流化床的风量控制包括总风量控制和一、二次风比率的控制。总风量根据燃料指令获得，并根据过量空气系数校正，形成总风量指令，这与常规煤粉锅炉相同。所不同的是一次风和二次风的分配。为保证正常流化，一般一次风的流量有一设定的下限值。而且，一、二次风的比例还要受到床温控制回路的校正。

4. 回料风控制

回料风一般从一次风管引出，或来自高压罗茨风机。回料风压力高但风量较小，一般小于一次风量的 2%。回料风压与送灰器形式、锅炉布置方式等密切相关。一般的，中小容量循环流化床锅炉为 13～20kPa；大容量循环流化床锅炉为 50～60kPa。

在不参与床温调节时，回料风压的控制是一个单回路控制系统，通过回料风——次风连通管挡板控制送灰器的流化风压。

一些大容量循环流化床锅炉还设计有专门的播煤风机（播煤风风压为 9～12kPa），也有相应的风量或风压控制回路。

5. 床温控制系统

床温控制系统为循环流化床锅炉所特有。由于床温的控制直接影响着炉内的脱硫和脱硝，床温控制系统是至关重要的控制系统。

能有效地去除 SO_2 和 NO_x 的最佳床温是 850～950℃。但在实际运行中，要将床温控制在某一确定温度是相当困难的，通常只能将床温控制在一定范围内。

影响床温的主要因素比较多，譬如煤种、燃料的粒径、床料量，以及一、二次风量和回料量、冷灰循环等。因此，不同循环流化床锅炉所采用的床温控制方式也各不相同，比较典型的方式有：调整一、二次风比例；调节给煤量；控制循环灰流量等。

大多数 75t/h 和容量更小的循环流化床锅炉，由于一、二次风门均没有设计自动手段，除渣也是采用手动方式，床温控制系统一般设计为床温—燃料串级调节系统。通过调节给煤量来调整床温；也有的采用调节回料量（高压罗茨风机转速或回料风调节挡板），亦即改变料层厚度的方法来调节床温；而对大容量的循环流化床锅炉，往往是采用改变一、二次风比率的方法来调节床温。

有烟气再循环的循环流化床锅炉，还可以通过烟气再循环流量来调节床温。同时，除尘器的冷灰也可以经由所设置的飞灰再循环回路重新进入炉膛，通过改变床料的粒径分布来调整炉膛温度。

6. 床压控制（床料高度控制）

正如所知，循环流化床锅炉没有明显的床料厚度，但仍有密相区和稀相区之分。料层厚度是指密相区静止时的料层厚度。料层厚度不仅影响床温，而且对锅炉的经济运行影响很大，料层差压过高会使布风板阻力增大，并可能造成风道和风室振动；差压过低则影响锅炉的负荷。

通过测量一次风室与稀相区的压差及一次风量可以测算出料层的厚度。而床压的控制一般是通过排渣量的调节来实现的。

通常采用脉冲阀的开启时间来控制底灰（渣）的排放量。同时，可以通过控制再循环烟气压力调整床温。除了可以通过控制排渣量来调节床压外，还设计有灰冷却的控制回路。福斯特·惠勒公司的循环流化床锅炉则设计有多室选择性排灰流化床冷渣器（见第四章第七节），其床压的控制可以通过螺旋排渣机或选择排渣阀来调节。

7. 炉膛压力控制

炉膛压力调节的目的是保持炉膛压力为一定的负压。循环流化床锅炉的炉膛负压控制也是通过调节引风机挡板实现的。但是，循环流化床锅炉炉膛负压的调节特点与普通的煤粉锅炉略有不同。进入烟道的烟气顺序经过过热器、省煤器、空气预热器等受热面，然后进入电除尘器后由引风机抽至烟囱排走。炉膛下部床面附近是微正压，在低负荷时炉膛负压点较低，高负荷时负压点升高。也就是说炉膛负压取样点的控制参数是锅炉负荷的函数。

压力调节器定值也可手动设定。一、二次风量之和作为负压调节回路的前馈信号，当锅炉负荷变化时，一、二次风量相应变化，预先动作引风机调节挡板。

（二）炉膛保护监视系统（FSSS）

为保证稳定燃烧，循环流化床锅炉的安全保护侧重于燃料投运操作的正确顺序和连锁关系，习惯上仍将循环流化床锅炉的保护功能称作炉膛保护监视系统（FSSS）。FSSS分为锅炉保护系统 FSS（furnace safeguard system）和燃烧器控制系统 BCS（burner control system）。主要功能有：总燃料切断 MFT（Master Fuel Trip）；循环流化床锅炉吹扫；启动油系统泄漏试验；循环流化床锅炉冷态启动（建立流化风和初始床料），包括升温控制、热态启动、风道油燃烧器控制、启动油燃烧器控制、油燃烧器火焰检测、煤和石灰石系统控制，以及一次风机、二次风机、高压风机、引风机、播煤风机连锁控制等。

循环流化床锅炉的燃烧方式与煤粉锅炉不同，在正常运行时有大量的高温床料作为恒定的点火源，不易发生因灭火造成爆炸性混合物不恰当地积聚进而引发爆燃或爆炸的现象，也不必像煤粉锅炉那样需要通过火焰检测等手段连续监测燃烧器和整个炉膛的燃烧。同时，在正常运行时，与带有数量众多的煤（或油）燃烧器的煤粉锅炉不同，循环流化床锅炉无需根据负荷或运行情况投切各层或各角的煤（或油）燃烧器，仅在启动或床温较低时才需投入油启动燃烧器，数量也比煤粉锅炉要少得多，其燃烧器管理系统也比煤粉锅炉简单得多。

1. 启动燃烧器的控制

大容量循环流化床锅炉一般采用热烟气床下点火方式。同时，在密相区和二次风口还可设置助燃用的启动燃烧器和床枪。锅炉启动采用床料循环加热，即冷床料在流化并循环的条件下加热升温。启动时，最先投运风道燃烧器，以热烟气和空气的混合物加热床料，然后投运启动燃烧器，使温度按照升温升压曲线上升。当床温达到 500℃ 时，可根据需要投运床枪，使床温进一步升高至 600℃，这时便可开始逐步投煤。

2. 燃烧室的启停控制

为避免床内积聚过多的可燃物而引起结焦或爆燃，循环流化床锅炉的初始给煤采用间歇加入方式，即在油启动燃烧器负荷不变的情况下，启动第一台给煤机，开始以较低给煤量运行，延时 1～2min 后停给煤机。在给煤机停止时仔细观测床温和炉膛出口烟气氧量的变化，如确定床温上升，氧量下降，则再次启动给煤机，重复三次上述过程。当再次启动给煤机并确认给入煤已燃烧时，即可启动其他给煤机，进而根据燃烧及负荷需求，减油加煤，逐步转换为全燃煤运行。此时，床层温度大于 800℃。

当锅炉各参数均达额定值并平稳运行时，锅炉由手动转为自动方式运行。在自动控制状态下，给煤机给煤量自动地对应于主蒸汽压力而变化。

为避免炉内和循环回路中耐火材料因温度剧变产生热应力而损坏，制造厂家规定了严格的炉内温度变化速率。锅炉应按照这个温度变化速率升温或降温。为此，循环流化床锅炉燃烧器顺序控制逻辑设计了燃烧器的投切自动监控程序。

（三）循环流化床锅炉顺序控制系统

循环流化床的顺序控制系统设计思想与常规煤粉锅炉是一致的。按照分层设计的原则，可以实现设备级、子组级和组级的顺序控制。图 5-13 表示的是一台循环流化床锅炉的典型顺序启动流程。

需要满足的启动条件是：控制用空气压力正常；石灰石料位正常；给煤系统准备就绪；一台燃油泵投运；燃油压力正常；启动燃烧器正常；床喷管正确；一台给水泵投运；给水调节阀开启；汽包水位正常；电除尘器准备就绪；所有电动机就绪；所有风门挡板就位；冷渣系统准备就绪。

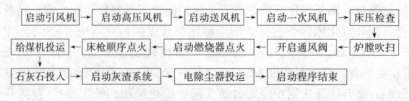

图 5-13　循环流化床锅炉典型顺序启动流程

超临界参数循环流化床锅炉和煤粉锅炉相比，在控制方式上的不同点是前者特有的对循环物料的监测、调节和控制，另外就是直流锅炉技术和流化床技术的结合所产生的问题。具体来说，循环流化床锅炉注重床温、分离器入口温度、外置床的调整，风煤比及床压的监测、调节及控制；注重对影响物料流化、循环及燃烧的各种风量的监控，以确保建立一个平稳、足够的热物料循环，从而完成锅炉燃烧侧的燃料燃烧及热量传递过程。因此，超临界参数循环流化床锅炉在控制方面的重点和难点主要是床温控制、床压控制、蒸汽温度控制、协调控制、干湿态切换及外置床投入、锅炉的安全保护等。

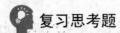复习思考题

1. 与煤粉锅炉相比，循环流化床锅炉的汽水系统有什么特殊性？
2. 简述循环流化床锅炉汽水系统的组成及布置特点。
3. 循环流化床锅炉控制系统的主要功能是什么？有哪些控制回路？
4. 循环流化床锅炉计算机控制系统的功能及组成设备有哪些？

第六章　循环流化床锅炉设计概论

如前所述，循环流化床锅炉在将燃料化学能转换为蒸汽热能的能量转换过程中，采用了循环流化床这一气固接触燃烧方式，以达到高效率和低污染排放的目的。由于循环流化床中气固两相流体流动与传热机理很复杂，理论和实验研究还不透彻。尽管近年来循环流化床燃烧技术的发展极其迅速，但循环流化床锅炉设计仍处于经验占主导地位的阶段。本章着重介绍与循环流化床锅炉设计有关的辅助计算，主要热力参数的设计选择原则，以及不同于常规锅炉的设计考虑。在此基础上，简要分析目前国内外典型循环流化床锅炉的设计特点和循环流化床锅炉的大型化问题。

第一节　燃 料 燃 烧 计 算

一、燃烧所需的理论空气量

理论空气量是指单位质量的收到基燃料完全燃烧而又没有剩余氧存在时所需要的空气量，用 V^0 表示，单位为 m^3/kg，它是指标准状况下不含水蒸气的干空气量。

1kg 固体燃料燃烧所需要的理论空气量可按式（6-1）计算，即

$$V^0 = \frac{1}{0.21}\left(1.866\,\frac{C_{ar}}{100} + 0.7\,\frac{S_{ar}}{100} + 5.56\,\frac{H_{ar}}{100} - 0.7\,\frac{O_{ar}}{100}\right) \qquad (6-1)$$

对于 $V_{daf} < 15\%$ 的贫煤及无烟煤，可按式（6-2）所示的经验公式计算：

$$V^0 = 0.238 \times \frac{Q_{net,ar} + 600}{900} \qquad (6-2)$$

对于 $V_{daf} > 15\%$ 的烟煤，则按经验公式（6-3）计算：

$$V^0 = 1.05 \times 0.238 \times \frac{Q_{net,ar}}{1000} + 0.278 \qquad (6-3)$$

对于劣质烟煤，按经验公式（6-4）计算：

$$V^0 = 0.238 \times \frac{Q_{net,ar} + 450}{990} \qquad (6-4)$$

式中　$Q_{net,ar}$——燃料收到基低位发热量，kJ/kg。

二、过量空气系数

循环流化床锅炉燃烧所需的实际空气量总是大于理论空气量，前者与后者的比值称为过量空气系数。在烟气量计算时，用 α 表示；在空气量计算时用 β 表示。就锅炉炉膛而言，α 的大小与燃烧设备的型式、燃料种类有关。通常，流化床流化床锅炉炉膛过量空气系数 $\alpha_1 = 1.1 \sim 1.2$。

三、烟气量

燃烧 1kg 固体燃料所产生的实际烟气量 V_y（m^3/kg）可按式（6-5）计算，即

$$V_y = V_{RO_2} + V_{N_2}^0 + V_{H_2O} + (\alpha - 1)V^0$$

$$= V_{RO_2} + V^0_{N_2} + V^0_{H_2O} + 1.0161(\alpha - 1)V^0$$

$$= V^0_y + 1.0161(\alpha - 1)V^0 \tag{6-5}$$

式中　　V_y——燃烧 1kg 固体燃料所产生的实际烟气量，m^3/kg；

　　　　V^0_y——1kg 燃料在 $\alpha = 1$ 时完全燃烧生成的理论烟气量，m^3/kg；

　　　　V_{RO_2}——理论烟气量中三原子气体 RO_2（包括 CO_2 和 SO_2）在标准状况下的体积，m^3/kg；

$V^0_{N_2}$, $V^0_{H_2O}$——理论烟气量中 N_2、H_2O 在标准状况下的体积，m^3/kg；

　　　　V_{H_2O}——实际烟气量中 H_2O 在标准状况下的体积，m^3/kg；

　　　　α——所处烟道的过量空气系数。

而

$$V_{RO_2} = 0.01866C_{ar} + 0.007S_{ar} \tag{6-6}$$

$$V^0_{N_2} = 0.79V^0 + 0.008N_{ar} \tag{6-7}$$

$$V^0_{H_2O} = 0.111H_{ar} + 0.0124M_{ar} + 0.0161V^0 \tag{6-8}$$

另外有

$$\alpha = \alpha_1 + \sum \Delta\alpha \tag{6-9}$$

式中　　α_1——炉膛过量空气系数；

　　　　$\Delta\alpha$——漏风系数。

烟气量也可按式（6-10）近似计算：

$$V_y = \left[(\alpha'\alpha + \alpha'')(1 + 0.006M_{zs}) + 0.0124M_{zs} \right] \frac{Q_{net,ar}}{4187} \tag{6-10}$$

式中　　α'，α''——系数，参见表 6-1；

　　　　M_{zs}——折算水分，$M_{zs} = 4187 \dfrac{M_{ar}}{Q_{net,ar}}$。

表 6-1　　　　　　　　　　　　　　系数 $\pmb{\alpha'}$、$\pmb{\alpha''}$的值

燃料种类	木柴	泥煤	褐煤	烟　　煤		无烟煤
				$V_{daf} \geqslant 20\%$	$V_{daf} < 20\%$	
α'	1.06	1.085	1.1	1.11	1.12	1.12
α''	0.142	0.105	0.064	0.048	0.031	0.015

【例 6-1】　蒸发量为 75t/h 的循环流化床锅炉燃用烟煤，其分析数据如下：$V_{daf} = 38.50\%$，$C_{ar} = 46.55\%$，$H_{ar} = 3.03\%$，$O_{ar} = 6.11\%$，$N_{ar} = 0.89\%$，$S_{ar} = 1.94\%$，$A_{ar} = 32.48\%$，$M_{ar} = 9.00\%$，$Q_{net,ar} = 17.69MJ/kg$。求煤燃烧所需要的标准状况下的理论空气量 V^0 和在 $\alpha = 1.5$ 时完全燃烧所产生的标准状况下的实际烟气量 V_y。

解　（1）燃烧理论空气量的计算

根据煤的成分分析数据，由式（6-1）可求得理论空气量为

$$V^0 = 0.0889C_{ar} + 0.265H_{ar} + 0.0333S_{ar} - 0.0333O_{ar}$$

$$= 0.0889 \times 46.55 + 0.265 \times 3.03 + 0.0333 \times 1.94 - 0.0333 \times 6.11$$

$$=4.802(\text{m}^3/\text{kg})$$

若锅炉计算燃煤量 $B_j=12540\text{kg/h}$，则锅炉理论燃烧所需要的空气量为

$$V_k=V^0 B_j=4.802\times 12540\approx 60200(\text{m}^3/\text{h})$$

因为 $V_{\text{daf}}>15\%$，也可根据式（6-3）估算理论空气量：

$$V^0=1.05\times 0.238\times \frac{Q_{\text{net,ar}}}{1000}+0.278=1.05\times 0.238\times \frac{17690}{1000}+0.278$$

$$=4.699(\text{m}^3/\text{kg})$$

则锅炉理论燃烧所需要的空气量

$$V_k=V^0 B_j=4.699\times 12540\approx 58900(\text{m}^3/\text{h})$$

两者之间的误差为 $\dfrac{60200-58900}{60200}\times 100\%=2\%$

（2）烟气量的计算

先根据式（6-6）～式（6-8）求理论烟气中 V_{RO_2}、$V^0_{\text{N}_2}$、$V^0_{\text{H}_2\text{O}}$ 的值：

$$V_{\text{RO}_2}=0.01866C_{\text{ar}}+0.007S_{\text{ar}}=0.01866\times 46.55+0.007\times 1.94=0.882(\text{m}^3/\text{kg})$$

$$V^0_{\text{N}_2}=0.79V^0+0.008N_{\text{ar}}=0.79\times 4.802+0.008\times 0.89=3.801(\text{m}^3/\text{kg})$$

$$V^0_{\text{H}_2\text{O}}=0.111H_{\text{ar}}+0.0124M_{\text{ar}}+0.0161V^0$$

$$=0.111\times 3.03+0.0124\times 9.00+0.0161\times 4.802$$

$$=0.525(\text{m}^3/\text{kg})$$

则理论烟气量

$$V^0_y=V_{\text{RO}_2}+V^0_{\text{N}_2}+V^0_{\text{H}_2\text{O}}=0.882+3.801+0.525=5.208(\text{m}^3/\text{kg})$$

由式（6-5）得实际烟气量

$$V_y=V^0_y+1.0161(\alpha-1)V^0=50208+1.0161\times(1.5-1)\times 4.802=7.648(\text{m}^3/\text{kg})$$

锅炉燃烧产生的烟气量在标准状况下为

$$V_{y,t}=V_y B_j=7.648\times 12540\approx 95900(\text{m}^3/\text{h})$$

四、漏风系数

在循环流化床锅炉运行中，炉膛、各烟道处及除尘器的内外均有压差存在。对于负压运行的情况，会有外界空气漏入炉膛和烟道内；对于正压运行的情况，锅炉炉膛则会有烟气泄漏至大气。额定负荷下运行时流化床锅炉炉膛、各段烟道及除尘器的漏风系数 $\Delta\alpha$ 见表6-2。

表6-2　　　　　　　　　　额定负荷下流化床锅炉炉膛各部分的漏风系数 $\Delta\alpha$

项　目	部　位		漏风系数 $\Delta\alpha$
炉　膛	流化床锅炉悬浮段		0.1
	循环流化床锅炉炉膛、流化床锅炉沸腾层		0.0
对流烟道	过热器		0.05
	第一锅炉管束		0.05
	第二锅炉管束		0.1
	省煤器	钢管式	0.1
		铸铁式	0.15
	空气预热器		0.1

续表

项　目	部　位		漏风系数 $\Delta\alpha$
屏式对流烟道	包括过热器锅炉管束、省煤器等		0.1
除尘器	电除尘器、布袋除尘器（每级）		0.15
	水膜除尘器	带文丘里	0.1
		不带文丘里	0.05
	干式旋风除尘器		0.05
锅炉后的烟道	钢制烟道（每 10m 长）		0.01
	砖砌烟道（每 10m 长）		0.05

五、空气和烟气的比焓

空气和烟气的比焓值均以每 1kg 燃料量计算，且都从 0℃起算。

空气的比焓可按式（6-11）计算，即

$$h_k = \beta V^0 h_k^0 \qquad (6\text{-}11)$$

式中　h_k——空气的比焓，kJ/kg；

h_k^0——标准状况下 1m³ 干空气及其所带入的水蒸气在温度 θ℃时的理论比焓（见表 6-3），kJ/m³；

β——过量空气系数。

在燃料燃烧过程中，若过量空气系数 $\alpha=1$，则理论烟气比焓值可用式（6-12）表示：

$$h_y^0 = V_{RO_2} h_{RO_2} + V_{N_2}^0 h_{N_2} + V_{H_2O}^0 h_{H_2O} \qquad (6\text{-}12)$$

式中　　　h_y^0——理论烟气的比焓，kJ/kg；

h_{RO_2}，h_{N_2}，h_{H_2O}——烟气中所对应成分的比焓，$\alpha=1$ 时可查表 6-3，kJ/m³。

而产生的实际烟气比焓为

$$h_y = V_{RO_2} h_{RO_2} + V_{N_2}^0 h_{N_2} + V_{H_2O}^0 h_{H_2O} + (\alpha-1) V_k^0 h_k + (A_{ar}/100)\alpha_{fh} h_A \qquad (6\text{-}13)$$

式中　h_y——实际烟气的比焓，kJ/kg；

h_k，h_A——烟气中标准状况下 1m³ 干空气及每 1kg 灰在温度 θ℃时的比焓值，$\alpha=1$ 时可查表 6-3；

α_{fh}——烟气携带出炉膛的飞灰占总灰量的份额，对于流化床锅炉一般取 $\alpha_{fh}=0.4\sim0.6$。

表 6-3　　　　　　　标准状况下烟气中各成分、空气及灰的理论比焓

温度 θ (℃)	$h_{RO_2}^0$ (kJ/m³)	$h_{N_2}^0$ (kJ/m³)	$h_{O_2}^0$ (kJ/m³)	$h_{H_2O}^0$ (kJ/m³)	h_k^0 (kJ/m³)	h_A^0 (kJ/kg)
100	170	130	132	151	132	80
200	358	260	267	305	266	168
300	559	392	407	463	403	260
400	772	527	551	626	542	357
500	994	664	699	795	684	461
600	1225	804	850	969	830	554

温度 θ （℃）	$h_{RO_2}^0$ （kJ/m³）	$h_{N_2}^0$ （kJ/m³）	$h_{O_2}^0$ （kJ/m³）	$h_{H_2O}^0$ （kJ/m³）	h_k^0 （kJ/m³）	h_A^0 （kJ/kg）
700	1462	948	1004	1149	978	665
800	1705	1094	1160	1334	1129	770
900	1952	1242	1318	1526	1282	882
1000	2204	1392	1478	1723	1437	1005
1100	2458	1544	1638	1925	1595	1128
1200	2717	1697	1801	2132	1753	1261
1300	2977	1853	1964	2344	1914	1426
1400	3239	2009	2128	2559	2076	1583
1500	3503	2166	2294	2779	2239	1774
1600	3769	2325	2461	3002	2403	1957
1700	4036	2484	2629	3229	2567	2206
1800	4305	2644	2797	3485	2732	2412
1900	4574	2804	2967	3690	2899	2625
2000	4844	2965	3138	3926	3066	2847
2100	5115	3128	3309	4163	3234	—
2200	5387	3289	3483	4402	3402	—

式（6-13）中等号右边的烟气飞灰比焓项，仅当 $1000\dfrac{\alpha_{fh}A_{ar}}{Q_{net,ar}}>1.43$ 时才需考虑，否则可略去不计。另外，需要指出是，在循环流化床锅炉中由于有物料循环燃烧，烟气中的焓应包括循环物料的焓，同时应考虑采用石灰石脱硫时对理论空气量、烟气量、灰量以及烟气成分计算的影响。

第二节　锅炉机组热平衡

一、热平衡方程式

正如所知，送入循环流化床锅炉的热量应等于锅炉输出的热量。这种关系称为锅炉热平衡，可用热量平衡方程式表示，即有

$$Q_r = Q_1 + Q_2 + Q_3 + Q_4 + Q_5 + Q_6 \tag{6-14}$$

式中　Q_r——送入锅炉的热量，kJ/kg；

　　　Q_1——锅炉机组的有效利用热量，kJ/kg；

　　　Q_2——排烟带走的热量损失，kJ/kg；

　　　Q_3——化学不完全燃烧热量损失，kJ/kg；

　　　Q_4——机械不完全燃烧热量损失，kJ/kg；

　　　Q_5——锅炉散失的热量损失，kJ/kg；

　　　Q_6——灰渣带走的物理热量损失，kJ/kg。

式（6-14）通常表示为热损失的形式，即有

$$q_1 + q_2 + q_3 + q_4 + q_5 + q_6 = 100\% \tag{6-15}$$

其中，$q_1 = \dfrac{Q_1}{Q_r} \times 100\%$，$q_2 = \dfrac{Q_2}{Q_r} \times 100\%$，$\cdots$，$q_6 = \dfrac{Q_6}{Q_r} \times 100\%$。

1. 送入锅炉的热量

$$Q_r = Q_{net,ar} + h_r + Q_w \tag{6-16}$$

$$h_r = c_{r,ar} t_r \tag{6-17}$$

$$c_{r,ar} = c_{r,d} \frac{100 - M_{ar}}{100} + c_{r,H_2O} \frac{M_{ar}}{100} \tag{6-18}$$

式中　$Q_{net,ar}$——燃料的收到基低位发热量，kJ/kg；

$\quad\quad h_r$——燃料的物理热，kJ/kg；

$\quad\quad Q_w$——用外部热源加热空气时带入锅炉的热量，kJ/kg；

$\quad\quad t_r$——燃料的温度，一般可取 $t_r = 20℃$；

$\quad\quad c_{r,ar}$——燃料的收到基比热容，kJ/(kg·℃)；

$\quad\quad c_{r,d}$——燃料的干燥基比热容，对于无烟煤和贫煤可取为 0.92kJ/(kg·℃)，对于烟煤可取为 1.09kJ/(kg·℃)，对于褐煤可取为 1.13kJ/(kg·℃)，对于油页岩可取为 0.88kJ/(kg·℃)；

$\quad\quad c_{r,H_2O}$——燃料中水分的比热容，kJ/(kg·℃)。

若燃料是经过预热的，则应考虑燃料的物理热。否则，只有当燃料水分 $M_{ar} \geqslant \dfrac{Q_{net,ar}}{150}$ 时，才需要计算。

Q_w 的计算公式为

$$Q_w = \beta'_{ky}(h_k^0 - h_{lk}^0) \tag{6-19}$$

$$\beta'_{ky} = \beta'_{ky} + \Delta\alpha_{ky} \tag{6-20}$$

$$\beta'_{ky} = \alpha''_1 - \Delta\alpha_1 \tag{6-21}$$

式中　h_k^0——锅炉进口处理论空气的比焓，kJ/kg；

$\quad\quad h_{lk}^0$——理论冷空气的比焓，可按冷空气温度 $t_{lk} = 0℃$ 计算，即 $h_{lk}^0 = 0$，kJ/kg；

$\quad\quad \beta'_{ky}$——空气预热器空气入口的过量空气系数；

$\quad\quad \Delta\alpha_{ky}$——空气预热器的漏风系数；

$\quad\quad \beta'_{ky}$——空气预热器空气出口的过量空气系数；

$\quad\quad \alpha''_1$——炉膛出口过量空气系数；

$\quad\quad \Delta\alpha_1$——炉膛漏风系数。

2. 锅炉的热损失

（1）机械不完全燃烧热损失。

机械不完全燃烧热损失（q_4）一般包括灰渣和飞灰所携带的不完全燃烧的可燃固体以及炉箅漏煤等造成的热量损失。对于流化床锅炉，机械不完全燃烧热损失是由冷渣（ca）、溢流渣（oa）、沉降灰（da）和飞灰（fa）中含有的固定碳造成的。冷渣和溢流渣是从流化床床层排出的粗渣；沉降灰和飞灰是由烟气带出炉膛的细灰。流化床内细颗粒的含量对上述几种碳的机械不完全燃烧热损失影响很大。通常随着床内细颗粒

（粒径小于 0.5mm）含量的增加，冷渣和溢流渣中碳的机械不完全燃烧热损失（$q_4^{ca}+q_4^{oa}$）是降低的，而细灰（$q_4^{da}+q_4^{fa}$）中碳的机械不完全燃烧热损失是逐渐增加的。由于我国流化床锅炉大多数燃用 0～13mm 的宽筛分煤粒，其中小于 0.5mm 的细颗粒煤约占 25%～30%，在大多数鼓泡流化床锅炉中碳的机械不完全燃烧热损失一般为 15%～20%，少数高达 30% 以上。因此，对于鼓泡流化床锅炉，机械不完全燃烧热损失通常可取 $q_4=15\%\sim30\%$；而对于循环流化床锅炉，由于飞出炉膛的细灰可通过性能好的循环灰分离器捕集下来，并送回炉膛内再进行循环燃烧，机械不完全燃烧热损失大大降低，通常可取 $q_4=2\%\sim8\%$。

循环流化床锅炉机械不完全燃烧热损失的近似计算式为

$$q_4 = \frac{32866A_{ar}}{Q_r}\left(a_{oa}\frac{C_{oa}}{100-C_{oa}}+a_{ca}\frac{C_{ca}}{100-C_{ca}}+a_{da}\frac{C_{da}}{100-C_{da}}+a_{fa}\frac{C_{fa}}{100-C_{fa}}\right)\% \quad (6\text{-}22)$$

式中　a_{oa}，a_{ca}，a_{da}，a_{fa}——溢流渣、冷渣、沉降灰、飞灰中的灰量占入炉燃料总灰分的质量份额，$a_{oa}+a_{ca}+a_{da}+a_{fa}=1$，$a_{fa}=\alpha_{fh}$；

　　C_{oa}，C_{ca}，C_{da}，C_{fa}——溢流渣、冷渣、沉降灰、飞灰中可燃物含量的百分数。

（2）化学不完全燃烧热损失。

化学不完全燃烧热损失（q_3）系指排烟中未完全燃烧的可燃气体（H_2、CO、CH_4 等）所带走的热量，其所占比例较小。对于新设计的流化床锅炉和循环流化床锅炉，一般根据经验，在 $q_3=0\%\sim1\%$ 的范围内选取。对于运行锅炉，可借助排烟处烟气成分的测量，然后按常规的公式求得。譬如，若考虑到烟气中的氢（H_2）和甲烷（CH_4）的含量极微而认为排烟中的可燃气体仅是 CO，则其计算式为

$$q_3 = 126.4\frac{CO}{Q_r}V_{gy}(100-q_4)\% \quad (6\text{-}23)$$

$$V_{gy} = V_y - V_{H_2O} = V_y - V_{H_2O}^0 - 0.0161(\alpha-1)V^0$$

式中　V_{gy}——干烟气量，m^3/kg；

　　CO——干烟气中 CO 的容积成分，%。

（3）排烟热损失。

排烟热损失（q_2）是由于循环流化床锅炉排烟温度高于外界空气温度所造成的热损失，它等于排烟焓值与进入锅炉的冷空气焓值的差，可按常规的公式计算，即

$$q_2 = \frac{(h_{py}-\alpha_{py}h_{lk}^0)(100-q_4)}{Q_r}\% \quad (6\text{-}24)$$

式中　h_{py}——排烟的焓，kJ/kg；

　　α_{py}——烟气侧空气预热器出口（或排烟处）的过量空气系数；

　　h_{lk}^0——理论冷空气的焓，kJ/kg。

（4）散热损失。

循环流化床锅炉与煤粉锅炉相比，由于高温部分总外表面积要增加，散热损失（q_5）会比后者大一些。散热损失与炉型、炉墙质量、水冷壁敷设情况和管道的绝热情况等因素有关。作为一般的估算，可以取 $q_5=0.2\%\sim0.5\%$。在锅炉额定蒸发量时，其散热损失可按图 6-1 选用。对于更精确一些的估算，可以采用查表计算方法，再假定散热损失按受热面外表面积增加的相同比例增加。

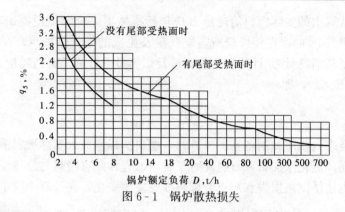

图 6-1　锅炉散热损失

（5）灰渣物理热损失

燃煤流化床锅炉的灰渣物理热损失（q_6）可按式（6-25）估算：

$$q_6 = \frac{A_{ar}\alpha_{hz}h_{hz}}{Q_r} \times 100\% \tag{6-25}$$

式中　h_{hz}——温度为 $\theta℃$ 的灰渣比焓，可查表 6-3 中 h_A^0 一项，其中 θ 可取 600℃；

　　　α_{hz}——锅炉排渣率。对于鼓泡流化床锅炉 $\alpha_{hz}=45\%\sim75\%$，对于循环流化床锅炉 $\alpha_{hz}=30\%\sim70\%$。

二、锅炉热效率

1. 正平衡法

锅炉机组的有效利用热量份额（q_1）可按式（6-26）计算：

$$q_1 = \frac{Q_{gl}}{BQ_r} = \frac{D_{gq}(h_{gq}-h_{gs}) + D_{bq}(h_{bq}-h_{gs}) + D_{ps}(h_{ps}-h_{gs}) + Q_{qt}}{BQ_r} \times 100\% \tag{6-26}$$

式中　Q_{gl}——锅炉机组总的有效利用热量，kJ/h；

　　　B——锅炉实际燃料消耗量，kg/h；

D_{gq}, D_{bq}——过热蒸汽量和饱和蒸汽量，kJ/h；

h_{gq}, h_{bq}——过热蒸汽焓和饱和蒸汽焓，kJ/kg；

　　　h_{gs}——锅炉机组入口给水焓，kJ/kg；

　　　h_{ps}——锅炉机组排污水焓，kJ/kg；

　　　D_{ps}——锅炉机组排污水量，kJ/h；

　　　Q_{qt}——其他利用热量，kJ/h。

需要说明的是，在上式中未计入再热蒸汽带走的热量。另外，当锅炉排污水量小于锅炉蒸发量的 2% 时，式中的 D_{ps} 可忽略不计。实际上，锅炉机组热量的有效利用率 q_1 的值也即是锅炉热效率（或正平衡效率）η 的值。

2. 反平衡法

锅炉机组的反平衡效率按式（6-27）计算，即

$$\eta = 100 - (q_2 + q_3 + q_4 + q_5 + q_6)(\%) \tag{6-27}$$

在实际中大多采用反平衡方法测定锅炉的热效率。

式（6-26）中的锅炉实际燃料消耗量 B 可按式（6-28）计算，即

$$B = \frac{D_{gq}(h_{gq}-h_{gs}) + D_{bq}(h_{bq}-h_{gs}) + D_{ps}(h_{ps}-h_{gs}) + Q_{qt}}{\eta Q_r} \times 100 \tag{6-28}$$

显然，按上式算出的实际燃料消耗量 B 应包括机械不完全燃烧损失 q_4 的贡献。但由于机械不完全燃烧损失 q_4 的存在使燃烧所需空气量及生成的烟气量减少，在进行燃料燃烧计算时，应按计算燃料消耗量 B_j 计算空气需要量及烟气量。计算燃料消耗量 B_j 和实际燃料消耗量 B 之间有如下关系，即

$$B_j = B\left(1 - \frac{q_4}{100}\right) \qquad (6\text{-}29)$$

当然，在涉及燃料供应和制备系统计算时，燃料消耗量应为实际燃料消耗量。

应当指出，循环流化床加石灰石脱硫时，脱硫过程伴随着吸热与放热反应，致使床内放热量发生变化，也使排烟热损失和灰渣物理热损失发生变化，在计算中应予以考虑。

【例 6-2】 已知循环流化床锅炉参数如下：额定蒸发量 $D_{gq} = 75\text{t/h}$，过热蒸汽压力 $p_{gq} = 5.30\text{MPa}$，过热蒸汽温度 $t_{gq} = 450℃$，给水温度 $t_{gs} = 150℃$，排烟温度 $\theta_{py} = 150℃$，燃料特性同例 1。求锅炉的效率及燃料消耗量。

解 （1）锅炉效率计算。

先求锅炉的输入热量和各项热损失。

1）由于燃料未经过预热，且燃料的水分 $M_{ar} = 9.00 < \dfrac{Q_{net,ar}}{150} = \dfrac{17690}{150} = 117.9$，燃料的物理热 h_r 可取为 $h_r = 0$；同时，由于未采用外部热源加热空气，外部热源带入锅炉的热量 Q_w 可取为 $Q_w = 0$。故送入锅炉的热量 $Q_r = Q_{net,ar} = 17690\text{kJ/kg}$。

2）机械不完全燃烧热损失 q_4 可取为 6%。

3）化学不完全燃烧热损失 q_3 可取为 1%。

4）排烟热损失 q_2 按式（6-24）计算。选取进入锅炉冷空气的温度 $\theta = 20℃$，查焓温表得理论冷空气焓 $h_{lk}^0 = 126.77\text{kJ/kg}$；排烟温度 $\theta_{py} = 150℃$，根据燃烧产物计算时列出的烟气焓温表得 $h_{py} = 1593.9\text{kJ/kg}$，由式（6-24）则有

$$q_2 = \frac{(1593.9 - 1.5 \times 126.77) \times (100 - 6)}{17690}\% = 7.46\%$$

5）散热损失 q_5 可从图 6-1 查得为 $q_5 = 0.7\%$。

6）灰渣物理热损失 q_6 按式（6-25）估算。其中可取锅炉排渣率 $\alpha_{hz} = 50\%$，灰渣的比焓可按 $\theta = 600℃$ 查表 6-3，得 $h_{hz} = 554\text{kJ/kg}$。于是，锅炉的灰渣物理热损失为

$$q_6 = \frac{A_{ar}\alpha_{hz}h_{hz}}{Q_r} \times 100\% = \frac{32.48\% \times 50\% \times 554}{17690} \times 100\% = 0.51\%$$

根据上述计算数据，按式（6-27）求出锅炉热效率

$$\eta = 100 - (q_2 + q_3 + q_4 + q_5 + q_6) = 100 - (7.46 + 1 + 6 + 0.7 + 0.51) = 84.33\%$$

（2）锅炉燃料消耗量计算。

锅炉的燃料消耗量 B 按式（6-28）计算。其中，$D_{gq} = 75\text{t/h}$，$D_{bq} = 0$，$Q_{qt} = 0$；另外当锅炉排污水量小于锅炉蒸发量的 2% 时，排污热量可忽略不计，即可取 $D_{ps} = 0$。则锅炉燃料消耗量计算公式中只包含过热蒸汽有效利用热量一项。

根据过热蒸汽压力 $p_{gq} = 5.30\text{MPa}$，过热蒸汽温度 $t_{gq} = 450℃$，查水蒸气热力性质表，可得到过热蒸汽的焓 $h_{gq} = 3312.54\text{kJ/kg}$；根据给水温度 $t_{gs} = 150℃$，查水的热力性质表，可得到给水的焓 $h_{gs} = 632.2\text{kJ/kg}$。将上述数据代入式（6-28）可得实际燃料消耗量为

$$B = \frac{100 \left[D_{gq}(h_{gq} - h_{gs}) \right]}{\eta Q_r} = \frac{100 \times \left[75 \times 10^3 \times (3312.54 - 632.2) \right]}{84.33 \times 17690} \approx 13475 (\text{kg/h})$$

由式（6-29）得计算燃料消耗量

$$B_j = B \left(1 - \frac{q_4}{100} \right) = 13475 \times \left(1 - \frac{6}{100} \right) \approx 12667 (\text{kg/h})$$

第三节　循环流化床锅炉若干参数的设计选择

一、循环流化床锅炉的容量及负荷分配

在循环流化床锅炉中，燃料燃烧产生的热量一部分由布置在固体颗粒循环回路中的受热面吸收，其余部分由高温烟气带至尾部受热面。

1. 锅炉容量对循环流化床锅炉整体布置的影响

由于炉膛容积随着锅炉容量的增加成比例增加，而炉膛表面积并不随容积成正比增加，当锅炉容量增大时，能布置水冷壁的炉膛表面积相对减少。锅炉容量越大，炉膛表面积相对减少的矛盾越突出。为维持炉膛的热平衡，炉膛内需要布置更多的受热面。譬如，过热器管屏、再热器管屏、蒸发管屏、双面水冷壁等。对于采用外置流化床换热器的循环流化床锅炉，则可将这些受热面布置在该换热器内。可参见本章第六节的讨论。

2. 蒸汽参数对各部分受热面吸热量的要求

蒸汽参数变化时，工质加热、蒸发、过热/再热的吸热量分配比例如表6-4所示。一般的，当锅炉容量增加时，蒸汽的压力和温度随之提高，给水温度也提高。此时，加热和过热所需热量的比例提高，而蒸发吸热量比例下降。当达到临界压力时，蒸发吸热量降低到零。在锅炉各受热面中，工质的加热吸热主要在省煤器内完成，蒸发吸热主要通过水冷壁承担，而过热吸热则在过热器和再热器完成。

表 6-4　　　　　　　　　　　工质吸热量分配比例

参　　数			总焓增 (kJ/kg)	吸热量分配比例（%）		
过热蒸汽压力 (MPa)	过/再热蒸汽温度（℃）	给水温度（℃）		加　热	蒸　发	过热/再热
3.82	450	150	2697.9	17.6	62.6	19.8
9.81	540	215	2845.7	19.2	53.6	27.2
13.72	555/555	240	2944.9	21.3	31.4	29.9/17.4
16.69	540/540	270	2650/434	23.5	23.7	36.4/16.4

由于不同参数的循环流化床锅炉工质吸热量分配比例不同，受热面布置考虑的问题也不尽相同。对于中参数锅炉，工质蒸发吸热量与炉内受热面的吸热量大致相当，除炉内布置水冷壁外，无需像低压锅炉那样，布置大量的对流管束。因此，中压锅炉大都采用单汽包结构，加热吸热量由省煤器承担，当炉内受热面的吸热量不能完全满足蒸发吸热量的要求时，可使省煤器部分沸腾；对于高压锅炉，工质加热和过热吸热量比例增加，蒸发吸热量比例减少。同时，由于蒸汽温度提高，为获得足够的传热温差，有必要将一部分过热器受热面布置在炉膛内。常规做法是在炉膛内布置顶棚过热器和屏式过热器；对于超高压锅炉，蒸发吸热量只有30%，则固

体颗粒循环回路中必须布置更多的过热或再热受热面，以使烟气带走热量维持 40%～44% 的比例。通常在炉膛内布置屏式过热器，或者采用外置式流化床热交换器。

3. 燃烧室内的热量平衡

正如所知，循环流化床锅炉燃烧室内温度一般在 850～950℃ 之间。当燃料进入燃烧室后，在一定的烟气流速下，较粗颗粒落入下部，细小颗粒悬浮于中部或被夹带到较高处，微小颗粒则可能多次循环，依次通过下、中、上部。总之，各种粒径的燃料在上、中、下部燃烧放热。所谓热量平衡就是燃料在燃烧室内沿高度上、中、下各部所释放出的热量与受热面吸收热量（含炉墙散热量）之间的平衡。只有达到热量平衡，炉内才有一个较均匀、理想的温度场。一般来说，循环流化床锅炉燃烧室内温度差（纵向、横向）在 20℃ 左右，最大不超过 50℃。只有在一个较理想的温度场下，才能保证炉内各部分达到设计的换热表面传热系数，工质才能吸收到所需的足够热量，保证锅炉的出力，且不会发生局部过热、结焦等现象。

要达到炉内的热量平衡，首先在设计时必须确定进入燃烧室内的燃料在下、中、上各部的燃烧份额。如果在燃料各部位的燃烧份额分配不合理，过大或过小，就必然会造成局部物料温度过高甚至结焦，或者局部温度太低，受热面吸收不到所需的热量，从而影响锅炉的出力。

目前，已投运的循环流化床锅炉在运行中发生结焦和达不到额定负荷的主要原因之一，正是锅炉设计时燃料燃烧份额分配得不尽合理，或燃料种类、粒径发生变化后，运行中燃烧调整不当，致使燃料燃烧份额分配未达到设计要求。譬如，某台循环流化床锅炉由于煤种的变化和燃煤颗粒较粗，一、二次风配比也不合理，以致燃料燃烧份额分配不当，下部密相区燃料燃烧份额的实际运行值大大超过了设计值，从而造成锅炉下部燃料燃烧放出的热量不能很快地或不能完全被受热面（工质）所吸收、带走，加上又无其他调节手段，导致锅炉下部密相区温度过高而结焦。运行中为避免结焦，不得不采用减少给煤量或增大一次风量的方法。显然，前者必然使锅炉负荷降低，出力不足；而后者既受风机出力的限制难使床温降低，又会强化密相床层的燃烧，使该部分燃烧份额更大。因此，燃烧份额的确定直接影响着炉内的热量平衡。

燃料燃烧时放出的热量及返回物料携带的热量与各受热面工质吸热量之间的平衡关系，是循环流化床锅炉的一个重要的特征。只有在设计时考虑到并在运行中保持燃烧室的热量平衡，循环流化床锅炉才能安全、经济、稳定运行。

4. 热量平衡的主要影响因素

（1）受热面的布置方式。

受热面的布置方式决定了循环流化床锅炉的热量分配。目前，在循环流化床锅炉固体颗粒循环回路中布置受热面的方式主要有三种：一是在炉膛内布置水冷壁受热面或水冷壁隔墙（在早期的容量较小、参数较低的循环流化床锅炉中经常采用）；二是在炉膛内布置较多的过热器受热面，以弥补仅在尾部受热面布置过热器而造成的过热及再热吸热的不足；三是在固体颗粒循环回路上布置外置式流化床热交换器，如 Lurgi 炉型。目前，上述受热面布置的方式均有大量实际运行经验，证明是可行的。

应该指出，上述第二种和第三种受热面布置方式各有利弊，可根据不同的情况选用。譬如，在炉内布置屏式过热器等必须注意磨损问题；还有，由于在负荷变化时只能调节风速或固体颗粒循环物料量以改变这些受热面的传热系数，这可能会增加控制上的困难，但这种布置方式结构比较简单。采用外置流化床换热器结构上比较复杂，而且由于冷、热物料的循环必须单独控制，带来系统控制的复杂性，但这种方案控制比较灵活，而且燃烧与传热分离，可以单独调节，使二者均达到最佳；如将再热器布置在流化床换热器中，汽温调节比较灵活，甚至无须喷水减温。

（2）燃料特性。

首先，燃料性质决定着燃烧室最佳运行工况的选择。譬如，若燃用高硫燃料，如石油焦、高硫煤时，燃烧室运行温度可取 850℃，以利于最佳脱硫和脱硫剂的应用；若燃用低硫、低反应活性的燃料，如无烟煤、贫煤等，燃烧室应运行在较高的床温或较高的过量空气下，或二者均较高，以利于达到最佳燃烧状态。其次，煤的元素成分、挥发分含量与燃烧室运行工况相结合，决定着循环流化床锅炉燃烧系统（燃烧室和外置式流化床换热器等组成的主循环回路）和尾部受热面的热量分配。譬如，煤的发热量高、挥发分低、灰分少，则单位质量燃料在主循环回路中的有效放热量就大；反之，在主循环回路中的有效放热量就小。

表 6-5 给出了不同种类燃料所对应的最佳燃烧室运行温度、燃烧室出口烟气带出热量和输入热量的比值。

表 6-5　　　　　　　　　不同种类燃料对应的最佳流化床温度和热量分配

燃料种类	最佳燃烧室温度（℃）	燃烧室出口带出热量/输入热量（MJ/MJ）	燃料种类	最佳燃烧室温度（℃）	燃烧室出口带出热量/输入热量（MJ/MJ）
烟煤	850	0.4	废木片	850	0.571
无烟煤	900	0.436			
褐煤	850	0.431	石油焦	850	0.403

由于燃料中的水分、氢含量均会对主循环回路中的放热份额产生影响，从煤的燃烧反应可知，每 1kg 碳燃烧需 8.89m³ 理论空气量，生成 8.89m³ 的理论烟气量；每 1kg 氢燃烧需要 26.5m³ 的理论空气量，生成 32.1m³ 的理论烟气量。当尾部对流受热面进口烟气温度和排烟温度一定时，对于折算氢、水分低的煤种，主循环回路中的有效放热量就增大。由表 6-5可见，对于劣质燃料，如废木片，则应有约60%的热量需带至尾部对流受热面，而对于优质燃料如烟煤等，则只有40%的热量带至尾部对流受热面。对于不同燃料，主循环回路与尾部对流受热面的吸热量的分配示于图 6-2。从图中可以看出，当燃料质量变差时，尾部对流受热面的吸热量增加，主循环回路的吸热量下降。

譬如，对于常规的次高压锅炉，蒸发受热面吸热量约占 50%～60%，根据表 6-5，烟气带走的热量对于烟煤和无烟煤约为 40%～44%，这就要求在锅炉尾部布置一部分蒸发受热面，一般采用流化床换热器。

设置外置流化床换热器可以调节主循环回路的吸热量而不影响燃烧室的燃烧工况，如图6-3 所示。当然，如果无外置流化床换热器时，也可以通过调节燃烧室的运行工况来调节主循环回路的吸热量。譬如，当燃料水分提高时，需要降低主循环回路的吸热量，此时可以采用下述方法中的一个或几个来实现：改变床层浓度（调节一、二次风比例或床内物料量），降低床层温度或增加过量空气等。但这会影响燃烧室的燃烧工况。

实际上，影响热量分配的因素很多，如何合理实现热量平衡，保证锅炉安全、经济、稳定运行是目前循环流化床锅炉亟待解决的问题。

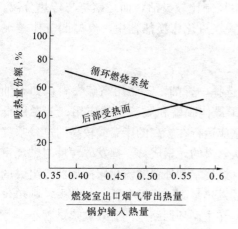

图 6-2　主循环回路与尾部受热面
吸热量分配

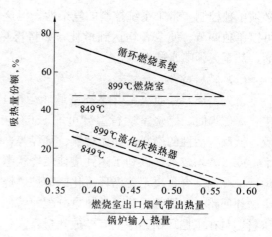

图 6-3　燃烧室与外置流化床
换热器吸热量分配

二、燃料及脱硫剂的筛分和颗粒特性

在正常运行的循环流化床锅炉中，粗颗粒趋向于聚集在密相区内，而极细的颗粒则作为飞灰被气流夹带逃逸分离装置，经过尾部受热面离开锅炉，中间尺寸的颗粒则在固体颗粒循环回路中循环。但是，如果燃料颗粒尺寸选择得不当，则可能会破坏循环流化床内的颗粒循环，从而影响锅炉的出力，甚至危及正常运行。因此，循环流化床锅炉对燃料和脱硫剂的粒径有严格的要求，而且不同尺寸的颗粒应当具有合理的分布。换言之，要求燃料具有合理的筛分和颗粒特性。

一般认为，对于灰分含量高的燃料宜采用较细的颗粒粒径，对于低灰分煤可采用较大的颗粒粒径。譬如，奥斯龙公司认为，生物质燃料的颗粒粒径宜采小于 30～50mm，低灰煤种颗粒最大粒径宜小于 10～20mm，而高灰燃料宜采用小于 2～13mm 的颗粒；以某种灰分为 38.6% 的煤为例，要求煤颗粒的粒径为 0～10mm，最佳的粒径分布应是"中间多，两头少"。由于大粒径颗粒在炉膛底部易引起超温结焦和缺氧，产生较多的 CO，大粒径颗粒也应少。奥斯龙公司推荐的燃料筛分和颗粒特性见表 6-6。实际上，不同的锅炉制造公司，由于炉型或参数选择上的差别，均有自己的颗粒尺寸范围要求。譬如，鲁奇公司的循环流化床锅炉，对于高灰煤种采用燃料粒径为 150～250μm，一般燃料的颗粒粒径在 10mm 以下。福斯特·惠勒公司对燃料颗粒特性的要求是粒径小于 5mm 的占 80%。在我国，循环流化床锅炉采用的颗粒尺寸一般为 0～13mm 或 0～8mm。

表 6-6　　　　　　　　奥斯龙公司推荐的循环流化床锅炉燃料筛分和颗粒特性

无烟煤粒径（mm）	0.2	0.5	1.0	2.0	3.0	4.0	5.0	6.0
筛下物（%）	7	21	4.4	75	88	96	98.8	100
平均粒径（mm）	重量法 1.490，比表面积法 0.589							
烟煤粒径（mm）	0.5	1	3	5	7	10	15	20
筛下物（%）	10	22	58	77	88.5	95.3	99	100
平均粒径（mm）	重量法 3.50，比表面积法 1.22							
次烟煤粒径（mm）	0.5	1	2	5	10	15	20	30	40	50
筛下物（%）	5.8	12.3	20.4	47	72	85	91	97	98.8	100
平均粒径（mm）	重量法 7.796，比表面积法 1.920									

　　另外，如果燃用高灰燃料，则只要颗粒尺寸选择得当，就不需添加循环物料；而燃用低灰、低硫燃料，则有可能需添加循环物料。此时，添加的循环物料的颗粒粒径也应适当。

　　床内的颗粒尺寸分布对固体颗粒浓度分布特别是炉内传热有很大影响。譬如，由于细颗粒有更大的传热系数，而且细颗粒在上部区域的密度比粗颗粒高，床内传热系数的分布更趋均匀。

　　脱硫剂粒径对脱硫的影响很大。从脱硫反应的角度讲，CaO 与 SO_2 反应之后，就会在 CaO 的表面生成一层致密的 $CaSO_4$ 薄层。这一 $CaSO_4$ 薄层的孔隙比 SO_2 分子的尺寸小，从而阻碍了 SO_2 进入 $CaSO_4$ 薄层进一步扩散到 CaO 颗粒内层进行反应（可参见第九章有关内容），造成石灰石耗量增高。粒径愈大，CaO 颗粒的未反应内层愈厚。因此，从降低脱硫剂消耗考虑，采用小粒径脱硫剂的优点十分明显。但循环流化床锅炉的脱硫剂颗粒粒径也不是越小越好。如果颗粒过细，则细颗粒在充分反应之前就已从分离器中逃逸出去。采用特定的石灰石时，存在着一个脱硫剂利用率达到最大的最佳粒径。最佳粒径的值与石灰石的孔隙结构和分离装置的分离特性有关。在选择石灰石颗粒粒径时，一般以既能满足颗粒在运行风速下能被气流夹带上升，又能被分离器分离为条件。通常，石灰石颗粒粒径可选择 1～2mm 以下。作为示例，美国鲁霍夫格林电站循环流化床锅炉运行规程（1990 年）规定的石灰石粒径列于表 6-7 中。

表 6-7　　　　　　　　　　鲁霍夫格林电站循环流化床锅炉石灰石粒径

美国标准筛号目	12	20	30	50	100	140	200
相当的粒径（mm）	1.75	0.841	0.595	0.297	0.149	0.106	0.074
筛下物（%）	100	80	70	42	20	10	5
平均直径（mm）	重量法 0.524，比表面积法 0.217						

三、流化风速和一、二次风配比

1. 流化风速

　　流化风速是循环流化床锅炉的重要特征参数。当气体和固体颗粒的特性一定时，要求一定的流化风速来保持床层的正常流化状态。显然，如果运行风速提高，则锅炉会比较紧凑，断面热负荷也较高。此时，为保证燃料和石灰石颗粒能有足够的炉内停留时间和布置足够的受热面，通常的做法是增加炉膛高度或提高分离器效率、加大循环物料量。但这不仅会增加磨损，而且可能导致锅炉造价提高。另外，虽然燃烧效率可以有所提高，但是由于风机等的电耗增加，锅炉的整体效率反而可能会下降；如果选择低的运行风速，则会给总体燃烧及传热带来一系列问题，从而影响循环流化床锅炉优势的发挥。因此，流化风速的选择应在二者之间综合考虑。一般的，循环流化床锅炉额定负荷时的运行风速选择在 5～8m/s。具体选择时必须根据燃用的燃料以及颗粒粒径等不同情况而有所变化。计算表明，当灰颗粒粒径为 100～400μm，床温为 900℃，满负荷时流化速度为 6m/s，低负荷时为 3m/s 时，则可始终保持稳定的流化状态。表 6-8 给出了几台循环流化床锅炉的运行风速，可供设计时参考。

表 6-8　　　　　　　　　不同容量循环流化床锅炉的运行风速和断面热负荷

锅炉热功率（MW）	478	422	422	288	177	163	147	64
燃　　料	烟煤	烟煤	无烟煤	烟煤	煤屑	烟煤	褐煤	烟煤
断面热负荷（MW/m²）	3.5	3.7	3.7	3.45	3.22	2.74	2.53	5.5
流化风速（m/s）	5.0	5.3	5.3	4.9	4.6	4.0	3.6	7.8

　　早期的循环流化床锅炉，一般选择较高的流化风速，有时高达 8～12m/s。目前，由于考虑磨损的危险性和降低风机能耗，流化风速常常较低，通常为 5～5.5m/s。譬如，Lurgi 型、Pyroflow 型循环流化床锅炉的流化风速为 5～5.5m/s，Circofluid 型的流化风速在布风板区域为 4.5m/s，在稀相空间为 3.5m/s。如采用国内传统的平均粒径较粗的宽筛分物料，则流化风速在下部布风板区域应大于 4.5m/s，在稀相区空间应大于 3.5m/s，否则，可能引起下部还原区温度过高，以及循环倍率下降和循环物料不足使燃烧室稀相空间颗粒浓度过低，进而引起传热系数偏低，导致锅炉出力不足，燃烧效率降低等问题。

　　实际上，断面热负荷的选择与运行风速的选择是相关联的。因为只要燃料及过剩氧量一定，运行风速与断面热负荷两者中只要有一个确定，另一个也随之确定。断面热负荷一般可选择为 3～5MW/m²。

　　在循环流化床锅炉中，锅炉的截面热负荷较高，这是因为循环流化床内强烈的气固混合促进了热量的快速释放和传递而导致的。

　　2. 一、二次风配比

　　正如所知，在循环流化床锅炉中，为控制 NOₓ 的排放和降低风机的能耗，往往将燃烧需要的空气分成一、二次风从不同位置分别送入流化床燃烧室，在密相床内形成还原性气氛，实现分级燃烧。另外，一次风率（一次风量占总风量的份额）直接决定着密相床的燃烧份额。在同样条件下，当一次风率升高时，密相床燃烧份额增加，此时要求有较多的低温循环物料（用来冷却床层的低温循环物料可能来自分离器搜集下来的经过冷却的循环灰，或者是来自沿炉膛周围膜式水冷壁落下的循环灰）返回密相床，带走燃烧释放热量，以维持密相床温度。如循环物料量不足，就会导致流化床温度过高，无法增加热输入（即多加煤），负荷上不去。

　　一、二次风比例的确定主要取决于如下因素：

　　（1）降低 NOₓ 的排放。对于高挥发分的煤种，在炉膛下部缺氧燃烧时有助于焦炭和 CO 对 NO 的还原（还原为 N₂）。从降低 NOₓ 的角度看，一次风率较小、二次风率较大为佳，但在实际设计中还必须考虑其他因素。

　　（2）风机压头。由于一次风通常由布风板送入，这样一次风就必须克服布风板和循环流化床底部密相区域的阻力，因而需要采用高压风机。而二次风在炉膛密相区上方给入，风机所需压头较低，可以降低总能耗。

　　（3）密相区的流化及燃烧。从脱硝（控制氮氧化物的排放）和降低能耗考虑，二次风率较大为好。但如果二次风率过大，则密相区内颗粒的流化就可能有问题。由于一次风必须保证密相区颗粒正常流化，一次风率过低，密相区的截面就必须很小，而这是结构设计所不允许的。另一方面，从燃烧的角度看，由于循环物料是从密相区返回的，温度较低的一次风和燃料亦从此加入，密相区本身作为一个稳定的加热源，必须保证在密相区有一定的燃烧份额，才能保证该区域的温度。譬如，若燃用宽筛分燃料，因本身会有一部分大颗粒停留在密相区，所以必须在密相区送入足够的气体，以使这部分燃料燃烧或气化。因此，一次风率多选择在 50% 左右，对无烟煤则可达 60% 以上。

综合考虑上述因素，一般的，当燃用劣质燃料时，应采用较高的一次风率，燃用高挥发分燃料时可采用较低的一次风率。

四、床层温度

循环流化床床温的选择应该根据燃烧的稳定性、运行的安全性和经济性，以及环境保护等方面的要求综合考虑。从燃烧和传热角度看，提高床温有利于强化燃烧和传热，有利于提高燃烧效率和锅炉效率，特别是对于一些难着火燃料（如无烟煤等）。但是，床温的上限受到灰的变形温度（DT）限制。一般在流化床密相区，燃烧中颗粒的表层温度比床温高100～200℃。因此，床温应该比灰的变形温度低 150～250℃，才能保证不结渣。对于多数煤种，灰的变形温度约为 1100～1200℃，故床温应在 850～950℃。另外，床温的下限应考虑焦炭的着火。焦炭着火温度约为 800℃，故床温不应低于 800℃。否则，可能燃烧不稳定，甚至导致熄火。当需要加入石灰石进行炉内燃烧脱硫时，由于石灰石的最佳脱硫温度在 850℃左右，床温应与之接近；另外，床温升高 NO_x 会增加，但床温降低 N_2O 又会增加。综合上述情况，可以认为，当燃用的燃料硫分较高时，为达到最佳脱硫效果，同时兼顾高效燃烧的要求，床温应控制在 850～900℃，一般不宜超过 900℃；但如果燃用的燃料硫分较低，则可以主要从燃烧效率的角度进行考虑，在保证床层不结焦的情况下，床温可以适当提高，一般可取为 900～950℃。虽然，此时 NO_x 的排放会稍高一些，但只要采用合理的分级燃烧，增加量并不太大，而且还可适当降低 N_2O 的排放。

目前，循环流化床锅炉中床温的控制，一般采用在密相区布置受热面和布置外置流化床换热器两类方案。这两类方案的床温控制模式有所不同：前者的控制主要靠调节风量和返料量，即一是加大风量将密相区热量带入炉膛稀相区，二是改变床内的固体颗粒浓度，从而改变床内的吸热量；后者则是通过调节进入外置流化床换热器与直接返回燃烧室的固体物料的比例，进而调节总循环物料的温度来控制床温的。

另外，炉膛出口烟温应大于焦炭的着火温度而低于灰的变形温度。目前设计的循环流化床锅炉的炉膛出口烟温常与床温保持一致。

五、循环物料量和物料平衡

循环流化床锅炉中的循环物料量是设计和运行中最重要的指标之一。它与炉内传热、受热面的结构布置、燃烧特性、燃烧效率、脱硫效率、锅炉自用电率、磨损、积灰、分离效率及分离器的布置方式等密切相关。目前，常用飞灰携带率（也称固气比，指 1kg 烟气夹带飞灰的质量）和物料循环倍率来衡量物料循环量。一般情况下，循环倍率越高，飞灰携带率越大。

在循环流化床锅炉中，一方面，循环物料量增加会使燃料颗粒和脱硫剂在床内的总体停留时间延长，从而提高燃烧效率和脱硫效率；另一方面，由于床内固体颗粒浓度随物料循环量的增加而增加，物料循环量增加会使受热面的传热增加，从而增加床内受热面的吸热量，但物料循环量的增加会使床层总阻力增加，从而增加风机的压头，致使电耗增加。所以，在选择循环流化床锅炉的循环物料量时，必须进行综合考虑。目前，循环物料量的选择有从提高燃烧效率考虑的，也有从追求较高脱硫效率考虑的。

在循环流化床锅炉发展的早期，由于运行风速高，循环倍率也很高，一般在 50～90 以上。随着循环流化床锅炉的发展，循环倍率有所降低，目前一般为 10～40。Lurgi 型和 Pyroflow 型锅炉的循环倍率较高，约为 25～50，而 Circofluid 型锅炉则采用较低的循环倍率，为 10～20。我国早期的循环流化床锅炉由于大多燃用宽筛分的劣质煤，锅炉容量也较小，一般采用较低的循环倍率。目前，对于灰分含量低的煤种，一般选用较高的循环倍率；而对于灰分高的煤种，则选用较低的循环倍率，以免不必要地增加厂用电耗和加剧受热面的磨损。

国外考虑较高循环倍率的主要原因，一是提高脱硫剂石灰石的利用率；二是扩大负荷调节范围和对燃料的适应范围；三是提高床层与受热面之间的传热系数，以解决大型锅炉受热面布置的困难；四是降低 NO_x 的排放。很明显，提高循环倍率，由于颗粒的循环次数增加，燃尽时间延长，煤的燃尽率会提高，飞灰及灰渣含碳量将降低，锅炉效率也会提高。但理论和实践均表明，当循环倍率增加到一定程度，若再进一步加大循环倍率，燃烧效率的提高并不明显。如果仅考虑脱硫的要求，循环倍率的提高对提高石灰石的利用率、降低钙硫比（Ca/S）是十分有效的。实践证明，当循环倍率为 8～15，Ca/S=2.5 时，烟气中 SO_2 浓度完全可以控制在 $200mg/m^3$ 以下。因此，从提高石灰石利用率角度来看，应适当提高循环倍率。

物料循环倍率的变化可以改变炉膛和尾部受热面的热量分配，以保证在煤种发生变化时床温保持稳定。当燃用优质煤时，可以加大物料循环倍率，以保证不会发生高温结渣；烧劣质煤时，可以减少物料循环倍率，以避免发生低温熄火。因此，对于燃用煤种变化较大的循环流化床锅炉，在设计时，物料循环倍率的选取应考虑留有足够的余量。

实际上，物料循环倍率的高低还受到循环灰分离器效率的制约。循环倍率越高，要求的分离效率越高。对于高倍率的循环流化床锅炉，分离效率必须大于 99%；而对于低倍率的循环流化床锅炉，分离效率在 95% 即可达到要求。因此，选择较低的循环倍率，可以降低对分离器效率的要求，采用结构简单紧凑、阻力低的分离装置，以降低锅炉造价。

在循环流化床锅炉设计和运行中，必须保持床内固体物料的平衡，即排出燃料燃烧产生的灰渣后，床内还应维持合理的物料浓度。循环流化床锅炉内的固体物料主要是燃料带入的灰分、未燃尽的炭粒和脱硫剂。另外，对于灰分较低的煤种，还必须补充惰性床料。

循环流化床锅炉主要有三个灰渣排放口：锅炉尾部（被除尘器收集）；流化床底部排渣口；回料机构（或外置流化床换热器）排放口。另外，在对流竖井下的烟道转弯处可以设置临时排放口。流化床底部排渣口主要排出一些不能被流化风带走的大颗粒床料。如果这部分床料不及时排出，会在布风板区域累积，造成流化质量下降，严重时影响锅炉运行。底部排渣口的排渣温度等于床温。回料机构（或外置流化床换热器）的排灰由系统灰平衡确定。当炉膛阻力升高至一定程度时，可进行回料机构排灰，以维持系统灰平衡，减少对尾部受热面的磨损和尾部除尘器的负荷。除尘器排灰与常规锅炉相同。

六、其他参数

1. 过量空气系数

过量空气系数对循环流化床锅炉的运行影响较大。如果选得过小，则可能使燃料不能充分燃烧，增加机械不完全燃烧热损失和化学不完全燃烧热损失；如果选得过大，会增加排烟热损失。一般在设计和运行时，循环流化床燃烧室内的过量空气系数可确定在 1.1～1.2。

2. 排烟温度

循环流化床锅炉的排烟温度是指最后一级尾部受热面的出口温度。排烟温度的选取是否适当，直接影响到锅炉运行的经济性和安全性。

从安全运行的角度考虑，如果排烟温度选择得过低，对于燃用含硫量较高的燃料，尽管可以采用脱硫措施，但低温受热面的工作可靠性仍会降低；排烟温度升高无疑将降低锅炉的热效率。最合理的排烟温度是应能在高于烟气中蒸汽露点的前提下，使燃料消耗费用和受热面金属消耗的年折旧费用之和为最小。大型锅炉排烟温度一般较低，可以在130℃上下，而中小容量的锅炉，从整体经济性考虑，排烟温度多在150℃左右。

3. 零压点位置

循环流化床锅炉的零压点一般选择在炉膛内，如稀相区与密相区分界处、炉膛出口等，也有设置在旋风分离器出口的。显然，零压点后移，由于炉膛内多数处于正压区域，特别是炉膛底部压力较高，对炉膛和给料装置的气密性要求较高，一旦密封出现问题，则可能导致大量漏灰。同时，相应要求提高一、二次风机的压头。反之，零压点位置前移，则引风机的压头需要提高。就我国循环流化床锅炉的制造水平，零压点位置选择在炉膛内较为合适。

第四节　循环流化床锅炉主要设备的设计要点

一、循环流化床锅炉本体布置

一般的循环流化床锅炉的原则性系统参见图1-3。由于循环流化床锅炉需要体积较大的循环灰分离器，锅炉本体布置是在Ⅱ型的基础上变形，多呈M型。锅炉行业青睐的Ⅱ型布置要求分离器内置，使后来的紧凑型布置取得了良好的进展。图6-4归纳了目前循环流化床锅炉本体的布置形式。

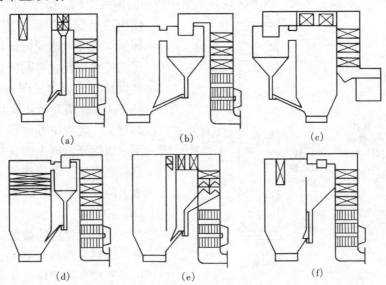

图6-4　循环流化床锅炉本体的布置形式

(a) Ⅱ型；(b) M型；(c) 过顶布置；(d) 半塔型；(e) 改良Ⅱ型；(f) 紧凑型

二、炉膛的设计

循环流化床锅炉炉膛设计的内容主要有以下几方面：①炉膛结构设计，包括炉膛的截面尺寸、炉膛高度等；②炉膛内受热面的布置；③炉膛内部开口（孔）的位置及结构；④布风装置等。

1. 炉膛的结构设计

关于循环流化床锅炉炉膛设计的原则在第四章第二节中已做过讨论，故此处不再重复，仅强调几点：

（1）炉膛截面积根据流化风速确定（参见表 6 - 8）。当炉膛横截面积确定后，截面可以有不同的形状，主要考虑给煤、石灰石的扩散能力、二次风的穿透距离、水冷壁受热面的布置要求等。除早期的循环流化床锅炉外，目前总是采用矩形截面，四周为水冷壁。在确定矩形截面长宽比时必须注意的是，炉膛过深会导致二次风在炉内的穿透能力变弱，挥发分在炉膛内扩散不均匀。因此，炉膛的深度一般不超过 8m，长宽比从 1：1 至 2：1 都是合适的。

（2）炉膛高度也可以根据经验选取。表 6 - 9 给出从布风板至炉顶全高度的推荐值。表中，D 为循环流化床锅炉容量（kg/s）。

表 6 - 9　　　　　　　　　　循环流化床锅炉燃烧室高度的推荐值　　　　　　　　　　　　　　m

煤　种	燃烧室高度推荐值						
	$D=9.727$	$D=20.83$	$D=36.11$	$D=61.11$	$D=113.9$	$D=186.1$	$D=274.2$
烟　煤	15	20	25	29	34	39	50
褐　煤	14	18	24	28	30	37	47

（3）由于循环流化床锅炉的空气分成一、二次风送入，如果二次风口以下的床层截面积与上部区域的相同，则流化风速会下降，特别是在低负荷时会产生床层停止流化等现象。因此，循环流化床锅炉的二次风口以下区域总是采用较小的横截面积。作为一般的考虑，可以使床层上部和下部的流化风速相等，即所谓的等风速变截面设计，与之对应的是福斯特·惠勒公司等截面变风速设计，分别参见图 6 - 5（a）和图 6 - 5（b）。随着循环流化床锅炉容量的加大，燃烧室截面积增加，二次风不足以保证截面上的良好混合，于是就将燃烧室下部分成两部分，这就是著名的"分叉腿"设计，参见图 4 - 3（b）和图 6 - 7。

（4）给煤点的数量与锅炉输入热量、床层截面积等有关。表 6 - 10 列出了不同容量循环流化床锅炉给料点的数量、输入热量和对应的床层面积，可供设计时参考。

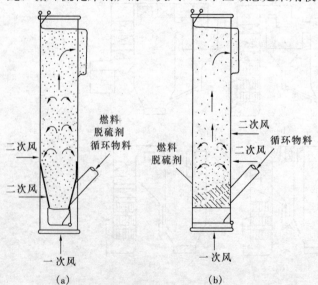

图 6 - 5　循环流化床锅炉两种不同的炉膛设计

(a) 变截面等风速；(b) 等截面变风速

表 6 - 10 循环流化床锅炉输入热量和给料点数量

锅炉输入热量 (MW)	给料点数 (个)	每个给料点的输入热量 (MW)	每个给料点对应床层面积 (m²)
750	12	63	20
500	4	125	35
500	8	63	18
375	6	63	24
315	6	53	17
300	6	50	16
120	2	60	15
90	1	90	20
80	2	40	13
60	2	34	9

2. 布风装置的设计

布风板的形状大多是平面状的（见图 4 - 7），也有采用倾斜式或 V 形布风板的。布风板的有效面积 A_b（m²）可以根据空塔速度和配风要求确定。其中布风板有效面积需按式（6 - 30）计算：

$$A_b = B_j V_y / u_e \qquad (6 - 30)$$

式中 u_e——空塔速度，m/s，一般为 4～6m/s。

关于布风板（花板）和风帽的设计要点也已在第四章第三节中叙及，此处不再赘述。

3. 炉膛的设计步骤

（1）根据上节给出的原则并结合燃料种类和颗粒粒径，确定流化风速或断面（容积）热负荷；

（2）确定一、二次风比例及二次风高度，根据前面确定的风速计算出密相区和稀相区的床层截面积；

（3）确定循环流化床的物料循环倍率；

（4）确定密相区和稀相区的燃烧份额，分别进行密相区和稀相区的热量平衡；

（5）根据本节并结合第四章第一节的原则确定炉膛高度；

（6）根据热量平衡布置炉膛受热面，进行传热计算（可参见第三章第六节有关内容），并根据传热重新确定炉膛高度；

（7）对比步骤（5）、（6）确定的炉膛高度，一般选用二者中的较大者，如果前者大于后者，则二者的差值部分可以敷设耐火材料；

（8）确定炉膛的开口（孔），以及考虑耐火材料的敷设和防磨等。

实际上，炉膛的设计远比以上讨论的复杂，其中每一步还要用到相关的理论知识和计算方法，譬如燃烧、传热、气固两相流动等。但由于循环流化床锅炉的设计尚未成熟，建立在经验或半经验基础上的设计方法是能满足目前的设计要求的。

三、对流受热面的设计

循环流化床锅炉尾部受热面除在结构的布置和受热面布置的某些特殊性上与常规煤粉锅炉有较大区别外，其余与常规煤粉锅炉基本相同。

1. 受热面的热量平衡

在本章第三节中分析了受热面布置方式对热量平衡的影响，实际上也涉及尾部受热面的热量平衡。根据表6-4给出的不同工质参数所对应的工质吸热量分配比例和表6-5，可以确定循环流化床锅炉是否需要设置外置流化床换热器或炉内附加受热面（鳍片式过热器或屏式过热器）来保证床温和过量空气系数不受负荷波动的影响。是否需要设置外置流化床换热器或炉内附加受热面的条件是：90%主循环回路的吸热量大于蒸发需要热量。这里考虑了省煤器中可以有10%的欠焓。蒸发需要热量可根据锅炉参数由表6-4求得，主循环回路的吸热量可根据燃料性质由表6-5确定。

应该指出，上述考虑仅适合高温分离型循环流化床锅炉。对于组合分离型循环流化床锅炉（采用组合式分离器），由于颗粒带走的热量较多，则不能用表6-5确定主循环回路的吸热量。

2. 过热器和再热器的设计

（1）屏式过热器。

循环流化床锅炉炉膛中的屏式受热面需要解决磨损问题。Ω管屏式受热面是目前使用比较好的一种屏式过热器（见图5-11）。

屏式受热面的传热计算尚需进一步的研究，作为初步设计可以根据炉内固体颗粒浓度的分布特性，按双面曝光水冷壁的形式进行设计计算。

（2）对流过热器与再热器。

对于采用高温分离型的循环流化床锅炉，其过热器的设计完全可以参阅常规煤粉锅炉过热器的设计方法。

对于中温分离或组合分离型的循环流化床锅炉，过热器或再热器的设计则有些特殊，主要原因是过热器或再热器区域的固体颗粒浓度比较高。这带来两方面的影响：一是传热计算。由于现有的计算标准中考虑了固体颗粒的存在对辐射换热的影响，而在对流换热表面传热系数的计算中未计及固体颗粒对换热的强化作用（这方面的试验研究结果比较缺乏）。作为目前的一个初步处理方法，在固体颗粒浓度不是很高的情况下，可先采用计算标准计算，布置受热面时将其减少10%，然后再适当增大减温装置。二是受热面的磨损。由于试验研究的结果是磨损与颗粒浓度、烟气流速的3.6次方成正比，只要适当控制烟速，完全可以将磨损控制在常规锅炉的范围内。另外，还应考虑采用顺列布置，以及在对流过热器与再热器前几排迎烟气流方向两侧加焊防磨片和蛇形管两端、管子弯头处加防磨罩等措施，同时还应防止烟气走廊的形成。

对于布置在外置流化床换热器中的过热器与再热器可以采用鼓泡流化床的传热计算公式，这已在第三章第六节中予以简要介绍。

（3）省煤器与空气预热器。

省煤器的传热计算可按常规的计算方法进行。

空气预热器的设计可以认为与常规煤粉锅炉相同，采用现行的计算标准计算。但应该指出的是，由于一次风压较高，可采用管式空气预热器，以减少漏风。另外，由于一次风和二次风风压不同，两者的空气预热器应分隔开，采用单独的进出口风箱。图6-6为某台循环流化床锅炉的空气预热器布置。

3. 烟气流速的选择

与常规煤粉锅炉一样，循环流化床锅炉的对流受热面烟气流速的下限受积灰条件的限

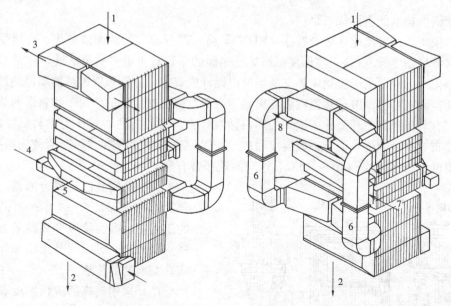

图 6-6　循环流化床锅炉空气预热器的布置

1—烟气进口；2—烟气出口；3——次风出口；4—冷渣器用风进口；5—冷渣器
用风出口；6——次风风道；7—二次风进口；8—二次风出口

制，上限又受飞灰磨损条件的制约。当烟速低于 3m/s 时，烟气中的飞灰容易黏附到管子上，造成堵灰，故一般设计应使最低负荷下的烟速不低于 3m/s。当烟温接近 900℃时黏性不大又不很硬，这时可适当提高烟速。Ⅱ型锅炉水平烟道内的过热器就属于这种情况。此处的管子为顺列布置，常选用 10m/s 以上的烟速；当烟温降至 700℃左右时，灰粒已变硬，为减轻受热面的磨损，烟速一般不应大于 9m/s。表 6-11 给出循环流化床锅炉对流受热面烟气流速的推荐范围。

表 6-11　　　　　　　　循环流化床锅炉对流受热面烟气流速的推荐范围

受热面名称	所处烟气温度 （℃）	烟气速度 （m/s）	受热面名称	所处烟气温度 （℃）	烟气速度 （m/s）
过热器　再热器	700～900	7.5～12	空气预热器（空气走管内）	250～400	6～10
	500～700	6～9		100～250	6～9
省煤器	450～600	7～10	空气预热器（烟气走管内）	250～400	7～13
	300～450	6～9		100～250	7～12

第五节　典型循环流化床锅炉的设计特点

一、主要形式循环流化床锅炉的设计特点

1. Lurgi 型循环流化床锅炉

德国鲁奇公司在冶金化工方面有多年使用流化床技术的经验，20 世纪 70 年代末期建立了循环流化床试验台，并进行了高灰分煤的燃烧试验，取得了良好结果，是世界上最早开发循环流化床锅炉的公司之一，并在循环流化床锅炉研究和设计上处于领先地位。Lurgi 型循

环流化床锅炉技术的主要特点是：

（1）采用了外置流化床热交换器（EHE），将一部分蒸发受热面或过热、再热受热面布置其中（参见图1-3）。这一方面使得锅炉受热面的布置有了更多的灵活性，非常有利于锅炉的大型化；另外，由于流化床热交换器可以设计成双室，分别布置过热器和再热器，通过两个室的控制灰量可调节过热器汽温和再热器汽温，将热交换后的"冷"物料送回炉膛可控制炉温，有利于提高循环流化床锅炉的燃料适应性；再者，将热炉膛作为燃料燃烧的场所，仅在上部布置少量的受热面，炉膛温度通过改变锅炉物料中"冷"、"热"两种物料的比例，使炉膛温度维持在850±（10～20）℃，这对脱硫非常有利。

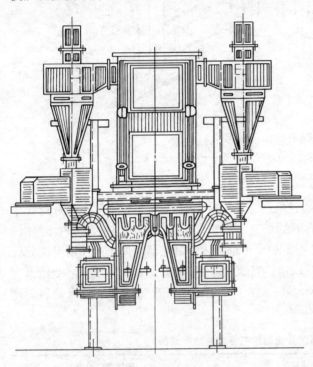

图6-7　Lurgi型循环流化床锅炉燃烧室的分叉腿形布置

（2）采用高温旋风分离器，其分离器的寿命可保证2～3年；而循环物料的返回量由高温旋风分离器下方的高温送灰器控制，可以调节床温和外置流化床热交换器的传热。

（3）采用较高的流化速度和物料循环倍率，炉内气固两相混合密度大，燃烧室内静压较高；负荷调节比为3：1或4：1，负荷变化率为（4%～5%）B—MCR/min，虽然炉子启动较慢，但在低负荷工况下具有明显优势。

（4）大型锅炉的燃烧室下部不再是收缩成锥体而是设计成分叉腿（Pants leg）形式（见图6-7），即炉膛下部分成两个密相床，与其上部稀相区呈分叉形布置，目的是克服大容量循环流化床锅炉中二次风穿透深度受限的问题。

美国德克萨斯（Texas）州罗伯逊（Robertson）的瓦科（Waco）电站，安装了德州—新墨西哥州电力公司（TNP）的两台150MW循环流化床锅炉，锅炉主要设计参数如表6-12所示。

表6-12　　　　瓦科（Waco）电站循环流化床锅炉主要设计参数

参 数 名 称	数 值	参 数 名 称	数 值
主蒸汽流量（t/h）	500	燃料种类	德克萨斯褐煤
过热蒸汽压力（MPa）	10	燃料发热量（MJ/kg）	15.6
过热蒸汽温度（℃）	540	燃料含硫量（%）	0.9
再热蒸汽流量（t/h）	448	燃料含灰量（%）	15.55
再热蒸汽压力（MPa）	2.8/2.6	燃料消耗量（t/h）	109
再热蒸汽温度（℃）	331/540	石灰石消耗量（t/h）	4.9
给水温度（℃）	231	钙硫比（Ca/S）	1.5

该炉为单炉膛，水冷壁高度为 30m，截面尺寸宽度为12.5m，深度为 10.2m，炉膛下部设计成分叉形；给煤点仅四个。炉膛温度一般为 850℃；占总风量 60％的一次风从水冷式风箱送入，二次风分两级在不同高度送入；密相床流化风速为 5m/s，喷入二次风后炉膛上部风速为 6m/s；炉膛出口布置有四个高温旋风分离器，左右各二。每个分离器下部的立管都装有机械式送灰器（锥形机械阀），根据负荷的需要自动调节循环灰流量分配。一部分灰直接返回炉膛，另一部分灰则进入外置式热交换器；外置式热交换器共四个，两个布置过热器，两个布置再热器，灰在其中冷却后再返回炉膛。

受热面工质吸热量分配比例为：①给水加热及蒸发吸热：燃烧室 60％，流化床换热器 20％，省煤器 20％。②过热吸热：流化床换热器 40％，对流过热器 60％。③再热吸热：流化床换热器 50％，对流再热器 50％。

锅炉正常运行，给煤经两级破碎后入炉，两级破碎机均为逆式环锤破碎机。第一级将煤由入厂时的 0～150mm 破碎成 0～40mm；第二级破碎机进一步破碎到 0～6mm，其中小于 800μm 的占 50％。

2. Pyroflow 型循环流化床锅炉

芬兰奥斯龙（Ahlstrom）公司也是世界上发展循环流化床锅炉最早的公司之一。1977 年建造第一台热功率为 1.5MW 的半工业试验装置，1978 年在皮拉瓦（Pihlava）纸板厂建造了第一台热功率为 32MW 的循环流化床锅炉，于 1979 年 4 月投运。自此，公司开始生产 Pyroflow 型循环流化床锅炉（见图 1-4）。20 世纪 80 年代末生产的 410t/h 循环流化床锅炉，在我国的内江工程中中标。它发展此种锅炉的目的是在于减少大气污染，能使用普通燃料甚至可以使用常规锅炉不能使用的燃料。

Pyroflow 型循环流化床锅炉的技术特点是：

（1）锅炉结构系统比其他形式的循环流化床锅炉简单，总占地面积减少。

（2）采用两级燃烧，炉底送入一次风，密相区上方送入二次风，一次风率为 40％～70％，通过调节炉内的一、二次风的比例进行床温控制和过热汽温调节，床温可在 800～1000℃之间调节。

（3）燃烧室内放置 Ω 管构成的过热器。

（4）采用高温旋风分离器，旋风分离器和 Lurgi 型相似，壳体为不冷却的钢结构，内有一层耐火材料和一层隔热材料，里面一层为耐高温耐磨材料，外层隔热材料与护板用拉钩装置相连，以防脱落。分离下来的循环物料用 U 形送灰器直接送回燃烧室，循环物料的平均粒径为 150～300μm。

（5）通过添加石灰石或其他物料可燃用多种燃料，从挥发分基本为零的石油焦到灰分超过 65％的油页岩，以及无烟煤煤屑、废木材、泥煤、褐煤、石煤、工业废料等均可燃用。

（6）通过改变炉膛下部密相区内固体物料的储藏量和参与循环物料量的比例，也就是改变炉膛内各区域的固气比，从而改变各区域传热系数的方法来调节锅炉负荷的变化，其负荷调节比为 3：1 或 4：1，调节速率在升负荷时为 4％B－MCR/min，降负荷时为 6％B－MCR/min。

以芬兰 SEVD 电站为例，锅炉主要参数见表 6-13。炉膛下部耐火层砌成倒锥形，以保证其流化速度和稳定燃烧；上部截面为 6.8m×20m，水冷壁高度为 30m。炉膛中部放置由 Ω 管组成的过热器受热面。炉膛出口与三个直径为 6.7m 的旋风分离器相连。锅炉有 6 个给煤口。实际运行测量数据表明，锅炉出口烟气中的污染物排放量均低于设计值。其中，NO_x 为 100ppm，SO_2 为 137ppm，粉尘为 $20mg/m^3$。

表 6-13   SEVD 电站循环流化床锅炉主要设计参数

参 数 名 称	数 值	参 数 名 称	数 值
主蒸汽流量（t/h）	400	再热蒸汽流量（t/h）	356.4
过热蒸汽压力（MPa）	15.6	再热蒸汽出口压力（MPa）	4.4
过热蒸汽温度（℃）	540	再热蒸汽出口温度（℃）	540

该型锅炉的主要问题是二级过热器制造工艺难度较大，稍有缺陷，很易磨损。另外，旋风分离器筒体垂直部分耐火砖曾经脱落，后改用异形砖钩，问题得以缓解。

3. FW 型汽冷却式高温旋风分离器循环流化床锅炉

美国福斯特·惠勒公司在 20 世纪 70 年代研制开发鼓泡流化床燃烧技术，80 年代发展循环流化床技术。福斯特·惠勒公司 FW 型循环流化床锅炉（见图 1-4）技术有如下特点：

（1）炉膛上下截面基本一致，床内平均颗粒粒径为 $300\sim400\mu m$，炉膛出口烟气夹带扬析到炉膛上部的粒径为 $150\sim250\mu m$，炉膛出口烟气携带固体颗粒浓度为 $4\sim7kg/kg$。

（2）炉膛下部为密相区，分级送风，二次风从过渡区送入，SO_2、NO_x 和 CO 排放较低。

（3）布风板采用水冷壁延伸做成的水冷布风板，上面布置定向大口径单孔或多孔风帽。

（4）采用床下热烟气发生器（风道燃烧器）点火，启动速度比绝热旋风筒的循环流化床锅炉快得多，从 10h 缩短到 4h 即可。

（5）采用汽冷却式高温圆形旋风分离器，由膜式壁组成的旋风筒用过热器内的蒸汽冷却。汽冷旋风筒制造投资成本加大，但使用可行性高，运行维修费用低。

（6）在带再热器超高压大容量锅炉飞灰回送系统上设置整体式再循环外置流化床热交换器（INTREX），其中布置有再热器受热面，将高温分离下来的循环灰在该低速流化床中进一步冷却，然后回送到炉膛下部，调节床温。这样不仅能通过采用控制回灰温度和回灰量的手段来调节负荷，而且结构紧凑。正如第四章第四节所述，INTREX 是与炉膛下部紧紧相连的（见图 4-34），比外置流化床热交换器（EHE）更利于紧凑布置，操作方便简单。图 6-8 是用于紧凑式循环流化床锅炉（采用方形分离器）的整体式再循环外置流化床热交换器（INTREX）结构布置示意，其布置方式为"下流式"。

FW 型循环流化床锅炉具有很高的可靠性。譬如，1990 年 1 月在美国宾夕法尼亚州的蒙特卡默（MtCarmel）投产的一台循环流化床锅炉，蒸汽流量为 474t/h，压力为 6.4MPa，温度为 488℃，燃用含灰量高达 $65\%\sim70\%$ 的煤矸石（其发热量仅为 5800kJ/kg），在燃用如此高灰分的矸石时仍能达到 94.5% 的利用率。该炉原煤最大粒径为 150mm，燃料系统为二级破碎，第一级采用可逆式环锤碎煤机，破碎后粒径为 $0\sim50mm$，第二级采用棒式破碎机，出料粒径 1mm 以下的达到 $70\%\sim80\%$，为锅炉运行提供了可靠保证。

带有 INTREX 热交换器的两台 110MW 循环流化床锅炉于 1992 年在美国路易斯安那州的西湖（Westlake）电站投运，燃料为石油焦。锅炉主要参数见表 6-14。该技术已经在日本和中国得到了应用。

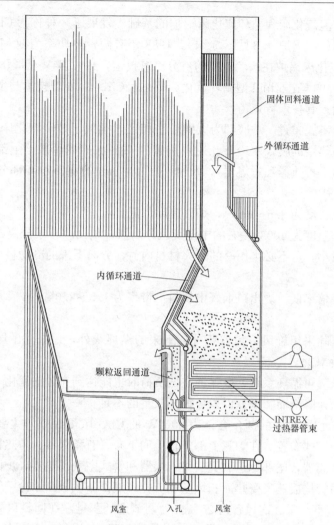

固体回料通道

外循环通道

内循环通道

颗粒返回通道

INTREX
过热器管束

风室　　入孔　　风室

图 6-8　用于紧凑式循环流化床锅炉的整体式再循环外置流化床热交换器
结构布置示意（"下流式"）

表 6-14　　　　　　　　　西湖（Westlake）电站循环流化床锅炉主要参数

参 数 名 称	数 值	参 数 名 称	数 值
主蒸汽流量（t/h）	374.1	再热蒸汽流量（t/h）	329.8
过热蒸汽压力（MPa）	11.2	再热蒸汽出口压力（MPa）	3.2
过热蒸汽温度（℃）	540	再热蒸汽出口温度（℃）	540

4. Circofluid 型循环流化床锅炉

德国巴布科克（Babcock）公司于 1979 年开始研制流化床锅炉，1985 年建造了第一台
热功率为 0.1～0.2MW 的中试装置，在 1988 年就有热功率为 $100MW_{th}$（125t/h）的循环流
化床锅炉投运，安装在萨勃肯（Sarbrucken）电站。

巴布科克公司着眼于充分发挥循环流化床燃料适应性好、燃烧及脱硫效率高、易大型化等优点，在总结鼓泡流化床和循环流化床锅炉的基础上发展了一种称为 Circofluid 技术的低循环量倍率循环流化床锅炉（参见图 1-4），1988 年有两台热功率为 80MW$_{th}$（110t/h）的 Circofluid 型循环流化床锅炉在法兰克福的奥分巴赫投运，1992 年又在哥登堡（Goldenburg）电站投运了 290t/h 的 Circofluid 型循环流化床锅炉。Circofluid 型技术与上述三种形式的循环流化床锅炉不同，其技术特点为：

（1）锅炉呈半塔式布置。炉底部为大颗粒密相区，类似于鼓泡流化床，但不放置埋管，仅四周布置带有绝热层的膜式水冷壁，燃料热量的 69% 在床内释放。上部为悬浮段和对流受热面段（过热器、再热器和省煤器），尺寸小于 0.4mm 的煤颗粒和部分挥发分在这一区域燃烧。

（2）炉内流化速度为 3.5～4m/s，烟气速度较低。

（3）采用工作温度为 400℃ 左右的中温旋风分离器，从而改善了分离器的工作条件，并使旋风筒的尺寸减小，可不必再用厚的耐火材料内衬，分离下来的冷物料可用来调节炉内床料温度。

（4）物料循环倍率低，炉出口烟气中物料携带率为 1.5～2.0kg/m^3，从而缓解了受热面的磨损。

（5）循环物料除采用旋风分离器所分离下来的循环灰外，还采用了尾部过滤下来的细灰，以提高燃烧效率。

（6）采用冷烟气再循环系统，以保证在低负荷时也能达到充分的流化，并使旋风分离器效率不致因入口烟速降低而降低，以避免循环灰量的不足。

1988 年在奥分巴赫投运的两台容量为 80MW 的 Circofluid 型锅炉主要参数见表 6-15。循环流化床锅炉为塔式布置。在炉膛上部，自上而下布置有省煤器、再热器、过热器。炉膛出口接两个旋风分离器，尾部烟道放置一级省煤器和管式空气预热器，炉膛水冷壁管和炉膛上部受热面的支吊管构成蒸发受热面。风室和流化床底部布风板由水冷壁管组成。送风配比为一次风占 60%，上、下二次风各占 20%。为调节循环灰量，在回料口处布置水冷绞笼除灰。排出的灰送中间灰仓。若循环灰量的减少使床温升高，可加入中间灰仓的冷灰来降低床温。

表 6-15　　　　　　　　　奥分巴赫 Circofluid 型锅炉的主要参数

参 数 名 称	数 值	参 数 名 称	数 值
蒸发量（t/h）	110.7	排烟温度（℃）	140
汽包压力（MPa）	12.6	燃料消耗量（t/h）	10.62
过热蒸汽压力（MPa）	11.6	石灰石消耗量（t/h）	0.78
过热蒸汽温度（℃）	535	锅炉效率（%）	92
给水温度（℃）	200		

奥斯龙公司在长期的实践中发现，循环流化床和鼓泡流化床的根本区别在于二者床料平均粒径不同使得物料浓度分布不同，从而造成燃烧状态不同。同时，循环流化床需要一个大的循环物料流以维持燃烧室内沿高度方向空间物料浓度从下向上逐渐变化（而不

能像鼓泡流化床那样密相区以上空间物料浓度迅速减少），因为仅当沿床高方向物料浓度逐渐减小并维持一定数值时，才有可能产生高度方向上的较强回混，从而将燃料释放出的热量纵向传递并横向传给受热面。燃烧室内物料的平均粒径降低使密相区气体的分配中气泡相的比例增大，气相与乳化相传质减弱，燃料在密相区的燃烧为欠氧态，相应抑制了密相区的热量释放份额，再加上高度方向上物料回混的加强，才能使循环流化床在密相区不设置受热面的条件下亦能达到热量平衡。另外，循环流化床内高浓度物料的形成需要一系列条件。无论是石灰石、外添加物料，还是由燃料燃烧形成的灰分均是由大小不等的宽筛分颗粒构成的。只有当相应物料被分离的效率很高，从排渣口不能大量排出，且在对应的流化风速下又有足够高的夹带率时，才能在床内累积形成大的物料循环。换言之，较大的物料循环量需要分离器具有这样的特性，即在某个粒径时（当然这个粒径越小越好）应有接近 100% 的效率。但是，分离器的选取还有燃烧方面的考虑。事实上，由于多数循环流化床飞灰可燃质集中在 $20\sim40\mu m$ 的细颗粒中，分离器的分离效率并不能从根本上解决燃烧效率问题。

基于上述对循环流化床灰平衡的深刻理解，以及为克服汽冷旋风分离器的旋风筒成本高的弊端，奥斯龙公司在 1991 年推出了一个大胆的水冷方型旋风筒的概念，即 Pyroflow Compact 设计构想，实际上就是 Pyroflow 紧凑型循环流化床锅炉。Pyroflow Compact 型循环流化床锅炉用膜式壁构成的方形（或多角形）旋风筒与水（汽）冷式圆形旋风筒相比，造价大为降低，而且由于分离器的矩形截面，整个锅炉结构更加紧凑。方形分离器紧凑型设计推出之后，立即引起了广泛的重视，并且经过 5 年的多台锅炉运行实践，已经为人们所接受。

除上述几个公司的技术外，美国、瑞典、德国、法国、日本还有多家公司在从事循环流化床锅炉的研究、开发和制造。尽管各家公司的循环流化床锅炉存在着一定的差别，其技术的优劣还有待于实践检验，但都是在保持燃烧效率高、脱硫效果好的条件下，将提高可靠性，降低制造、安装、运行、维修成本，减少污染物排放作为循环流化床燃烧技术的发展方向，使循环流化床锅炉走向大型化。

二、国内循环流化床锅炉的设计特点

正如第一章所述，我国从 20 世纪 80 年代初开始循环流化床燃烧技术的研究与开发。由于对循环流化床燃烧技术理解上的局限性，我国在这一技术领域的发展曾走过较长时间的弯路，积累了大量的经验和教训。经过十多年的不懈努力，特别是 20 世纪 90 年代以后，陆续引进国外技术，终于摆脱了被动局面，开发出具有自主知识产权的符合国情的循环流化床锅炉，部分技术出口，容量等级逐渐提高。目前，我国循环流化床锅炉的生产已经基本可以满足国内市场的要求，并逐渐形成自己的技术特点。

譬如，东方锅炉股份有限公司现已具备自行开发和生产中压、次高压、高压及非标准参数系列循环流化床锅炉的能力，循环流化床锅炉的技术特点主要有：①汽冷式高温旋风分离器（一般用于高参数的大容量循流化床锅炉）。由于将蒸汽管道焊成膜式壁而形成分离器筒体，不仅分离效率高，而且耐磨衬里非常薄，热惯性小，特别适合于要求锅炉运行工况快速变化的场合，易于整体布置，维护简单，费用低；②风道燃烧器点火。在风室底部一次风道上并联布置风道燃烧器，供锅炉启动点火与低负荷稳燃用，具有较大的调节比，大大地缩短了锅炉启动时间，热利用率高，操作方便，运行成本较低；③水冷式风室。风室由水冷壁管弯制围成，管间布置有风帽，形成膜式水冷布风板。水冷风室整体膨胀性好，易于密封，耐火衬里薄，便于维护；④多床式选择性排灰冷渣器。优点是可迅速冷却大渣，并可将未燃尽的碳粒和未完全反应的石灰石继续燃尽或送回炉膛，提高燃料和石灰石的利用率；⑤J型阀送灰器。高压风多点布置，保证可靠回料，负荷适应范围广。有良好的自适应能力，操作简便；⑥风播煤结构。采用增压高速风播煤，既解决了正压给煤的密封难题，又能将煤均匀播撒，减少给煤点。

又如，上海锅炉厂有限公司于2001年8月与阿尔斯通公司签订了FLEXTECH™循环流化床锅炉技术转让合同，在自身多年开发循环流化床锅炉经验的基础上，通过应用引进技术开发出50、100和135MW的循环流化床锅炉系列产品，循环流化床锅炉的技术特点主要有：①高温物料分离。进入尾部对流受热面的烟气中含灰量小，对流受热面不易磨损，燃烧效率高。②汽冷式旋风分离器。其吸热可有效控制旋风分离器内的温度水平，避免结焦。由于在外侧采用轻型保温结构，热惯性小，锅炉启停和变负荷速度快，现场施工方便。③全膜式水冷壁。保证了炉膛的严密性。④流化密封送灰器（U形阀）。保证运行中料位具有自平衡能力，同时又防止烟气反窜。⑤水冷布风板。管间布置风帽，使风室的整体热膨胀性好，结构合理，易于密封。⑥安全可靠的防磨措施和主动防磨手段。对局部磨损严重，特别是在流动转向或流动受到阻碍的区域，如燃烧密相区、炉膛出口、旋风分离器、尾部受热面和固体物料冲刷部位等，采取不同的措施；设置耐磨材料，在磨损量不大的部位采用了加防磨罩、热喷涂和堆焊等防磨措施。⑦采用外置流化床热交换器，将过热器布置在热交换器中，炉温控制靠调节进入外置流化床热交换器的灰量，故而对煤种的变化适应性强，降低有害气体的排放。⑧给煤管采用风播煤结构。下煤均匀，进煤顺畅。落煤管采用不锈钢材料，以免堵煤；加装观察孔，既可观察到落煤情况，又能保证锅炉在任何工况下的给煤要求。⑨对流烟道采用成熟可靠的汽冷包结构。蛇形管和支撑块固定在包墙上，使膨胀基本一致，密封性能好；受热面采用顺列布置，设置阻流板，防止形成烟气走廊；管子间隔考虑了避免积灰、搭桥，另设置吹灰器，保证管子表面洁净。⑩采用管式空气预热器。空气入口段加装夹层套管，可有效防止空气预热器管子结露，承受风压能力强，能有效防止漏风。

再如，济南锅炉（集团）有限公司以生产中小型循环流化床锅炉为主，其中75t/h循环流化床锅炉获"国家重点新产品"称号。主要的技术特点是。①炉膛水冷壁、流化床体、布风板和风室全部采用膜式水冷壁结构且成为一个整体，炉膛严密性好。②采用高温旋风分离器作为分离设备，分离效率高，飞灰含碳量低；在分离器下部设有水冷装置，控制立管和送灰器的温度，保证循环系统稳定可靠。③合理采用非金属膨胀节和不锈钢波纹膨胀节，锅炉整体膨胀合理，密封性能好。④采用床下风道点火或床上床下联合点火的方式，使点火成功率达到100%，节约点火用油。⑤根据磨损的规律采取主动预防措施。譬如，设计上降低烟气流速，加装防磨罩、阻流挡板，对易磨损部位加防磨耐火材料或进行金属热喷涂等。⑥通过分散控制系统（DCS）实现对循环流化床锅炉的自动控制。

表6-16列出了哈尔滨锅炉厂有限责任公司、上海锅炉厂有限公司、东方锅炉股份有限公司、无锡华光锅炉股份有限公司、济南锅炉（集团）有限公司、武汉锅炉股份有限公司等几家大型锅炉制造公司循环流化床锅炉的主要技术特点。

表 6-16　　　　　国内主要生产厂家的循环流化床锅炉主要技术特点

项 目 ＼ 厂 家	哈尔滨锅炉厂（HG）	上海锅炉厂（SG）	东方锅炉股份（DG）	无锡华光（UG）	济南锅炉（集团）（YG）	武汉锅炉股份（WG）
技术来源	德国阿尔斯通公司（ALSTOM—EVT）	阿尔斯通公司FLEXTECH（原ABB—CE公司技术）	福斯特·惠勒公司自行开发	中科院工程热物理研究所	中科院工程热物理研究所	德国阿尔斯通公司（ALSTOM—EVT）
旋风分离器	2只/下倾进口、中心筒偏心，后墙中间出	2只/切向进口，后墙中间出	2只水（汽）冷却式/切向进口，后墙两边出	2只/蜗壳进口，后墙两边出	2只/蜗壳进口，后墙两边出	2只/下倾进口、中心筒偏心，后墙中间出
返料器（送灰器）	一进二出	一进一出	一进一出	一进一出	一进一出	一进二出
风帽	钟罩式风帽	T型	Γ型定向风帽	内嵌逆流柱型	内嵌逆流柱型	钟罩式风帽
冷渣器	风水共冷式	风水共冷式	风水共冷式	滚筒式	滚筒式	风水共冷式
屏式过热器	炉内一级	炉内二级	炉内一级	炉内一级	炉内一级	炉内一级
水冷屏	炉内水冷分隔屏	4片水冷屏	贯穿炉膛水冷分隔屏	4片水冷屏	4片水冷屏	炉内水冷分隔屏
炉内再热蒸汽屏	有	无	有	有	有	有
再热蒸汽调节方式	喷水减温	烟气挡板	烟气挡板＋喷水减温	喷水减温	喷水减温	喷水减温
尾部烟道	单烟道	双烟道	双烟道	单烟道	单烟道	单烟道
出渣口位置	燃烧室前墙	燃烧室侧墙	燃烧室侧墙	布风板中间	布风板中间	燃烧室前墙
给煤方式	后墙返料器给煤	前墙给煤	前墙给煤	前墙给煤	前墙给煤	后墙返料器给煤
点火方式	床上＋床下	床上	床上＋床下	床上＋床下	床上＋床下	床上＋床下
耐火防磨层与水冷壁交界面处防磨*	粒子软着陆	让管	防磨套管	让管	让管	粒子软着陆

* 参见第八章第四节中的有关内容。

第六节　循环流化床锅炉的大型化

一、循环流化床锅炉大型化的必要性

正如所知，20世纪世界上投运的最大容量循环流化床锅炉是法国普罗旺斯250MW$_e$的锅炉（容量最大的鼓泡流化床锅炉是日本竹原电站350MW$_e$带飞灰燃尽床的流化床锅炉）。

目前，世界上已投运的最大容量循环流化床锅炉是四川白马 600MW 超临界参数循环流化床示范电厂，是由我国自主创新研发的，在燃煤发电领域拥有完全自主知识产权。与煤粉锅炉相比，循环流化床锅炉在容量上尚有相当的差距。

目前，世界各主要工业国家电网中的主力机组是 300～600MW 级的煤粉锅炉机组和核电机组。为提高热效率，各国都正积极采用超临界甚至超超临界参数的大容量火电机组。譬如，早在 1985 年，美国勃鲁斯电站就有两台 1120MW 超临界参数机组投运，可用率达94%；20 世纪 80 年代初期，美国超临界参数机组投运了 170 台，占当时总装机容量的25%，单机最大容量为 1300MW。在 1999 年底，我国 300MW 级以上煤粉锅炉机组有 215台，其中 600MW 级有 16 台，800MW 级有 2 台。截至 2016 年底，我国 600MW 级以上煤粉锅炉机组达到 473 台，其中 1000MW 超超临界参数机组达 80 台。可以预计，发展600MW 及以上的超临界、超超临界大容量发电机组，将是 21 世纪我国火电机组发展的首选方向。显然，循环流化床锅炉要有与煤粉锅炉机组竞争的能力就必须大型化，积极发展300、600 甚至 1000MW 级的循环流化床锅炉。

二、循环流化床锅炉大型化的主要问题

循环流化床锅炉大型化中的问题主要是燃烧室内受热面的布置，燃烧室深度对二次风穿透深度的限制，大型高效低阻耐磨分离器的研制及多个分离器的布置，循环灰回送系统及其控制系统的可靠性，外置式换热器的研制，锅炉负荷与床温的快速控制，大型燃烧室和大型旋风分离器内空气动力特性的不确定性等。这些问题对 300MW 级的循环流化床锅炉已不再是障碍，但对 600、1000MW 级的循环流化床锅炉尚需进一步研究解决。

循环流化床锅炉大型化面临问题较多，现择其主要简述如下。

1. 燃烧室内受热面的布置

燃烧室的包覆面积 S 与其容积之比为

$$\frac{S}{V} = \frac{2(B+A)H}{BAH} = \frac{2}{A}\left(1 + \frac{A}{B}\right) \tag{6-31}$$

式中　A，B——燃烧室宽度和深度；

　　　　H——燃烧室高度。

由于受锅炉整体布置的影响，锅炉燃烧室深度 $B<A$，$S/V>4/A$。可见燃烧室包覆面积随燃烧室宽度加大，即随锅炉容量的加大而减小。显然，随循环床锅炉容量的加大，可容布置的膜式水冷壁受热面积将减少，造成燃烧室内布置受热面"先天不足"。

为克服循环流化床锅炉大型化中燃烧室内受热面布置的困难，不同炉型采取了不同的措施。正如前述，Lurgi 型大容量循环流化床锅炉采用了外置流化床热交换器；FW 型循环流化床锅炉采用了 INTREX 外置流化床热交换器，在外置流化床热交换器中布置过热器和再热器受热面，使燃烧室内受热面布置难以满足设计要求的困难得以解决。福斯特·惠勒公司还在燃烧室上部布置 Ω 型和翼片式管屏过热器、再热器或部分蒸发受热面。另外，对 400、600MW 循环流化床锅炉，还有在燃烧室内布置全高度隔墙式双面受热面或膜式壁上布置扩展式管屏受热面的做法。有关公司都在现有商业运行的循环流化床锅炉上进行隔墙式双面受热面和膜式壁上扩展受热面的研究工作。

2. 紧凑型分离器的研究

循环灰分离器是循环流化床锅炉的关键部件之一，其形式决定着锅炉整体布置的形式和紧凑性。循环流化床锅炉大型化必然带来分离器直径加大、数量增多，造成锅炉整体布置困难。前述的采用方形分离器紧凑型设计的 Pyroflow 紧凑型循环流化床锅炉，是解决这一困难的有益尝试。方形分离器内装有旋涡发生器，下部为固体物料收集斗，可将物料送回炉膛下部。由于方形分离器的壁面是炉膛壁面水循环系统的一部分，与炉膛之间可免除热膨胀节；同时，方形分离器可紧贴炉膛布置，整个循环流化床锅炉体积大为减小，布置显得十分紧凑。福斯特·惠勒公司兼并奥斯龙公司后即将方形分离器循环流化床锅炉作为大型化方向予以重点发展。时至今日，福斯特·惠勒公司采用方形分离器技术的 260MW 紧凑型循环流化床锅炉机组已经投运。运行结果表明，该项技术在可靠性、制造维修成本以及整体性能等方面的表现均优于绝热旋风筒和汽冷式旋风筒。目前，福斯特·惠勒公司同时具有绝热旋风筒、水（汽）冷圆形旋风筒、方形分离器三代技术。其中，采用方形分离器的紧凑型循环流化床锅炉的市场份额在逐年增加。

3. 燃烧室深度对二次风穿透深度的限制

阿尔斯通·斯坦因公司（Alsthom Stein Industrie）的研究指出，二次风的穿透深度一般为 6.5m 左右，这给大型循环流化床燃烧室下部的设计带来影响。譬如，法国卡灵（Carling）的艾米路希（Emile Huchet）电站 125MW 循环流化床锅炉布风板面积为 7.4m×11.5m，浓相床上部（即变截面处）截面为 8.66m×11m。显然，燃烧室下部 7.4m 的深度已超过了二次风的穿透深度极限。因此，250MW 循环流化床锅炉的燃烧室下部不得不采用如图 4-3（b）和图 6-7 所示的分叉腿形式，以解决二次风穿透深度问题。现在，无论是 Lurgi 型还是 FW 型大型循环流化床锅炉，燃烧室下部都采用分叉形布置。

4. 燃烧系统工作过程的理论和实验研究

由于大型循环流化床气—固混合和气—固两相流动的复杂性，要求对气—固两相流反应流体力学，以及床内煤、床料、石灰石和回料的混合特性和燃烧过程特征、物料平衡及热平衡等问题进行深入的基础理论和实验研究，以掌握放大规律，指导设计。

在循环流化床锅炉燃烧系统工作过程的理论和实验研究中，应特别注意如下几方面的问题：

（1）燃烧室上部空气动力学和炉内传热机理的研究，特别是对颗粒内循环量、下行环形颗粒层厚度、炉内温度分布、颗粒浓度分布和传热系数沿燃烧室高度变化规律的研究。这对燃烧室内各种形式受热面和扩展管屏受热面的设计有重要作用。

（2）外部颗粒循环流量的测试及外置流化床热交换器中传热系数的测定。这是发展带外置流化床热交换器的循环流化床锅炉所必需的。

（3）提高紧凑型分离器和大直径旋风分离器分离效率的研究，包括结构和尺寸的优化，计算机数值模拟和试验研究等。

（4）循环流化床燃烧污染物（SO_2、NO_x、N_2O、CO、重金属等）的生成、分解及排放综合控制的研究。

5. 超临界参数循环流化床锅炉特殊的理论和工程技术问题

循环流化床锅炉技术的发展趋势是大型化和超临界化。实际上，超临界参数锅炉是循环流化床燃烧与超临界参数蒸汽循环的组合体，有诸多自身的特殊理论和工程技术问题需要解决。譬如，在理论层面，主要有超高炉膛气固两相流动特性及物料浓度的纵向分布规律，超大床面物料浓度的横向分布规律以及流化的均匀性与稳定性，低质量流速垂直管内超临界参数水流动与传热，以及超临界参数系统的汽水模型等；在工程技术层面，主要有超临界参数循环流化床锅炉的基本结构形式，外置流化床热交换器、水冷壁/双曝光水冷壁的结构形式，超临界参数热力系统设计，主循环回路的热负荷分配，质量流率的选取与安全性计算，以及锅炉控制策略等。可喜的是，中国已在超临界参数循环流化床锅炉的理论和工程技术问题上取得重大突破和创新。

复习思考题

1. 什么是理论空气量、过量空气系数、漏风系数？它们各有什么意义？

2. 循环流化床锅炉机组热效率计算公式是什么？锅炉的输出热量有哪些？

3. 什么是排烟热损失？影响排烟热损失的因素有哪些？

4. 循环流化床锅炉机械不完全燃烧热损失的计算公式，应采取哪些措施减小机械不完全燃烧热损失？

5. 蒸汽参数变化时，工质加热、蒸发及过热吸热量比例是如何变化的？

6. 设计循环流化床锅炉，在选择燃料、流化风速和一、二次风配比和床温时，主要考虑哪些因素？

7. 循环流化床锅炉的整体布置型式主要有哪些？

8. 循环流化床锅炉的炉膛和对流受热面的设计要点有哪些？

9. 举例说明国内外典型循环流化床锅炉的主要设计特点或技术特点。

10. 循环流化床锅炉大型化方面存在的主要问题有哪些？

第七章　循环流化床锅炉的典型炉型及其结构

循环流化床燃烧技术是目前商业化程度最好的清洁煤燃烧技术之一。近年来，循环流化床燃烧技术还在垃圾焚烧、生物质燃烧和烟气脱硫等方面获得大量应用。循环流化床锅炉在国内外能源和环保市场上显示出良好的发展前景。自 20 世纪 80 年代，为开发和完善循环流化床燃烧技术，世界各国特别是发达工业国家在技术、人力、财力等各方面都做了大量投入，开发出各种不同容量和不同风格的循环流化床锅炉。循环流化床锅炉流派纷呈。我国的一些锅炉制造公司也与有关科研单位和高等院校合作，借鉴国外先进经验，自行研发了独具特色的循环流化床锅炉，有的还与国外大公司联合，合作生产大型循环流化床锅炉。本章着重介绍国内外循环流化床锅炉的典型炉型结构。

第一节　75t/h 循环流化床锅炉

一、75t/h 水冷方形分离器循环流化床锅炉

1. 锅炉布置简介

锅炉采用单汽包横置式自然循环，Ⅱ 型布置。自炉前向后依次布置燃烧室、分离器、尾部烟道。根据燃料的成分差异以及脱硫要求，燃烧室设计温度不同，在 870～950℃ 之间。炉膛由膜式水冷壁构成，截面积约 18～19m²，燃烧室净高约为 20～23m，炉膛下部前后收缩成锥形炉底，前墙水冷壁延伸成水冷式布风板并与两侧水冷壁共同形成水冷风室。布风板水冷壁的鳍片上安装风帽。燃烧室下部水冷壁焊有密度较大的销钉，敷设较薄的高温耐磨材料。这种经济有效的防磨措施有利于提高水冷壁的利用率。

炉膛出口布置两个膜式水冷壁构成的方形分离器，分离器前墙与燃烧室后墙共用，分离器入口加速段由燃烧室后墙弯制围成；分离器后墙同时作为尾部竖井的前包墙，该水冷壁向下收缩成料斗，向上的一部分直接引出吊挂，另一部分向前并穿越燃烧室后墙分别构成分离器顶棚和燃烧室顶棚。燃烧室后墙、分离器两侧墙水冷壁向上延伸与分离器的顶棚、汽冷顶棚包墙构成分离器出口区，尾部竖井汽冷包墙和分离器后墙围成膜式壁包墙，分离器、转向室与尾部包墙结合成一体，避免使用膨胀节，既保持紧凑型布置，又保证良好的密封性能。省煤器之前的所有炉墙均为膜式壁结构，吊挂处理；省煤器之后为轻型护板炉墙，支撑结构。高温过热器布置在燃烧室上部，低温过热器布置在尾部汽冷包墙内。锅炉采用全钢架结构，炉由前向后共计三排柱，如图 7-1 所示。

锅炉燃烧所需空气分别由一、二次风机提供，炉膛内燃烧产生的大量烟气携带物料经分离器的入口加速段进入分离器，将烟气和物料分离。物料经料斗、立管、J 型阀送灰器再返回炉膛；烟气自中心筒进入分离器出口区，流经转向室、进入尾部烟道。尾部烟道自上而下依次布置低温过热器、省煤器、二次风空气预热器和一次风空气预热器。低温过热器位于包墙内，为光管错列布置；省煤器两级布置，高温段为顺列鳍片管，低温段为错列光管；空气预热器为立管式、卧管式或热管式。为减少磨损，在控制烟速的同时加防磨盖板、压板及防

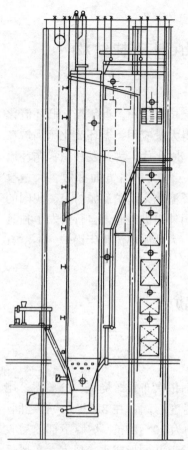

图 7-1　75t/h 水冷方形分
离的循环流化床锅炉

磨瓦，对局部也作了相应的处理。

根据分离器的设置，采用两套返料装置。立管悬吊在水冷灰斗上。立管下部为高流率小风量自平衡 J 型阀，将循环物料送入炉膛。应用床下点火，启动床料升温速度在 5～10℃/min，冷启动时间约为 2h，用油 1t 左右。借鉴国外水（汽）冷圆形旋风筒成功的防磨经验，在分离器内水冷壁上密焊销钉涂一层很薄的耐磨浇注料。防磨材料因受工质冷却而工作在较低的温度下，具有更强的防磨性能。

75t/h 水冷方形分离器循环流化床锅炉为中温中压锅炉。锅炉汽包中心标高为 26700mm，本体宽度（柱中心线）为 7100mm，锅炉深度（柱中心线）为 11090mm，主要设计参数见表7-1。

表 7-1　　　75t/h 水冷方形分离器循环流化床锅炉设计参数

主蒸汽流量 （kg/s）	主蒸汽温度 （℃）	主蒸汽压力 （MPa）	给水温度 （℃）	床层温度 （℃）
20.83	450	3.82	150	900
过量空 气系数	回灰温度 （℃）	排烟温度 （℃）	锅炉效率 （%）	
1.41	885	148	88	

锅炉给水经省煤器加热后进入汽包；汽包内的饱和水经集中下降管、分配管分别进入燃烧室水冷壁和分离器水冷壁下联箱，加热蒸发后流入上联箱，然后进入汽包；饱和蒸汽流经顶棚管、后包墙管、侧包墙管进入低温过热器，由低温过热器加热后进入减温器调节汽温，然后经高温过热器将蒸汽加热到额定蒸汽温度，再进入集汽联箱至主汽阀。

2. 锅炉运行情况

该炉型的第一台于 1996 年 5 月投运。虽然运行时燃料变化较大，低位发热量为 12000～22000kJ/kg，其中主要为 13200 kJ/kg，但锅炉在 50%～110% 额定负荷下能稳定运行，单炉带动汽轮发电机的负荷经常在 16～17MW；燃烧效率高，飞灰含碳量在满负荷时为 5%～6%；锅炉密封性能好，静电除尘器入口含氧量为 5%；循环量大，燃烧室上下温度均匀；循环灰温度总可维持比分离器进口温度略低，分离器、立管、返料装置从未出现高温结焦。截至 2002 年 9 月，该炉累计运行时间已达 34000h，包括其他设备事故在内，最长连续运行时间四个月以上。1997 年 12 月，第二台投入试运。由于对辅机作了调整，锅炉调节性能更为自如。无论燃用低位发热量为 11200 kJ/kg 的煤矸石，还是 21000 kJ/kg 的无烟煤，负荷均可稳定在 75t/h，根据负荷需要可长期在 85 t/h 运行，甚至达到 90 t/h 以上。图 7-2 给出了某段时间的负荷情况。燃烧室上下温度基本一致，相差不到 50℃，见图 7-3。而分离器水冷受热面的吸热使循环灰温度明显下降，且比分离器进口温度低，见图 7-4。

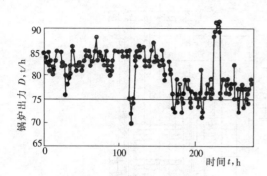

图 7-2　75t/h 循环流化床锅炉负荷变化

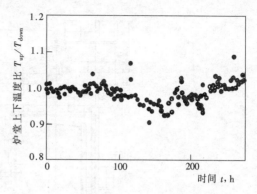

图 7-3　燃烧室上、下部温度的变化

运行 20000h 后检查，燃烧室水冷壁、分离器和转向室以后的受热面均无明显磨损，分离器内部的耐磨材料光滑如初，施工余痕仍在；尾部受热面略有积灰，无一次磨损爆管。由于省煤器之前所有烟道均采用全膜式壁结构，没有使用高温烟道膨胀节，密封性能良好。燃料适应性很强，无论燃用挥发分极低的无烟煤或挥发分较高的烟煤，还是燃用热值极低的煤矸石或热值较高的山西无烟煤，分离器、立管、送灰器未发现结焦，耐火材料也无一次倒塌脱落。燃烧效率接近同容量的煤粉锅炉。对燃料粒径的要求也不严格，有时破碎机事故，未经破碎的原煤也能保证锅炉运行。

入炉煤粒度要求为 0～8mm。实践表明，少量的大于 13mm 颗粒对运行影响不大，故一

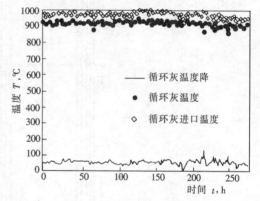

图 7-4　循环灰分离器进出口物料温度

般的燃料制备系统即可满足。为达到良好的脱硫效果，要求石灰石粒径为0～1mm。

二、75t/h 高温绝热旋风分离器循环流化床锅炉

1. 锅炉主要参数

75t/h 绝热旋风筒循环流化床锅炉为中温中压循环流化床锅炉，结构简单、紧凑，锅炉本体由燃烧设备、给煤装置、床下启动燃烧器、循环灰分离和飞灰回送装置、水冷系统、过热器、省煤器、空气预热器、钢架、平台扶梯、炉墙等组成，见图 7-5。锅炉主要参数见表 7-2。

表 7-2　　　　　　75t/h 高温绝热旋风分离器循环流化床锅炉主要设计参数

额定蒸发量 （t/h）	额定蒸汽压力 （MPa）	额定蒸汽温度 （℃）	给水温度 （℃）	排烟温度 （℃）	锅炉设计效率 （%）
75	3.82	450	150	～150	90

设计燃料为 Ⅱ 类烟煤，$Q_{net,ar}$18841～23027kJ/kg。掺烧工业废渣 8t/d、污泥 10t/d 及链条炉细灰 30t/d，工业废渣热值约为 25121kJ/kg，污泥热值约为 8374kJ/kg，细灰热值约为 12560kJ/kg。燃料颗粒度要求 0～10mm；石灰石颗粒度要求小于 2mm。

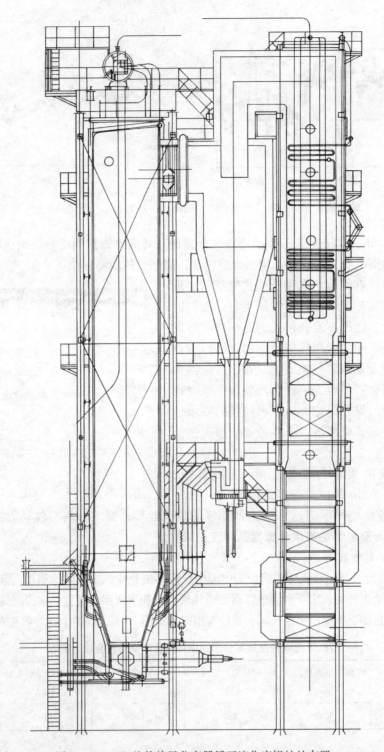

图 7-5　75t/h 绝热旋风分离器循环流化床锅炉的布置

2. 锅炉布置简介

流化床布风板采用水冷布风板结构，有效面积为 7.7m²；布风板上布置了 665 只风帽，布风板上风帽间填保温混凝土和耐火混凝土。布风板上布置了两个 $\phi219$ 的放渣管，可接冷渣机。

空气分为一次风及二次风，一、二次风之比为 60%：40%。一次风从炉膛水冷风室两侧送入，经布风板风帽小孔进入燃烧室；二次风在布风板上沿高度方向分两层送入。

炉前布置 3 台螺旋给煤装置，煤经落煤管送入燃烧室。落煤管上布置有送煤风和播煤风，以防给煤堵塞。送煤风和播煤风接一次冷风，约为总风量的 4%，每根送风管、播煤风管均安装一只风门以调节送煤风量。给料口距离布风板约 1500mm。另外，在前墙水冷壁中心标高约 8000mm 左右处布置了一个给料口，供工业废渣、污泥、链条炉细灰等送入炉膛燃烧之用。

采用水冷布风板、油枪床下点火技术。油枪为机械雾化式，燃用轻柴油，油压约3.0MPa，油量 150～350kg/h。油雾在床下预燃室（启动燃烧器）内先燃烧，燃烧火焰与冷空气混合成低于 800℃ 的高温烟气，再经风室进入燃烧室加热物料。采用预热锅炉本体，点火初期烟气温度可调节低些，然后视料层温度再逐渐调高温度。锅炉的一次风管、二次风管、播煤风管、床下启动燃烧器、给煤管运行时，一起随炉膛往下膨胀。布风板以上密相区炉内墙采用浇注高强度耐磨可塑料；水冷壁外侧采用敷管炉墙结构，外加外护板。高温旋风筒、水平烟道及尾部烟道采用轻型炉墙、护板结构。针对循环流化床锅炉的特点，在炉室、高温旋风筒等部位选用高强度耐磨可塑料、高强度耐磨砖，以保证锅炉安全可靠运行。在炉膛出口与高温旋风筒入口处，采用柔性非金属膨胀节。在过热器、省煤器穿墙管等处均设有膨胀密封结构。

高温旋风分离器装置布置在炉膛出口，分离器入口烟温 900℃。在分离器下部布置了回料装置。分离下来的物料经回料装置送回炉膛。回料口离风帽高约 1200mm。回料风应接风门。经过分离器分离的烟气从分离器中心筒流出，经水平烟道进入尾部对流烟道，加热尾部受热面。

炉膛水冷壁采用全悬吊膜式壁结构，炉室分左、右、前、后六个回路。其中，前后墙水冷壁各两个回路。膜式壁管径为 $\phi60\times5mm$，前、后墙水冷壁在水冷风室区域为 $\phi51\times5mm$，节距为 100mm。炉膛四周布置刚性梁，有足够的承载能力。下降管采用先集中后分散的结构，由汽包引出 2 根直径 $\phi325\times16mm$ 的集中下降管，一直到炉前下部，然后再从集中下降管引出分散下降管，分散下降管均为 $\phi108\times4.5mm$，前、后墙各为 4 根，两侧墙为 3根。两侧墙汽水连接管直径为 $\phi133\times6mm$，各 3 根，前后墙为 $\phi133\times6mm$，各 8 根。在水冷壁易磨损部位采用焊鳍片、焊销钉敷耐磨材料等方法防磨。

过热器系统布置在尾部烟道中，分高温段及低温段。烟气先经高温段后经低温段。高温段过热器管径 $\phi42\times3.5mm$，节距 200mm，采用逆流布置方式，管子材质为 15CrMo；低温段管径 $\phi32\times3mm$，节距 100mm，采用逆流布置方式，管子材质为 20/GB3087 锅炉管。为调节过热汽温，在高、低温段过热器之间布置 $\phi273mm$ 的喷水减温器。高、低温段过热器迎烟气冲刷第一排管，设有防磨盖板。高、低温过热器采用悬吊管的形式，由每一排悬吊管来吊一排高温过热器管子、两排低温过热器管子。过热器后面，布置了上、下两级省煤器，为防止磨损，上、下组省煤器采用膜式省煤器结构，错列布置，横向节距为 80mm，纵向节距为 45mm，管径为 $\phi32\times4mm$。为防止磨损，上、下组省煤器迎烟气冲刷第一、二排管子加装防磨盖板，弯头处加装防磨罩。省煤器管子支承在两侧护板上。由于空气压力高，为防止漏风，采用卧式空气预热器，空气在管内，烟气在管外，顺列布置，管径 $\phi40\times1.5mm$。迎烟气冲刷第一排管子采用 $\phi42\times3.5mm$ 的厚壁管，以防止磨损。预热器管箱分三段，最上一只管箱为二次风预热器，横向节距为 63mm，纵向节距为 60mm，下两只管箱为一次风管箱，横向节距为 68mm，纵向节距为 60mm。

　　锅炉本体及炉墙、管道、附件等的重量由钢架支承，钢架采用框架结构，炉室悬吊于炉顶主梁下，汽包支承在炉顶主梁上，其余部分载荷分别由相应的横梁、斜杆传至立柱上。锅炉外形尺寸：高×宽×深＝33850mm×120000mm×16248mm，左右柱距离 6800mm，前后柱距离 12700mm，汽包中心标高 31850mm，运转层标高 7000mm，操作层标高 4200mm。

　　锅炉本体水、汽侧流程为：给水→省煤器进口联箱→省煤器管束→省煤器出口联箱→汽包→下降管→水冷壁下联箱→上升管→水冷壁上联箱→汽水连接管→汽包饱和蒸汽引出管→吊挂管入口联箱→吊挂管管束→低温过热器入口联箱→低温过热器管束→低温过热器出口联箱→连接管→喷水减温器连接管→高温过热器进口联箱→高温过热器管束→高温过热器出口联箱→连接管→汇汽联箱。

　　3. 热力计算结果

　　一次风量、二次风量分别为 54600m³/h 和 36400m³/h（标准状况下，已考虑储备系数）；一次风锅炉本体空气阻力为 13060Pa，二次风锅炉本体空气阻力为 6742 Pa；锅炉出口烟气量为 168185 m³/h，锅炉本体烟气阻力为 3560 Pa；回料风压为 12000 Pa，风量为标准状况下 600m³/h。

　　锅炉热力计算结果汇总见表 7-3。

表 7-3　　　　75t/h 高温绝热旋风分离器循环流化床锅炉热力计算结果汇总表

参数名称	单 位	炉 膛	高温过热器	低温过热器	上级省煤器	下级省煤器	二次风空气预热器	一次风空气预热器
烟气出口温度	℃	880	716	506	303	212	185	145
工质进口温度	℃		351	266	183	150	20	20
工质出口温度	℃		450	385	254	183	125	128
烟气速度	m/s		7.2	7.2	6.8	5.4	6.8	6.4
工质速度	m/s		24.8	21.2			13.3	10.2
温压	℃		396	283	178	87.7	109	68
传热系数	W/(℃·m²)		66.6	55.1	50.5	44.6	19.2	16.7
吸热量	kJ/kg	6951	1748	2381	2346	1020	371	570

第二节　130t/h 水冷方形分离器循环流化床锅炉

一、锅炉设计特点

　　130t/h 水冷方形分离器循环流化床锅炉是在 75t/h 水冷方形分离器循环流化床锅炉的基础上进行放大设计而成的，如图 7-6 所示，其主要设计特点是：

　　（1）从水冷风室到尾部包墙采用了膜式壁结构，联为一体，很好地解决了锅炉的膨胀和

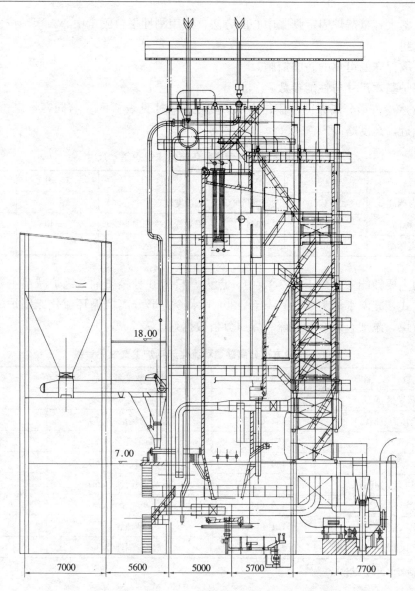

18.00

7.00

| 7000 | 5600 | 5000 | 5700 | 7700 |

图 7-6　130t/h 水冷方形分离器循环流化床锅炉（中压）

密封问题。

（2）由膜式水冷壁加高温防磨内衬组成水冷方形分离器，与炉膛组成一个整体，结构紧凑。

（3）在炉膛顶部设置高温过热器，充分利用了换热量随物料循环量和燃烧室温度变化的特点，使得锅炉负荷变动时蒸汽参数能达到额定值；低温过热器位于尾部包墙内。若为高压炉，炉内过热器为二级过热器，三级过热器布置在包墙内低温过热器上部。

（4）由于采用水冷风室及水冷式布风板，可以采用床下点火。

（5）防磨内衬较薄，可以快速启动，节约启动用油，负荷变化速度不再受耐火材料的稳定性限制。

（6）采用自平衡回料系统，运行操作简单，安全可靠。

（7）借鉴大容量锅炉固定膨胀中心的方法，采用刚性平台固定中心，锅炉按预定方向膨胀，利于密封。

（8）采取保守的可靠的防磨措施。

二、锅炉基本尺寸与性能参数

130t/h 水冷方形分离器循环流化床锅炉的基本尺寸见表 7-4。与同容量煤粉锅炉相比，占地面积相近，高度略高。

表 7-4　　　　　130t/h 水冷方形分离器循环流化床锅炉基本尺寸　　　　　　　　mm

项　　目	中　压	高　压	项　　目	中　压	高　压
运转层平台标高	8000（7000）	8000（7000）	锅炉宽度（柱中心线）	10100	10300
汽包中心标高	33615	34440	锅炉深度（柱中心线）	14345	15250
本体最高点标高	37615	39500			

锅炉的主要性能参数列于表 7-5 中。点火燃料为 0 号轻柴油，锅炉减温主要采用给水喷水减温方式，减温水量为 3t/h。某台 130t/h 水冷方形分离器循环流化床锅炉的设计煤种为当地劣质煤，添加石灰石粉脱硫。煤质分析数据列于表 7-6 中。

表 7-5　　　　　130t/h 水冷方形分离器循环流化床锅炉主要性能参数

参　数　名　称	数　值	参　数　名　称	数　值
额定蒸发量（t/h）	130	冷空气温度（℃）	20
主蒸汽压力（MPa）	3.82（9.81）	燃料消耗量（t/h）	33.3
主蒸汽温度（℃）	450（540）	石灰石消耗量（t/h）	1.56
给水温度（℃）	150（215）	入炉煤粒径（mm）	0～10
给水压力（MPa）	4.7（11.5）	石灰石粒径（mm）	0～1
排烟温度（℃）	143（143）	铺床灰粒径（mm）	0～3
一次风温（℃）	121（133）	灰渣比	5∶5
二次风温（℃）	220（225）	锅炉效率（%）	89～90

注　表中括号内为高压锅炉的数值。

表 7-6　　　　　　　　　　煤质分析数据

项　　目	收到基碳 C_{ar}（%）	收到基氢 H_{ar}（%）	收到基氧 O_{ar}（%）	收到基氮 N_{ar}（%）	收到基硫 S_{ar}（%）	收到基灰分 A_{ar}（%）	收到基水分 M_{ar}（%）	干燥无灰基挥发分 V_{daf}（%）	低位发热量 $Q_{net,ar}$（kJ/kg）
设计煤种	34.25	1.02	4.14	0.47	0.59	52.53	7.0	6.48	12410

三、锅炉基本结构

采用单汽包横置式自然循环，室外布置。膜式水冷壁炉膛前吊后支，Ⅱ型布置。

由于烟气携带大量物料，其热容量很大，整个炉室温度较均匀。炉膛出口温度约为 870～920℃。物料浓度很高的烟气离开炉膛后，即通过分离器在热态下将物料分离，分离下来的高温物料经由立管通过送灰器送回燃烧室。为了保证燃烧始终在低过量空气系数下进行，以利于 NO_x 的控制，采用分级送风，二次风通过播煤风管和上二次风管分别送入燃烧室下部不同高度的空间。

燃烧设备主要由布风装置、给煤装置、物料循环系统和热烟气发生器（风道燃烧器）等组成。在炉前 7m 操作平台上布置 4 个螺旋给煤装置分别接给煤管，并用播煤风将燃煤播散吹入炉膛。燃烧室一次风占总风量的 65% 左右，由左右两侧风道引入，风室与膜式壁直接相连，随膜式壁一起膨胀和收缩，利于密封。风帽安装在底部水冷壁鳍片上。采用油枪床下点火，配有两个点火用热烟气发生器分设在两侧风道中，油枪工作压力为 1.47MPa，喷油量为 400kg/h。根据点火情况可适当调节风量。在热烟气发生器中，高温烟气和冷风混合形成温度为 850℃ 左右的热烟气，通过风室和风帽来加热床面

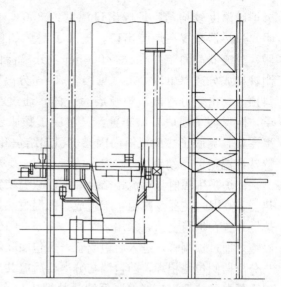

图 7-7　炉膛下部结构及空气预热器布置

上铺设的床料。床料启动厚度以 500mm 左右为好，粒度 0～3mm。在采用油枪床下点火时，床料中可以有 10% 以下的煤粒，当床料加热到 600℃ 时，就可以少量逐步给煤，待床温升到 700℃ 以上时可以关闭油枪，正常投煤运行。床下点火成功率高，操作劳动强度小，且又能保证环境整洁。燃烧设备以及空气预热器的布置见图 7-7。

从汽包引出的饱和蒸汽至顶棚管入口联箱，从包墙管出来再到尾部竖井的低温过热器；高温段和低温段过热器之间设置有喷水减温器，减温范围约为 30℃，还可以通过控制循环灰量即改变固气比来调节过热蒸汽汽温。集汽联箱均布置在炉顶。在尾部竖井烟道中上部为低温过热器，以下依次布置高温省煤器、低温省煤器、二次风空气预热器和一次风空气预热器。

整个构架采用钢结构，单排柱。汽包、顶部连接管、炉膛、顶棚管、高温过热器、低温过热器、包墙管等全部悬吊在锅炉顶梁上。

平台楼梯均以适应运行和检修的需要而设置，平台与楼梯采用栅架结构，平台宽 0.85m，楼梯宽度 0.7m，坡度为 50°。锅炉室外布置。锅炉前 Z_1 柱与厂房间局部封闭，并在 Z_1 柱设置一台 1t 的单轨吊，Z_1 柱承担封闭和吊装的荷重。锅炉构架与主厂房标高 21m 层设联系平台。

由于循环流化床锅炉燃烧室内灰浓度很高，需要良好密封。为此，采用全膜式壁结构，炉膛四周水冷壁均采用 $\phi60(51)\times5mm$、节距为 100mm 的鳍片管，分离器水冷壁采用 $\phi42\times5mm$、节距为 75mm 的鳍片管，顶棚管与包墙管采用 $\phi42\times5mm$、节距为 100mm 鳍片管。炉膛由膜式水冷壁构成，前后墙在炉膛下部收缩形成锥形炉底，后墙水冷壁向前弯，与两侧水冷壁共同形成水冷布风板和风室。布风板面积约 17.6m²。在布风板的鳍片上装有耐热铸钢单孔风帽，具有动量大、定向等特点，有利于加剧炉内床料的混合，提高燃烧效率，并对布风板均匀性、排渣通畅有益。布风板四周 4m 高度区域水冷壁焊有密排销钉，并涂敷有特殊高温耐磨浇注料。

主燃烧室工作温度为 900～950℃。由于烟气携带大量循环物料，其热容量很大，整

个炉膛温度较均匀。炉膛出口温度约 850℃ 左右。在炉膛出口处布置有过热器。实践证明，过热器布置在炉膛出口，提高了锅炉的低负荷运行能力。布置有两个水冷方形分离器，分离器截面 4000mm×4000mm。分离器由膜式水冷壁组成，分离器斜顶、侧墙与顶棚管构成分离器出口烟道（见图 7-6）。分离器芯管由高温耐磨合金钢制成，置于分离器斜顶上。由于分离器与炉膛成为一体，通过水冷壁上联箱悬吊在顶板梁上，结构紧凑简单，既保持了锅炉 II 型布置，又解决了膨胀密封问题。分离器内部只涂一层很薄的耐磨浇注料，克服了热旋风筒内因燃烧引起结焦和启动时间长的弊端。J 型阀送灰器的材质为特殊高温耐磨不锈钢。

锅炉采用辐射与对流相结合并配以减温装置的过热器系统，由顶棚管、包墙管、低温过热器、高温过热器及减温系统组成。低温过热器管子为 $\phi38\times3.5mm$ 的 20 号钢管，高温过热器布置在炉膛上部，采用 $\phi42\times4.5mm$ 的 12Cr1MoV 管子。饱和蒸汽从汽包至顶棚入口联箱，通过顶棚管，进入后包墙管，后包墙联箱与侧包墙下联箱通过直角弯头连接，侧包墙与分离器侧包墙相焊，前包墙与分离器后墙共用，形成一个整体。过热蒸汽从侧包墙上联箱引入低温过热器入口联箱，低温过热器入口布置在水平烟道，为光管错列布置，为减少磨损，在避免烟速过高的同时，加盖材质为 1Cr13 的防磨盖、压板及防磨瓦，对局部也作了相应的处理。

在尾部竖井烟道中设有两级省煤器，高温段省煤器采用鳍片管顺列布置，并加盖有材质为 1Cr13 的防磨盖、压板及防磨瓦；低温段采用光管错列布置。

在省煤器后布置了两级管式空气预热器。上级空气预热器用来加热二次风，管子规格为 $\phi40\times1.5mm$；下级空气预热器用来加热一次风，管子规格为 $\phi40\times2.5mm$。一、二次风系统和引风系统采用单系统布置。

锅炉汽水系统简图见图 7-8。

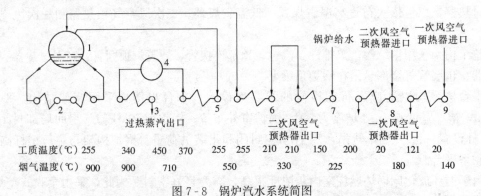

图 7-8　锅炉汽水系统简图
1—汽包；2—水冷壁；3—高温过热器；4—减温器；5—低温过热器；6—第二级省煤器；7—第一级省煤器；8—二次风空气预热器；9—一次风空气预热器

四、锅炉运行情况

该型锅炉的第一台于 1999 年 10 月正式投入商业运行。试运期间，运行燃料低位发热量为 11000～14000kJ/kg，其中主要为 12000kJ/kg 左右的当地劣质无烟煤矸石。由于燃料的着火点较高，床下点火需要将床料加热到 620℃ 以上时才可以投煤。启动过程中燃烧室的温度与启动时间的关系见图 7-9。

启动油枪加热床料，约80min后，床料温度接近620℃，此时开始少量给煤；根据床温的变化速度和排烟氧气含量变化判断是否着火。煤着火燃烧后从整体的暗红色逐渐转向亮红色。120min后，床温突然迅速上升，迅速调整风量和给煤量，维持床温为930℃左右，此时主蒸汽压力和温度也接近额定参数。当主蒸汽压力和温度达到汽轮机要求后并汽。冷态启动过程中的主蒸汽压力和温度情况见图7-10。根据汽轮机对蒸汽的需求确定锅炉负荷。由于汽轮发电机的参数限制，蒸汽温度和压力均略低于设计额定值。冷态启动到满负荷的时间约为2~2.5h。床温升温速率平均为8℃/min，最大为24℃/min，远远高于绝热旋风筒的小于1.5℃/min的严格要求。

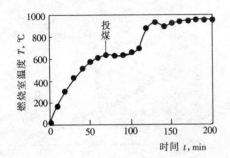

图7-9　冷态启动过程中炉膛
温度随时间的变化

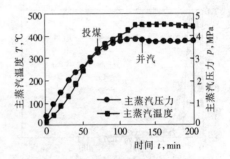

图7-10　冷态启动过程中主蒸汽
压力和温度随时间的变化

启动后逐渐增大给煤量，提高锅炉负荷。冷态启动过程中的出力情况即主蒸汽流量随时间的变化情况见图7-11。

当锅炉带到需要的负荷后，运行稳定，燃烧室上下的温度比较均匀，飞灰回送流畅。分离器水冷壁受热面的吸热使回送飞灰温度明显下降，回灰温度比分离器进口温度低，一般为50℃左右，见图7-12，图中L为距离布风板的距离。

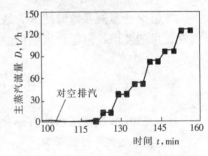

图7-11　冷态启动过程中的主蒸汽
流量随时间的变化

该炉的燃烧效率比较高，燃料的挥发分仅为6%时，飞灰含碳量为6%~8%；静电除尘器四个电场的飞灰及渣的烧失量见图7-13。飞灰粒径分布见图7-14。

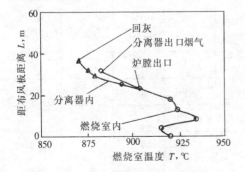

图7-12　锅炉主循环回路的温度分布

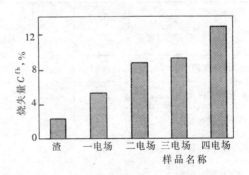

图7-13　灰渣烧失量

锅炉密封性能好，静电除尘器入口含氧量为 4.2％；循环灰量大，燃烧室上下温度均匀；分离器、立管、送灰器从未出现高温结焦问题。

正常运行压火和再启动特性见图 7-15。在 0 时刻停止给煤和二次风，充分流化后，由于燃料的后燃性较强，床温在维持一段时间才开始下降。降至 870℃左右时停一次风机对风室进行泄压处理，床温开始自然下降；在降至 730℃左右时温度下降速率变小；降至 650℃以上时启动可以直接给煤，即热态启动。若压火时间过长，大于 6～7h，床温降到 600℃以下，需要重新投油枪加热启动，即温态启动。热态启动时间约为 30min，温态启动时间与启动时的床温有关。

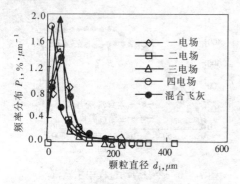

图 7-14　飞灰粒径分布

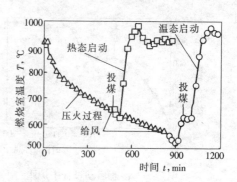

图 7-15　正常运行压火和再启动特性

能够保证蒸汽参数时的锅炉最低负荷为 45％。当锅炉负荷低于 45％时，主蒸汽温度偏离汽轮机的要求，但能稳定燃烧。最低稳定燃烧的负荷率为 20％左右。

第三节　220t/h 循环流化床锅炉

一、220t/h 次高压水冷方形分离器循环流化床锅炉

1. 煤种及锅炉性能参数

某台 220t/h 次高压水冷方形分离器循环流化床锅炉的设计煤种为当地燃料，煤质分析数据列于表 7-7 中，技术规范和主要设计及运行参数见表 7-8。燃烧室设计温度为 912℃。

表 7-7　　　　220t/h 次高压水冷方形分离器循环流化床锅炉的煤质分析

项　目	C_{ar} (%)	H_{ar} (%)	O_{ar} (%)	N_{ar} (%)	S_{ar} (%)	A_{ar} (%)	M_{ar} (%)	V_{daf} (%)	$Q_{net,ar}$ (kJ/kg)
设计煤种	53.85	2.64	3.86	0.75	1.18	30.92	6.80	30.50	20576
运行煤种Ⅰ	52.91	3.33	7.20	0.81	0.84	25.91	9.00	34.58	19830
运行煤种Ⅱ	50.92	3.26	7.07	0.79	0.90	27.26	9.80	35.46	19170
运行煤种Ⅲ	52.14	3.36	7.48	0.81	0.82	25.19	10.20	35.97	19620
运行煤种Ⅳ	42.20	3.00	8.31	0.64	0.75	29.50	15.60	32.44	16170

表 7 - 8　　220t/h 次高压水冷方形分离器循环流化床锅炉设计及运行参数

项目	主 蒸 汽			给水温度	排烟温度	风 温			减温水量	灰渣比例	炉膛温度	烧失量		锅炉效率	排 放 值	
	流量	压力	温度	温度	温度	一次风	二次风	冷风	水量	比例	温度	飞灰	底渣	效率	CO	NO$_x$
	(t/h)	(MPa)	(℃)	(℃)	(℃)	(℃)	(℃)	(℃)	(t/h)		(℃)	(%)	(‰)	(%)	(ppm)	(ppm)
设计值	220	5.29	485	150	134	134	220	20	3.0	7：3	912	<10.0	<2.00	90	<250	<200
工况Ⅰ	218.5	5.19	475	145.4	131	130	223	16	1.1	7：3	908	9.08	1.27	90.22	123	68
工况Ⅱ	219.9	5.16	473	138.5	129	133	224	14	0.5	6：4	909	9.7	0.47	90.28	76	121
工况Ⅲ	240.3	5.07	473	136.5	138	136	225	15	2.0	7：3	914	7.44	0.97	90.59	38	55
工况Ⅳ	222.6	5.15	475	139.4	130	123	233	17	2.8	6：4	912	6.44	0.74	91.12	88	69

2. 锅炉结构

锅炉采用单汽包横置式自然循环，Ⅱ型布置，自炉前向后依次布置燃烧室、分离器、尾部烟道。锅炉采用双框架结构，炉前向后计四排柱。外形尺寸为高 43600mm、宽 21400mm、深 20700mm；锅筒中心标高 39600mm，运转层标高 8000mm，左右柱距离 12800mm，前后柱距离 20700mm。

省煤器之前的所有炉墙均为膜式壁吊挂结构，锅炉从水冷风室到尾部包墙采用了膜式壁结构，联为一体，采用刚性平台固定中心，解决了锅炉的膨胀和密封问题；省煤器之后为轻型护板炉墙，支撑结构。炉膛由膜式水冷壁构成，截面积约 55m²，燃烧室净高约为 30m，炉膛下部前后墙收缩成锥形炉底，前墙水冷壁延伸成水冷布风板并与两侧水冷壁共同形成水冷风室。燃烧室下部水冷壁焊有密度较大的销钉，敷设较薄的高温耐磨材料。实验和运行实践证明，这种防磨措施既经济又有效，提高了水冷壁的利用率。

炉膛出口布置两个膜式水冷壁构成的方形分离器，分离器前墙与燃烧室后墙共用，分离器入口加速段由燃烧室后墙弯制形成；分离器后墙同时作为尾部竖井的前包墙，该面水冷壁向下收缩成料斗，向上的一部分直接引出吊挂，另一部分向前至燃烧室后墙向上，构成分离器顶棚和出口烟道前墙；分离器两侧墙水冷壁向上延伸形成出口区侧墙；分离器出口区汽冷顶棚至转向室后墙向下作为尾部竖井的后墙，与汽冷侧包墙、分离器后墙一起围成膜式壁包墙，分离器、转向室与尾部包墙结合起来成为一体，避免使用膨胀节，既保持紧凑布置，又保证良好的密封性能。

燃烧室上部布置有三片翼形墙蒸发受热面和六片翼形墙过热器，作为高温过热器，充分利用了翼形墙受热面吸热量随循环量和燃烧室温度变化的特点，使得锅炉负荷大范围变动时蒸汽参数能达到额定值。低温过热器布置在尾部汽冷包墙内。由于该炉为次高压次高温参数，相对于高温高压锅炉来说过热器较少，省煤器也位于汽冷包墙内。若为高温高压参数，低温过热器和省煤器下移，在汽冷包墙内增加末级过热器。

锅炉所需空气分别由一、二次风机提供。一次风经预热后，由左右两侧风道引入水冷风室中，流经安装在水冷布风板下的风帽进入燃烧室，保证流化质量和密相区的燃烧；二次风经预热后经过位于燃烧室四周的两层二次风口进入炉膛，补充燃烧空气并加强扰动混合。燃料在炉膛内燃烧产生的大量烟气携带物料经分离器的入口段加速进入水冷方形分离器，烟气和物料分离。分离出的物料经料斗、立管、送灰器再返回炉膛；烟气自分离器的中心筒进入分离器出口区，流经转向室、低温过热、省煤器、空气预热器后排出。大渣由炉底水冷排渣管排出。

锅炉给水经省煤器加热后进入汽包；汽包内的饱和水经集中下降管、分配管分别进入燃烧室水冷壁、水冷屏和分离器水冷壁下联箱，加热蒸发后流入上联箱，然后进入汽包；饱和蒸汽流经顶棚管、后包墙管、侧包墙管，进入低温过热器入口联箱，由低温过热器加热后进入减温器调节汽温，然后经布置在燃烧室顶部的高温过热器将蒸汽加热到额定蒸汽温度，进入集汽联箱至主汽阀和主蒸汽管道，见图 7‑16。

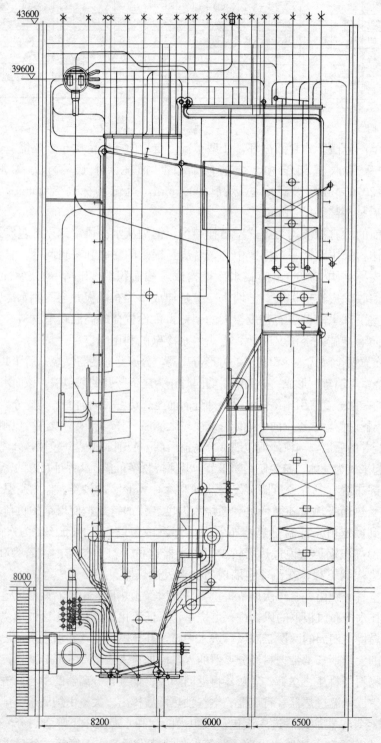

图 7‑16　220t/h 水冷方形分离器的循环流化床锅炉

由膜式水冷壁构成的当量直径为5400mm的方形分离器，与炉膛成为一体。借鉴国外水（汽）冷式圆形旋风筒成功的防磨经验，在壁面密焊销钉涂一层很薄的耐磨浇注料。由于涂层较薄并受到冷却，防磨性能更强。另外，在捕集物料的同时对物料冷却，可避免回灰发生结焦。

采用水冷风室及水冷式布风板，床下点火；回料装置由灰斗、立管、U形送灰器构成。按分离器的设置安装两套回料装置。立管为圆柱形，悬吊在水冷灰斗上。自平衡U形送灰器运行操作简单、安全可靠。送灰器的松动风取自高压风机。

尾部烟道自上而下依次为低温过热器、省煤器、二次风空气预热器和一次风空气预热器。低温过热器为光管顺列布置；布置两组省煤器；管式空气预热器为卧式。

3. 运行情况

床料由启动油枪加热约100min后，温度可达450℃以上，此时开始少量给煤；根据床温的变化速度和排烟氧气含量变化判断是否着火。煤着火燃烧后从整体的暗红色逐渐转向亮红色。待床温开始明显上升后迅速调整风量和给煤量，维持床温为900℃左右，此时主蒸汽压力和温度也接近额定参数。当主蒸汽压力和温度达到汽轮机要求后并汽。然后逐渐增大给煤量，提高锅炉负荷。启动过程中燃烧室温度与启动时间的关系见图7-17。冷态启动到满负荷时间约为3~4h。床温升温速率平均为8℃/min，最大为24℃/min。

带到额定负荷后，锅炉运行稳定，各主要参数见表7-8，负荷根据供热情况变化，按给水温度修正后见图7-18。锅炉出力稳定，有20%的超负荷能力。运行情况表明，锅炉密封性能好，没有泄漏；回灰流畅，分离器水冷受热面的吸热使回灰温度明显下降，回灰温度比分离器进口（炉膛出口）烟气温度一般低50℃左右，见图7-19。分离器、立管、送灰器从未出现高温结焦问题。燃烧室上下温度均匀，典型的主循环回路温度分布见图7-20。由图可见，锅炉的循环量较大。主循环回路工作稳定、可靠。为了解主循环回路的性能，对底渣、循环灰、飞灰粒径进行取样筛分，其分布见图7-21。粒度分布情况与其他等当量直径圆形旋风筒的循环流化床锅炉燃烧相近煤种时的情况完全一致。这也表明当量直径为5400mm的方形分离器的分离效果能够满足循环流化床锅炉的需要。

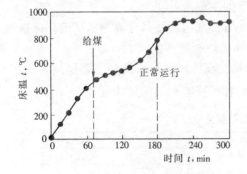

图7-17 启动过程中燃烧室温度
与启动时间的关系

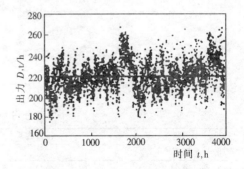

图7-18 220t/h循环流化床锅炉负荷图

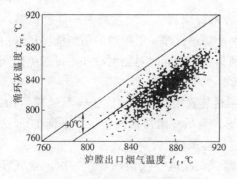

图 7-19　分离器进出口物料温度

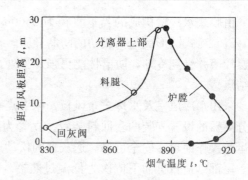

图 7-20　主循环回路温度分布

锅炉的燃烧效率比较高，飞灰含碳量为 6%～9%；静电除尘器三个电场的飞灰及底渣的烧失量见图 7-22。

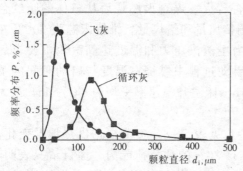

图 7-21　循环灰及飞灰粒径分布图

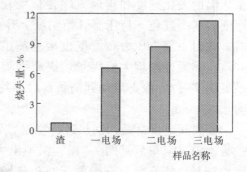

图 7-22　灰渣烧失量

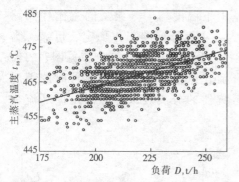

图 7-23　不同负荷下的主蒸汽温度

第一台 220t/h 水冷方形分离器循环流化床锅炉于 2001 年 12 月正式投入商业运行，截至 2002 年 12 月 10 日，连续运行时间超过 5200h。但由于蒸发受热面设计裕量偏大，减温水调节阀关闭不严，导致低负荷主蒸汽温度偏低。另外，尾部对流受热面烟气流速偏低，积灰严重，加大了这一趋势。图 7-23 为不同负荷下的主蒸汽温度。

二、220t/h 高压水冷旋风分离器循环流化床锅炉

1. 煤种及锅炉性能参数

某台 220t/h 高压水冷旋风筒分离器循环流化床锅炉设计煤种的煤质分析等数据列于表 7-9 中，锅炉技术规范和基本尺寸见表 7-10。

表 7-9　　　　　　　　　　　　煤质分析及燃料和石灰石筛分

项　目	设计煤种值	项　目	设计煤种值
收到基碳 C_{ar}（%）	57.07	收到基水分 M_{ar}（%）	9.11
收到基氢 H_{ar}（%）	1.39	干燥无灰基挥发分 V_{daf}（%）	7.26
收到基氧 O_{ar}（%）	2.31	低位发热量 $Q_{net,ar}$（kJ/kg）	20310
收到基氮 N_{ar}（%）	0.55	燃料入炉粒径（mm）	0～10，$d_{50}=1000\mu m$
收到基硫 S_{ar}（%）	0.68	石灰石入炉粒径（mm）	0～1，$d_{50}=450\mu m$
收到基灰分 A_{ar}（%）	28.89		

参数名称（或项目）	数　值	参数名称（或项目）	数　值
额定蒸发量（t/h）	220	锅炉设计效率（%）	90.22
额定蒸汽压力（MPa）	9.81	运转层标高（mm）	8000
额定蒸汽温度（℃）	540	汽包中心标高（mm）	42830
给水温度（℃）	215	锅炉宽度（柱中心线）（mm）	11800
空气预热器进风温度（℃）	25	外框架（柱中心线）（mm）	20400
排烟温度（℃）	135	锅炉深度（柱中心线）（mm）	22650

表7-10　　　　　　　　　　　　　**锅炉技术规范和基本尺寸**

2. 燃烧系统结构特点

220t/h高压水冷旋风分离器循环流化床锅炉的结构特点是：

（1）全膜式壁结构。锅炉的炉膛、分离器及尾部烟道均采用膜式壁结构，较好地解决了锅炉的膨胀和密封问题；后墙水冷壁向前弯曲构成水冷布风板，与两侧墙组成水冷风室，为床下点火提供必要条件；水冷风室整体膨胀性好，易于密封，耐火衬里薄，便于维修。

（2）床下热烟气发生器点火。点火用油在热烟气发生器内筒燃烧，产生高温烟气，与夹套内的冷却风充分混合成850℃左右热烟气，经过布风板，在沸腾状态下加热物料。该点火方式具有热量交换充分、点火升温快、耗油量低、点火劳动强度小、成功率高等特点。点火采用一次风，结构简单。

（3）布置两个水冷式旋风分离器。旋风分离器内径为ϕ4850，炉膛后墙一部分向后弯制形成分离器入口加速段，分离器入口、出口和回料管上均设有膨胀节，回料管采用高温防耐磨浇注料作内衬。分离器由膜式水冷壁加高温防磨内衬组成，既解决了膨胀问题，又使得分离器的维修十分方便；锅炉启动不受耐火材料的限制，负荷调节快，冷启动时间短；分离器外部按常规保温后，壁温低于50℃，热损失小；由于有水冷却，在燃用不易燃尽的燃料时，对分离器里可能出现的二次燃烧有冷却作用，避免结焦。分离器由管子加扁钢焊成膜式壁构成，内壁密布销钉，再浇注约55mm厚（绝热旋风分离器通常厚度需300～400mm）的防磨内衬，耐火材料大大减少，维护费用降低。旋风筒外壁按常规保温后，水冷分离器外壁表面温度由常规热旋风筒的121℃降到50℃左右，散热损失减小，提高了锅炉效率，降低了运行成本。水冷分离器的循环回路采用自然循环，因此其壁温和炉膛水冷壁相同，而又都是悬吊结构，膨胀差值很小。

（4）在炉膛上部沿炉膛高度在炉膛前侧设置有屏式过热器，充分利用换热量随物料循环量和燃烧室温度变化的特点，使锅炉负荷大范围变动时蒸汽参数保持稳定，在屏式过热器下部采用密集销钉加特殊防磨措施进行防磨处理。在尾部竖井中布置有高温过热器、低温过热器，这种布置方式使烟气流动均匀，有利于降低磨损。在低温过热器和屏式过热器、屏式过热器与高温过热器之间设置有两级给水喷水减温器，以控制蒸汽温度在允许范围内。

（5）设有两个送灰器，分别由水冷灰斗、立管、J形阀构成。水冷灰斗由分离器水冷壁收缩而成。立管为圆柱形，悬吊在水冷灰斗上，采用双层结构，保证密封。J形阀为一高流率、小风量的自平衡送灰器，将循环物料由炉膛后墙送入流化床层。送灰器的松动风来自高压风机，阀与立管之间设有膨胀节。

采用高流率、小风量的自平衡的J形送灰器，送灰器的松动风取自单独的高压风机，运行操作方便、安全可靠。借鉴了大容量锅炉固定膨胀中心的方法，采用了刚性平台固定中心。实践证明，锅炉按预定方向膨胀，利于密封。给煤口及顶部一、二次密封采用新型结构，炉膛四周密封，密封填块由制造厂预焊，减少工地工作量。

（6）锅炉采用单汽包横置式自然循环、水冷旋风分离器、膜式壁炉膛前吊后支、全钢架Ⅱ型结构、室外布置。循环流化床锅炉燃烧室内固体物料浓度较高，炉室要良好的密封和防磨，采用膜式壁结构。锅炉燃烧所需空气分别由一、二次风机提供，一次风送出来的风经过一次风空气预热器预热后，由左右两侧风道引入炉后水冷风室中，通过安装在水冷布风板上的风帽，进入燃烧室；二次风经过管式空气预热器后由播煤风口、二次风口进入炉膛，补充空气并加强扰动混合，为保证二次风充分到达炉膛，采用炉前后和两侧进风结构。燃煤在炉膛内燃烧产生的大量烟气和飞灰，烟气携带大量未燃尽的碳粒在炉膛上部进一步燃烧放热后，经过屏式过热器，进入旋风分离器中，烟气和物料经分离，被分离出来的物料经过料斗、立管、J形送灰器再返回炉膛，实现循环燃烧。经分离器后的洁净烟气经转向室、过热器、省煤器、空气预热器由尾部烟道排出。燃煤经燃烧后所产生的大渣由炉底排渣装置排出。

（7）炉膛由膜式水冷壁构成（截面 5160mm×8680mm，净空高约 32m）。前后墙在炉膛下部收缩成锥形炉底，后墙水冷壁向前弯，与两侧水冷壁共同形成水冷布风板和风室。布风板面积约 26m^2。布风板上部流速设计值大于 5m/s，以保证较大颗粒亦能处于良好流化状态。在布风板的鳍片上装有耐热铸钢风帽，该风帽为改进型蘑菇头风帽，对布风均匀性、排渣通畅、减轻磨损、防止漏渣有很大好处。炉膛的密相区四周 6m 高度范围是磨损最严重的部位之一。在此区域水冷壁焊有密排销钉，并涂敷有特殊高温耐磨浇注料。主燃烧室工作温度 880～930℃，炉膛出口处布置有四片屏式过热器以及三片水冷屏蒸发受热面，实践证明，过热器布置在炉膛出口，提高了锅炉的低负荷运行能力。

燃烧室一次风占总风量的 60%，由左右两侧风道引入炉前水冷风室中。风室与水冷壁直接相连，并随膜式壁一起膨胀和收缩，利于密封。风帽安装在底部水冷壁鳍片上，风帽采用蘑菇头耐热铸钢风帽。设置有 6 根 φ219 排渣管。3 根作正常排渣用，其他 3 根作事故排渣用。为保证燃烧始终在低过量空气系数下进行，以抑制 NO$_x$ 的生成，采用分段送风。二次风占总风量的 40% 左右，通过播煤风和上、下二次风管分别送入燃烧室不同高度。播煤风管连接在每个给煤机入口，并配有简易风门，以便根据给煤机的使用情况控制入口风量；上二次风通过炉床前后各 8 根风管在标高 11200mm 处进入炉膛；下二次风通过炉床前 8 根、后 4 根、两侧标高 8500mm 各 2 根风管进入炉膛。一、二次风管上均设有电动风门及机翼测风装置，运行时可通过调节一、二次风比来适应煤种和负荷变化需要。

（8）采用水冷布风板和水冷风室，为床下点火创造了条件。设有两个热烟气发生器，作为点火热源，设置在锅炉中部左右两侧风室中。由于整个加热启动过程均在流态化下进行，热量是从布风板下均匀送入料层，不会引起低温和高温结焦。床下油点火方式具有耗油少、启动快、成功率高、环境卫生、工人劳动强度低等优点。

（9）将石灰石与煤一起加入炉前埋刮板给煤机的前端，随燃煤一起进入炉膛燃烧，实现炉内脱硫。石灰石的量根据尾部 SO$_2$ 浓度的监测而变化。

正如所知，循环流化床锅炉运行的关键在于建立稳定的物料循环。大量的循环物料起传质和传热作用，从而使炉膛上下温度梯度减少，负荷调节范围增大。要求入炉煤粒径为 0～

10mm，根据煤的挥发分、灰分不同，应有合理的粒比度，以保证燃料中灰分大都成为可参与循环的物料。对于挥发分低、灰分低的煤，粒径 1mm 的颗粒比例应高一些。一般应采用两级破碎系统，使用环锤式破碎机。为了达到良好的脱硫效果，要求添加的石灰石粒径在 0～1mm，其中小于 0.1mm 不大于 10%；在循环流化床燃烧温度区间内石灰石脱硫是扩散控制反应，如石灰石粒径太大，比表面积小，脱硫反应不充分，颗粒扬析率也低，不能起到循环物料作用；若颗粒太小，则在床内停留时间太短，效果差。炉前适当位置应设灰仓作为启动用，可由炉渣破碎或筛选成 0～5mm 粒度。点火需要灰通过灰仓，直接向床内给料，以减轻人工铺设底料劳动强度。如果燃煤品种或粒径发生改变时，灰仓里的灰还可以跟踪调节负荷。220t/h 高压水冷旋风分离器循环流化床锅炉的设计对上述情况作了充分考虑。

3. 汽水系统

锅炉给水经给水混合联箱，由省煤器加热后进入汽包。汽包内的饱和水从集中下降管、分配管进入炉膛水冷壁下联箱、三片水冷屏以及水冷旋风分离器下部环形联箱，被加热后形成汽水混合物，随后经各自的上部出口联箱，通过汽水引出管进入包墙管，至位于尾部竖井包墙中低温过热器，经过一级喷水减温器后，通过布置在炉膛上的屏式过热器，再经过二级喷水减温器调节后进入高温过热器，被加热到额定参数后进入集汽联箱，最后通过主汽阀至主蒸汽管道。汽水系统见图 7-24。

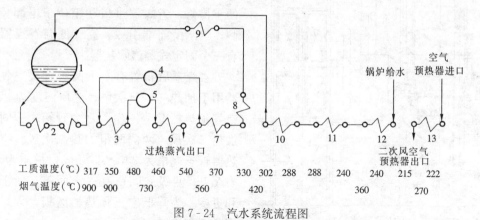

图 7-24　汽水系统流程图
1—汽包；2—水冷壁；3—屏式过热器；4—第一级减温器；5—第二级减温器；6—高温过热器；
7—低温过热器；8—尾部竖井包覆墙过热器；9—顶棚管过热器；10—省煤器吊挂引出管；
11—第二级省煤器；12—第一级省煤器；13—空气预热器

过热器系统采用辐射和对流相结合并配以两级喷水减温，由包墙管、低温过热器、屏式过热器、高温过热器及喷水减温系统组成。饱和蒸汽从汽包至前包墙入口联箱，通过前包墙管，进入两侧包墙管，再引入后包墙入口联箱，通过后包墙管，进入后包墙管下联箱；前包墙下联箱与侧包墙下联箱通过直角弯头连接，后包墙与侧包墙、前侧包墙相焊，形成一个整体；后包墙管上部向前弯曲形成尾部竖井烟道的顶棚（这十分有利于锅炉的膨胀密封）。过热蒸汽从后包墙下联箱进入低温过热器；低温过热器布置在尾部竖井中，由两级构成，管子规格为 $\phi 32 \times 5mm$，材质为 20G，光管顺列布置。为减少磨损，在避免烟速过高的同时，加盖材质为 1Cr13 的防磨盖、压板及防磨瓦，对局部也作了相应的处理。

过热蒸汽从低温过热器出来通过第一级喷水减温器后进入布置在炉膛前上方的屏式过热

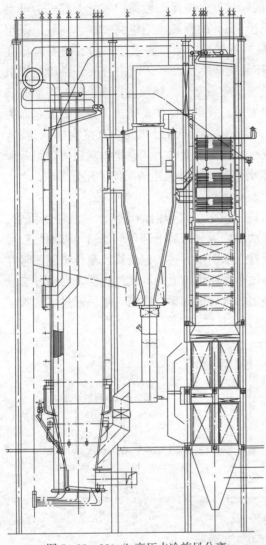

图 7-25　220t/h 高压水冷旋风分离
器循环流化床锅炉

器，屏式过热器由膜式壁构成，管子规格为 $\phi 42 \times 5mm$，材质为 12Cr1MoV，共四屏。蒸汽由下向上运动，在炉顶经过第二级喷水减温器后，进入高温过热器，高温过热器为双管圈顺列布置，管子规格为 $\phi 42 \times 5mm$，低温段材质为 12Cr1MoV，高温段材质为 12Cr2MoWVTiB；在前排加盖 1Cr20Ni14Si2 的防磨盖板。蒸汽加热到额定参数后引入出口联箱。在低温过热器上设有三个固定式蒸汽吹灰器，以保持受热面的清洁，保证传热效果。

尾部竖井中设有两级省煤器，均采用 $\phi 32mm$ 管子。高温段省煤器为错列布置，此段烟气流速为 8.41m/s；低温段和高温段材质相同，错列布置，控制烟气流速为 7.63 m/s，并辅以有效的防磨措施，以保证运行寿命。每组省煤器之间留有约 1000mm 间隙，便于检修。省煤器进口联箱位于尾部竖井两侧，给水由前端引入。高、低温省煤器各设有三个固定式蒸汽吹灰器。

省煤器后布置有上下两级管式空气预热器用于加热一、二次风，热风温度为 222℃。空气预热器共分三组，六个管箱，中间一组加热一次风，两侧两组加热二次风。空气预热器管子规格为 $\phi 40 \times 1.5mm$，材质为 Q235-A.F；两级之间留有一定间隙，便于检修和更换。为降低空气预热器磨损，入口处采用防磨套管。

220t/h 高压水冷旋风分离器循环流化床锅炉总图见图 7-25。

第四节　410t/h 高压循环流化床锅炉

一、主要设计参数

为借鉴国外循环流化床锅炉技术的成功经验，加快发展循环流化床燃烧技术，以及探索四川火力发电厂燃用高硫高灰煤的有效途径，我国从奥斯龙公司购进一台 410t/h Pyroflow 型循环流化床锅炉及自动控制系统和主要辅助设备，1996 年在四川内江示范电站投产运行。该型锅炉代表当时的世界先进水平。

锅炉设计煤种的入炉粒径为 0～7mm（煤质分析数据见表 7-11）；采用石灰石作为脱硫剂，对于设计燃料和给定的石灰石，在过量空气系数保持 1.2 和 Ca/S 摩尔比为 2.2 的条件下，要求标准状况下烟气中气体污染物排放量 $NO_x \leqslant 200mg/m^3$，$SO_2 \leqslant 700mg/m^3$，石灰石特性和颗粒筛分分别见表 7-12 和表 7-13；锅炉技术规范列于表 7-14。

表 7-11　　　　　　　　四川内江电厂 410t/h 循环流化床锅炉煤质分析数据

名　称	设计煤种	校核煤种	名　称	设计煤种	校核煤种
收到基碳 C_{ar}（%）	59.59	51.50	收到基灰分 A_{ar}（%）	22.16	32.14
收到基氢 H_{ar}（%）	2.93	2.18	收到基水分 M_{ar}（%）	9	9
收到基氧 O_{ar}（%）	2.49	1.32	收到基挥发分 V_{ar}（%）	10.56	7.67
收到基氮 N_{ar}（%）	0.71	1.06	低位发热量 $Q_{net,ar}$（MJ/kg）	22.56	19.29
收到基硫 S_{ar}（%）	3.12	2.80			

表 7-12　　　　　　　　　　脱硫剂（石灰石）颗粒筛分

入炉粒径（μm）	>700	250~700	150~250	100~150	<100
所占比例（%）	0	10	30	20	40

表 7-13　　　　　　　　　　　脱硫剂（石灰石）特性

项　目	反应指数 RI	最小能力指数 CI	$CaCO_3$（%）	$MgCO_3$（%）	惰性物质（%）	水　分（%）
数　值	3.4	90	>94	<1.8	<3.2	<1.0

表 7-14　　　　　　　　　　　锅炉主要技术规范

参数名称（或项目）	数　值	参数名称（或项目）	数　值
额定蒸汽流量（t/h）	410	燃料消耗量（t/h）	49.7
额定蒸汽压力（MPa）	9.81	石灰石消耗量（t/h）	11.5
额定蒸汽温度（℃）	540	负荷变化率（%/min）	7
给水温度（℃）	227	炉内气流速度（m/s）	5
空气预热器进风温度（℃）	25	最低负荷（不投油）（%）	40
热风温度（℃）	217	锅炉设计效率（%）	90.7
排烟温度（℃）	136		

二、锅炉整体布置与技术特点

1. 锅炉整体布置

锅炉为露天布置，采用悬吊与支承结合的方式固定；锅炉构架为全钢结构，采用高强度螺栓联接。锅炉汽包、炉膛、对流过热器和尾部竖井上段（含省煤器）均采用悬吊固定，炉膛前布置的两个旋风分离器和空气预热器用支承方式固定。钢构架两侧中心距为 25.8m，前后中心距为 30m，大板梁标高为 47.2m，锅炉顶部标高为 50m，汽包悬挂在炉膛和尾部竖井之间炉顶的大板梁上，汽包中心标高为 42.7m，4 根集中下降管穿过第一级过热器后的斜烟道，并通过下部分配联箱与水冷壁相连接，形成蒸发系统的自然循环回路。炉膛由膜式水冷壁构成，中部标高位置布置 Ω 管屏第二级过热器。炉膛顶部由后墙水冷壁前向后折弯形成斜炉顶，其上的烟气通道内沿烟气流向先后布置第三级过热器、第一级过热器。与常规煤粉锅炉相仿，省煤器和管式空预器布置在尾部竖井的对流烟道内。

2. 锅炉技术特点

炉内物料采用高温循环，分离器内工作温度与炉膛温度（约900℃）接近。炉膛中部设置第二级过热器（Ω管屏），沿炉膛后墙侧布置翼墙式双面曝光水冷壁，以平衡和增强炉膛内换热并弥补蒸发受热面的不足。少量引风机出口烟气经烟气再循环风机加压后作为流化冷却介质进入流化床冷渣器。与高温底渣换热后的烟气及携带的细颗粒进入炉膛下部，形成烟气再循环，亦起着冷却下部床体和调节床温的作用。在4根循环灰回料管上给入燃煤和石灰石，并采取分级供风方式燃烧，同时实现炉内脱硫、控制 NO_x 生成量和煤的流化燃烧。炉底布风板采用了弯管式风帽。这种风帽具有易于操作，布风均匀，运行中不易损坏等特点。循环灰控制采用流化密封送灰器（自平衡式 U 形阀），流化及控制风由专用罗茨风机多点供入，由浮子流量计指示各点供风量。在锅炉前墙布置两个高温旋风分离器。每台分离器下的立管在 U 形阀分叉为两根向下倾斜的输灰管（每根输灰管上设有燃煤及石灰石给入装置），形成分叉管，使回灰及燃料等均匀给入炉膛。采用流化循环点火启动方式，这种点火方式既可保护炉内耐火防磨材料，又可消除爆燃引起床温剧升而结焦的问题。

3. 锅炉系统布置

图 7-26 为锅炉系统布置图。该锅炉主要包括燃烧室、高温旋风分离器、分叉回料密封槽等物料循环系统、煤和石灰石输送装置、灰渣冷却器、风机、烟道、风道、汽水系统和静电除尘器等。

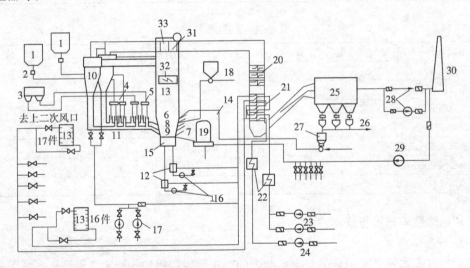

图 7-26　内江电厂410t/h循环流化床锅炉系统布置图

1—细煤仓；2—埋刮板给煤机；3—石灰石粉仓；4—螺旋给煤机；5—螺旋给料机；6—上二次风；7—启动燃烧器；8—下二次风；9—床喷枪；10—旋风分离器；11—回料密封装置；12—风道燃烧器；13—燃烧室；14—飞灰再循环；15—一次风室；16—风道燃烧器风机；17—罗茨风机；18—压缩空气；19—流化床冷渣器；20—省煤器；21—空气预热器；22—暖风器；23—一次风机；24—二次风机；25—静电除尘器；26—仓泵；27—再循环灰库；28—引风机；29—烟气再循环风机；30—烟囱；31—第一级过热器；32—第二级过热器（炉内 Ω 管屏过热器）；33—第三级过热器

（1）主循环回路。

燃烧室、高温旋风分离器、分叉回料密封装置（送灰器）三部分构成主循环回路。

燃烧室分为上下两部分，四周以膜式水冷壁密封。下部主要是燃烧和脱硫区，该区的膜式水冷壁用一定厚度的耐火材料覆盖。此处床料的密度最大，旋涡很强烈，所有的燃料和燃烧风均在此区域送入燃烧室（参见图 7-26）。全部床温和压力测量所需的穿孔均位于这一区域。上部燃烧室由膜式水冷壁构成，热量由烟气和床料传送给膜式水冷壁使水冷壁内水部分地蒸发成蒸汽。在炉内水平布置有 Ω 管过热器。

两个直径为 7.5m 的旋风分离器布置在炉前。旋风分离器本身由钢板制成，内部衬有耐火材料。耐火材料分为两层，贴近钢板的一层是绝热耐火材料，厚 180mm；贴近烟气的一层是厚 120mm 的耐磨材料。烟气出口中心管由耐热材料制成，插入旋风分离器内一定深度，以提高分离效率。

由旋风分离器捕捉到的颗粒沿旋风分离器下的立管流入回料密封装置。为使返回炉内的物料与床料混合均匀，减少单个回料口的负荷，每个立管配置两个回料密封装置，分别位于立管两边，成分叉形布置。回料密封装置中的物料被从回料装置底部喷出的高压流化风所流化。煤和石灰石也被送入回料密封装置中，并与返回的颗粒混合后进入燃烧室。占燃烧总风量 50% 的一次风从炉膛底部布风板送入以流化床料。在燃烧室中，床料处于沸腾燃烧状态，炉温控制在 850～900℃，满负荷时为 897℃，气流上升速度为 5m/s。气固之间的混合非常强烈，一部分大颗粒在燃烧上升的过程中会掉下来，形成物料的床内循环，而大部分固体颗粒被烟气携带出燃烧室后进入高温旋风分离器，经分离器捕捉下来后，再经分叉回料密封装置重新送回炉内燃烧，形成了床料的外循环。

（2）煤和石灰石输送系统。

原煤经过两级破碎到最大颗粒小于 7mm 后，存于细煤仓内。从细煤仓输出的煤通过埋刮板给煤机、链式给煤机再由螺旋给煤机和旋转阀将煤输送至分叉回料密封装置中。在旋转阀后面引入二次风，以提供正压密封并帮助燃料输送。石灰石经过两级破碎成石灰石粉，最大粒径小于 700μm。石灰石粉被送到石灰石粉仓，再经过螺旋给料机，最后通过气力输送至分叉回料槽中，煤、石灰石与旋风分离器来的颗粒在此借助高压流化风进行强烈混合并送入燃烧室。

（3）烟风系统。

一次风系统用以流化床料，并为燃料的燃烧提供一部分空气。二次风系统协助完成燃烧，并可控制燃烧温度，促进局部形成低温，以降低 NO_x 的生成量。风量的分配比例为一次风量和二次风量各约占总燃烧风量的 50%。引风机将烟气经由烟囱排入大气，引风机系统与一般锅炉相同。

一次风由两台离心式风机（设计风量标准状况下 46.07m³/s，静压 19591Pa）从大气中吸入，经过暖风器，再进入锅炉尾部烟道中的管式空气预热器（温度提高到 220℃），然后进入燃烧室下部的风室，最后经燃烧室底部布风板喷管形成高速气流进入床内，以流化床料并提供燃烧用空气。暖风器的作用是先将一次风温度提高到 106℃，以防止尾部烟道中的管式空气预热器在启动或低负荷运行时，由于低的烟气温度而被腐蚀。

二次风由一台离心式风机（设计风量标准状况下 28.37m³/s，静压 9850Pa）从大气中吸入，先经暖风器再进管式空气预热器将空气温度提高到 220℃后，在离布风板 3.6m 和

3.2m 处分别以上二次风和下二次风的形式送入炉膛，以实现分级燃烧。这样燃料可以完全燃烧而没有过多的 NO_x 生成。在启动时，二次风也用作启动燃烧器的燃烧用风。

燃料在燃烧室燃烧后，烟气首先通过旋风分离器，较粗的颗粒在此处被分离出来并经分叉回料密封装置重新送回床内。烟气携带较细的飞灰通过锅炉的对流受热面后温度降低至 136℃，进入静电除尘器并在此被分离出来。烟气由两台引风机（设计风量标准状况下 67.26m^3/s，静压 6726Pa）抽吸经静电除尘器和烟囱排入大气。在最大连续出力下，旋风分离器区域的温度在 815～900℃ 之间，炉膛上部压力为 -50Pa。

为冷却冷渣器中底灰，设计有烟气再循环系统。由一台离心式风机（设计风量标准状况下 11.4m^3/s、静压 17920Pa）作为再循环风机，从引风机出口吸入烟气，再送入流化床冷渣器冷却底灰，然后从冷渣器上部进入床内。

锅炉设有高压风系统，其作用是流化分叉回料密封装置内的循环物料。高压风系统使用了两台单级罗茨鼓风机（单台风机设计风量标准状况下 1.64m^3/s、静压 60000Pa）。一台运行，另一台备用。

表 7-15 为最大连续工况下的各种风机的实际运行参数。

表 7-15　　　　　　　　最大连续工况下的风机实际运行参数

风机名称	一次风机	二次风机	引风机	烟气再循环风机	罗茨风机
运行台数	2	1	2	1	1
风量（标准状况下 m^3/s）	37.62	37.53	55.45	17.2	1.64
风压（Pa）	15989～19591	7350～12000	4540	17920	60000

（4）除灰系统。

底灰从燃烧室排出后，通过流化床冷渣器和水冷螺旋排渣机，将底灰从 900℃ 冷却到大约 260℃，再由链式输送机将灰送至灰库。有六个流化床冷渣器，其中四个位于燃烧室后墙，另外在两侧各配备一个。用再循环烟气作为流化床冷渣器的流化介质。通过调节水冷绞龙的转速，可以对燃烧室中的床料进行控制，因此它是整个循环流化床燃烧工艺控制中的一个重要组成部分。当燃料和石灰石的给料量一定时，如果增加排灰，床料量减少，床压下降；如果减少排灰，床料量增加，床压上升。

飞灰从尾部烟道和除尘器下部各个灰斗排出，通过气力输送装置送至飞灰库，然后装车运出。飞灰库设置有干式和湿式两种排灰系统。

锅炉设计了静电除尘器飞灰再循环系统。静电除尘器第一个电场下部灰斗中的飞灰，通过仓泵部分地送入再循环灰斗，再经螺旋卸灰机排出，由一次风输送到锅炉后墙左角离布风板 3.6m 高处进入燃烧室。除尘器飞灰再循环对锅炉运行有明显的积极作用：第一，提高了碳的燃尽率；第二，提高了石灰石的利用率；第三，调节床温，使锅炉保持最佳的脱硫温度，从而提高了脱硫效率（当循环飞灰增大时，床内温度下降，反之亦然）。

（5）启动燃烧器。

启动燃烧器位于布风板上方 2.11m 处，启动燃烧器共有 5 只，后墙布置 3 只，左右侧墙各 1 只。燃烧器的总出力是 50% 最大燃烧率，即 142MW。启动燃烧器的主要作用是在锅炉冷态启动时将床温提高到煤的着火温度 650℃，另一个作用是保证煤燃烧初始阶段的稳定。当床温高于 800℃ 时，煤就能维持自着火。这时，启动燃烧器的负荷逐渐减少，煤的投料量逐渐增大。

当启动燃烧器的负荷可降至零，且床温又高于800℃时，启动燃烧器停止运行。

床喷枪共有11只，布置在布风板上方0.71m处。其中，前墙布置5只，后墙布置6只。床喷枪主要作用是当煤中断时承担一定负荷，维持床温。

锅炉还设有两个风道燃烧器，布置在一次风道中。启动时，风道燃烧器可以对一次风进行加热；当煤中断时，风道燃烧器也可以用于维持床温。

（6）汽水系统。

汽水系统采用自然循环方式。锅炉配备两台电动给水泵，一台运行，一台备用。给水泵经省煤器后进入汽包与炉水混合，再经下降管进入水冷壁下部的进口联箱。炉水在水冷壁中被高温烟气和固体物料加热，部分水蒸发成蒸汽，汽水混合物返回汽包后，经汽水分离器分离出饱和蒸汽。饱和蒸汽进入位于炉膛后部烟道水平通道的第一级过热器后再进入位于炉膛中部的第二级过热器，最后进入位于第一级过热器前的第三级过热器（其中第一级、第三级为屏式过热器，第二级为Ω管过热器）。在第一级和第二级过热器出口均设置有喷水减温器，用来调整过热蒸汽温度；另外，过热器为辐射—对流混合型。因此，当锅炉负荷在70%～100%范围内变化时，主蒸汽温度保持稳定。

汽水系统的流程为：给水经省煤器加热后进入汽包，再通过4根ϕ457.2的下降管进入炉膛后墙外布置的锅炉底部分配联箱（下降管穿过第一级过热器后的烟道向下供水）。其中后墙水冷壁联箱亦向水冷布风板管子供水，而布风板管子又向前墙联箱供水。后墙侧的翼墙式水冷壁亦采用膜式壁，后联箱分出6根分支联箱向翼墙式水冷壁供水。在炉顶，侧墙及翼墙上升管汽水直接进入汽包，后墙上升管在锅炉顶部向前折弯，形成水冷炉顶，然后在一个共同联箱中和前墙水冷壁上升管的汽水混合物相混合，经"捕渣"管屏（Screen Pipe）后进入汽包。饱和蒸汽流出汽包后依次经过第一、二、三级过热器，最后送往汽轮机。汽水流程见图7-27。

所谓辐射—对流混合型过热器调节主蒸汽温度的基本原理是，由于辐射式过热器（第二级）布置在炉内，当锅炉蒸发量下降时，因为床温变化较小，而管内流速降低，结果汽温上升；另一方面，由于对流式过热器（第一、三级）的传热取决于烟气的速度和温度，当蒸发量下降时，这些参数的值将降低，使过热蒸汽吸热量减少，导致汽温降低。因此，辐射—对流型过热器在锅炉负荷变化时可平衡汽温升降，使汽温变化的幅度较小，其原理性特性曲线见图7-28。

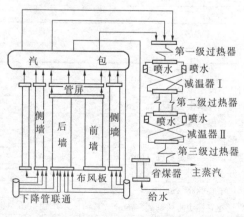

图7-27　汽水流程

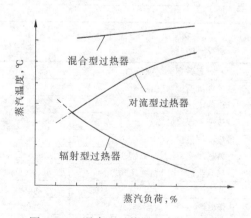

图7-28　混合型过热器温度特性曲线

（7）控制系统。

循环流化床锅炉的控制系统与常规煤粉锅炉有较大的差别，主要体现在风量控制及燃烧系统上。由于循环流化床锅炉设置有床内的物料循环，与煤粉锅炉相比，增加了石灰石、灰循环及底灰控制系统，对控制系统的要求比煤粉锅炉的高得多，控制方案由奥斯龙公司设计，控制系统则选用美国福克斯波罗（FOXBORO）公司研究开发的 I/A′S（智能自动化系统），构成整个控制系统的核心。I/A′S 主要由软件和硬件两大部分组成，且这两大部分是相互独立的，软件的升级和硬件的升级换代均可相互支持。该机组控制系统采用先进的分散控制系统，具有较高的自动化控制水平。

第五节　440t/h 超高压再热循环流化床锅炉

一、主要设计参数

锅炉设计煤种为混煤，校核煤种为 70％混煤加 30％煤矸石。燃料入炉粒度 0～7mm，$d_{50}=600\mu m$，$d<200\mu m$ 不大于 25％。点火及助燃用油为 0 号轻柴油。煤质分析数据见表 7-16；采用石灰石作为脱硫剂，对于设计燃料和给定的石灰石，在过量空气系数保持 1.2 和 Ca/S 摩尔比为 2.2 的条件下，要求标准状况下烟气中气体污染物排放量 $NO_x\leqslant250mg/m^3$（含 O_2 量为 6％），$SO_2\leqslant300mg/m^3$（含 O_2 量为 6％），石灰石成分见表 7-17；锅炉技术规范和基本尺寸列于表 7-18 中。

表 7-16　　　　440t/h 循环流化床锅炉煤质分析数据

名　称	设计煤种数值	校核煤种数值	名　称	设计煤种数值	校核煤种数值
收到基碳 C_{ar}（％）	68.98	49.27	收到基灰分 A_{ar}（％）	19.02	39.81
收到基氢 H_{ar}（％）	3.45	2.47	收到基水分 M_{ar}（％）	3.5	2.93
收到基氧 O_{ar}（％）	2.1	3.16	干燥无灰基挥发分 V_{daf}（％）	18.69	15.72
收到基氮 N_{ar}（％）	0.84	0.83	低位发热量 $Q_{ar,net,p}$（MJ/kg）	26.39	18.76
收到基硫 S_{ar}（％）	2.11	1.53			

表 7-17　　　　　　脱硫剂（石灰石）成分

成　分	$CaCO_3$（％）	$MgCO_3$（％）	水（％）	其他（％）
数　值	87.32	2.15	0.15	10.38

表 7-18　　　　　　锅炉主要技术规范和基本尺寸

参数名称（或项目）	数　值	参数名称（或项目）	数　值
过热蒸汽流量（t/h）	440	两侧水冷壁距离（mm）	13150
过热蒸汽压力（MPa）	13.7	前后水冷壁中心线标高（mm）	6480
过热蒸汽温度（℃）	540	尾部包墙宽度（mm）	10900
再热蒸汽流量（t/h）	362	尾部包墙深度（mm）	5800
再热蒸汽进/出口压力（表压）（MPa）	2.615/2.49	空气预热器烟道宽度（mm）	12670
再热蒸汽进/出口温度（℃）	328.2/540	空气预热器烟道深度（mm）	5800
给水温度（℃）	250.6	汽包中心标高（mm）	50050
锅炉效率（按 $Q_{net,ar}$ 计算）（％）	91.3	两侧外支柱中心线标高（mm）	29000
脱硫效率（％）	93	锅炉深度（柱中心线）（mm）	32000

二、锅炉整体布置

440t/h 循环流化床锅炉为超高压参数一次中间再热设计，与 135MW 等级汽轮发电机组相匹配，可配合汽轮机定压或滑压启动和运行。循环物料的分离采用高温绝热旋风分离器。锅炉采用平衡通风，见图 7 - 29。

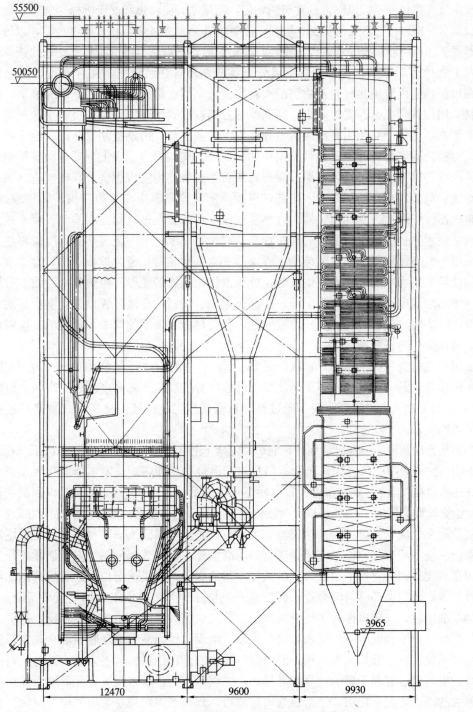

图 7 - 29　440t/h 超高压一次再热循环流化床锅炉

锅炉主要由炉膛、高温绝热旋风分离器、双路送灰器、尾部对流烟道和冷渣器等组成。采用支吊结合的固定方式，除分离器筒体、冷渣器和空气预热器为支撑结构外，其余均为悬吊结构。

燃烧室蒸发受热面采用膜式水冷壁，水循环为单汽包、自然循环、单段蒸发系统。水冷式布风板安装大直径钟罩式风帽，具有布风均匀，防堵塞、防结焦和便于维修等优点。燃烧室内布置双面水冷壁以增加蒸发受热面；同时，布置屏式第二级过热器和末级再热器，以提高整个过热器系统和再热器系统的辐射传热特性，使锅炉过热汽温和再热汽温具有良好的调节特性。

两个直径为 7.36m 的高温绝热旋风分离器分别布置在燃烧室与尾部对流烟道之间，外壳由钢板制造，内衬绝热材料及耐磨耐火材料。分离器上部为圆筒形，下部为锥形。防磨绝热材料采用拉钩、抓钉、支架固定。高温绝热分离器立管下布置一个非机械型送灰器，回料为自平衡式，流化密封风用高压风机单独供给。送灰器外壳由钢板制造，内衬绝热材料及耐磨耐火材料。耐磨材料和保温材料采用拉钩、抓钉、支架固定。以上三部分构成了循环流化床锅炉的核心部分：物料循环回路。煤与石灰石在燃烧室内完成燃烧及脱硫反应。

经过分离器净化过的烟气进入尾部烟道。尾部对流烟道中布置第三级、第一级过热器、冷段再热器、省煤器、空气预热器。过热蒸汽温度由布置在过热器之间的两级喷水减温器调节，减温喷水来自于给水泵出口的高压加热器前。第三级、第一级过热器、冷段再热器区域烟道采用的包墙过热器为膜式壁结构，省煤器、空气预热器烟道为护板结构。燃烧室与尾部烟道包墙均采用水平绕带式刚性梁以防止外压差作用造成的变形。将炉膛中心线、分离器中心线、尾部烟道中心线设成膨胀中心，各部分烟气、物料的连接位置设置性能优异的非金属膨胀节，解决由热位移引起的三向膨胀问题，各受热面穿墙部位均采用成熟的二次密封技术设计，确保锅炉的良好密封。

采用低温燃烧（约为 880℃）以降低热力型 NO_x 的生成；燃烧用风分级送入燃烧室，除从布风板送入的一次风外，还从燃烧室下部锥段分三层从不同高度引入二次风，以降低燃料型 NO_x 的生成量。脱硫剂石灰石通过石灰石输送风机，以气力输送方式直接从送灰器斜管上给入给料口内。

为加快启动速度，节省启动用油，锅炉采用床上和床下结合的启动方式。床下（在水冷布风板下面一次风室前的风道内）布置有两只启动燃烧器（即热烟气发生器或称风道燃烧器）；床上（在布风板以上 3m 处）布置四只启动燃烧器（油枪）。启动燃烧器采用内回油式机械雾化，油枪雾化调节比为 1:3。每只启动燃烧器均配有火焰检测器，确保启动过程的安全性。

锅炉除在燃烧室、分离器、送灰器有关部位设置非金属耐火防磨材料外，还在尾部对流受热面、燃烧室的有关部位采取了金属材料防磨措施，以有效保障锅炉安全连续运行。锅炉采用四点给煤，即共有四个给煤口。炉前煤斗里的煤经给煤机送至位于炉膛后部的加料装置的加料管线，再与循环物料混合送入燃烧室内燃烧。为防止炉内正压烟气反窜至给煤系统，在给煤系统中通入二次风作为正压密封风。与前墙或前后墙四点给煤方式相比，这种给煤方式系统更简单，不会发生给煤堵塞或结焦现象；给煤直接与高温循环物料混合，在料腿中可进行水分蒸发、挥发分析出等过程，同时煤与大量的循环物料一起进入炉内，与床料混合效果更好、更均匀，有利于煤的燃烧和燃尽；热二次风作为正压密封风，无需增压风机；与布置在前墙的冷渣器配合使用，使给煤远离排渣口，延长了煤颗粒在炉内的停留时间，有利于降低底渣含碳量。

根据设计及校核的燃料情况，采用两台风水共冷式流化床冷渣器，这种冷渣器在煤种适应性上具有更大的优势。它共分三个分室，第一个分室采用气力选择性冷却，在气力冷却灰渣的过程中还可以把较细的底渣（含未燃尽碳颗粒，未反应石灰石颗粒等）重新送回燃烧室；第二、第三分室内布置埋管受热面与灰渣进行热交换，将渣冷却到150℃以下后排至除渣系统。每个分室均有独立的布风板和风箱。布风板为钢板结构，在其上面布置有大直径钟罩式风帽。布风板上敷设约200mm厚的耐磨耐火材料，加上倾斜布置以有利于渣的定向流动。每个分室均布置有底部排渣管，在第三分室内还布置有溢流灰管。三个分室的配风来自冷渣器流化风机。冷渣器埋管受热面内工质为来自回热系统的除盐水，完成换热后再送到回热系统中。根据锅炉排渣量及冷却情况，可适当调整进入冷渣器的冷却水量。由于水温很低（约30℃），可以获得较大的传热温差，灰渣冷却效果好。冷渣器的三个分室均处于鼓泡流化床状态，流化速度很低（<1m/s），因此管束不易发生磨损，从而保证冷渣器工作的安全性。由于冷渣器风量较小，同时各分室温度较低，在冷渣器内不会发生燃烧现象，无需事故喷水。

锅炉配风采用并联系统，即各个风机均单独设置。锅炉共设有一次风机、二次风机、高压风机、冷渣器风机、石灰石风机及引风机，采用平衡通风方式，压力平衡点设在炉膛出口。

三、锅炉主要部件

1. 炉膛及水冷壁

炉膛断面呈长方形，深度×宽度为6680mm×13160mm。炉膛各面墙全部采用膜式水冷壁，由光管和扁钢焊制而成；底部为水冷布风板和水冷风室。炉膛四周及顶部的管子节距均为90mm。下部水冷壁采用$\phi51\times6$mm管，中部水冷壁采用$\phi60\times8$mm管和$\phi60\times6.5$mm管，其余采用$\phi60\times6.5$mm管，管材为20G。下部前后水冷壁向炉内倾斜与垂直方向成16°角。

水冷式布风板位于炉膛底部，由水平的膜式管和风帽组成。水冷壁管为$\phi82.5\times12.5$mm管，节距270mm，材料为15CrMo，496个不锈钢制成的钟罩式风帽按一定规律焊在水冷壁管屏鳍片上。在炉膛前墙底部有两个排渣口，为便于排渣，所有风帽底部到耐火材料表面的距离保持30mm。

燃烧室中上部贯穿炉膛深度布置有双面水冷壁，与前墙垂直布置有六片再热器（热段）和八片过热器屏（第二级）。

根据需要，在燃烧室水冷壁上设置了各类开口，包括固体物料入口（煤和石灰石入口）、二次风口及床上启动燃烧器口、温度与压力测孔、至旋风筒的烟道、人孔，以及双面水冷壁、过热器屏和再热器屏穿墙孔、顶棚绳孔等。除顶棚绳孔、至旋风筒的烟道及部分测压、测温孔外，其他门孔都集中在下部水冷壁上。由于燃烧室在正压下运行，所有门、孔应具良好密封。

在燃烧室中磨损严重区域，敷设耐磨浇注材料。为防止下部水冷壁耐磨材料交接面区域的磨损，采用由$\phi51\times6$mm管子变为$\phi60\times8$mm管子，并加装防磨弯板。中部水冷壁有4m高度采用厚壁管（$\phi60\times8$mm），从而增加此区域的防磨性能。

在燃用设计燃料及额定负荷下燃烧室内燃烧温度为883℃。为保证水循环安全可靠，水冷壁采用多个水循环回路。两侧水冷壁各有三个下联箱和一个共用的上联箱，水经集中下水管和分配管进入下联箱，然后经侧水冷壁至上联箱，再由汽水引出管将汽水混合物引至汽包；前、后水冷壁各有六个下联箱，共用两个上联箱，水经集中下降管和分配管分别进入前水冷壁下联箱和后水冷壁下联箱，前水冷壁有一部分水经前水冷壁进入上联箱，另一部分水经水冷式布风板的管子进入后水冷壁下联箱，与经过后水冷壁下联箱的水汇合，然后经后水冷壁、顶棚管也至前、后水冷壁上联箱，再由汽水引出管引至汽包。双面水冷壁为独立的循环回路，有单独的下水管和引出管。

水冷壁及其附着在水冷壁上的零部件由吊杆装置悬吊在顶板上。前墙有 12 根 M76 吊杆，后墙有 14 根 M68 的吊杆，两侧墙各有 6 根 M64 的吊杆，安装时应调整螺母，使每根吊杆均匀承载。为了减轻水冷壁振动以及防止燃烧室因爆炸而损坏水冷壁，在水冷壁外侧四周沿燃烧室高度方向装有多层刚性梁。

双面水冷壁为膜式管屏，布置在燃烧室中上部与前墙垂直，贯穿炉膛深度。管子规格 $\phi 60 \times 6.5$mm，节距 72.7mm。其下部覆盖有耐磨浇注材料。双面水冷壁及其附着在水冷壁上的零部件通过 6 根吊杆悬吊在顶板上，由顶板承载全部重量。

2. 下降管与汽水引出管

下降管采用集中与分散相结合的布置方式。由汽包下部引出 6 根下降管，其中 4 根 $\phi 426 \times 40$mm 集中下降管向下引至分配管，再通过 40 根 $\phi 133 \times 13$mm 分散下降管向前墙、后墙以及两侧墙水冷壁下联箱供水，其余 2 根 $\phi 325 \times 35$mm 下降管与双面水冷壁下联箱相连接，单独向双面水冷壁供水。下降管重量主要由汽包和水冷壁分担，只在两侧水冷壁下部的分散下降管上各装一只吊架装置。

水冷壁上联箱至汽包的汽水引出管直径为 $\phi 133 \times 13$mm，共 48 根。双面水冷壁出口联箱引至汽包的汽水引出管为 14 根。根据每根连接管蒸汽负荷，合理布置汽包前、后引出管数目，使汽包内旋风筒负荷均匀。

3. 过热器系统

过热器系统由包墙过热器、第一级、第二级、第三级过热器组成。在第一级过热器与第二级过热器之间、第二级过热器与第三级过热器之间管道上，分别布置有一、二级喷水减温器。

饱和蒸汽自汽包顶部由 8 根 $\phi 133 \times 13$mm 的连接管分别引入两侧包墙上联箱（联箱规格为 $\phi 273 \times 40$mm，每侧 4 根），然后经每侧 58 根、共计 116 根侧包墙管下行至侧包墙下联箱，再分别引入前后包墙下联箱。蒸汽由前后包墙下联箱沿前后各 109 根，共计 218 根包墙管进入前后包墙管出口联箱，再通过 13 根立管（其中 5 根为 $\phi 159 \times 20$mm，8 根为 $\phi 42 \times 5$mm）进入尾部烟道的顶棚出口联箱。蒸汽由此联箱两端引出后，经 2 根 $\phi 273 \times 26$mm 连接管向下流入位于后包墙下部的 $\phi 325 \times 40$mm 第一级过热器入口联箱，然后由第一级过热器逆流而上，进入第一级过热器出口联箱，再自联箱两端引出，经 2 根 325×26mm 连接管引向炉前，途经一级喷水减温器。经减温后的蒸汽由 $\phi 325 \times 26$mm 的分配联箱进入 4 根 $\phi 159 \times 20$mm 的第二级过热器管屏入口联箱，流入四片第二级屏式过热器，再向上进入此四片屏的中间联箱（联箱规格为 $\phi 159 \times 25$mm）。然后，通过每根联箱上引出的 2 根 $\phi 133 \times 13$mm 连接管分别交叉引入其余四个中间联箱。过热蒸汽下行至第二级过热器出口联箱，进入第二级过热器汇集联箱，而后从联箱两侧引出，经 $\phi 325 \times 31$mm 的连接管向后流经串联其上的二级喷水减温器，进入位于尾部烟道后部的第三级过热器入口联箱，再沿第三级过热器受热面逆流而上，流至第三级过热器出口联箱，达到 540℃ 的过热蒸汽最后经 $\phi 325 \times 50$mm 的集汽联箱从两端引出。

为简化炉墙结构和形成尾部对流烟道，布置了顶棚及包墙过热器。过热器为 $\phi 42 \times 5$mm

管子与 $\delta=5mm$ 扁钢焊制成膜式壁，管子节距为 100mm。

第一级过热器位于尾部烟道中，水平布置，共有两个管组，蛇形管的横向排数为 108 排，横向节距为 100mm，每排管子由 3 根管子绕成，管子直径 $\phi38\times5mm$。根据管子壁温，冷段采用 20G 材料，热段采用 15CrMoG 材料。

第二级过热器位于燃烧室中上部，由八片屏式过热器组成，与前水冷壁垂直布置。下部穿前墙处为屏的蒸汽入口和出口端，用密封盒将管屏与水冷壁焊在一起。由于第二级过热器与前水冷壁二者膨胀量不同，在屏的上部穿墙密封盒处装有膨胀节，以补偿胀差。每片屏有管子 29 根，管子直径 $\phi51\times5.5mm$，材质为 12Cr1MoVG，节距为 70mm。管屏为膜式壁，鳍片厚度为 5mm，材质为 12Cr1MoV。管屏下部敷有耐火防磨材料及堆焊层，以防磨损。

第三级过热器位于尾部烟道上部，水平布置，由一个管组组成。蛇形管的横向排数为 108 排，节距 100mm，每排管子由 3 根管子绕成，管子直径 $\phi38\times5mm$。根据管子壁温，冷段材质为 12Cr1MoVG，热段材质为 SA213-T91。

为保证锅炉定压运行时在 70%B-ECR（ECR，economical continuous rating，即锅炉经济连续出力）至 B-MCR 负荷内过热蒸汽温度能达到额定值，以及滑压运行时在 50%B-ECR 至 B-MCR 负荷内过热蒸汽温度能达到额定值（允许偏差±5℃），蒸汽温度通过二级喷水减温器调节，喷水减温器分别位于第一级、第二级过热器之间和第二级、第三级过热器之间的管道上。喷水水源取自给水泵出口高压加热器前。

通过 109 根省煤器吊挂管分两排将第一级过热器、第三级过热器吊挂，然后由吊杆吊于构架顶板上。包墙过热器由 27 根吊杆吊在顶板上。第二级过热器的每片屏的上联箱有一个吊点，用吊杆挂在构架顶板上。为解决过热器和水冷壁膨胀不一致问题，在屏的吊挂装置上设有恒力吊架。每片屏的下部固接在前水冷壁上。

第一级过热器和第二级过热器之间的连接管通过 8 根吊杆及相应的恒力吊架将重量加载到柱和梁上。第二级过热器至第三级过热器之间的连接管则通过 4 个吊挂装置相应的恒力吊架吊挂在顶板上。

4. 再热器系统

再热器系统由冷段再热器和热段再热器组成。冷段再热器与热段再热器之间布置有喷水减温器，在冷段再热器入口布置有事故喷水减温器。

来自汽轮机高压缸的蒸汽由两端进入 $\phi426\times20mm$ 的再热器入口联箱，途经再热器事故喷水减温器，引入位于尾部对流烟道的冷段再热器蛇形管，逆流而上进入冷段再热器出口联箱，再自联箱两端经 2 根 $\phi457\times24mm$ 的连接管引向炉前，途经喷水减温器。经减温后的蒸汽由分配联箱进入 6 根 $\phi159\times20mm$ 的热段再热器管屏入口联箱，流入六片屏式再热器，向上进入热段再热器出口联箱，达到 540℃ 的再热蒸汽最后经两端引出。

冷段再热器位于尾部对流烟道中，水平布置，共有三个管组。蛇形管的横向排数为 108 排，横向节距为 100mm，每排管子由 4 根管子绕成，管子直径为 $\phi51\times4mm$，材质为 15CrMoG。冷段再热器由两排 109 根省煤器吊挂管吊挂起来后，通过 21 根 M56mm 吊杆吊到构架顶板上；热段再热器位于燃烧室中上部，由六片屏式再热器组成，与前水冷壁垂直布置，下部穿墙处为屏的蒸汽入口端，有密封盒将管屏与水冷壁焊在一起。用吊杆将热段再热器吊挂在构架顶板上（每片屏上有一个吊点）。为解决热段再热器和水冷壁膨胀不一致问题，在屏的吊挂装置上设有恒力吊架。每片屏的下部固接在前水冷壁上。冷段再热器和热段再热器之间的连接管通过 8 根吊杆及相应的恒力吊架将重量吊挂到柱和梁上。热段再热器与前水冷壁的膨胀处理与第二级过热器相似。

屏式再热器每片屏有 29 根管子，规格为 $\phi57\times5mm$，位于炉内的材质为 SA213 - TP304H，位于炉外的材质为 12Cr1MoV，节距为 70mm。管屏为膜式壁，鳍片厚度为 5mm，位于炉内和炉外的材质分别为 1Cr18Ni9Ti 和 12Cr1MoV。管屏下部敷有耐火防磨材料。

为保证锅炉定压运行时在 70%B - ECR 至 B - MCR 负荷内再热蒸汽温度能达到额定值，以及滑压运行时保证在 50%B - ECR 至 B - MCR 负荷内再热蒸汽温度能达到额定值（允许偏差±5℃），蒸汽温度的调节采用喷水减温方式。喷水减温器位于冷段和热段再热器之间的管道上，喷水水源为给水泵抽头。

在燃用设计煤种及额定负荷工况下，将蒸汽温度从 425℃ 降到 407℃ 的再热器减温水量为 3.33t/h。

5. 省煤器和空气预热器

省煤器布置在尾部对流烟道中，逆流、水平、顺列布置。为检修方便，省煤器的蛇形管分成两个管组，由 $\phi32\times4mm$ 管子组成，材质为 20G。蛇形管为 2 绕，横向节距为 63mm，共 172 排。省煤器的给水由 $\phi273\times32mm$ 的入口联箱两端引入，经省煤器受热面逆流而上，进入 2 根 $\phi273\times32mm$ 省煤器中间联箱，然后通过两排 109 根吊挂管引至 $\phi273\times28mm$ 的省煤器上联箱，再从省煤器出口联箱通过 12 根 $\phi108\times12mm$ 连接管引至汽包。

省煤器吊挂管直径在省煤器和冷段再热器处为 $\phi42\times8mm$，在第一级过热器及以上部位为 $\phi51\times8mm$，材质为 20G。省煤器蛇形管用撑架吊在省煤器中间联箱上，然后通过吊挂管和炉顶吊挂装置吊在顶板上。

空气预热器烟道深度为 5800mm，与上部烟道一致，烟道宽度由 10930mm 增至 12130mm。管式空气预热器采用卧式、沿烟气流程一、二次风交叉布置，共有四个行程。空气预热器管子规格为 $\phi60\times2.75mm$，材质为 Q235 - A 和 Cor - TenA，横向节距 90mm，纵向节距为 80mm。烟气自上而下从管外流过，空气从管内流过，与烟气呈逆流状。为便于吹灰器清扫，空气预热器采用顺列布置，分四组。

空气预热器的重量通过管子两端和中间的管板传到钢梁上，管板和钢梁之间有 24 对自由滑动的膨胀板使之水平方向能自由膨胀。空气预热器与省煤器护板用胀缩接头连接，用以补偿热态下的胀差，且保证良好的密封性能。

6. 旋风分离器、连接烟道及飞灰回送装置

炉膛后部布置旋风分离器，使进入的烟气进行离心分离。气固两相流的大部分固体粒子被分离下来通过立管进入送灰器，继而送回燃烧室；分离后较清洁的烟气经分离器中心筒流入连接烟道，最后进入尾部对流受热面。

旋风分离器由旋风筒、锥体、立管和中心筒组成。除中心筒外，所有组件均由 $\delta=$ 12mm 碳钢钢板卷制而成，内敷保温、耐火防磨材料。钢板外表面设计温度为 55℃。圆形旋风筒内径为 $\phi7500$，高为 8116mm；立管内径为 $\phi1300$。由于旋风筒中心与送灰器中心有偏差，所以，立管倾斜一定的角度。锥形中心筒由 1Cr20Ni14Si2 材料卷制而成。旋风分离器的重量通过焊在旋风筒外壳上的四个支座，以导向滑动支架的形式支撑在钢梁上，可沿径向自由膨胀。

旋风分离器与燃烧室之间以及旋风分离器的立管与飞灰回送装置之间分别装有耐高温的

膨胀节，以补偿其胀差。来自旋风分离器中心筒的烟气经连接烟道进入尾部对流烟道。连接烟道与旋风筒顶盖相连接部分材料为 1Cr20Ni14Si2，钢板厚度为 $\delta=10mm$，其他部分为厚度 $\delta=12mm$ 的碳钢钢板，内敷 350mm 厚的保温、耐火防磨材料。每个连接烟道重量通过 8 根吊杆悬吊在大板梁上。连接烟道与尾部烟道连接处装有耐高温膨胀节，以补偿其胀差。

每个高温绝热分离器立管下端装有一只流化密封送灰器，用以回路密封并将分离器分离下来的固体物料送回炉膛，继续参与循环与燃烧。在送灰器的底部装有布风板和风箱，来自高压密封风机的风通过风箱和布风板上的风帽来流化、输送物料。送灰器外壳由碳钢材料制成，内衬保温、耐火防磨材料。分离器分离下来的物料从立管下来，在流化风的作用下，流过加料弯管，再经加料斜管流入炉膛的四个入炉口中。加料斜管一端与水冷壁墙盒相焊接，另一端通过膨胀节与加料弯管相连接。因此在运行时，回料斜管随水冷壁一起向下膨胀，其重量一部分作用在水冷壁上，另一部分通过装在回料斜管的恒力弹簧吊架将重量作用到构架的梁上。在回料斜管膨胀节端还有拉杆与后水冷壁刚性梁相连接，以抗地震力。飞灰回送装置的其他部分吊在构架的梁上。

7. 冷渣器

锅炉装有两台多室流化床冷渣器，位于炉前。冷渣器呈矩形，内衬耐磨、耐火材料，共分三个分室，第一室为空室，第二、第三室内装有蛇形管束；两根进渣管分别位于第一室两侧。另外，在第三室后面有一个排渣口和一个排气管，排渣口与排渣系统相连接，排气管则与炉膛相连接。冷渣器底部有布风板和风箱。

当炉膛下部床料流化、床压升高时，底渣通过炉膛前墙底部的两个出渣口经过锥形阀从两侧进入冷渣器第一室。在流化风的作用下，底渣首先在第一室内得到冷却，再经过第二室溢流到第三室，不断被风和水冷管束冷却。冷却后的底渣再溢流到排渣口，进入排渣系统。空气及所携带的细灰通过排气管重新送回燃烧室。

冷渣器通过构架支承在零米层，与炉膛的膨胀差通过安装在进渣管及排气管中间的膨胀节来消除。

8. 膨胀中心

锅炉设有膨胀中心。燃烧室、分离器、尾部对流烟道前、后、左、右方向的膨胀中心都设在各自的中心线上；燃烧室上、下方向的膨胀中心设在侧墙上联箱中心线上。

锅炉燃烧室、尾部对流烟道、旋风分离器以及送灰器都设有几层或单层导向装置，地震载荷、风载荷以及导向载荷可通过这些导向装置传递给锅炉构架。

9. 锅炉构架

锅炉构架为框架结构形式，由柱、梁、水平支撑、垂直支撑、平台、楼梯及顶板等部件组成，用于支吊和固定锅炉本体各部件并维持锅炉各部件之间相对位置的空间结构。锅炉构架主梁采用高强螺栓连接，次梁为焊接方式。

锅炉构架按作用可划分为三部分，即顶板系统，柱、梁及支撑系统和平台、楼梯系统。顶板系统由顶板梁、水平支撑、端部支撑等组成，形成一个刚性较大的顶板梁格，用以承担对本体部分各部件的支吊载荷；柱、梁及支撑系统承担由顶板传下来的载荷，并将其传到基础上，同时还起到抗风和抗地震的作用。锅炉本体（包括分离器）的风和地震作用是由刚性梁上的导向装置传递的。根据锅炉本体结构特点和受力形式，构架做成空间框架体系，设有多片垂直框架和水平支撑，它们具有良好的强度、刚度和稳定性。整个锅炉构架共布置 20

根柱。平台楼梯的平台一般为 1m 宽，当结构布置受限制时采用 0.8m，楼梯倾角为 45°。除汽包运行平台用花钢板平台外，其余都采用栅架平台，楼梯踏板采用防滑栅架。

10. 启动燃烧器

启动燃烧器总点火容量约为 35%B-MCR。设有两只床下启动燃烧器和四只床上启动燃烧器。两只床下启动燃烧器布置在水冷风箱下部，其点火热容量约为 12%B-MCR。床上和床下油枪均燃用 0 号轻柴油，油枪采用简单机械雾化方式。

每只床下启动燃烧器用一个耐高温非金属补偿器与水冷风箱相连接。床下启动燃烧器由支架支撑，支架与埋入地面的预埋件相焊。每只床下启动燃烧器主要由风箱接口、非金属补偿器、热烟气发生器（风道燃烧器）、一次风入口和油点火装置组成。风箱接口、非金属补偿器、热烟气发生器、一次风入口等内砌筑有耐火和保温材料；床下启动燃烧器预燃室内仅敷设有耐火材料，其外部敷设保温材料。

每只床下启动燃烧器配风为：第一级为点火风，经点火风口和稳燃器进入预燃室内，用来满足油枪点火初期燃烧的需要。点火风量随油枪负荷改变用挡板调节；第二级风为混合风，从预燃室内、外筒之间的风道进入预燃室内，与油燃烧所产生的高温烟气混合，将高温烟气降到启动所需的温度；部分混合风作为根部风，位于预燃室后部、邻近预燃室内壁处与预燃室轴线平行吹入预燃室，其作用是防止油枪点燃时炽热油火焰贴壁，造成预燃室内筒壁过热；第三级为一次风漏风。运行中应严格控制一次风的漏风量。第一级和第二级配风是不经过预热器的"冷"风，第三级风是经过预热器的"热"风。在热烟气发生器中还有为锅炉正常运行时所配的一次风入口，在锅炉启动时要将其关闭，以防止影响启动时热烟气的流动。启动成功后，启动风全部关闭（第一级和第二级配风），只通一次风。当启动风逐渐减少（调节置于风道中的挡板）直至关闭而一次风逐渐增加时，需按运行规程操作，以免产生因风量切换而产生的波动。床下启动燃烧器的油点火装置主要由机械雾化油枪、高能点火装置及其进退机械组成。油枪为固定式。高能点火器将油点燃后，由伸缩机构带动，向炉外退出一定距离（330mm）。启动时，油枪和点火器都通以密封风。每只床下启动燃烧器都配有火焰检测器，用来监视油枪着火情况，此外，每只床下启动燃烧器后部有供观察火焰用的看火孔。

距离布风板约 3m 处两侧墙上的二次风口内各布置有一只床上启动燃烧器，向下倾斜30°。床上启动燃烧器主要由以下几部分组成：油枪及其伸缩机构、配风器及其支吊、火焰检测器和看火孔等。床上启动燃烧器与床下启动燃烧器一起构成"床上+床下"的联合启动方式，以缩短锅炉启动时间。床上启动燃烧器与床下启动燃烧器一样，亦可用于锅炉低负荷稳燃用。因床上启动燃烧器火焰直接与炽热的物料接触，故用于低负荷稳燃更为方便有效。在床上启动燃烧器入口处，另设有流量计和风门调节装置，以对床上油枪配风进行测量和调节，使之更好地与油枪负荷相匹配。另外，床上及床下油枪后部皆有密封风，在锅炉运行及油枪抽出进行检修时，需通入密封风以防床上油枪头堵塞和磨损及炉内热烟气的反窜。

四、锅炉运行特性

在设计条件下的运行参数参见表 7-18。

在较高负荷时，过量空气系数均为 1.2；在较低负荷的工况 50%THA（THA，Turbine Heat Allowance，即汽轮机热输入允许值）和 30%THA 下，过量空气系数分别为 1.52 和 2.2。随着负荷的下降，床层温度和炉膛出口温度均下降。为保证燃烧的稳定性，床层温度相对于炉膛出口温度控制得较高。在 33%负荷下锅炉仍能稳定燃烧。

不同负荷条件下的床温和炉膛出口烟气温度见图7-30，各级过热器出口蒸汽温度见图7-31。随着负荷的下降，床层温度可以通过控制使其变化较小，但炉膛出口烟气温度下降明显，位于燃烧室的第二级过热器吸热量明显增加，有利于低负荷过热蒸汽参数达到额定值。但当锅炉负荷在45%以下时，过热器的参数偏离额定值。

再热蒸汽温度与负荷的关系见图7-32，再热蒸汽喷水量与负荷的关系见图7-33。这种再热器布置方式充分利用了燃烧室受热面在低负荷条件下吸热量较大的特点，使整个负荷范围内的再热器喷水量均比较小，从而降低再热器喷水对电站循环热效率的影响。与双烟道挡板调节和流化床换热器相比，再热汽温的调节响应非常快，见图7-34，有利于运行的调整和有效地保护再热器。

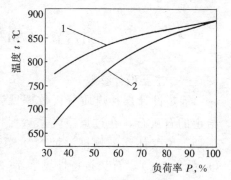

图7-30 床温特性

1—床层温度；2—炉膛出口温度

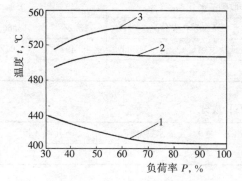

图7-31 过热汽温特性

1—第一级过热器出口汽温；2—第二级过热器出口汽温；3—第三级过热器出口汽温

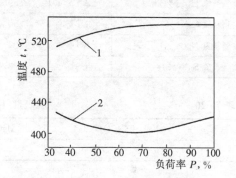

图7-32 再热汽温特性

1—热段再热器出口汽温；2—热段再热器进口汽温

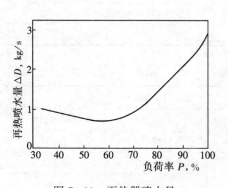

图7-33 再热器喷水量

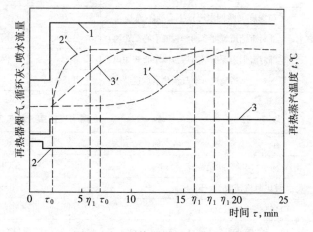

图7-34 再热器调温方式的响应

1—双烟道再热器烟气流量阶跃变化；2—再热器喷水量阶跃变化；3—再热器流化床换热器循环灰流量阶跃变化；1′、2′、3′—再热蒸汽温度

第六节　670t/h 超高压再热循环流化床锅炉

一、主要设计参数

锅炉设计煤种煤质分析数据见表7-19。采用石灰石作为脱硫剂，对于设计燃料和给定的石灰石，在过量空气系数保持1.2和Ca/S摩尔比为2的条件下，要求标准状况下烟气中气体污染物排放量 $NO_x \leqslant 250mg/m^3$（含 O_2 量为6%）， $SO_2 \leqslant 300mg/m^3$（含 O_2 量为6%），石灰石特性见表7-20；锅炉基本尺寸和技术规范分别列于表7-21和表7-22中。

表 7-19　　　　　　　　　670t/h 循环流化床锅炉煤质分析数据

名　　　称	设计煤种	校核煤种	名　　　称	设计煤种	校核煤种
收到基碳 C_{ar}（%）	66.10	53.29	收到基灰分 A_{ar}（%）	18.46	31.29
收到基氢 H_{ar}（%）	2.77	2.69	收到基水分 M_{ar}（%）	7.35	4.95
收到基氧 O_{ar}（%）	3.67	5.50	干燥无灰基挥发分 V_{daf}（%）	15.24	18.60
收到基氮 N_{ar}（%）	1.14	1.06	低位发热量 $Q_{net,ar}$（MJ/kg）	25.492	21.012
收到基硫 S_{ar}（%）	0.51	1.22			

表 7-20　　　　　　　　　　　　　脱硫剂（石灰石）成分

成　　分	$CaCO_3$（%）	$MgCO_3$（%）	水（%）	其他（%）
数　值	70	2.15	0.15	27.7

表 7-21　　　　　　　　　　　　　锅炉基本尺寸　　　　　　　　　　　　mm

项　目	数　值	项　目	数　值
炉膛宽度（两侧水冷壁中心线距离）	17480	尾部对流烟道深度（空气预热器烟道宽度）	7200
炉膛深度（两侧水冷壁中心线距离）	7760	汽包中心线标高	56850
尾部对流烟道宽度（两侧包墙中心线距离）	13600	锅炉宽度（两侧外支柱中心线距离）	34000
尾部对流烟道深度（前后包墙中心线距离）	7200	锅炉深度（BE柱至BH柱中心线距离）	36700
尾部对流烟道宽度（空气预热器烟道宽度）	14800		

表 7-22　　　　　　　　　　　　　锅炉主要技术规范

参 数 名 称	设 计 煤 种		
负荷（%）	B-MCR	75%THA	50%THA
过热蒸汽流量（t/h）	670	442.2	294.8
再热蒸汽流量（t/h）	585	386.1	257.4
过热器喷水（%）	4.15	6.62	8.19
一级减温器喷水（t/h）	16.66	17.44	14.53
二级减温器喷水（t/h）	11.07	11.62	9.70
再热器喷水（%）	1.54	0.23	0.44

续表

参 数 名 称	设 计 煤 种		
负 荷（%）	B−MCR	75%THA	50%THA
再热器喷水（t/h）	8.89	0.90	1.17
省煤器入口温度（℃）	253	230.1	210.6
过热器出口压力（MPa）	13.69	13.4	10.09
过热蒸汽温度（℃）	540	540	540
再热器入口压力（MPa）	2.6475	1.74	1.16
再热蒸汽入口温度（℃）	315.8	288.9	289.4
再热蒸汽温度（℃）	540	540	531.9
过热器喷水温度（℃）	172.4	156.8	142.4
再热器喷水温度（℃）	172.4	156.8	142.4
过量空气系数	1.20	1.20	1.52
环境温度（℃）	20	20	20
排烟热损失（%）	4.558	3.808	4.275
不完全燃烧热损失（%）	2.97	3.055	3.557
灰渣物理热损失（%）	0.104	0.096	0.094
散热损失（%）	0.5	0.733	1.034
石灰石煅烧热损失（%）	0.22	0.22	0.22
石灰石脱硫放热（%）	−0.28	−0.28	−0.28
制造余量（%）	0.928	0.9	0.9
锅炉效率（%）	91.0	91.468	90.2
第一级过热器入口汽温（℃）	344.5	343.0	326.4
第一级过热器出口汽温（℃）	397.5	406.8	421.5
第二级过热器入口汽温（℃）	383.6	382.3	380.3
第二级过热器出口汽温（℃）	487.7	502.1	515.8
第三级过热器入口汽温（℃）	472.7	477.1	480.4
第三级过热器出口汽温（℃）	540	540	540
低温再热器入口汽温（℃）	315.8	288.9	289.4
低温再热器出口汽温（℃）	424.4	399.2	403.2
高温再热器入口汽温（℃）	406.8	396.4	397.8
高温再热器出口汽温（℃）	540	540	540
床温（烟温）（℃）	883	860	830
炉膛出口烟温（℃）	883	837	739
第三级过热器入口烟温（℃）	845	792	705
第三级过热器出口烟温（℃）	721	681	626
第一级过热器出口烟温（℃）	518	480	453
低温再热器出口烟温（℃）	374	339	339
省煤器出口烟温（℃）	288	256	242
省煤器出口水温（℃）	275.8	254.1	249.9
空气预热器出口烟温（℃）	130	113	105

二、锅炉整体布置

670t/h循环流化床锅炉采用超高压参数一次中间再热设计，与200MW汽轮发电机组相匹配，可配合汽轮机定压或滑压机组启动和运行。

燃烧室蒸发受热面为膜式水冷壁。水循环采用单汽包、自然循环、单段蒸发系统。燃烧室布置双面水冷壁以增加蒸发受热面；布置屏式第二级过热器和热段屏式再热器，以提高整个过热器系统和再热器系统的辐射传热，使锅炉过热汽温和再热汽温具有良好的调节特性。

布风装置采用水冷式布风板，大直径钟罩式风帽。两个内径为9.1m的高温绝热旋风分离器布置在燃烧室与尾部烟道之间，分离器上部为圆筒形，下部为锥形。外壳用钢板制造，内衬绝热材料及耐磨耐火材料，防磨绝热材料采用拉钩、抓钉、支架固定。高温绝热分离器立管下布置一个非机械型送灰器（流化密封送灰器），回料为自平衡式，流化密封风用高压风机单独供给。送灰器外壳由钢板制造，内衬绝热材料及耐磨耐火材料。经进分离器净化过的烟气进入尾部烟道。尾部对流烟道中布置有第一级过热器、冷段再热器、省煤器、空气预热器。过热蒸汽温度由在过热器之间的两级喷水减温调节，减温喷水来自于给水泵出口高压加热器前。冷段再热器和热段再热器中间布置有一级喷水减温器，减温水来自于给水泵中间抽头。第三级过热器、第一级过热器、冷段再热器位于膜式壁包墙管过热器烟道内，省煤器、空气预热器烟道采用护板结构。

为防止外压差作用造成的变形，燃烧室与尾部烟道包墙均采用水平绕带式刚性梁。锅炉设有膨胀中心，各部分烟气、物料的连接烟道之间设置非金属膨胀节，解决由热位移引起的三向密封问题，各受热面穿墙部位均采用成熟的密封技术设计，确保锅炉的良好密封。

锅炉钢构架按8级地震烈度设计。锅炉采用支吊结合的固定方式，除分离器、冷渣器和空气预热器为支撑结构外，其余为悬吊结构。

为防止因炉内爆炸引起水冷壁和炉墙的破坏，锅炉设有刚性梁。

670t/h超高压一次中间再热循环流化床锅炉的主要结构特性与440t/h超高压一次中间再热循环流化床锅炉基本一致。再热蒸汽系统如图7-35所示，过热蒸汽系统见图7-36，图7-37为锅炉总图。

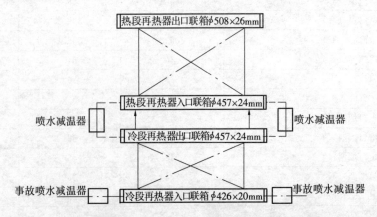

图7-35　670t/h超高压一次中间再热循环流化床锅炉再热蒸汽系统图

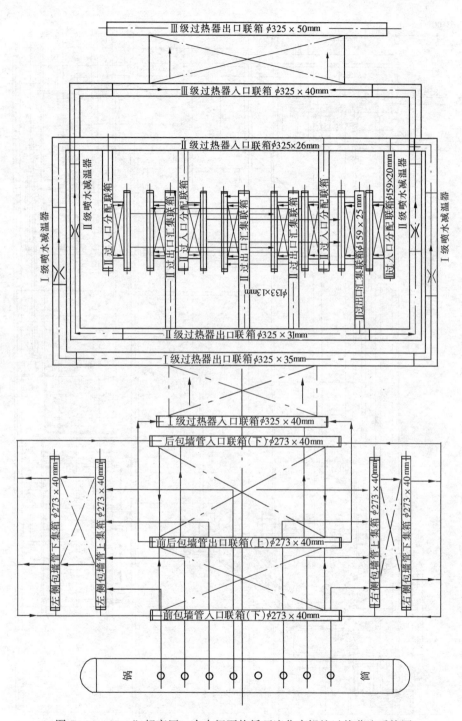

图 7 - 36 670t/h 超高压一次中间再热循环流化床锅炉过热蒸汽系统图

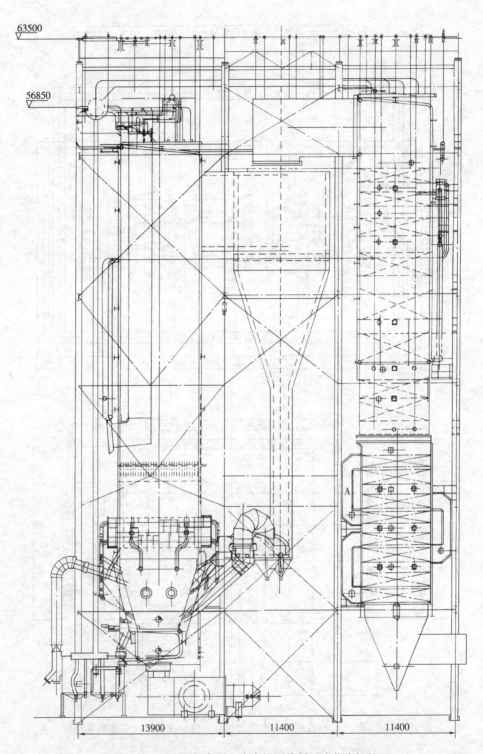

63500

56850

13900　　　　11400　　　　11400

图 7 - 37　670t/h 超高压一次中间再热循环流化床锅炉

第七节　1025t/h 亚临界参数再热循环流化床锅炉

一、引进 Lurgi 型 1025 t/h 亚临界参数再热循环流化床锅炉

锅炉为单炉膛分叉腿式、一次中间再热、平衡通风、露天岛式布置，全钢架悬吊结构、亚临界参数自然循环汽包炉，系引进法国阿尔斯通公司 Lurgi 型 1025t/h 循环流化床锅炉（配套国产 300MW 亚临界参数汽轮发电机组），安装在四川白马循环流化床锅炉示范电厂。锅炉布置参见图 1-9 或图 1-6（法国普罗旺斯加登电站 250MW$_e$ 循环流化床锅炉）。

设计煤种为四川宜宾芙蓉煤矿煤，煤质分析数据和石灰石成分别见表 7-23。对于设计燃料和给定的石灰石，要求标准状态下烟气中气体污染物排放量 NO$_x$≤250mg/m³（含氧量为 6% 的干烟气），SO$_2$≤600 mg/m³（含氧量为 6% 的干烟气，Ca/S=1.8）。锅炉主要参数列于表 7-24。

表 7-23　煤质分析数据和石灰石成分

煤质分析		石灰石成分	
名　称	设计煤种	成　分	数　值
收到基碳 C$_{ar}$（%）	49.2	CaCO$_3$（%）	92.29
收到基氢 H$_{ar}$（%）	2.09	MgCO$_3$（%）	3.72
收到基氧 O$_{ar}$（%）	1.65	水（%）	0.34
收到基氮 N$_{ar}$（%）	0.56	其他（%）	3.65
收到基硫 S$_{ar}$（%）	3.54		
收到基灰分 A$_{ar}$（%）	35.27		
收到基水分 M$_{ar}$（%）	7.69		
干燥无灰基挥发分 V$_{daf}$（%）	14.99		
低位发热量 Q$_{net,ar}$（MJ/kg）	18495		

表 7-24　锅炉主要参数

参数名称	单位	B—MCR	ECR	参数名称	单位	B—MCR	ECR
过热蒸汽流量	t/h	1025	977.17	再热蒸汽进口压力/出口压力	MPa	3.882/3.706	3.716/3.536
过热蒸汽出口压力	MPa	17.4	17.4	再热蒸汽进口温度/出口温度	℃	330.4/540	325.6/540
过热蒸汽出口温度	℃	540	540	省煤器进口给水温度	℃	281	277.9
再热蒸汽流量	t/h	843.93	807.08	锅炉效率	%	91.9	

锅炉燃烧室（宽×深×燃烧室净高）尺寸为 5m×12.6m×35.5m，流化速度 u_0 为 6.5m/s。

锅炉主要结构特性如下：

（1）四个 Lurgi 型外置流化床换热器，其作用是解决锅炉燃烧室和尾部烟道内受热面布置不下的问题，以及便于调节汽温和炉膛温度。

（2）四个内径为8.77m的绝热式上排气高温旋风分离器布置在燃烧室左右两侧。

（3）采用分体式炉膛：燃烧室下部为绝热分叉腿形式，上部为膜式水冷壁结构。目的在于保证二次风的穿透性，缩小炉膛宽深比。

（4）过热器、再热器分别布置在四个外置流化床换热器和尾部烟道内。

（5）四个冷渣器。

该台锅炉是我国大型循环流化床锅炉发展的重要示范性工程，它的成功投运将使我国大型循环流化床锅炉的发展迈上一个新台阶，并为超大型超临界参数600MW循环流化床锅炉技术的开发打下良好的基础。

二、国产化1025t/h循环流化床锅炉

下面主要介绍依托广东宝丽华电力有限公司300MW循环流化床锅炉工程并由东方锅炉股份有限公司自主开发设计的300MW级循环流化床锅炉。

1. 主要设计参数

锅炉主要参数列于表7-25。煤质分析数据和石灰石成分分别见表7-26和表7-27。对于设计燃料和给定的石灰石，要求标准状态下烟气中气体污染物排放量 $NO_x \leqslant 200mg/m^3$（含氧量为6%的干烟气），$SO_2 \leqslant 400mg/m^3$（含氧量为6%的干烟气，Ca/S=2.0）。

表7-25　　　　　　　　　　　　　锅 炉 主 要 参 数

参数名称	单位	B—MCR	参数名称	单位	B—MCR
过热蒸汽流量	t/h	1025	再热蒸汽进口压力/出口压力	MPa	3.665/3.485
过热蒸汽出口压力	MPa	17.45	再热蒸汽进口温度/出口温度	℃	321.8/540
过热蒸汽出口温度	℃	540	省煤器进口给水温度	℃	282.1
再热蒸汽流量	t/h	844.87	锅炉效率	%	89.5

表7-26　　　　　　　　　　　　　煤 质 分 析 数 据

名　　称	设计煤种	校核煤种1	校核煤种2
收到基碳 C_{ar}(%)	58.60	55.44	35.51
收到基氢 H_{ar}(%)	0.70	2.19	0.63
收到基氧 O_{ar}(%)	2.21	3.44	3.13
收到基氮 N_{ar}(%)	0.54	0.53	0.45
收到基硫 S_{ar}(%)	0.76	0.84	1.04
收到基灰分 A_{ar}(%)	28.39	28.56	53.12
收到基水分 M_{ar}(%)	8.80	9.00	6.12
空气干燥基水分 M_{ad}(%)	1.20	0.80	3.14
干燥无灰基挥发分 V_{daf}(%)	6.83	8.33	7.66
低位发热量 $Q_{net,ar}$(MJ/kg)	19.887	20.48	12.101

表7-27　　　　　　　　　　　　　石 灰 石 特 性 及 成 分

成分	CaO	MgO	SiO_2	Al_2O_3	Fe_2O_3	SO_3	堆积密度
%	50.6	2.38	0.145	0.026	0.369	1.08	1.336t/m³

注　其中 $CaCO_3$ 含量为90.1%，$MgCO_3$ 含量为5%，盐酸不溶盐含量为2.88%。

2. 炉型特点和整体布置

锅炉为单汽包自然循环、一次中间再热、高温分离器、平衡通风、前墙给料的循环流化床锅炉。采用高温汽冷式旋风分离器进行气固分离。与阿尔斯通引进型 1025t/h 循环流化床锅炉相比，国产化 1025t/h 循环流化床锅炉除在整体布置上采用 M 型布置外（图 7-38），还具有国产化锅炉的特点，见表 7-28。

表 7-28　　　　国产化 1025t/h 循环流化床锅炉与阿尔斯通引进型的特点比较

项　目	自主开发型	阿尔斯通引进型
炉膛形式	单炉膛	分叉腿形炉膛
炉膛布风板	水冷，内螺纹管	水冷，光管
炉膛布风板风帽	柱装风帽	大口径钟罩式
分离器	炉后三个分离器，汽冷式	炉两侧四个分离器，绝热式
主要点火方式	床下风道、床上点火	床下风道、床上点火
给煤方式	气力播煤，炉膛给煤	气力输送，送灰器给煤
受热面布置	炉膛内布置屏式过热器、屏式再热器和水冷蒸发屏	外置流化床换热器内布置低温过热器、中温过热器和高温再热器
回灰控制	自平衡	锥形阀
冷渣器	机械式	非机械式
尾部烟道	双烟道	单烟道
空气预热器	管式	四分仓回转式
调温方式	尾部挡板＋喷水减温	控制外置流化床换热器灰量

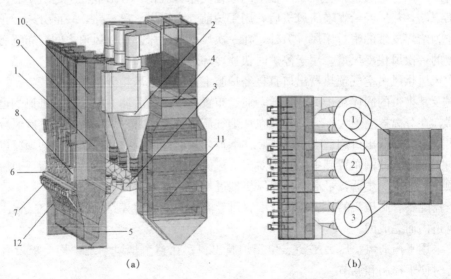

(a)　　　　　　　　　　　　　　(b)

图 7-38　国产化 1025t/h 循环流化床锅炉整体布置示意图

1—炉膛；2—汽冷却式分离器；3—送灰器；4—尾部受热面；5——次风；6—二次风；7—气力播煤装置；
8—屏式过热器；9—屏式再热器；10—水冷蒸发屏；11—管式空气预热器；12—石灰石

　　锅炉主要由三大部分组成：炉膛（包括屏式过热器、屏式再热器、水冷蒸发屏）、物料循环回路（包括汽冷却式旋风分离器、送灰器）和尾部竖井烟道。

　　炉膛内布置有屏式受热面。锅炉采用炉前给煤，后墙布置有 6 个回料点。在锅炉前墙同时设有石灰石给料口，在前墙水冷壁下部收缩段沿宽度方向均匀布置。炉膛底部由水冷壁管弯制围成的水冷风室。每台炉设置有 2 个床下点火风道，每个床下点火风道配有 2 个油燃烧器（带高能点火装置），其目的在于高效地加热一次流化风，进而加热床料。另外，在炉膛下部还设置有床上助燃油枪，用于锅炉启动点火和低负荷稳燃。装有 4 台滚筒式冷渣器，采用炉后排渣。

　　炉膛与尾部竖井烟道之间，布置有 3 台汽冷却式旋风分离器，其下部各布置 1 台送灰器。为确保回料均匀，送灰器采用一分为二的形式，将旋风分离器分离下来的物料经送灰器直接返回炉膛。作为备用手段，送灰器放灰通过送灰器至冷渣器灰道接入冷渣器。

　　尾部受热面为典型的双烟道结构，采用成熟的汽冷膜式壁包墙（下部为护板包墙）。在包墙过热器前墙上部烟气进口及中间包墙上部烟气进口处，管子拉稀形成进口烟气通道。中间包墙将烟道一分为二，前烟道布置了低温再热器，后烟道从上到下依次布置有高温过热器、低温过热器，向下前后烟道合成一个烟道，在其中布置有螺旋鳍片管式省煤器。烟气继续冲刷省煤器和空气预热器，进行换热。

　　低温再热器、高温过热器和低温过热器均采用光管结构，顺列逆流布置。管束通过固定块固定在尾部包墙上，随包墙一起膨胀。

　　采用管式空气预热器，双进双出，一、二次风左右布置。

　　锅炉总图见图 7 - 39。

　　3. 烟风系统

　　从一次风机出来的空气分成三路送入炉膛：第一路，经空气预热器加热后的热风进入炉膛底部的水冷风室，通过布置在布风板上的风帽使床料流化，并形成向上通过炉膛的气固两相流。第二路，热风经给煤增压风机后，用于炉前气力播煤。第三路，一部分未经预热的冷一次风作为给煤皮带的密封用风。另外，在一次风出口至床下点火风道之间，布置有绕过空气预热器的一次风快冷风道，用于停炉时快速冷却炉膛。

　　二次风机供风由空气预热器出口直接经炉膛上部的二次风箱分级送入炉膛。

　　烟气及其携带的固体粒子离开炉膛，通过布置在水冷壁后墙上的分离器进口烟道进入旋风分离器，在分离器里绝大部分物料颗粒从烟气流中分离出来，烟气流则通过旋风分离器中心筒引出，由分离器出口烟道引至尾部竖井烟道，从前包墙及中间包墙上部的烟窗进入前后烟道并向下流动，冲刷布置其中的水平对流受热面管组，将热量传递给受热面，而后烟气流经空气预热器进入除尘器，最后，由引风机抽进烟囱，排入大气。

　　送灰器配备有高压头的罗茨风机。回料风量的调节是通过旁路将多余的空气送入一次风第一路风道内而完成的。

　　锅炉采用平衡通风，压力平衡点位于炉膛出口；在整个烟风系统中均要求设有调节挡板，运行时便于控制和调节。

　　4. 汽水系统

　　锅炉给水经给水操作台后被引至尾部烟道省煤器进口联箱左侧，逆流向上经过水平布置的省煤器管组进入省煤器出口联箱，通过省煤器引出管从汽包左右封头进入汽包。在启动阶

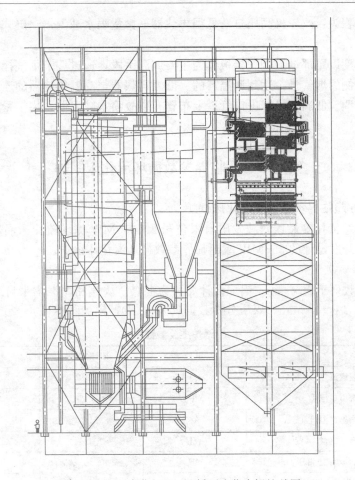

图 7-39 国产化 1025t/h 循环流化床锅炉总图

段没有给水流入汽包时，省煤器再循环系统可以将锅水从汽包引至省煤器进口联箱，防止省煤器管子内的水静滞汽化。

锅炉的水循环采用集中供水，分散引入、引出的方式。给水引入汽包水空间，并通过集中下降管和下水连接管进入水冷壁和水冷蒸发屏进口联箱。锅水在向上流经炉膛水冷壁、水冷蒸发屏的过程中被加热成为汽水混合物，经各自的上部出口联箱通过汽水引出管引入汽包进行汽水分离。被分离出来的水进入汽包水空间，重新进行再循环，被分离出来的饱和蒸汽从汽包顶部的蒸汽连接管引出。

过热蒸汽流程为：汽包→分离器入口烟道两侧包墙管→旋风分离器四周包墙管→尾部烟道两侧包墙管→尾部烟道前后包墙管→尾部烟道中隔墙→低温过热器→一级减温器→屏式过热器→二级减温器→高温过热器。

过热器系统采取调节灵活的喷水减温作为汽温调节和保护各级受热面管子的手段。整个过热器系统共布置有两级喷水减温器。一级减温器布置在低温过热器出口的连接管道上作为粗调；二级减温器布置在屏式过热器出口的连接管道上，作为细调。

屏式再热器为辐射再热器，与低温再热器（对流再热器）一起组成再热受热面，相对于其他再热器布置方式，锅炉的再热汽温在较大的负荷范围内变化较小。

再热蒸汽流程为：汽轮机高压缸→低温再热器→微量喷水减温器→屏式再热器→汽轮机中压缸。

再热蒸汽温度以尾部烟道烟气挡板作为主要调温手段，通过调节烟气挡板的开度，改变流经低温再热器侧的烟气量，达到调温目的。低温再热器至高温再热器的连接管上设置了喷水减温器作为微调。低温再热器进口管道上布置有事故喷水减温器，用于紧急状况下控制再热器进口汽温。

第八节 超临界参数循环流化床锅炉

一、1163t/h 超临界参数循环流化床锅炉

下面主要介绍依托安徽钱营孜发电有限公司 2×350MW 循环流化床锅炉工程并由上海锅炉厂有限公司开发设计的 350MW 级超临界参数循环流化床锅炉。

1. 主要设计参数

锅炉主要参数列于表 7-29。锅炉设计煤种为混煤，块煤和煤泥均来自当地煤矿，粒度范围 0～10mm，$d_{50}=1.5$mm。煤质分析数据见表 7-30，锅炉基本尺寸示于表 7-31。

表 7-29   锅炉主要参数

名称	单位	B-MCR	ECR
过热蒸汽流量	t/h	1163.2	1018.7
过热蒸汽出口压力	MPa	25.4	25.1
过热蒸汽出口温度	℃	571.0	571.0
再热蒸汽流量	t/h	954.4	843.2
再热蒸汽进口压力/出口压力	MPa	5.403/5.203	4.776/4.597
再热蒸汽进口温度/出口温度	℃	342.1/569.0	329.3/569.0
给水温度	℃	292.4	283.7
锅炉效率	%	93.2	

表 7-30   煤质分析数据

名称	设计煤种	校核煤种
收到基碳 C_{ar}（%）	39.55	43.54
收到基氢 H_{ar}（%）	2.83	3.00
收到基氧 O_{ar}（%）	4.05	4.94
收到基氮 N_{ar}（%）	1.17	1.12
收到基硫 S_{ar}（%）	0.75	0.76
收到基灰分 A_{ar}（%）	38.15	33.84
收到基水分 M_{ar}（%）	13.5	12.8
空气干燥基水分 M_{ad}（%）	2.05	1.81
干燥无灰基挥发分 V_{daf}（%）	43.7	42.78
低位发热量 $Q_{net,ar,p}$（MJ/kg）	14.28	16.43

表 7 - 31　　　　　　　　　　　**锅炉基本尺寸**　　　　　　　　　　单位：mm

名称	尺寸	名称	尺寸
炉膛宽度×深度	31944×9656	后烟井宽度×深度	21700×7800
炉膛高度（至布风板）	48000		
水冷壁节距	56/112	包覆管子节距	110
大板梁顶标高	73600	锅炉运转层标高	12600
布风板标高	9720	受压件支吊平面顶标高	73450
省煤器支撑平面标高	36400	回转式空气预热器支撑平面标高	7400
启动分离器	$\phi680×85$，$L=3000$	启动分离器储水箱	$\phi680×85$，$L=20000$
旋风分离器直径	$\phi10000$	空气预热器壳体直径	16318

2. 锅炉的整体布置

锅炉为超临界参数变压运行直流炉，单炉膛、一次中间再热，平衡通风，固态排渣，全钢架支吊结合，半露天布置。采用汽冷式旋风分离器进行气固分离。锅炉总图见图 7 - 40。

锅炉本体钢架由三跨组成：第一跨布置启动分离器及储水箱、炉膛、热一二次风道、播煤风管道、滚筒冷渣器、输渣皮带等；第二跨布置汽冷式旋风分离器（旋风分离器）、回料器、高压流化风管道、风道燃烧器等；第三跨布置尾部烟道、四分仓回转式空预器等。

锅炉主要由悬吊全膜式水冷壁炉膛、汽冷式旋风分离器、N 形返料回路以及后烟井对流受热面等组成；锅炉的启动分离器及储水箱、炉膛水冷壁、汽冷式旋风分离器、分离器进出口烟道、尾部包覆墙部分均采用悬吊结构；一级低温省煤器管系通过管夹悬挂在承重梁上，通过省煤器框架立柱及凳子结构搁置在钢架横梁上；N 形回料器和回转式空气预热器支撑在钢架横梁上，为承受荷载较大的回转式空气预热器，在 K4 排柱和 K6 排柱中间设置了独立小钢架；锅炉炉膛、汽冷式旋风分离器、后烟井包覆过热器整体向下膨胀，锅炉分别在炉膛水冷壁几何中心、汽冷式旋风分离器上部几何中心、后烟井包覆几何中心设置了 3 个膨胀中心，每个独立膨胀的组件之间均由膨胀节连接。锅炉整体呈左右对称布置，锅炉钢架左右两侧布置副跨，副跨布置平台通道、主给水管道、主蒸汽管道、再热蒸汽进口和出口管道、排汽管道等。

炉膛上部布置 12 片水冷屏、8 片高温屏式再热器、12 片中温屏式过热器和 12 片高温屏式过热器，为尽量确保各屏式受热面受热均匀，水冷屏、高温屏式再热器、中温屏式过热器、高温屏式过热器采取交叉布置的方式。炉膛与后烟井之间，布置有 3 个汽冷式旋风分离器，旋风分离器筒体采用膜式管排拼接而成，在烟气侧内壁敷设高密度销钉耐磨耐火层；每个旋风分离器下部布置 1 台非机械的 N 形回料器及 2 个回料腿，与分离器筒体通过金属膨胀节连接，回料器底部布置流化风室及风帽，使物料流化返回炉膛。在后烟井包覆墙中间设置隔墙包覆过热器，将后烟井分隔成前后两个烟道，在前烟道内布置低温再热器，低温再热器管系采用包覆过热器管系悬吊；在后烟道内按烟气流向依次布置低温过热器、二级高温省煤器，其受热面管系均分别搁置在隔墙包覆过热器和后墙包覆过热器上，最终将荷载传递到炉顶钢架上。在低温再热器和二级高温省煤器出口设置烟气挡板，过热器采用两级喷水调节蒸汽温度，再热器则以烟气挡板调节蒸汽温度为主，微量喷水和事故喷水调温为辅。

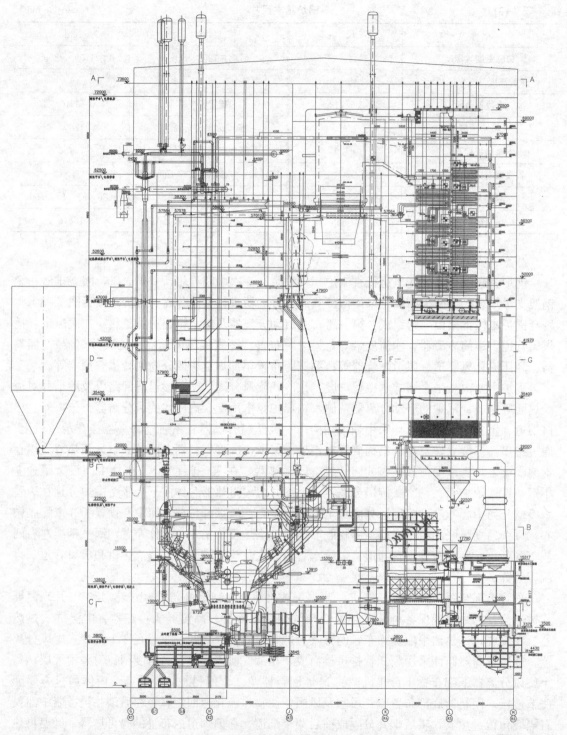

图 7-40　1163t/h 超临界参数循环流化床锅炉总图

　　锅炉采用两次配风，一次热风从空气预热器出来后分成四个热一次风道，然后进入水冷风室，每个热一次风道内均布置一台燃烧器用于锅炉启动点火用。由于设计时将原来的下二次风采用热一次风代替，以提高穿透压力，所以另外一路热一次风进入炉膛中部的环形风箱；前墙热一次风分别作为播煤风、给煤根部吹扫风，后墙热一次风进入炉膛下部作为二次风穿透用。热二次风进入炉膛中部环形风箱，然后分一层进入炉膛中部二次风口。锅炉采用前后墙联合给煤，前墙布置 6 个给煤口，沿宽度方向均匀布置在前墙水冷壁下部，后墙布置 4 个给煤口，给煤直接给到回料腿上。锅炉床上布置 6 只大功率的点火油枪，床下布置 4 个风道点火燃烧器。在炉膛下方布置 6 台滚筒冷渣器。

在 880℃左右的床温下，燃料和空气在炉膛密相区内混合，煤颗粒在流态化状况下燃烧并释放出热量，高温物料、烟气与水冷壁受热面进行热交换。烟气携带大量的物料自下而上从炉膛上部的后墙出口切向进入旋风分离器，在旋风分离器中进行烟气和固体颗粒的分离，分离后洁净的烟气由旋风分离器中心筒出来依次进入尾部烟道内的低温过热器（低温再热器）、省煤器和空气预热器，烟温降至 117℃左右排出锅炉；被旋风分离器捕集下来的固体颗粒通过立管，由 N 形回料器及回料腿直接送回到炉膛，从而实现循环燃烧。底灰（大渣）排入布置在炉膛底部的移动床冷渣器后进入滚筒冷渣器冷却，温度降至 150℃以下经刮板捞渣机排出。

3. 汽水系统

锅炉汽水系统回路包括尾部一级低温省煤器、二级高温省煤器、水冷蒸发受热面（炉膛水冷壁、同水冷壁出口串联的水冷屏）、启动系统、后烟井包覆过热器、低温过热器、中温屏式过热器、高温屏式过热器以及低温再热器、高温屏式再热器。汽水系统流程示意见图 7-41。

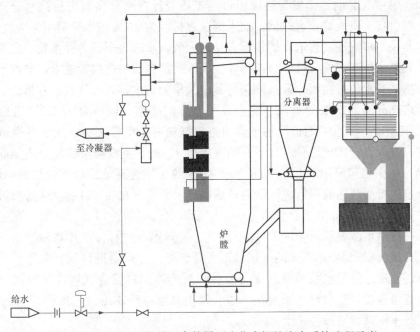

图 7-41　1163t/h 超临界参数循环流化床锅炉汽水系统流程示意

机组配置 2×50% B-MCR 容量的调速汽动给水泵和 1 台 30%B-MCR 容量的电动给水泵用于机组启动。主给水管路有两条回路，管道规格分别为 $\phi406.4×40mm$（材质 15NiCuMoNb5-6-4）和 $\phi406×50mm$（材质 SA106-C）。主给水管路上布置有 1 只电动闸阀和 1 只止回阀；给水旁路（管道规格为 $\phi273\times30mm$，材质 15NiCuMoNb5-6-4）布置有 1 只电动调节阀和 2 只电动闸阀。在锅炉 30％～100％B-MCR 负荷范围内，采用调速汽动给水泵控制给水量；当低于锅炉 30％B-MCR 负荷时，切换至给水旁路系统，采用给水旁路调节阀控制给水量。

从高温省煤器出口联箱引出两根 $\phi324$ 的连接管道至水冷壁下联箱分配器（共 2 个，规格为 $\phi457$），每个联箱分配器上引出 13 根 $\phi114$ 的连接管道至水冷壁下联箱，共 26 根连接管道。工质流经水冷壁前后墙、左右侧墙受热面，然后至水冷壁出口联箱汇合。水冷壁左右侧墙上联箱、前后墙上联箱规格为 $\phi273$。从水冷壁上联箱引出 16 根 $\phi168$ 的连接管道，分 2 组进入水冷壁出口中间混合联箱，规格为 $\phi324$。每个混合联箱上引出 6 根 $\phi168$ 管道至水冷屏进口小联箱。炉内布置有 12 片水冷屏，每片水冷屏引出一根连接管道至汽水分离器。每个汽水分离器上切向有 6 根管子引入。

锅炉启动系统为简单疏水大气扩容式系统，由启动（汽水）分离器、储水箱、大气式疏水扩容器、联水箱和水位控制阀等组成。流程为：水冷屏出口联箱→启动分离器→储水箱→大气式扩容器→联水箱→疏水泵→至机排汽装置。锅炉炉前对称线上布置有 2 只外径为 $\phi680$ 的汽水分离器，其进出口分别与水冷屏和旋风分离器进口烟道包覆受热面相连接。每只汽水分离器筒身上方切向布置 6 根进口管接头，顶部有 1 根内径为 356mm 的管子至汽水分离器进口烟道包覆受热面的管接头，下部布置有一个外径为 $\phi324$ 的疏水管接头。两汽水分离器连接到储水箱，储水箱外径为 $\phi680$，长度约为 20m。当机组启动锅炉负荷低于最低直流负荷 30％B-MCR 时，蒸发受热面出口的工质流经汽水分离器进行汽水分离，蒸汽通过分离器上部管接头进入炉顶过热器，而水则通过外径为 $\phi324$ 疏水管道引至大气式扩容器。在大气扩容器中，蒸汽通过管道在炉顶上方排向大气，水进入下部的联水箱。在启动系统管道上设有 2 只高水位调节阀（HWL），布置在大气式扩容器的进口管道上，当汽水分离器中的水质不合格或其水位过高时，通过该阀将其中大量的疏水排入大气式扩容器。

从 2 只启动分离器出来的蒸汽，混合成一个分配联箱（规格为 $\phi356$）。然后引出 6 根 $\phi219$ 的连接管道至三个水平烟道，每个烟道进口联箱有 2 个管接头。从水平烟道进口下联箱出来的蒸汽进入汽冷式旋风分离器下联箱（规格 $\phi273$）。蒸汽经过旋风分离器筒体后汇合至出口联箱，每个出口环形联箱上引出 6 根 $\phi168$ 的连接管至后包覆受热面侧墙上联箱。过热蒸汽经过包覆受热面流程后进入低温过热器进口联箱（规格 $\phi219$）。从低温过热器出口联箱左右对称引出两根 $\phi356$ 连接管道至炉内中温屏式过热器进口混合联箱，在连接管道上设置过热器一级喷水减温器。炉内 12 片中温屏式过热器，左右各 6 片对称布置。从中温屏式过热器出口混合联箱引出 $\phi356$ 的连接管道至高温屏式过热器进口混合联箱，在该连接管道上设置有过热器二级喷水减温器。从高温屏式过热器出口混合联箱连接管道（$\phi356$）与锅炉主蒸汽管道连接，左右对称布置共 2 根。每根高温过热器出口连接管道上装设有 PCV 阀、安全阀、水压试验堵阀各 1 个。

汽轮机高压缸排汽连接管道 1 分 2（规格 $\phi559\times17$），左右各 1，对称布置。锅炉范围内低温再热器连接管道规格 $\phi559$，每根管道上各设置 1 个事故喷水减温器和 1 个安全阀。再热蒸汽进入低温再热器受热面。从低温再热器出口集箱对称引出 1 根连接管道至炉内布置的高温屏式再热器，连接管道规格为 $\phi610$，每根连接管道上各设置 1 个微量喷水减温器，作为再热器汽温的辅助调节。炉内 8 片高温屏式再热器，左右各 4 片对称布置。通过高温屏式再热器的蒸汽混合至出口联箱，然后通过 2 根连接管道（规格为 $\phi610$）引出。每根高温屏式再热器出口管道上设置有安全阀、水压试验堵阀各 1 个。

4. 燃烧系统

原煤采用二级破碎，最终粒度合格的燃煤进入炉前大煤斗，再经带式（刮板或皮带）给煤机送至落煤管上方。每一根落煤管下方设置播煤风，将落下的煤颗粒均匀地吹入炉膛。

采用前后墙联合给煤方式，6 台给煤机布置在炉前，2 台给煤机经过炉侧给到后墙刮板给煤机上，2 条刮板给煤机分别对应设置在回料腿上的 4 个给煤口，8 台给煤机连接炉前大煤斗和落煤管，根据锅炉负荷要求将破碎后的燃煤输送到落煤管进口。考虑给煤机的检修和燃料的变化，给煤机设计出力留有 100％的备用裕量。

在落煤管中，煤颗粒依靠重力到达炉内给煤口，最终从前墙水冷壁进入炉膛。给煤口下部布置播煤风，从而在进入炉膛前的落煤管道内和管道的转弯处形成气垫，使给煤顺畅流动，同时也使得煤粒在进入炉膛时具有一定的动能，有利于煤在炉膛床面上均匀分布，防止给煤在局部堆积。在落煤管的垂直段上设置膨胀节，吸收水冷壁的热位移。

为防止炉膛内烟气反窜到给煤机而烧坏给煤机皮带，从一次风机出口的冷一次风管道上引出一路冷风到给煤机和落煤槽作为密封风。给煤机密封风进口设置在进煤端，落煤管密封风进口设置在耐高温闸板阀的下方。

采用床上床下联合点火方式，6 台床上燃烧器（点火油枪），用于锅炉启动或助燃，其中，前墙 4 台，侧墙 2×1 台，每台出力为 2500kg/h。床下 4 个风道点火燃烧器，每台出力为 500kg/h。炉前油系统以辅助蒸汽作为吹扫介质，吹扫压力 0.6～1.0MPa，温度≤250℃。

点火油枪采用可伸缩结构，并和炉内耐磨层表面有一定的距离，锅炉正常运行时，可将床上点火油枪退出炉外，同时维持一定的冷却风量，确保燃烧器不被烧损。点火油枪配有高能点火装置和火焰检测装置。

锅炉冷态启动时，在床内加装床料后，首先启动一次风机，使床料微流化，然后启动二次风机并投入点火油枪，按照启动曲线加热床料。在床温升至 510℃并维持稳定后，方可投煤以确保点火的可靠性。投煤时，可先断续少量给煤，当煤开始燃烧后，加大给煤并可连续启动给煤装置的运行。

5. 烟风系统

锅炉烟风系统参见图 7-42。锅炉采用平衡通风，炉膛的压力零点设置在旋风分离器进口烟道内。床内物料循环由送风机（包括一、二次风机）和引风机启动和维持。从一次风机出来的空气经空气预热器加热后，一路进入炉膛底部一次风室，通过布风板上的风帽使床料流化，并形成向上通过炉膛的物料循环；另一路从一次水冷风室引出后经 2 根总风道至炉膛中部环形风箱，再从该总风道上引出 6 根支管至落煤管中部作为播煤风，6 根支管至落煤管根部作为给煤吹扫风，同时也作为前墙下层二次风用，后墙 7 根支管从环形风箱上至炉膛下部作为后墙下二次风；第三路则是从一次风机出口后的冷风道上引出一股高压冷风作为炉前落煤管和给煤机的密封风。二次风经暖风器、空气预热器加热后引至炉前，由二次风箱引出若干根支管，分两层从炉膛前后墙、密相区的上部进入炉膛燃烧室，同时二次风作为床上油枪和床下油枪的点火用风。锅炉在 B-MCR 工况运行时，一次风与二次风的比例约 53：47，当锅炉负荷逐渐降低时，一次风与二次风的比例随之变化，最小一次风流量能够保证密相区内物料正常流化。

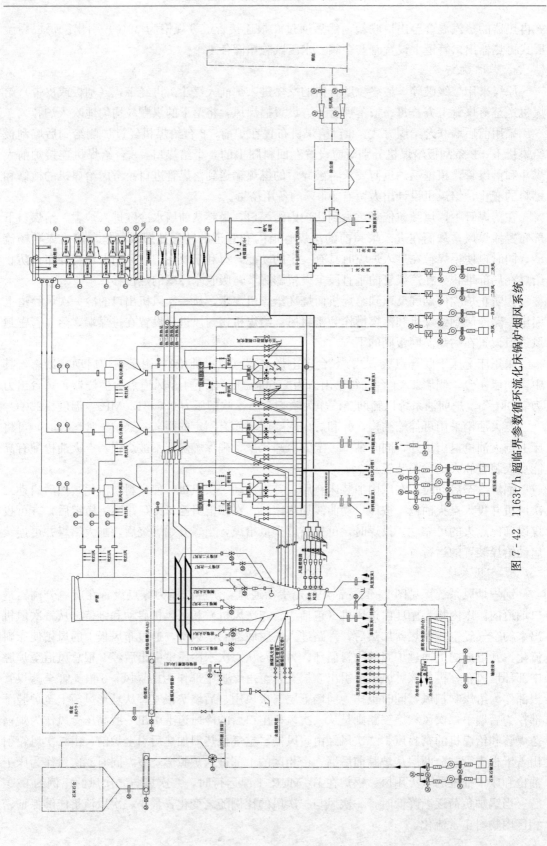

图 7 - 42　1163t/h 超临界参数循环流化床锅炉烟风系统

携带固体颗粒的烟气离开炉膛后，通过旋风分离器进口烟道，分别切向进入三个旋风分离器。分离后的烟气通过分离器中心筒进入后烟井，被对流受热面冷却后，通过回转式空气预热器进入除尘器去除烟气中的细颗粒成分，最后由引风机送入烟囱，排入大气。

高压流化风作为 N 形回料器流化用风和旋风分离器吹扫用风，同时还作为燃烧器油枪、点火枪及火焰检测装置的冷却用风。

6. 灰循环系统

炉膛、旋风分离器和 N 形回料器三大部件组成锅炉的灰循环系统。一次风从布置在布风板上的风帽进入炉膛底部的密相区，使炉膛内的物料流化。高温物料与煤粒和石灰石充分混合，在密相区内完成燃烧和脱硫过程。大颗粒物料被流化悬浮到一定高度后，沿炉膛四周水冷壁流回到底部的密相区，细小颗粒物料则被烟气携带离开炉膛，通过变截面的旋风分离器进口烟道时被提速，高速切向进入旋风分离器。烟气中质量较大的固体颗粒被抛向旋风分离器壁面，顺着壁面向下流入回料器，而质量较小的固体颗粒随烟气经过旋风分离器顶部的中心筒进入锅炉后烟井。旋风分离器分离效率高达 99.9% 以上，能将高温固体物料从气流中高效分离出来通过回料器送回炉膛，维持炉内较高的颗粒浓度，提高燃料燃尽率和脱硫效率。

物料循环倍率约为 30。由于炉膛密相区的床压可以间接反映炉膛的灰浓度，通过控制炉底排灰使灰浓度保持在合理的水平上。

二、1900t/h 超临界参数循环流化床锅炉简介

1. 锅炉概况

四川白马电厂 600MW 循环流化床锅炉机组示范工程采用东方锅炉股份有限公司设计制造的 DG1900/25.4‑Ⅱ9 型超临界参数循环流化床锅炉，其结构示如图 7‑43 所示。

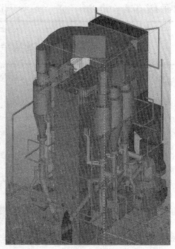

图 7‑43 DG1900/25.4‑Ⅱ9 型超临界参数循环流化床锅炉本体结构

锅炉主要参数列于表 7‑32。设计入炉煤粒径最大为 7mm，煤质分析数据参见表 7‑33。2013 年 4 月锅炉通过 168h 考核后，截至目前已运行 5 年多，运行实践表明，锅炉运行平稳，各处烟温、汽温与设计值吻合，水冷壁的安全性得到充分验证，实际运行性能指标均优于设计值。锅炉机组运行性能指标与设计值的比较参见表 7‑34。

表 7-32　　　　　　　　　　　　　　锅炉主要参数

名称	单位	B-MCR	B-ECR
过热蒸汽流量	t/h	1900	1840.92
过热蒸汽出口压力	MPa（g）	25.4	25.32
过热蒸汽出口温度	℃	571	571
再热蒸汽流量	t/h	1552.96	1498.52
再热蒸汽入口/出口压力	MPa（g）	4.628/4.413	4.456/4.249
再热蒸汽入口/出口温度	℃	322/569	318/569
给水温度	℃	287	285

表 7-33　　　　　　　　　　　　　　煤质分析数据

项目	单位	设计煤种	校核煤种
全水分	%	7.58	7.5
收到基灰分 A_{ar}	%	43.82	44.92
干燥无灰基挥发分 V_{daf}	%	14.74	14.67
收到基碳 C_{ar}	%	41.08	39.13
全硫	%	3.3	3.5
低位发热量 $Q_{net,ar,p}$	MJ/kg	15.173	14.701

表 7-34　　　　　　　　　　　　　　锅炉机组运行性能指标

名称	单位	设计值	实际运行值
最大连续蒸发量	t/h	1900	1903
锅炉效率	%	91.3	91.52
NO_x 排放浓度	mg/m³（标准状态下）	160	111.94
钙硫（摩尔）比		2.1	2.07
SO_2 排放浓度	mg/m³（标准状态下）	380	192.04
脱硫效率	%	96.7	97.12

2. 整体布置

由图 7-43 可见，锅炉本体为裤衩腿型单炉膛结构（即燃烧室下部呈分叉腿形式，见图 6-7）。与一般的循环流化床锅炉本体布置形式不同，锅炉整体呈左右对称布置（H 形布置）并支吊在钢架上。锅炉采用双布风板、平衡通风、固态排渣、一次中间再热。

锅炉主要由三部分组成：一是主循环回路，包括炉膛、汽冷却式旋风分离器、回料器

(送灰器)、外置冷灰床(即外置式换热器 EHE)、冷渣器以及二次风系统等；二是尾部烟道，包括低温过热器、低温再热器和省煤器；三为单独布置的 2 台四分仓回转式空气预热器。锅炉各部分布置见图 7-44。

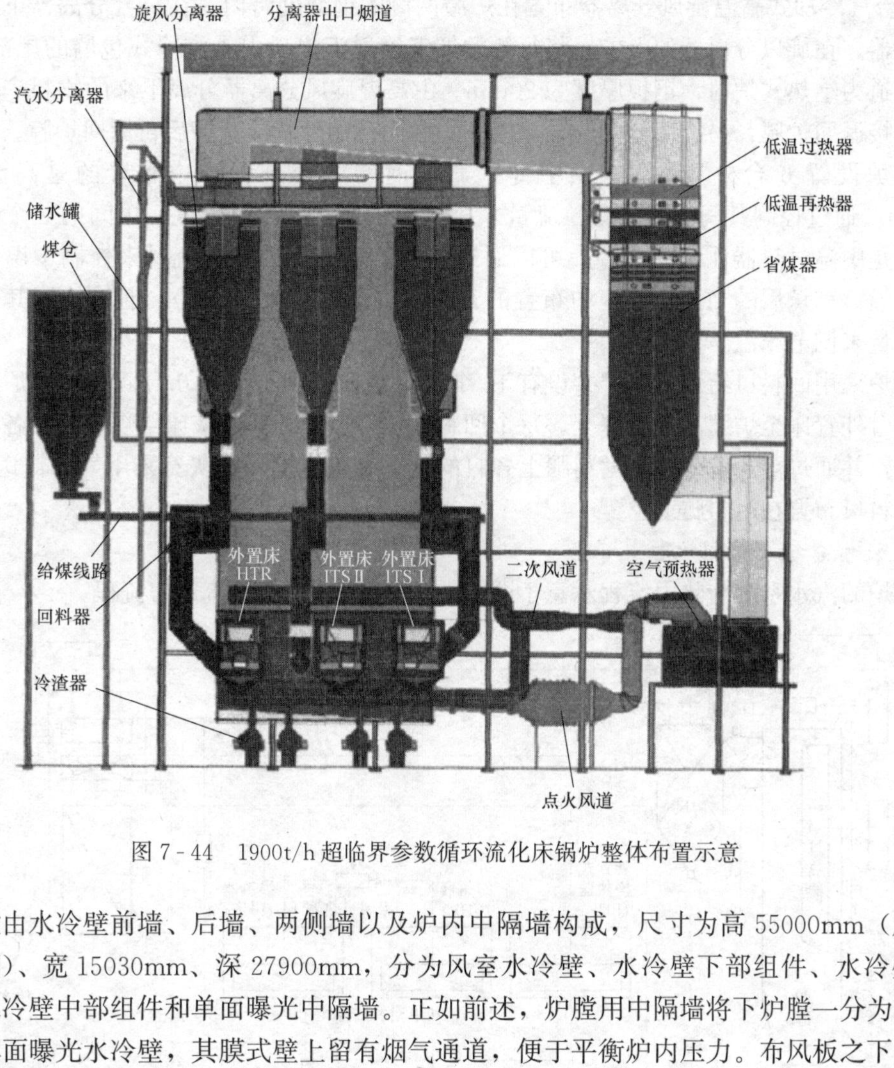

图 7-44 1900t/h 超临界参数循环流化床锅炉整体布置示意

炉膛由水冷壁前墙、后墙、两侧墙以及炉内中隔墙构成，尺寸为高 55000mm(从布风板到顶棚)、宽 15030mm、深 27900mm，分为风室水冷壁、水冷壁下部组件、水冷壁上都组件、水冷壁中部组件和单面曝光中隔墙。正如前述，炉膛用中隔墙将下炉膛一分为二，中隔墙为单面曝光水冷壁，其膜式壁上留有烟气通道，便于平衡炉内压力。布风板之下为由水冷壁管弯制围成的水冷风室。为避免炉膛内高浓度灰的磨损，水冷壁管采用全焊接的垂直上升膜式管屏，炉膛采用光管(部分区域采用内螺纹管)。炉膛内布置有 16 片屏式过热器管屏，管屏采用膜式壁结构，垂直布置。在屏式过热器下部转弯段及穿墙处的受热面管束上均敷设有耐磨材料，防止受热面管磨损，炉膛出口和炉膛顶部的密布销钉区域均施衬高强度和高导热性的耐磨衬里。

锅炉的循环系统由汽水分离器(启动分离器)、储水罐、下降管、下水连接管、水冷壁上升管、汽水连接管、再循环泵等组成。2 个汽水分离器布置在炉前，采用旋风分离形式。在负荷不小于 30% BMCR 后，直流运行，一次上升，汽水分离器入口具有一定的过热度。

锅炉布置有 4 个床下点火风道，每两个床下点火风道合并后，分别从分体炉膛的一侧进入等压风室。每个床下点火风道配有 2 个油燃烧器，能高效地加热一次流化风，进而加热床料。另外，在炉膛下部还设置有 16 只床上助燃油枪，用于锅炉启动点火和低负荷稳燃。6 台滚筒式冷渣器被分为两组布置在炉膛两侧。

6 台汽冷却式高温旋风分离器布置在炉膛两侧的钢架副跨内，在每台分离器下各布置一台回料器。在旋风分离器的上方，将每侧的烟气连通汇集后引入汽冷式包墙的尾部烟道内，出口烟道为绝热式炉衬，钢板厚度为 20mm。由高温旋风分离器分离下来的物料一部分经回料器直接返回炉膛，另一部分则经过布置在炉膛两侧的外置冷灰床后再返回炉膛。

锅炉设置 6 台外置冷灰床，其中，靠炉前的 2 个外置床中布置的是高温再热器（HTR），通过控制其间的固体颗粒流量来控制再热蒸汽的出口温度；中间的 2 个外置床中布置的是中温过热器 Ⅱ（ITS Ⅱ）。可以通过控制其间的固体颗粒流量来控制中温过热器 Ⅱ 出口汽温；靠炉后的 2 个外置床中布置的是中温过热器 Ⅰ（ITS Ⅰ），通过控制其间的固体颗粒流量来调节床温。

锅炉采用回料口给煤方式，共设有 12 个给煤点，分别布置在 6 台回料器至炉膛的返料腿和 6 台外置床至炉膛的返料腿上。每个回料器给煤口及外置冷灰床给煤口位置各设有一个出煤口，并通过落煤管分别与返料腿上各自的给煤装置连接。石灰石采用气力输送，6 个石灰石给料口布置在返料腿上。

3. 汽水系统与热力流程

锅炉的汽水系统与热力流程示意于图 7 - 45。锅炉采用全逆流热力流程。

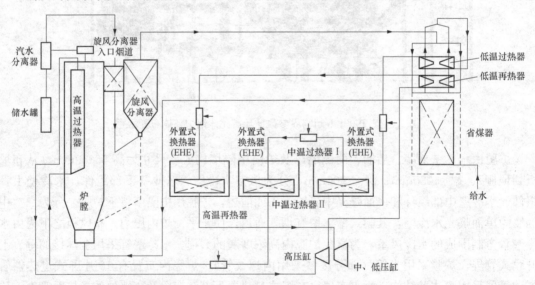

图 7 - 45　1900t/h 超临界参数循环流化床锅炉汽水系统与热力流程示意

锅炉给水进入尾部烟道下部的省煤器入口联箱，经省煤器吸热后，由省煤器出口联箱右端引出，经连接管进入水冷壁入口联箱，经水冷壁管吸热后，在水冷壁出口联箱汇集，然后通过连接管引入汽水分离器进行汽水分离。在锅炉启动处于循环运行方式时，饱和蒸汽经汽水分离器分离后进入高温旋风分离器进口烟道包墙，疏水进入储水罐，来自储水罐的一部分饱和水通过锅炉再循环泵和再循环管路流量调节阀回流到省煤器入口，其余疏水排往凝汽器。

蒸汽流程为：汽水分离器→高温旋风分离器入口烟道包墙→高温旋风分离器→后竖井包墙→吊挂管→低温过热器→中温过热器Ⅰ（EHE）→中温过热器Ⅱ（EHE）→高温过热器（炉膛）→高温过热器出口联箱→汽轮机高压缸。锅炉直流运行时，全部工质均通过汽水分离器进入分离器入口烟道包墙管。

从汽轮机高压缸排出的再热蒸汽，通过连接管进入布置在尾部烟道内的低温再热器入口联箱，流经低温再热器后，由连接管引入布置在外置换热器中的高温再热器，再由高温再热器出口联箱进入汽轮机中压缸。

过热蒸汽温度是通过煤水比和喷水减温器来控制。煤水比的控制温度取自设置在高温过热器上的3个温度测点，取中进行控制。喷水减温器共布置三级：第一级在低温过热器和中温过热器Ⅰ之间，第二级在中温过热器Ⅰ和中温过热器Ⅱ之间，第三级在中温过热器Ⅱ和高温过热器之间。过热器系统减温喷水来自省煤器出口。

再热蒸汽温度的调节主要通过调节流经外置换热器的灰量，在低温再热器出口管道上布置有微量喷水减温器作为事故状态下的调节手段。

4. 锅炉启动系统

锅炉启动系统由汽水分离器（启动分离器）、储水罐（收集水箱）、再循环泵等组成，包括大循环回路和小循环回路。大循环回路由汽水分离器、分离器储水罐和储水罐水位控制阀组成；小循环回路由汽水分离器、分离器储水罐、再循环泵（包括其辅助系统）和再循环管路流量控制阀组成。启动系统示意见图7-46。

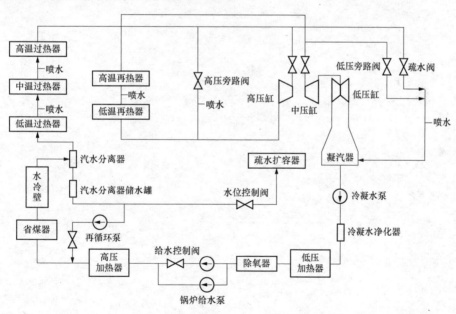

图7-46　1900t/h超临界参数循环流化床锅炉的启动系统示意

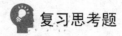复习思考题

1. 75t/h水冷方形分离器、高温绝热旋风分离器的循环流化床锅炉各有何结构特点？
2. 410t/h高压循环流化床锅炉有何结构特点？试简述其整体布置和各系统流程。

3. 440t/h 超高压再热循环流化床锅炉有何结构特点？简述其整体布置和各系统流程。

4. 1025t/h 亚临界再热循环流化床锅炉有何结构特点？简述其整体布置和各系统流程。

5. 1163t/h 超临界参数循环流化床锅炉有何结构特点？简述其整体布置和各系统流程。

6. 1900t/h 超临界参数循环流化床锅炉有何结构特点？简述其整体布置和各系统流程。

第八章 循环流化床锅炉的运行

由于循环流化床锅炉特有的气固两相流体动力特性，燃烧系统较煤粉锅炉和鼓泡流化床锅炉复杂，循环流化床锅炉的运行也较为复杂。譬如，循环流化床锅炉有一些与其他炉型不同的冷态试验项目，包括布风特性、流化特性、物料循环特性等；循环流化床锅炉的燃烧调整和负荷控制与煤粉锅炉等区别很大，尤其是飞灰循环系统的运行与锅炉燃烧温度、负荷之间的关系，以及对循环流化床锅炉运行的影响等。正如所知，循环流化床锅炉与其他类型锅炉的区别主要是燃烧系统，所以本章介绍的运行只涉及循环流化床锅炉的燃烧系统。

第一节 循环流化床锅炉的冷态试验

一、冷态试验内容

循环流化床锅炉冷态试验是指锅炉设备在安装完毕点火启动前，以及在大、小修或布风板、风帽、送风机等换型或检修后点火启动前，在常温下对燃烧系统，包括送风系统、布风装置、料层和物料循环装置等进行的性能测试，其目的是保证锅炉顺利点火和为热态运行确定合理的运行参数。

循环流化床锅炉冷态试验的内容主要有：

（1）考查各送风机性能，主要是考查风量、风压是否满足锅炉设计运行要求。

（2）检查引、送风机系统（风机、风门、管道等）的严密性。

（3）测定布风板布风均匀性和布风板阻力、料层阻力，检查床内各处流化质量。

（4）测定布风板阻力、料层阻力随风量变化的阻力特性曲线，确定冷态临界风量，用以估算热态运行时的最小风量。

（5）检查物料循环系统的性能和可靠性。

（6）为锅炉正常运行所需的其他试验（如给煤量的测定、煤和物料的筛分试验等）。

为保证冷态试验的顺利进行，在试验前必须做好充分的准备，具备试验所必须的条件。这些条件主要包括：①各种测试表计，如风量表、差压计、风室静压表等齐全并完好。②足够试验用的炉床底料。底料一般用燃料的冷灰渣料，最好是循环流化床锅炉排出的冷渣，粒度要求比正常运行时燃料的粒度要求要细一些。如果将试验底料作为今后点火启动的床料（譬如床上点火），还应掺加一定量的易燃烟煤末和脱硫剂石灰石，掺入的燃煤一般不超过床料总量的10%。③燃烧室布风板上的风帽安装牢固、高低一致，风帽小孔无堵塞；绝热和保温材料的性能达到设计要求。④风室内无杂物，排渣管和放灰管畅通、开闭灵活；等等。总之，要求循环流化床锅炉燃烧设备处于能正常运行的状态。

二、布风系统冷态特性试验

1. 布风板阻力特性试验

布风板阻力是指无料层时燃烧空气通过布风板的压力损失。要使空气按设计要求通过布风板形成稳定的流化床层，要求布风板具有一定的阻力。但布风板阻力过大，会增加送风机

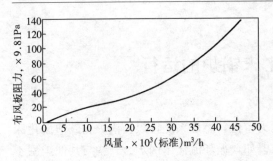

图 8-1　布风板阻力特性

功耗。

试验时，首先关闭所有炉门，并将所有排渣管、放灰管封闭严密；启动引风机、送风机后，逐渐开大风门，平滑地改变送风量，同时调整引风，使炉膛负压表示数为零压。此时，对应于每个送风量，从风室静压计上读出的风室压力即为布风板阻力。每次读数时，记录当时的风量和风室静压值。一般送风量每次增加额定值的 5%～7.5% 记录一次，一直做到最大风量，即上行试验。然后从最大风量逐渐减少，并记录相应的风量和风室静压数值，直到风门全部关闭为止，即下行试验。通过整理上行和下行的两次试验数据，可以得到布风板阻力特性。布风板阻力—风量关系曲线如图 8-1 所示。

布风板阻力通常由风室进口端的局部阻力、风帽通道阻力及风帽小孔的局部阻力组成。在一般情况下，三者之中以风帽小孔的局部阻力为最大，而其他两项的阻力之和仅占布风板阻力的几十分之一，可以忽略不计。因而在缺乏试验数据或没有布风板阻力特性曲线的情况下，布风板阻力也可近似按下式计算，即

$$\Delta p_\mathrm{d} = \zeta \frac{\varrho_\mathrm{g} u_\mathrm{or}^2}{2} = \zeta \frac{\varrho_\mathrm{g} u_0^2}{2\eta^2} \tag{8-1}$$

$$u_\mathrm{or} = \frac{风量 Q}{风帽小孔总面积 \sum f}$$

$$\eta = \frac{\sum f}{A_\mathrm{b}}$$

式中　Δp_d——布风板阻力，Pa；

　　　ζ——布风板阻力系数；

　　　u_or——按风帽小孔总面积计算的风帽小孔速度，m/s；

　　　η——布风板的开孔率；

　　　A_b——布风板的有效面积，m^2；

　　　u_0——空塔气流速度，m/s。

试验表明，对石煤流化床有帽头侧水平孔的大风帽布风板，可取 $\zeta=2.0$；对无帽头的小孔下倾 15° 的小风帽（帽身直径 40mm，帽间距 70mm）布风板，实测得 $\zeta=1.84$。一般冷态下风帽小孔风速取 25～35m/s。由于在热态运行时气体体积膨胀，风帽小孔风速增大，但气体密度变小，两者影响总的结果使布风板阻力 Δp_d 的热态值大于冷态值。因此，在热态运行时必须考虑气体温度对风帽小孔风速和气体密度影响而引起的布风板阻力修正。

2. 布风均匀性试验

布风板的布风均匀性对料层阻力特性以及运行中的流化质量有直接影响。布风均匀是流化床锅炉顺利点火、低负荷时稳定燃烧、防止颗粒分层和床层结焦的必要条件。因此，在布风板阻力特性测定后，测试料层阻力之前，应进行布风均匀性试验。

试验时先在布风板上平整地铺上颗粒粒径为 3mm 以下的灰渣层，铺料厚度约 300～500mm，以能正常流化为准。布风均匀性试验方法有两种：一种是开启引风机、一次送风

机，缓慢调节送风门，逐渐加大送风量，直到整个料层处于流化状态，然后突然停止送风，观察料层的平整性。料层平整，说明布风均匀。如果料层表面高低不平，高处表明风量小，低处表明风量大，此时应该停止试验，查明原因及时予以消除；另一种方法是当料层流化起来后，用较长的火耙在床内不断来回耙动。如手感阻力较小且均匀，说明料层流化良好；反之，则布风不均匀或风帽有堵塞，阻力大的地方可能存在"死区"。

3. 料层阻力特性试验

料层阻力是指燃烧空气通过布风板上的料层时的压力损失。对于颗粒堆积密度一定、厚度一定的料层，其床层阻力是一定的。正如所知，当料层厚度固定后，料层温度对料层阻力影响不大，因而可以利用流化床层的这些特性来判断料层的厚度和所要配备的风机压头大小，即送风机压头≥风道阻力＋布风板阻力＋料层阻力。

在布风均匀性试验后，一般要对三个及以上不同料层厚度 H_0（通常选取 200、300、400、500、600mm 五个厚度）做料层阻力试验。试验从高料层做到低料层，也可以反方向进行。试验用的床料必须干燥，否则会带来很大的试验误差。床料铺好后，将表面平整并量出基准厚度，关好炉门，开始试验。料层阻力特性试验的步骤与方法与布风板阻力特性一样，将风门逐渐加大至全开，又反行至全关。每改变一次风量就测取一组数据，最后将上行和下行数据整理，按下式求出料层阻力，即

$$\Delta p_b = p_s - \Delta p_d \tag{8-2}$$

式中　Δp_b——料层阻力，Pa；

　　　　p_s——风室静压，Pa；

　　　　Δp_d——对应于相同风量下的布风板阻力，Pa。

根据前述的布风板阻力特性试验与料层阻力，就可以得到不同料层厚度下的料层阻力—风量关系曲线，如图 8-2 所示。

试验研究表明，流化床料层阻力同单位面积布风板上的床料重量与气体浮力之差成比例。即有

$$\Delta p_b = nH(\rho_p - \rho_g)(1 - \bar{\varepsilon})g \tag{8-3}$$

式中　n——压降减少系数，$n < 1$。

各种物料的 n 值见表 8-1。一般情况下，n 值在 $0.5 \sim 0.82$，且冷态和热态的数据较为接近。

因为 $\rho_p \gg \rho_g$，在计算时可忽略 ρ_g 的影响，于是有 $\Delta p_b = nH\rho_p(1 - \bar{\varepsilon})g$。在料层阻力试验中，$H = H_0$，可近似认为 $\bar{\varepsilon} = 0$。这样，式（8-3）进一步简化为

$$\Delta p_b = nH_0\rho_p g \tag{8-4}$$

式中　H_0——静止料层厚度，m。

当静止料层厚度＞300mm 后，上式的计算结果与试验数据很吻合。式（8-4）表明，料层阻力与静止料层厚度成正比，料层越厚，阻力越大。为简化计算，也可以用表 8-2 中料层阻力的近似值，通过式（8-4）来估算静止料层厚度。

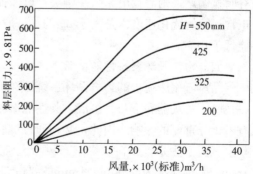

图 8-2　循环流化床锅炉料层阻力特性

表 8 - 1 各种物料的 n 值

物　料	石　煤	煤矸石	无烟煤	烟　煤	烟煤矸石	造气炉渣	油页岩	褐　煤
压力减少系数 n	0.76～0.82	0.90～1.0	0.8	0.77	0.82	0.8	0.7	0.5～0.6

表 8 - 2 料层阻力近似值

物　料	每 100mm 厚度的静止料层相应阻力（Pa）	物　料	每 100mm 厚度的静止料层相应阻力（Pa）
褐煤灰渣	500～600	无烟煤灰渣	850～900
烟煤灰渣	700～750	煤矸石灰渣	1000～1100

循环流化床锅炉运行中的静止料层厚度也可按式（8-5）确定，即

$$H_0 = \frac{\Delta p_{\mathrm{T}} - \Delta p_{\mathrm{d}}}{n \rho_{\mathrm{p}} g} \tag{8-5}$$

式中　Δp_{T}——布风板阻力 Δp_{d} 与料层层阻力 Δp_{b} 之和，Pa。

三、临界流化风量测定

正如第二章所述，床层从固定床状态转变为流态化状态时的空气流速称为临界流化速度（或临界流化风速）u_{mf}，也即所谓的最小流化速度。对应于临界流化速度按布风板通风面积计算的空气流量称为临界流化风量 Q_{mf}。临界流化速度和临界流化风量是循环流化床锅炉运行中的重要参数。通过确定临界流化风量，可以据此估算热态运行时的最低风量，即循环流化床锅炉低负荷运行时的风量下限，因为低于该风量就可能引起结焦。临界流化速度或临界流化风量一般与床料的颗粒度、密度及料层堆积空隙率等有关，至今尚未从理论上找到可靠的计算方法，虽然可以借助于经验公式作近似计算，但更为直观可靠的方法是通过试验来确定。事实上，对于型号不同或型号相同而物料物理性质不同的工业燃煤流化床锅炉，其临界流化速度和临界流化风量也是有差别的。

由于循环流化床锅炉一般使用宽筛分燃料，床层从固定床转变到流化床没有明显的"解锁"现象即压力回落过程，可以利用料层阻力特性的试验结果来确定临界流化风量。由宽筛分床料的床层压降——流速特性（图 2-19）可见，曲线上的近似水平段表明这时床料处于流态化状态。图 2-19 中，与固定床和流化床两条压降曲线的切线交点所对应的风速（风量）即为冷态临界流化速度（风量）。应当指出，当床截面和物料颗粒特性一定时，临界流化速度与料层厚度无关，即不同料层厚度下测出的临界流化速度 u_{mf} 应基本相同，试验中如有明显偏差，则需找出原因并解决，以保证测定的准确性。正如前述，燃煤工业流化床锅炉正常运行的流化速度均是大于 u_{mf} 的。一般来说，循环流化床锅炉的冷态空截面气流速度不能低于 0.7m/s。

四、物料循环系统性能试验

循环流化床锅炉的物料循环系统已在第四章中述及。该系统主要由循环灰分离器、立管（料腿）、送灰器和下灰管组成，其性能对循环流化床锅炉的效率、负荷调节性能及正常运行有着十分重要的影响。因此，必须通过试验检查物料循环系统的效果和可靠性。

试验方法是，先在燃烧室布风板上铺上厚度为 300～500mm 的床料，床料粒径为 0～3mm，其中粒径为 500μm～1mm 的要占 50％以上，若粒径过大，床料颗粒在冷态下不易被吹起，会影响试验效果；启动引风机，并将送风机的风量开到最大，运行 10～20min 后停

止送风，此时绝大部分物料将扬析，飞出炉膛的物料经分离器分离后，立管中存有一定高度的物料；然后启动送灰器，调节送灰器布风管送风量，通过观察口观察送灰器出料是否畅通。挨个依次开通检查左右送灰器后，再调节送灰器布风管的风压和风量，如发现回料不畅或有堵塞情况，则应查明原因，消除故障；然后，再次启动送灰器继续观察回料情况，直到整个物料循环系统物料回送畅通、可靠为止。

对于不同容量和结构的循环流化床锅炉，回料形式可能有所不同。采用自平衡返料方式时，冷态试验只要观察物料通过送灰器能自行通畅地返回到燃烧室即可；对采用自平衡阀返料的，要注意自平衡阀送风的地点和风量，有必要在自平衡阀送风管上安装转子流量计，通过冷态试验确定最佳送风量，并就地监测送风量。必要时可在锅炉试运行阶段对送风位置再做适当调整，以后在运行初始即开启送灰器，保持确定风量一般不再变动，这样热态运行时可尽量减少烟气回窜，防止在送灰器内结焦。

五、给煤量的测定

循环流化床锅炉要求给煤机的最小出力应能满足点火启动的需要。另外，给煤口配有播煤风，一方面可使煤迅速地分布到床层上，另一方面还可防止在该区域形成过度还原性气氛。因此，给煤机单台运行时的最小出力应接近于最低流化条件下床温稳定时所需燃煤量。为测定给煤量，需要对给煤机进行标定，即通过试验测定给煤机电机转速与给煤量的关系曲线。

对于目前应用较多的螺旋给煤机，由于配有无级调速电机，控制性较好，可利用称重的方法来进行标定。具体做法是：将煤斗内装满煤以后，启动螺旋给煤机，用一定容积的容器收集煤量，最后称重，同时记下对应于该重量的给煤机电机转速（r/min）。一般从200r/min至1200r/min，每增加 200r/min 测定一次。据此，通过换算可以作出给煤机电机转速（r/min）—给煤量（t/h）关系曲线。使用称重法测定给煤量时，应考虑煤的密度、水分变化带来的误差并进行修正。

第二节　循环流化床锅炉的启动和停炉

一、点火启动

循环流化床锅炉的点火，是指通过外部热源使最初加入床层上的物料温度提高到并保持在投煤运行所需的最低水平以上，从而实现投煤后的正常稳定运行。点火是锅炉运行的一个重要环节。

根据点火时床层的状态，循环流化床锅炉的点火方式可分为固定床点火和流态化点火两种。其中，流态化点火按主要点火热源与床层的相对位置不同又分为床上点火、床内点火和床下点火等。点火热源可以是床上或床层中的油枪、天然气气枪以及床下风道启动燃烧器产生的热烟气等，如图 8-3 所示。

下面分别介绍固定床点火和流态化点火。

1. 固定床点火

固定床点火就是在床料处于静止状态下点火。具体做法是：首先在床料上铺放一些木炭或不太大的木柴，为了引燃方便，可在铺放前浇上柴油等易燃物质；然后用刨花、木屑或火把直接点燃。木柴燃烧后，在床料上堆积一层 100～150mm 厚的暗红色木炭，在木炭上撒

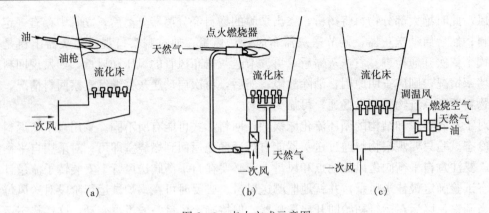

图 8-3　点火方式示意图

(a) 床上油枪点火；(b) 床内天然气枪点火；(c) 床下油气热烟气发生器点火

上一层易燃烧的烟煤细粒，并启动送风机送风。

送风量大小的控制与调整是固定床点火的关键。送风机启动后，应密切注意炉床情况。送风量要缓慢增加，开始少量给风，木炭层有小火苗跳动，木炭层上燃煤逐渐燃烧，这时不要增加风量，使炭火层保持稳定。随着木炭层的燃烧，要量少勤撒烟煤细粒，风量也要随着慢慢增加，但要始终保持木炭层上的煤粒在小火苗状态下燃烧。这样维持一段时间后，随着床料温度的升高逐渐加大送风量，同时增加细粒烟煤量。

当床料呈暗红色时，此时温度已达到 600℃ 左右，可以启动给煤机给煤（如果锅炉燃用难燃的无烟煤、煤矸石等，启动时应预先备好易燃的烟煤细粒），同时增大送风量。这时床料温度上升很快，当炉料呈紫红色并逐渐发亮时，风量要迅速加大到使床料全部流化起来，防止局部结焦。

固定床启动的另一个重要环节，是引风机挡板开度的调节。引风机可以在点火前启动，也可在木炭层微燃时启动，但主要是控制好炉膛负压。在床料温度较低、木炭层燃烧较弱时，负压不应过大，否则就会把木炭层上的细煤粒抽走，火苗熄灭，造成锅炉点火失败。

对于带有副床的锅炉，副床可与主床同时点火，点火方法同主床一样，也可随主床点火。所谓随主床点火，就是在主床完全流化时，高温飞灰落到副床上，副床利用冷灰管放掉下面的低温冷灰，当冷灰出现暗红色时停止放灰，开启挡板送风，使副床温度继续上升，料层沸腾。由于主床上燃料燃烧产生的飞灰不断落到副床上，点火前副床床料要薄一些。

布置有多个炉床的锅炉，要逐个点火或分批点火，不可同时点火，以防止炉内温升过快，避免炉墙和受热面热应力太大。

在点火过程中，床料一般经过加热升温、快速引燃和向稳定状态过渡等几个阶段。点火时，注意温升不要太快。对于无耐火材料内衬的锅炉，温升一般控制在 50℃/h 左右；对于有耐火材料内衬的锅炉，要严格按照温升特性曲线来启动。图 8-4 是一台循环流化床锅炉的典型点火温升曲线。

固定床点火是一种落后的点火方式，但却又是一种行之有效的方法。现在运行的 75t/h 中压循环流化床锅炉也有采用这种点火方式的。

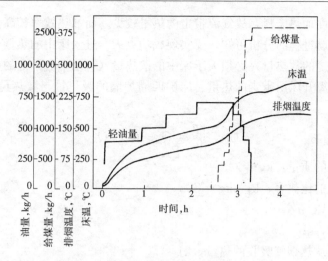

图 8 - 4　循环流化床锅炉典型的点火温升曲线

2. 流态化点火

流态化点火就是在床料处于流态化状态下点火。

（1）床上点火。床上点火方式和煤粉炉点火差不多，操作上较固定床点火容易。在炉床上部装设油枪（或天然气枪）。当床料处于流态化状态时，将经过油枪雾化后的燃油（或用燃气枪将天然气）喷入炉内，经明火点燃直接加热床料。待床料温度上升到 400℃ 时，可以撒入点火引子煤。在此温度下煤中挥发分析出并着火燃烧，床温将会平稳上升。当达到煤的着火温度后，可开启给煤机投煤。床温升到 800℃ 后，可关闭点火油枪，调节风、煤配比，投入正常运行。床上点火由于热烟气和火焰不能完全穿透整个床料，部分热量被引风机抽走，加热床层的热效率不高，一般不超过 40%。同时，由于点火油枪加热的不均匀性造成点火期间床料温度的不均匀，控制不好容易出现局部超温现象。

（2）床下点火。由于床上点火存在热效率不高、点火用燃料的热利用率低且容易出现局部超温等问题，床下点火方式越来越受到重视。所谓床下点火，主要是指利用设置在一次风道内的启动燃烧器（风道燃烧器）所产生的热烟气来加热并点燃床料的点火方法。启动燃烧器的布置及结构原理参见图 4 - 60 和图 4 - 64。床下点火一般采用轻柴油，也可用重油或气体燃料，整个点火过程均在流态化下进行。燃料油或气体燃料经油枪（或气枪）点燃后在烟气发生器内筒中燃烧，产生的高温火焰与送风机供给的冷风发生器尾部均匀混合成 850℃ 左右的热烟气，通过风室、布风板风帽进入炉床加热床料。为避免烧坏风帽，热烟气温度应控制在不超过 900℃。由于床下点火时热量是从布风板下均匀送入料层中，整个加热启动过程床料都是流态化的，床层温度分布较均匀，不会引起局部低温或高温结焦。

另外，还有所谓流态化混合点火方式，即利用床上辅助点火油枪与床下启动燃烧器（主点火热源）共同加热床料，实现点火投煤。值得注意的是，流态化点火前，必须启动引风机，以防止炉膛爆燃。

流态化点火简单方便，易于掌握，床料加热速度快。由于流体化点火具有许多优点，较大容量的流化床锅炉一般都采用这种点火方式，特别是床下点火方式。

二、床下点火的一般机理

正如前述，在床下点火方式中，是由通过布风板送入的热烟气来加热料层床料的。热烟气经过整个床层高度加热床料，故气流带走的热量较少，而加热效率较高。通过对床下点火时床料的加热和引燃过程的分析可知，要实现成功点火，进入床中的热量（包括外界加入的热量和床料着火燃烧的放热量）必须大于床中的散热量（包括烟气带走的热量、埋管的吸热量、未燃尽可燃物离开床层带走的热量、床层四周炉墙的吸热量与散热量等）。根据全床层瞬间热平衡有

$$G_b c_r \frac{\mathrm{d}T}{\mathrm{d}t} = Q_1 + Q_2 + Q_3 \tag{8-6}$$

式中　G_b——床料的质量，kg；

　　　c_r——床料的比热容，kJ/(kg·℃)；

　　　T——温度，℃；

　　　t——时间，s；

　　　Q_1——床料从热烟气吸收的热量，kJ/s；

　　　Q_2——料层床料中可燃物的化学反应放热量，kJ/s；

　　　Q_3——床中散失的热量，kJ/s。

床料从热烟气吸收的热量为

$$Q_1 = V_y c_y (T_1 - T_2) \approx V_y c_y (T_1 - T) \tag{8-7}$$

式中　V_y——热烟气的质量流量，kg/s；

　　　c_y——热烟气的比热容，kJ/(m³·℃)；

　　T_1，T_2——热烟气的进口温度、出口温度，℃。

床料着火反应的放热量为

$$Q_2 = mqrS \tag{8-8}$$

式中　m——料层床料中可燃物的质量，kg；

　　　S——料层床料中可燃物的比表面积，m²/kg；

　　　Q_2——着火反应的热效应，kJ/kg；

　　　r——单位面积的反应速度，kg/(m²·s)。

料层床料中可燃物的消耗速度可写为

$$\frac{\mathrm{d}m}{\mathrm{d}t} = mrs \tag{8-9}$$

床中散失的热量可近似用锅炉受热面的吸热量来代替，即

$$Q_3 = hS(T - T_s) \tag{8-10}$$

式中　h——传热系数，W/(m²·℃)；

　　　S——计算受热面积，m²；

　　　T_s——水温，℃。

对式（8-6）的一个求解结果见图8-5。由图可见，料层升温曲线在一定温度下会出现第一个拐点，拐点附近曲线的形状可作为流化床是否被引燃的定性表征。

三、分床启动

分床启动是为了适应循环流化床锅炉大型化的需要。对于大容量的循环流化床锅炉，由于床面很大，在启动时直接加热整个床层较为困难。分床启动则是先将部分床面加热至着火温度，再利用已着火的分床提供热源来加热其余床面。在采用这种点火启动方法时，床面被

设计成由几个相互间可以有物料交换的分床组成，其中某个分床作为启动区，在实际启动过程中将首先被加热至煤的着火温度。

分床启动技术包括床移动技术、翻滚技术和热床传递技术。

（1）床移动技术。床移动是指将冷床的风量调节到稍高于临界流化风量水平，点火分床由油枪加热，热床料缓缓移动到冷床，冷床空气受热膨胀，从而使冷床得到更为充分的流化，形成流化区移动扩张的情况。当冷床物料全部充分流化后，则开始给煤，并将各床温度调整到正常运行工况。床移动技术的优点是由于热物料和冷物料间的混合速度较慢，启动区可以更小，而不至于使启动床急速降温甚至熄火。

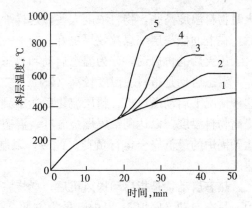

图 8-5　循环流化床点火升温过程计算结果
料层床料热值：1—0；2—1000kJ/kg；3—2000kJ/kg；
4—4000kJ/kg；5—6000kJ/kg

（2）翻滚技术。翻滚技术是利用流化床的物料强烈混合特性，在启动区进行数次短时间的流化而使床温尽快提高，并使床温均匀，避免局部超温结焦。

（3）热床传递技术。热床传递的实现过程是：将启动床的静止床层高度取为1000mm左右，取冷床的静止床层高度约为200mm，从而建立一个较大的高度差。首先，将启动床温度在流化状态下提高至850℃左右，并使冷床也处于临界流化状态；然后，打开冷、热床之间的料闸（如滑动门），使热床床料流向冷床，实现热床传递。此时，冷床的风量不能太大，以免将"移动"过来的热料吹灭。在启动期间，热料的传递速度可由两床之间的压差和滑动门面积来确定。热料移动的线速度 u_h（m/s）可按式（8-11）计算，即

$$u_h = c\sqrt{2g\Delta H} \tag{8-11}$$

式中　ΔH——冷床与热床之间的高度差，m；

　　　c——系数，$c = 0.3 \sim 0.5$。

在采用分床启动时，设计上最好也同时采用床下热风点火，以提高加热效率，降低点火能耗。必要的话，还可再适当配置床上辅助点火油枪，即采用流态化混合点火方式。在考虑到各种形式散热的情况下，床下热风点火装置的热容量应足以将分床加热至700℃以上。另外，虽然不同型式循环流化床锅炉启动区大小（或启动床面积）的选取也不尽相同，但是大都在总床面积的10%左右；一般的，滑动门的流通截面积取为最大分床面积的0.5%～2%，即可满足热料传递的需要。

四、压火备用及停炉

当流化床锅炉由于某种原因需要暂时停止运行时，常采用压火的办法。压火是一种正常的停炉方式，一般用于锅炉按计划还要在若干小时内再启动的情况，故通常称为压火备用。对于较长时间的停炉，也可以采用压火、启动、再压火的方式解决。

在压火操作之前，应先将锅炉负荷降至最低。压火的操作方法是：首先停止给煤机，当炉内温度降至800℃时，停掉引、送风机，关闭风机挡板，以使物料很快达到静止状态，并保持床层温度和耐火层温度不致很快下降。锅炉压火后要监视料层温度。如果料层温度下降过快，应查明原因，以避免料层温度太低，使压火时间缩短。为延长压火备用时间，应使压

火时物料温度高些，物料浓度大些，这样静止料层就较厚，蓄热多，备用时间长。料层静止后，在上面撒一层细煤粒效果更好。

压火后的再启动，分为温态启动和热态启动两种。

温态启动是指料层温度较高（750℃左右）但料层以上的温度却很低（450～500℃）。在这种情况下启动送风机，料层流化后达不到给煤燃烧温度。因此，需要点火后再加热床料，提高物料温度，以达到给煤燃烧温度。温态启动（停炉12h以内）一般只需要2～4h，即可达到锅炉的最低安全运行负荷。此时，限制启动时间的主要因素是过热汽温和床温的上升速度。

热态启动，是指启动送风机后，燃烧室温度在650℃以上，可直接向炉内给煤，启动锅炉。热态启动（停炉6h以内）最为方便，一般只需要1～2h。为防止炉温下跌至投煤的温度许可值以下，所有启动步骤越快越好。

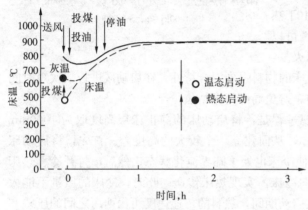

图8-6　循环流化床锅炉温态和热态启动曲线

值得注意的是，在温态或热态启动时，如果在3次脉冲给煤后仍未能使床温升高，则应停止给煤，然后对炉膛进行吹扫，以便按正常启动程序重新启动。而当床温降至600℃以下，不允许给煤进入炉内，同时应启动点火热烟气发生器使床温上升到600℃以上。图8-6给出的是温态和热态的启动曲线。

如果压火时间较长（一般不超过48h），料层温度难以维持，可以在料层温度降至600～700℃时点火启动，炉内温度提高后再压火。中间启动的方法与温态启动相同。

循环流化床锅炉的停炉操作与其他锅炉操作相似。停止给煤后继续适当送风，直到炉内燃料完全燃尽或者不能维持正常燃烧、床温下降（一般在700℃以下）后，关闭送风门，再停送、引风机，最后打开落渣管的放灰装置，将炉内炉渣排尽。

第三节　循环流化床锅炉的运行调整

一、锅炉运行和负荷调节

循环流化床锅炉从点火转入正常给煤后，运行操作人员就要根据负荷要求和煤质情况调整燃烧工况，以保证锅炉安全经济运行。

循环流化床锅炉汽水部分的运行操作与一般锅炉相同，应按照有关安全操作规程执行，这里不作介绍。由于循环流化床燃烧方式中物料循环系统的性能与受热面的传热和燃料燃烧密切相关，循环流化床锅炉的燃烧调整运行与其他锅炉完全不同。

根据循环流化床锅炉工作过程的要求，在设计和运行时要着重考虑两个问题：一是热量平衡，二是物料平衡。这两个问题决定了燃烧份额的分配，从而决定了循环流化床锅炉燃烧室的各部分热量产生和吸收的平衡温度水平。

正如所知，循环流化床锅炉燃烧室大体上可分为两个区域：一个是下部密相区，另一个是上部稀相区，稀相区的空隙率远大于密相区。煤燃烧过程释放的热量也分成两部分：燃料全部进入下部密相床区，首先是挥发分析出并立即着火燃烧；随后固定碳逐步燃烧，即粗颗粒炭燃烧发生在密相区内，而细颗粒焦炭会有一部分被夹带到稀相区进一步完成燃烧过程。由于空气是从炉膛不同部位（高度）分段送入的，一次风量从床底部风室由风帽进入密相区，只要在保证料层流化质量的前提下，控制一次风占总量的比例，就可以使密相区处于还原性气氛，炭颗粒不完全燃烧形成 CO，CO 在炉膛上部与二次风混合进一步燃烧变成 CO_2，这样可以改变密相区的燃烧份额，使炉膛上部也保持较高的温度水平，从而有利于细炭颗粒的燃尽。显然，燃烧份额的分配主要取决于煤的筛分性质、挥发分的高低和一、二次风的配比。煤越细、挥发分越高、一次风比例越小，则稀相区的燃烧份额越大，密相区的燃烧份额相应越小。对于给定的燃料，为了满负荷稳定运行，一般希望 0～1mm 粒径煤颗粒的份额达到 40％以上；挥发分越低的煤，0～1mm 粒径的煤颗粒所占比例应越大。在燃料的筛分性质和煤质确定的条件下，一次风量对锅炉的运行调整有很大的影响。

密相区的热量平衡关系是

煤燃烧所释放的热量＝一次风加热形成热烟气带走的热量＋四周水冷壁吸收的热量＋循环灰带走的热量。

计算表明，这三部分热量中，一次风加热形成热烟气带走的热量最大，四周水冷壁吸收的热量最小，循环灰带走的热量居中。对带埋管的低携带率循环流化床，埋管吸热量与一次风加热形成热烟气带走的热量相当。当密相区的燃烧份额确定以后，对于给定的床温，一次风所能带走的热量及密相区四周水冷壁受热面所能带走的热量也就确定了，为达到该床温所需要的热量平衡就是循环灰带走的热量。循环灰带走的热量是由循环灰量及返回密相床的循环灰温度所决定的。循环灰量越大，循环灰温越低即与密相床的温差越大，循环灰能带走的热量也就越大。因此，运行中还需考虑循环物料的平衡问题。物料循环系统的主要作用是将粒径较细的颗粒捕集并送回到炉膛，使密相区的燃烧份额得到有效的控制，同时提高主回路中受热面的传热系数。显然，物料循环的质量和数量与主回路中的流动、燃烧和传热都有直接关系。通常，循环灰量是由锅炉设计采用的物料携带率决定的，而后者又是由煤的筛分特性、石灰石破碎程度与添加量、炉膛的设计风速以及循环灰分离器类型等所决定。循环灰温则受锅炉结构的制约，如采用中温旋风分离器回灰温度在 400～500℃之间，而采用高温旋风分离器，回灰不加冷却，则循环灰的温度与床温相当。

循环流化床锅炉运行的负荷调节，以床温为主参数进行，负荷调节手段主要是改变投煤量和相应的风量。运行时应根据煤种、脱硫需要确定适合的运行温度。为使锅炉能稳定满足负荷要求运行，必须调整燃烧份额，使炉膛上部保持较高温度和一定的循环量。负荷变化时通常仅改变风量和风比以及给煤量。

循环流化床锅炉变负荷过程中床温的正常范围是 760～1000℃，视锅炉设计和煤种而异。当达到预期的蒸汽流量时，则应将床温调整到额定运行温度。在所有情况下，都应确保送风量与投煤量的合理匹配，以保证炉内氧浓度处于适当水平。

循环流化床锅炉燃烧系统运行中，送风量和一、二次风配比以及料层高度与料层温度等是重要的运行操作因素。下面分别加以讨论。

1. 送风量和一、二次风配比

为减少 NO_x 的排放量，循环流化床锅炉燃烧通常采取空气分级送入的方式，使燃烧始终在低过量空气系数下进行（具体原理将在第九章中介绍）。一般情况下，一次风量占总运行风量的 55%～65%，二次风量占 35%～45%。对挥发分含量较高的烟煤，一次风比可取下限；对贫煤和无烟煤，一次风比取上限。

当锅炉负荷降低时，上二次风可随之减少。在负荷从 100% 降至 70% 的过程中，可以仅减少二次风，直至二次风量能满足风口冷却，而播煤风和一次风不变；如果负荷继续降低，一次风量要适当减少，一般为满负荷运行的一次风量的 90% 左右。这样，即使负荷继续降低也能运行。但对 0～8mm 宽筛分的燃料，循环流化床锅炉的冷态空截面气流速度不能低于 0.7～0.8m/s，按此流速计算的风量即为一次风量的下限。换言之，在低负荷时采取高过量空气系数运行方式。为监视运行情况保持锅炉稳定运行，一、二次风道和返料阀风道必须装有风量、风压表，并应校正。

控制燃烧室风量时，可以冷态空载的速度 1.1m/s 为依据。如 75t/h 循环流化床锅炉的床面积为 18m²，运行总风量为标准状态下 70000～80000m³/h；130t/h 循环流化床锅炉床面积为 32m²，运行总风量为标准状态下 130000～135000m³/h。必须说明的是，决定流化质量的是风速，而不是风室静压，只要有足够的流化速度，就能有良好的流化状态，因此运行中必须以风量为准。

2. 料层厚度

循环流化床锅炉运行时，维持一定厚度的料层是运行必须的，所保持的料层厚度主要取决于送风机压头。料层厚度可根据风室静压的变化来判断：当风量一定时，静压增高，说明阻力增大，料层增厚；反之亦然。当送风机压头为给定值时，运行料层厚度取决于床料密度和运行负荷。床料（煤、石灰石、灰或其他外加物料）密度小，料层可厚一些；密度大，料层则薄一点。满负荷时，物料循环量大，料层应厚；低负荷时，循环量小，料层应薄。对于 130t/h 循环流化床锅炉，料层厚度一般控制在 700～1000mm，可根据风室静压来进行调节（即根据冷态试验曲线由风室静压来确定料层厚度）：床层流化正常时，风室静压指针呈周期性摆动；当料层过厚，风室压力指针不再摆动，表明流化恶化，应适当放掉部分炉渣，降低料层厚度；当风室压力指针大幅度波动时，表示可能出现结焦或炉底沉积大量炉渣，应及时排除。在运行中如料层自行减薄，可适当外加床料。

循环流化床锅炉应尽量采取连续或半连续排渣的运行方式，即坚持勤少排的原则。这样可保证床内料层稳定，防止有效循环颗粒的流失，有利于锅炉的稳定运行。

在运行中，应随负荷增加维持一次风量不变。如料层厚度增加，风量表指示下降，再适当开大风门，以维持一次风量指示不变，绝不能采用任意开大风门仅用风室静压来作为运行监视的办法。

3. 料层温度

在运行中要时刻注意料层温度变化，温度过高（1000℃以上）易结焦，也会影响 NO_x 排放和降低脱硫效果。温度偏低对燃尽不利，也影响出力。温度过低（600～700℃）就易灭火。对于加脱硫剂进行脱硫的循环流化床锅炉，正常运行温度以 850～950℃ 为宜。在此温度区间，NO_x 排放最低，脱硫效果最好。不同煤种可据其灰熔点高低和着火难易适当提高或降低温度。

循环流化床锅炉的燃烧室是个很大的"蓄热池"，热惯性很大，所以料层温度的调节往往采用前期调节法、冲量调节法和减量调节法。

前期调节法，就是当炉温、汽压稍有变化时，就要及时根据负荷变化趋势小幅度地调节燃料量，不要等炉温、汽温、汽压变化较大时才开始调节。否则，锅炉运行将不稳定。

冲量调节法，就是当炉温下降时，立即加大给煤量。加大的幅度是炉温未变化时的 1～2 倍，维持 1～2min 后，恢复原给煤量。如果在 2～3min 时间内，炉温没有上升，可将上述过程重复一次，炉温即可上升。

减量调节法，是指炉温上升时，不要中断给煤，而是将给煤量减少到比正常时低得多的水平。然后，维持 2～3min，观察炉温。如果温度停止上升，则将给煤量恢复到正常值，而不要等温度下降时再增加给煤量。减量调节法也称减量给煤法。

此外，用返回物料量控制炉温上升也是简单有效的方法。由于返回物料的温度很低，当炉温突升时，增大进入炉床的返回物料量，可以迅速抑制床温的上升。视循环流化床锅炉设备及系统的不同情况，还可通过冷渣减温系统、喷水或蒸汽减温系统、外置式换热器、烟气再循环系统等来进行调节。

二、物料循环系统的运行

为保证循环流化床锅炉正常运行，除风量、风压、床温等多种因素外，更为重要的是要建立稳定可靠的物料循环过程。正如所知，在燃烧过程中，大量循环灰的传质和传热作用，不仅提高了炉膛上部的燃烧份额，而且还将大量热量带到整个炉膛，从而使炉膛上下温度梯度减少，负荷调节范围增大。循环物料主要由燃料中的灰、脱硫剂（石灰石）及外加物料（如炉渣、砂子）等组成。

1. 运行的一般要求

对中、高含硫量的煤，石灰石既作为脱硫剂同时也起着循环物料的作用。锅炉正常运行时，一般要求石灰石颗粒粒径在 0～1mm 的范围，粒径太大，脱硫反应不充分，颗粒扬析率也低，不能起到循环物料的作用；颗粒太小，则在床内停留时间太短，脱硫效果也不好。

对发热量很高且含硫量很低的烟煤，由于不需加石灰石脱硫，煤中含灰量又很低，仅靠煤自身的灰不足以满足循环物料的需要，则应外加物料作为循环物料损失的补充。为此，循环流化床锅炉应有良好的煤制备系统和循环灰系统。煤制备系统应满足入炉燃煤颗粒粒径为 0～8mm，其中 0～1mm 的应达到 40%～50% 的要求。这样，燃料中的灰大都成为可参与循环的物料。

对循环灰系统而言，要求在入炉前的适当位置设有一定容积的灰仓，储存一定量合适粒径的物料（一般物料的粒径在 0～3mm 的范围，其中粒径为 500μm～1mm 的要占 50% 以上）。如果燃料发生改变，原煤中含灰量很低时，补充的物料可通过灰仓随原煤一起入炉参与循环燃烧；如果锅炉负荷发生变化，可根据负荷变化情况，通过调整外加灰量随时调整物料循环量以满足正常燃烧的要求。由于点火用所需的灰料可通过灰仓直接向床内给料，大大减轻了人工铺设底料的劳动强度，锅炉容量越大，效果越显著。

循环灰分离器的效率与负荷有关。当负荷降低时，炉膛温度下降，分离器效率会有所降低，飞灰中含碳量会升高。将这部分飞灰通过送灰器再返回炉膛燃烧，可降低飞灰含碳量，提高燃烧效率。

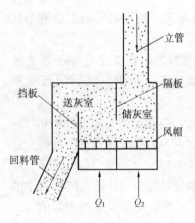

图 8-7　流化密封送灰器（U 形
阀）结构示意图

2. 飞灰回送装置的运行

目前，在国内外循环流化床锅炉循环灰系统的飞灰回送装置中，广泛采用具有自调节性能的流化密封送灰器（U 形阀），其结构示意见图 8-7。送灰器本体由一块不锈钢板将其分为储灰室和送灰室，其工作用风（也称返料风）的布风系统由风帽、布风板和两个独立的风室组成。风从一次风管引入，由阀门控制。送灰室风量 Q_1 和储灰室风量 Q_2 以及不锈钢板的高度可根据回送灰量的需要分别进行调节。采用这种送灰器时，应先在冷态试验和热态低负荷试运行中调整送风位置和送风量。由于煤的筛分特性和燃料燃烧特性不同，进行这些试验是必要的。循环灰系统投入运行以后，要适当调整送灰器的送灰量。一般在送灰器的立管上安装有一个观察孔，通过该孔上的视镜可清楚地看到橘红色的灰流。调整两个送风阀门就可以方便地控制循环灰量的大小。

如采用具有自平衡性能的 J 形阀，则无须监控料位，缺点是如果立管中灰位高度很高时，再启动比较困难，需较高压头的空气。因此，在热态运行初始就要开启，实行定风量运行，以免立管（料腿）中结焦。

3. 循环灰系统的工作特性

循环灰系统正常投入运行后，送灰器与循环灰分离器相连的立管中应有一定的料柱高度，其作用是：一方面阻止床内的高温烟气反窜进入分离器，破坏正常循环；另一方面由于料柱高度形成的压力差可维持系统的压力平衡。当炉内工况发生变化时，送灰器的输送特性能自行调整：如锅炉负荷增加时，飞灰夹带量增大，分离器的捕灰量增加。此时，若送灰器仍维持原输送量，则料柱高度会上升，压差增大，因而物料输送量自动增加，使之达到平衡；反之，如果锅炉负荷下降，料柱高度随之减小，送灰器的输送量亦自动减小，循环灰系统达到新的平衡。因此，在循环流化床锅炉正常运行中，一般无须调整送灰器的风门开度，但要经常监视送灰器及分离器内的温度状况。同时，还要不定期地从送灰器下灰管排放一部分灰，以减轻尾部受热面的磨损和减少后部除尘器的负担。也可排放沉积在送灰器底部的粗灰粒以及因磨损而使分离器脱落下来的耐火材料，以避免对送灰器的正常运行造成危害。

三、控制系统与调节

循环流化床锅炉的控制系统通常由这样几个部分组成，即床温（料层温度）控制、给煤量控制、床高（料层高度）控制、补充床料量或脱硫剂量控制、空气量（送风量）控制、送灰量（回料量）控制、蒸汽温度及压力控制、给水流量控制和通风量（引风量）控制等（参见第五章第三、第四节）。图 8-8 是某台循环流化床锅炉的控制系统简图。

床温及给煤量控制系统从负荷指令中取得床温、给煤量和补充床料或脱硫剂给料量的目标值，在大多数情况下还应与空气量控制系统联动。相对于补充床料或脱硫剂而言，给煤的响应是十分重要的，响应不好则发生汽温、汽压的变化。床高控制思路是通过改变床高来改变埋管传热的效果。对于不设埋管的循环流化床锅炉，床高控制主要是保证流化状态和压力控制点处的压力，调节补充床料和放渣量。除调节给煤量和空气量外，回料量的调节也是床

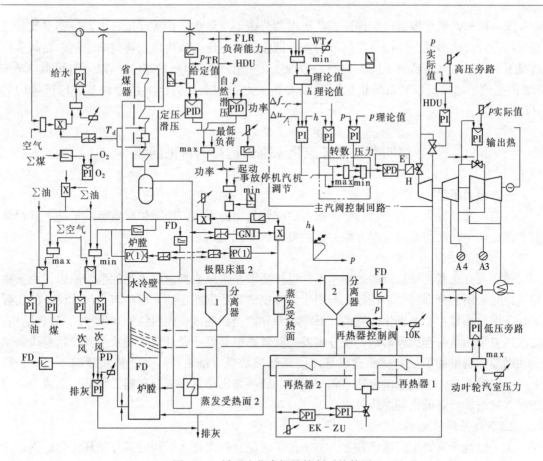

图 8-8　循环流化床锅炉控制系统简图

温调节的手段。

　　蒸汽压力控制系统由蒸汽压力定值控制机能和根据输出进行负荷分配的演算机能构成。对有多个分床的循环流化床锅炉，负荷分配系统是对各分床的负荷而言的。汽压定值控制与常规锅炉的相同，由蒸汽流量给出一个超前信号，作为控制系统的自动补偿。对多分床的情况，当负荷变动超出单床调节比例时，该系统应决定哪些分床应进行压火、停运或再启动。

　　蒸汽温度的控制与一般锅炉的基本相似。但是，循环流化床锅炉在压火时必须对喷水量进行修正。对自然滑压、受控滑压和定压运行三种运行方式，蒸汽温度调节的方式有所不同。常用的调节手段包括喷水减温、回料量调节、烟气再循环及一、二次风配比和外置式换热器负荷调节等。对有再热器的循环流化床锅炉，再热蒸汽温度的调节也有多种方法可以采用。最常见的仍然是喷水减温；调节一、二次风配比也是一种有效的方法。例如，当二次风率变化时，密相区的燃烧份额也将变化，从而改变炉膛出口的烟气温度；改变返料量也能达到同样的效果。对有外置式换热器的循环流化床锅炉，一般可以通过调节再热器室的灰量来调节再热汽温。此外，也可考虑采用烟气再循环。

　　空气量控制应包括总风量（过量空气系数）和一、二次风配比的控制两个方面。正如所知，总风量目标值可由实际燃料量得出理论空气量的下限后，再乘以过量空气系数得出；一次风量的下限应能保证床层充分流化，其上限应保证有足够的二次风来控制 NO_x 排放。对多分床的情形，风量控制还应保证那些压火的分床不会结焦。在实际运行中，过剩空气量是根据运行方式给出的曲线按负荷调节的，对低负荷运行还受风机最低负荷的限制；在高负荷情况下，过量空气系数对不同的炉型一般取 1.15～1.25，但负荷率 50% 以下时可取 1.6～1.8 的高值。通风量控制系统根据锅炉阻力和压力控制点处的压力信号调节引风机风门的开度。

第四节　循环流化床锅炉运行的常见问题

一、出力不足

目前，循环流化床锅炉运行中最根本的问题是出力不足，即锅炉额定蒸发量达不到设计值。造成这一问题的原因是多方面的，主要有以下几点。

1. 循环灰分离器效率低

循环灰分离器实际运行的效率达不到设计要求是造成锅炉出力不足的重要原因。由于锅炉设计时采用的分离器效率往往是套用小型冷模试验数据而定的，而热态全尺寸设备的实际运行条件与小尺寸冷态模化试验条件有一定差异，例如温度、物料特性（尺寸）、装置结构、二次风夹带、负荷变化等影响，使分离器实际效率显著低于设计值，导致小颗粒物料飞灰增大和循环物料量的不足，从而造成悬浮段载热质数量（细灰量）及其传热量的不足，炉膛上、下部温差过大，锅炉出力达不到额定值。顺便指出，循环灰分离器效率低还造成飞灰可燃物含量增加，降低锅炉燃烧效率。

2. 燃烧份额分配不合理

关于燃烧份额分配问题已在上一节中作了讨论。目前投入运行的部分循环流化床锅炉达不到额定负荷的一个主要原因，就是锅炉设计时燃烧份额分配不尽合理，或者是设计合理但运行中由于燃烧调整不当而导致燃料燃烧份额未达到设计要求。这是因为循环流化床锅炉各部位的燃烧份额如果分配不合理，就必然造成炉内一些部位的温度过高，为避免结焦，往往需要减少给煤量或增大一次风；而另一些部位的温度又太低，受热面吸收不到所需的热量。这些都将导致锅炉负荷降低、出力不足。

3. 燃料颗粒粒径分布与锅炉不适应

循环流化床锅炉对燃料颗粒的粒径分布有较特殊的要求，入炉煤中所含较大颗粒只占很少一部分，而较细颗粒的份额所占的比例却较大，也就是要求有合适的燃料颗粒粒径分布或筛分特性。如果循环流化床锅炉由于燃料制备系统选择不合理，未按燃料的破碎特性选择合适的工艺系统和破碎机，或者燃料制备系统虽然设计合理，适合设计煤种，但实际运行时由于煤种的变化而影响燃料颗粒粒径分布，造成锅炉出力下降。

4. 锅炉受热面布置不合理

循环流化床锅炉稀相区受热面与密相区受热面布置不恰当或有矛盾，特别是在烧劣质煤时，如果密相区内受热面布置不足，锅炉负荷高时则床温超温，这无形中限制了锅炉负荷的提高。

5. 锅炉配套辅机设计不合理

循环流化床锅炉能否正常运行，不仅取决于锅炉本体自身，而且与辅机和配套设备是否适应循环流化床锅炉的特点有很大关系。特别是风机，如果其流量、压头选择不当，将影响锅炉出力。因此，为使循环流化床锅炉能够满负荷运行，必须将锅炉本体，锅炉辅机和外围系统以及热控系统等作为一个整体来统一考虑，使各部分能协调和优化，需要设计、制造、和使用单位的共同努力。

二、床层结焦

在循环流化床锅炉实际运行中，如果炉内温度超过灰渣的熔化温度，就会导致结焦，破坏正常的流化燃烧状况，影响锅炉正常运行。对于大多数循环流化床锅炉和鼓泡床锅炉，结焦现象主要发生在炉床部位。结焦要及时发现及时处理，不可待焦块扩大或全床结焦时再采取措施，否则，不但清焦困难，而且易损坏设备。

结焦主要有以下几种原因：①操作不当，造成床温超温而产生结焦；②运行中一次风量保持太小，低于最小流化风量，使物料不能很好流化而堆积，整个炉膛的温度场发生改变，稀相区燃烧份额下降，锅炉出力降低，这时盲目加大给煤量，必然造成炉床超温而结焦；③燃料制备系统的选择不当，造成燃料颗粒粒径分布不合理，粗颗粒份额较大，导致密相床超温而结焦；④煤种变化太大。正如所知，对循环流化床锅炉的运行来说，燃煤中灰分高是有利的，即使分离器效率略低，也能保持循环物料量的平衡；煤的挥发分低是不利条件，因为炉膛下部密相区容易产生过多热量。解决的办法是将一部分煤磨细些，使之在稀相区燃烧。由于燃料制备系统通常是根据某一设计煤种来选取的，虽然有一定的煤种适应性，但如果煤种的变化范围过大，其中若有不适合于所选定的燃料制备系统的煤种，而这种煤恰恰挥发分含量低，运行人员又没有及时发现，时间一长就会结焦。

锅炉运行中的一些现象可以作为判断是否结焦的参考。例如，风室静压波动很大，有明亮的火焰从床下窜上来，密相区各点温差变大等，这多半是发生了结焦。

在运行中，如果进行合理的风煤配比，将床温控制在允许范围内，就可以防止结焦的发生。

循环流化床锅炉在点火过程中也可能出现低温结焦和高温结焦，造成点火困难或使点火失败。低温结焦，是指在点火过程中，整个流化床温度还很低（400～500℃），如果点火过程中风量较小，布风板均匀性差，流化效果不好，但是局部达到着火温度，且此时的风量却足以使之迅速燃烧，致使该处物料温度超过灰熔点，发现、处理不及时就会结焦。这类焦块的特点是熔化的灰渣与未熔化的灰渣相互黏结。当发现结焦时，应立即用专用工具推出，然后重新启动。由于结焦时整个床层的温度还很低，故称为低温结焦。高温结焦，是指在点火后期料层已全部流化，床温已达到着火温度时，由于此时料层中可燃成分很高，床料燃烧异常猛烈，温度急剧上升，火焰呈刺眼的白色。如果温度超过灰熔点时，就有可能发生结焦。高温结焦的特点是面积大，甚至波及整个床，且焦块是由熔化的灰渣组成，质坚、块硬。这种结焦一经发现要立即处理，否则会扩大事态。

对于这两种结焦，只要认真做好冷态试验，点火时控制好温升及临界流化风量并按程序进行操作就可以避免。

三、循环灰系统故障

1. 结焦

结焦是循环灰系统的常见故障，其根本原因是物料温度过高，超过了灰渣的变形温度而黏结成块，结焦后形成的大渣块能堵塞物料流通回路，引起运行事故。结焦部位可发生在分离器内、立管内和送灰器（回料阀）内。

结焦的原因主要是：

（1）燃烧室超温。由于高温循环灰分离器运行时温度与燃烧室温度相近，特别是当炉内燃烧工况不佳时，大量细炭粒在燃烧室上部燃烧，并在高温下（有时达 900℃）进入分离器，部分炭粒继续燃烧，甚至会高于燃烧室温度。因此，如果燃烧室运行时超温，进入送灰器的循环灰温度很高，这时操作稍有不当，如循环灰量过大或输送不够通畅，就很可能在送灰器中引起结焦。

（2）循环灰系统漏风。在正常工况下，由于旋风分离器筒内烟气含氧量少，循环灰以一定速度移动，停留时间较短，尚不足以引起循环灰燃烧；反之，若有漏风，则易引起循环灰中碳的燃烧而造成结焦；如果送灰器漏风，也同样会造成局部超温而结焦。

（3）循环灰中含碳量过高。如锅炉点火启动时燃烧不良，或运行中风量与燃料颗粒的筛分特性匹配不佳，或燃用煤矸石、无烟煤等难燃煤时，因其挥发分少、细粉量多、着火温度高、燃烧速度慢等原因，都可导致过多未燃尽燃料细颗粒进入旋风分离器而使循环灰中含碳量增加。由上述分析可知，灰中含碳量高将会增大高温结焦的可能性。

（4）运行或操作中出现问题。例如，飞灰回送通路塌落或有异物大块堵塞，或送灰风量太小，物料无法通畅回送，积聚起来可能导致结焦；另外，在料层过厚或下灰口过低时，也很容易出现超温结焦现象。

防止结焦的措施主要有：①使用的燃料及其颗粒筛分特性应尽量与设计一致。若煤种变化后灰熔点降低则应相应调整燃烧室运行温度，及时调整制煤设备以达到粗细颗粒的合理配比；②燃用煤矸石、无烟煤时尽早按一、二次风比例投入二次风，以强化煤在燃烧室中的燃烧，减少在循环灰系统中的后燃；③运行中应密切监视高温旋风分离器温度。发现分离器超温，应及时调节风煤比控制燃烧室温度，如不能纠正则立即停炉查明原因；④检查循环灰系统的密封是否良好，发现漏风及时解决；⑤检查循环灰系统是否畅通，有异物及时排除；⑥保证适当的送灰风量。风帽堵塞、送灰器风室中有落灰等，均会引起送灰风量减小，发现此类问题要及时解决。

2. 分离器分离效率下降

高温旋风分离器结构简单，分离效率高，是循环流化床锅炉应用最广泛的一种气固分离装置。影响高温分离器分离效率的因素很多，如形状、结构、进口风速、烟温、颗粒浓度与粒径等。已建成的循环流化床锅炉分离器结构参数已定，且一般经过优化设计，故结构参数的影响不再讨论。运行中分离器效率如有明显下降则可考虑以下因素：①分离器内壁严重磨损、塌落从而改变了其基本形状；②分离器有密封不严导致空气漏入，产生二次携带；③床层流化速度低，循环灰量少且细，分离效率下降。

需强调指出的是，漏风对分离效率有着极其重要的影响。由于在正常状态下分离器旋风筒内静压分布特点为外周高中心低，锥体下端和灰出口处甚至可能为负压，分离器筒体尤其是排灰口处若密封不佳，有空气漏入，就会增大向上流动的气速，并将筒壁上已分离出的灰粒夹带走，严重影响分离效率。

防止分离器分离效率下降的措施主要是：①当发现分离器分离效率明显降低时，应先检查是否漏风、窜气，如有则应及时解决；②检查分离器内壁磨损情况，若磨损严重则须进行修补；③检查流化风量和燃煤的筛分特性，应使流化风量与燃煤的筛分特性相适应，以保证合理的循环物料量。

3. 烟气反窜

正如所知，送灰器的主要功能是将循环灰由压力较低的分离器灰出口输送到压力较高的燃烧室。同时，还应具有"止回阀"的功能即防止燃烧室烟气反窜进入循环灰分离器。而一旦出现烟气从燃烧室经送灰器"短路"进入分离器的现象，则说明循环灰系统的正常循环被破坏，锅炉则无法正常运行。

送灰器出现烟气反窜的原因主要有：①送灰器立管料柱太低，被回料风吹透，不足以形成料封；②回料风调节不当，使立管料柱流化；③送灰器流通截面较大，循环灰量过少；④飞灰循环装置结构尺寸不合理，如立管截面较大等。

要防止烟气反窜，首先在设计时应保证一定的立管高度，根据循环灰量适当选取送灰器的流通截面；其次在运行中应注意对送灰器的操作。例如，对小容量锅炉，因立管较短，锅炉点火前应关闭回料风，在送灰器和立管内充填细循环灰，形成料封；点火投煤稳燃后，待分离器下部已积累一定量的循环灰后，再缓慢开启回料风，注意立管内料柱不能流化；正常运行后回料风一般无须调整；在压火后热启动时，应先检查立管和送灰器内物料是否足以形成料封。对大容量锅炉，立管一般有足够高度，但应注意回料风量的调节。发现烟气反窜可关闭回料风，待送灰器内积存一定循环灰后再小心开启回料风，并调整到适当大小。总之，送灰器操作的关键是保证立管的密封，保证立管内有足够的料柱能够维持正常循环。

4. 送灰器堵塞

送灰器是循环流化床锅炉的关键部件之一。送灰器堵塞会造成炉内循环物料量不足，汽温、汽压急剧降低，床温难以控制，危及正常运行。

一般送灰器堵塞有两种原因：一是由于流化风和回料风量不足，造成循环物料大量堆积而堵塞。特别是 L 型回料阀，由于它的立管垂直段较长，储存量较大，如果流化风量不足，不能使物料很好地进行流化很快就会堵塞。因此，对 L 型回料阀的监控系统要求较高。回料风量不足的原因主要有：送灰器下部风室落入冷灰使流通面积减小；风帽小孔被灰渣堵塞，造成通风不良；风压不够等。发现送灰器堵塞要及时处理，否则堵塞时间一长，物料中的可燃物质还可能造成超温、结焦，扩大事态，增加处理难度。处理时，要先关闭流化风，利用下面的排灰管放掉冷灰，然后再采用间断送风的形式投入送灰器。二是送灰器内循环灰结焦造成堵塞。关于结焦已在前面做过分析，此处不再赘述。为避免此类事故的发生，应对送灰阀进行经常性检查，监视其中的物料温度；特别是采用高温分离器的循环灰系统，应选择合适的流化风量和回料风量，并防止送灰器漏风。

四、布风装置及受热面磨损

1. 布风装置的磨损

循环流化床锅炉布风装置的磨损主要有两种情况。第一种情况是风帽的磨损，其中风帽磨损最严重的区域在循环物料回料口附近，究其原因是较高颗粒浓度的循环物料以较大的平行于布风板的速度分量对风帽的冲刷。图 8-9 为国外某台 420t/h 循环流化床锅炉发生风帽磨损的区域（图中还同时给出了炉膛水冷壁管发生磨损的区域）。另一种情况是风帽小孔的扩大。这种现象也发生在鼓泡流化床锅炉中。显然，这种磨损将改变布风特性，同时还造成固体物料漏至风室（即所谓 sifting 现象）。发生这种磨损的原因目前尚未查明，只能从设计上加以改进。例如，国外采用所谓"猪尾"型风帽代替多孔型风帽，如图 4-11 和图 8-10 所

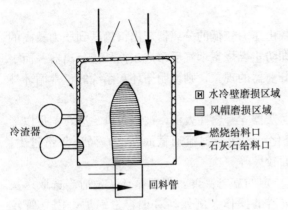

图 8-9　风帽磨损区域平面图

示；采用定向风帽设计（图 4-10），在排列上采取间隔排列方式，隔一排布置风帽，避免风口直吹前排风帽，以降低冲击磨损等。

2. 受热面的磨损

循环流化床锅炉内的受热面包括炉膛水冷壁管、炉内受热面和尾部对流烟道受热面等。

（1）炉膛水冷壁管的磨损。水冷壁管的磨损是循环流化床锅炉中与材料有关的最严重的问题，可分为四种情形，即炉膛下部耐火防磨层与膜式水冷壁交界处以上一段管壁的磨损；炉膛四个角落区域的管壁磨损；一般水冷壁管的磨损；不规则区域（包括穿墙管、炉墙开孔处的弯管、管壁上的焊缝等）管壁的磨损。

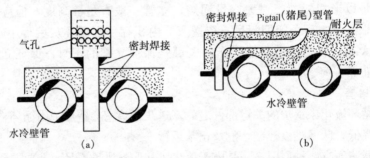

图 8-10　采用"猪尾"（Pigtail）型风帽设计代替多孔型风帽设计
(a) 多孔型风帽设计；(b) "猪尾"型风帽设计

（2）炉内受热面的磨损。主要指当循环流化床锅炉布置有屏式翼形管、屏式过热器、水平过热器管屏等炉内受热面时，这些部位受到的磨损。部分循环流化床锅炉，特别是国内设计的循环流化床锅炉，在二次风以下的密相区运行在鼓泡流化床区域，而且在密相区内还布置有埋管受热面，这部分受热面易受磨损破坏。

（3）对流烟道受热面的磨损。国外一些循环流化床锅炉的运行经验表明，在良好的设计和运行管理条件下，锅炉对流烟道受热面的磨损一般不会成为严重的问题。就国内已经投运的一些循环流化床锅炉而言，对流烟道受热面的磨损仍是一个较为严重的问题。磨损发生的主要部位出现在省煤器两端和空气预热器进口处。

上述受热面中除尾部对流烟道受热面的磨损与常规煤粉燃烧锅炉相似外，其他受热面的磨损过程是十分复杂的。造成循环流化床锅炉受热面磨损的原因主要有：①烟气中颗粒对受热面产生的撞击，这类似于煤粉锅炉尾部受热面的冲刷磨损；②受热面表面受运动速度相对较慢的颗粒的冲刷；③随气泡快速运动的颗粒对受热面的冲刷，以及气泡破裂后颗粒被喷溅到受热面表面从而对受热面产生磨损；④炉内局部射流卷吸的床料对相邻受热面形成直接的冲刷，这些射流包括给料（燃料和脱硫剂）口射流、固体物料再循环口射流、布风板风帽的空气射流、二次风空气射流以及管道泄漏而造成的射流等；⑤伴随着炉内和炉外固体物料整体流动形式所造成的受热面的磨损；⑥由于几何形状不规则造成的磨损。譬如，若床内垂直布置有一根带有焊缝传热管，会因在焊缝附近产生局部的涡流从而使焊缝以上的受热面产生磨损。

　　3. 受热面的防磨

　　循环流化床锅炉内受热面的防磨措施除煤粉锅炉所采用的常规方法以外，主要还有选择合适的防磨材料（如碳钢和合金钢、耐火材料等），采用金属表面热喷涂技术和其他表面处理防磨技术，在密相区埋管受热面加防磨构件（如防磨鳍片），对流受热面管束尽量采用顺列布置或在管束前加假管、提高循环灰分离器的分离效率等。

　　实际上，对易发生磨损的局部区域在设计上采用一些巧妙而又特殊的处理也能取得良好的防磨效果。譬如，为解决好炉膛下部耐火防磨层与膜式水冷壁交界处以上一段管壁的防磨问题，通常采用所谓的粒子软着陆技术或让管防磨设计。前者指耐火防磨层与膜式水冷壁交界面设计成图 8-11 的形式。这样，在交界面处的台阶上能自然堆积图中所示的灰层，粒子在此实现"软着陆"后反弹力小，不能打到水冷壁上，从而使交界面处水冷壁管的磨损得以减轻；后者是从设计上使管子让开，消除了炉膛下部耐火防磨层与膜式水冷壁交界处阻碍粒子向下流动台阶，从而使粒子磨损管子的机会大大减少。图 8-12（a）、（b）分别是两种让管防磨设计的示意。

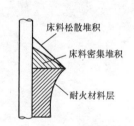

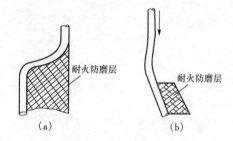

图 8-11　粒子软着陆设计　　　　　图 8-12　耐火防磨层与膜式水冷壁
　　　　　　　　　　　　　　　　　　　　　　交界处的让管防磨设计示意

 复习思考题

1. 循环流化床锅炉调试的主要项目有哪些？
2. 循环流化床锅炉冷态试验的主要内容有哪些？
3. 布风均匀性试验和料层阻力特性试验的意义是什么？
4. 循环流化床锅炉如何测定临界流化风量？
5. 简述物料循环系统性能试验的方法。
6. 什么是循环流化床锅炉的点火启动？点火方式有哪些？
7. 什么是流化床锅炉的压火？简述压火的操作方法。
8. 流化床锅炉压火后的再启动方法，它们与冷态启动有什么不同？
9. 循环流化床锅炉停炉的主要步骤有哪些？
10. 循环流化床锅炉的燃烧调节主要包括哪些项目？分别说明如何调节。
11. 简述循环流化床锅炉运行中的负荷调节方法。当锅炉增加负荷时，如何进行调节？
12. 简述物料循环系统的运行调节要求。
13. 循环流化床锅炉运行中出力不足的主要原因有哪些？

14. 循环流化床锅炉床层结焦的种类和主要原因，如何处理？

15. 物料循环系统的常见故障及主要原因有哪些？

16. 布风装置磨损的种类和主要原因有哪些？

17. 简述受热面的磨损种类和主要防磨措施。

18. 物料平衡的意义是什么？为什么只有保证大量的物料循环，才能保证循环流化床锅炉的出力？

第九章　循环流化床锅炉气体污染物的排放与控制

化石燃料燃烧生成物中含有大量的有害物质，对环境构成严重的污染。因此，必须严格控制化石燃料燃烧污染物的排放。通常，这些污染物可分为三大类：气体污染物与粉尘、固体弃物、污水。气体污染物主要有硫氧化物（SO_x，即 SO_2 和少量的 SO_3）、氮氧化物（包括 NO、NO_2 和 N_2O）和温室气体二氧化碳（CO_2）、一氧化碳（CO）。此外，燃烧烟气中还含有氯化氢（HCl）、氟化氢（HF）等卤化氢气体。虽然流化床燃烧为低温和分级燃烧，对燃烧过程中的气体污染物具有较好的控制能力，属于对环境友好的燃烧技术，但是随着人们环境质量意识的不断增强以及燃烧污染物排放标准的日益严格，循环流化床锅炉 SO_2 和 NO_x（NO、NO_2）、N_2O、CO_2 等气体污染物的排放及控制问题仍然受到关注。

第一节　环境质量与大气污染物排放标准

一、环境质量

围绕着人类的外部世界统称为环境。按环境要素属性，可分为自然环境和社会环境。本章涉及的环境是前者。因此，环境质量问题指的是与人的健康直接相关的生活环境和生产环境因大气污染引起的质量问题。

1. SO_2 的特性及其对环境的影响

二氧化硫（SO_2）是一种无色有刺激性的对大气环境危害严重的气体污染物。大气中的 SO_2 在阳光的催化作用下，与水蒸气等进行复杂化学反应形成硫酸，再经雨淋降至地面，即形成"酸雨"。酸雨的危害主要表现在：

（1）危害生物和自然生态环境。酸雨在地面得不到中和，会使土壤、湖泊、河流酸化；水中的 pH 值降至 5 以下时，鱼类的繁殖和发育会受到严重影响；土壤和底泥中的金属可被酸雨溶解到水中，毒害鱼类；水体酸化还可能改变水生生态系统；酸雨还会抑制土壤中有机物的分解和氮的固定，淋洗土壤中的钙、镁、钾等营养元素，使土壤贫瘠化；酸雨损害植物的新生叶芽，影响植物生长，严重的甚至会导致森林生态系统的退化。

（2）腐蚀建筑材料及金属结构。酸雨腐蚀建筑材料、金属结构、油漆等，特别是许多以大理石和石灰石为材料的历史建筑物和艺术品，耐酸性差，容易受酸雨腐蚀。

在我国西南、中南及华东北部等燃用高硫煤的地区，酸雨已带来严重问题，如重庆和贵阳降水的 pH 值已分别降至 3.35 和 3.44。我国酸雨形势已十分严峻，降低 SO_2 排放已成为当务之急。

2. NO_x 和 N_2O 的特性及其对大气的影响

NO 是一种无色有毒气体，占化石燃料燃烧所产生 NO_x 总量的 $90\% \sim 95\%$。NO 在大气层中的生存时间只有几秒至几分钟，便在大气层低空内被氧化成浅棕色的具有强烈刺激性的 NO_2，即

$$2NO + O_2 \longrightarrow 2NO_2 \qquad\qquad (9-1)$$

NO 是导致酸雨的因素之一。同时，NO 还参加光化学反应，形成光化学烟雾。另一方面，NO 还造成臭氧层的破坏，即有

$$NO + O_3 \longrightarrow NO_2 + O_2 \qquad\qquad (9-2)$$

NO_x 与 SO_2 一样，对建筑物和人体构成危害，也是诱发癌症的原因之一。

N_2O 也是一种无色有毒气体，俗称笑气。N_2O 和 CO_2、CH_4、O_3、氟氯汀及水蒸气都是温室效应气体。由于 N_2O 与游离氧原子的反应

$$N_2O + O \longrightarrow 2NO \qquad\qquad (9-3)$$

是大气平流层中 NO 的主要来源，N_2O 对平流层臭氧的破坏作用是巨大的。

通过烟囱排放出的燃烧污染物随着空气流而移动，因大气扰动而扩散。图 9-1 是实测的 NO 及 NO_2 在烟囱气流下游典型的浓度分布。由图 9-1 可见，尽管 NO_2 在刚逸出烟囱时绝对浓度远低于 NO，但由于 NO 不断被

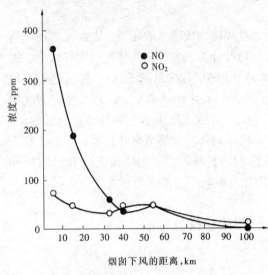

图 9-1　烟囱气流下游典型的 NO_x 浓度分布

氧化为 NO_2，后者的浓度水平很快超出前者。

二、大气污染物排放标准

要控制大气污染，保护人类赖以生存的环境，实现可持续发展，必须制定大气污染物排放标准。目前世界上对大气污染物排放标准的制定主要基于三种不同的方案。一种方案是确定一个减少污染气体总排放量的目标，以此为基准制定排放标准，并要求必须从技术上寻找、采用和发展符合排放标准的方法，这是高标准的技术强制法方案。德国、奥地利和瑞典采用这个方案。另一种方案是选择现有的、合适的降低污染气体的技术，根据现有技术能达到的水平来制定排放标准，此方案为英国所采用。第三种方案介于上述两种方案之间：根据排放状况，制定污染气体排放减少量的总目标，允许选择实际上能达到目标的技术措施，这是丹麦等国所采用的方案。

大气污染物排放标准的单位各国使用的不尽相同，其中最常用的单位是 mg/m^3（标准状况下）和 ppm，这是指在 0℃（273K）、压力为 101325Pa 下不含水分的排放量。另外，也有基于每十亿焦耳能量输入的 g/GJ，以及英制大气污染排放标准的单位 $lb/10^6 Btu$（Btu，British thermal unit），即磅/10^6 英热量单位（1 英热量单位＝1055.06 焦耳）。不同单位之间存在换算问题。例如，对 SO_2 从标准状况下 mg/m^3 换算成 ppm 要乘以系数 0.35；对 NO_x 从标准状况下 mg/m^3 换算成 ppm，要乘以系数 0.487；若换算成 $lb/10^6 Btu$，对煤则要乘以系数 8.14×10^{-4}；从标准状况下 mg/m^3 换算成 g/GJ 乘以系数 0.35。

1. 我国火电厂锅炉大气污染物排放标准

为贯彻《中华人民共和国环境保护法》、《中华人民共和国大气污染防治法》、《国务院关于落实科学发展观 加强环境保护的决定》等法律、法规，保护环境，改善环境质量，防治火电厂大气污染物排放造成的污染，促进火力发电行业的技术进步和可持续发展，我国于

2011年7月第三次修订了《火电厂大气污染物排放标准（Emission standard of air pollutants for thermal power plants)》并颁布新的 GB 13223—2011 代替 GB 13223—2003，自2012年1月1日起实施。本次修订的主要内容包括：调整了大气污染物排放浓度限值并明确了现有循环流化床火力发电锅炉的氮氧化物（以 N_2O 计）排放浓度限值（见表 9-1)；规定了现有火电锅炉达到更加严格的排放浓度限值的时限；取消了全厂二氧化硫最高允许排放速率的规定；增设了燃气锅炉大气污染排放浓度限值以及大气污染物特别排放限值（参见表9-2)，重点地区的火力发电锅炉及燃气轮机组执行表 9-2 规定的大气污染物特别排放限值。

表 9-1　　　　　　　　火力发电锅炉及燃气轮机组大气污染物排放浓度限值

单位：mg/m^3（烟气黑度除外）

序号	燃料和热能转化设施类型	污染物项目	适用条件	限值	污染物排放监控位置
1	燃煤锅炉	烟尘	全部	30	
		二氧化硫	新建锅炉	100 200[1]	
			现有锅炉	200 400[1]	
		氮氧化物（以 NO_2 计）	全部	100 200[2]	
		汞及其化合物	全部	0.03	
2	以油为燃料的锅炉或燃气轮机组	烟尘	全部	30	烟囱或烟道
		二氧化硫	新建锅炉及燃气轮机组	100	
			现有锅炉及燃气轮机组	200	
		氮氧化物（以 NO_2 计）	新建燃油锅炉	100	
			现有燃油锅炉	200	
			燃气轮机组	120	
3	以气体为燃料的锅炉或燃气轮机组	烟尘	天然气锅炉及燃气轮机组	5	—
			其他气体燃料锅炉及燃气轮机组	10	
		二氧化硫	天然气锅炉及燃气轮机组	35	
			其他气体燃料锅炉及燃气轮机组	100	
		氮氧化物（以 NO_2 计）	天然气锅炉	100	
			其他气体燃料锅炉	200	
			天然气燃气轮机组	50	
			其他气体燃料燃气轮机组	120	
4	燃煤锅炉，以油、气体为燃料的锅炉或燃气轮机组	烟气黑度（林格曼黑度，级）	全部	1	烟囱排放口

注　(1) 位于广西壮族自治区、重庆市、四川省和贵州省的火力发电锅炉执行该限值。

　　(2) 采用 W 形火焰炉膛的火力发电锅炉，现有循环流化床火力发电锅炉，以及 2003 年 12 月 31 日前建成投产或通过建设项目环境影响报告书审批的火力发电锅炉执行该限值。

表 9 - 2　　　　　　　　　　　　**大气污染物特别排放限值**

单位：mg/m^3（烟气黑度除外）

序号	燃料和热能转化设施类型	污染物项目	适用条件	限值	污染物排放监控位置
1	燃煤锅炉	烟尘	全部	20	烟囱或烟道
		二氧化硫	全部	50	
		氮氧化物（以 NO_2 计）	全部	100	
		汞及其化合物	全部	0.03	
2	以油为燃料的锅炉或燃气轮机组	烟尘	全部	20	
		二氧化硫	全部	50	
		氮氧化物（以 NO_2 计）	燃油锅炉	100	
			燃气轮机组	120	
3	以气体为燃料的锅炉或燃气轮机组	烟尘	全部	5	
		二氧化硫	全部	35	
		氮氧化物（以 NO_2 计）	燃气锅炉	100	
			燃气轮机组	50	
4	燃煤锅炉，以油、气体为燃料的锅炉或燃气轮机组	烟气黑度（林格曼黑度，级）	全部	1	烟囱排放口

2. 世界主要工业国家锅炉大气污染物排放标准

世界工业化国家制定了严格的限制锅炉污染物排放的标准。表 9 - 3 为世界主要工业国家新建大型燃煤锅炉大气污染物排放标准。值得指出的是，尽管各国标准的内容还有所不同，但对 SO_2 和 NO_x 的排放标准都是明确的。

表 9 - 3　　　　　　**主要工业国家燃煤锅炉大气污染物排放限值（1996）**

国家 ＼ 污染物	二 氧 化 硫（SO_2）			氮氧化物（NO_x）		
	mg/m^3（标准状况下）	g/GJ	lb/10^6Btu	mg/m^3（标准状况下）	g/GJ	lb/10^6Btu
美国[①]		258～516			737	
澳大利亚	200	70	0.163	500	175	0.407
奥地利	400	140	0.326	200	70	0.163
比利时	740	259	0.602	650	228	0.529
加拿大	400	140	0.326	740	259	0.602
丹 麦	400	140	0.326	200	70	0.163
芬 兰	400	140	0.326	145	51	0.118
德 国	400	140	0.326	200	70	0.163
意大利	223	78	0.182	200	70	0.163

污染物 \ 国家	二　氧　化　硫（SO_2）			氮氧化物（NO_x）		
	mg/m^3（标准状况下）	g/GJ	$lb/10^6Btu$	mg/m^3（标准状况下）	g/GJ	$lb/10^6Btu$
日　本	1700	595	1.384	411	144	0.335
卢森堡	200	70	0.163	450	156	0.366
荷　兰	400～2400	140～840	0.326～1.954	200	70	0.163
葡萄牙				650	228	0.530
俄罗斯[②]	3000（700）	1300（300）		370（300）		
韩国[③]	500（150）			350（350）		

① 1979 年颁发，燃高硫煤为 258g/GJ，要求脱硫率大于 90%；燃中、低硫煤为 516g/GJ，要求脱硫率为 70%～90%。

② 1995 年颁发，括号内数值为 2001 年新建电站的规定值。

③ 适用于容量大于 50MW 的燃煤电站。括号内数值为 1999 年 1 月 1 日起的规定值，其余数值为 1995 年 1 月 1 日至 1998 年 12 月 31 日的规定值。

3. 国内外燃煤电厂污染物排放限值对比

由于不同国家国情各异，基于环境保护的前提条件和基础不同而颁布的国家排放标准也不尽相同，我国火电厂现行排放标准远高于主要发达国家，具体污染物排放限值对比见表 9-4。

表 9-4　　　　　　　　　　中国与主要发达国家污染物排放限值对比

国家	颁布时间	排放限值/（mg/m^3）			
		SO_2	NO_x	烟尘	Hg 及其化合物
美国	2005	184	135	20	0.02（烟煤）0.18（褐煤）
欧盟	2002	200	200	30	0.03
日本	2006	172	200	40	
中国	2011	100	100	30	0.03

第二节　煤燃烧过程中 SO_2 的生成机理与影响因素

一、煤燃烧过程中 SO_2 的生成机理

如第一章所述，煤中的硫除元素硫外，主要是有机硫和无机硫两大部分。前者是指硫与 C、H 等结合生成的复杂有机化合物（$C_xH_yS_z$）；后者主要是黄铁矿硫（FeS_2）和硫酸盐硫（$CaSO_4$ 等）。其中，黄铁矿硫和有机硫及元素硫是可燃硫，占煤中硫分的 90% 以上；硫酸盐硫是不可燃硫，占煤中硫分的 5%～10%，是煤中灰分的组成部分。

煤在燃烧过程中，所有的可燃硫都会随着受热从煤中析出。在氧化性气氛中，可燃硫均会被氧化而生成 SO_2，当在炉膛的高温条件下存在氧原子或在受热面上有催化剂时，一部分

会转化成 SO_3。通常，生成的 SO_3 只占 SO_2 的 $0.5\%\sim2\%$，相当于 $1\%\sim2\%$ 的煤中硫分以 SO_3 的形式析出。生成 SO_2 的途径主要有以下几种。

1. 铁矿硫的氧化

黄铁矿硫（FeS_2）在 $300℃$ 时即开始失去硫分，但其大量分解则在 $650℃$ 以上。在氧化性气氛中，FeS_2 直接生成 SO_2，即

$$4FeS_2+11O_2 \longrightarrow 2Fe_2O_3+8SO_2 \tag{9-4}$$

如果燃烧区内含有富余的氧分，SO_2 将部分氧化为 SO_3，则有

$$SO_2+O_2 \longrightarrow SO_3+O \tag{9-5}$$

该反应易在高温下进行。在循环流化床内，此反应还将受到金属氧化物的催化。

如果炉内存在还原性气氛，例如在煤粉炉为控制 NO_x 生成而形成的富燃料燃烧区中，FeS_2 将会分解为 FeS，即

$$FeS_2 \longrightarrow FeS+1/2S_2 \text{（气体）} \tag{9-6}$$
$$FeS_2+H_2 \longrightarrow FeS+H_2S \tag{9-7}$$
$$FeS_2+CO \longrightarrow FeS+COS \tag{9-8}$$

FeS 的再分解则需要更高的温度，有

$$FeS \longrightarrow Fe+1/2S_2 \tag{9-9}$$
$$FeS+H_2 \longrightarrow Fe+H_2S \tag{9-10}$$
$$FeS+CO \longrightarrow Fe+COS \tag{9-11}$$

这时，反应式（9-4）将受到抑制，从而导致更多的可燃硫以 H_2S 而不是以 SO_2 形式析出。由于 H_2S 是一种还原性气体，进入氧化性气氛又将被氧化成 SO_2，但 H_2S 在还原性气氛中也可直接进行固硫反应，例如在钙基脱硫剂加入时，部分 H_2S 将在转化前被固集，生成硫化钙（CaS）。

2. 有机硫的氧化

有机硫在煤中是均匀分布的，一般在煤被加热至 $400℃$ 时即开始大量分解析出，但对不同煤种稍有差异。有机硫经过燃烧分解析出，氧化后生成 SO_2。譬如有

$$2(C_2H_5)_2S+15O_2 \longrightarrow 2SO_2+8CO_2+10H_2O \tag{9-12}$$
$$2C_4H_9SH+15O_2 \longrightarrow 2SO_2+8CO_2+10H_2O \tag{9-13}$$

在富燃料燃烧的还原性气氛下，有机硫会转化成 H_2S 或 COS。

3. 元素硫的氧化

在所有硫化物的火焰中都曾发现元素硫。元素硫氧化的主要反应式为

$$S+O_2 \longrightarrow SO+O \tag{9-14}$$

上述反应生成的 SO 在氧化性气氛中就会进行下列反应而生成 SO_2，即

$$SO+O_2 \longrightarrow SO_2+O \tag{9-15}$$
$$SO+O \longrightarrow SO_2 \tag{9-16}$$

二、煤燃烧过程中影响 SO_2 析出的因素

如前所述，在氧化性气氛中，煤中的可燃硫全部会氧化生成 SO_2。由于可燃硫占煤中含硫量的绝大部分，可以根据含硫量估算出煤燃烧中 SO_2 的生成量。因为煤中的硫在燃烧后生成两倍于煤中硫重量的 SO_2，所以如果以干燥基氧的体积浓度为 6% 为基准，则煤中每 1% 的硫含量就会在烟气中生成约 $2000mg/m^3$ 的标准状况下 SO_2 浓度。实际上，由于煤的

灰分具有一定的脱硫作用以及多种因素的影响，即使锅炉本身不采取任何脱硫措施，烟气中 SO_2 的实际排放量也会比其原始生成浓度低些。煤燃烧过程中，影响 SO_2 析出的主要因素有以下几种。

1. 颗粒在床内的停留时间

如图 9-2 所示，煤颗粒在床内停留的时间越长，则 SO_2 的转化率就越高。这主要是因为硫的分解，特别是 FeS_2 硫的分解需要一定的时间。试验表明，磨细至 0.1mm 粒径的原煤煤粒在静止床层中析出率达 98.5%，所需时间为 100～200s；如粒径增加，这一时间还会延长。若试样是经筛分后分档给入的，由于较细颗粒中含 FeS_2 硫较少，而有机硫较多，故析出时间要少于同一平均粒径的宽筛分试样。

2. 炉膛温度

由图 9-3 可见，SO_2 析出随着炉膛温度的升高而单调增加。虽然有机硫和黄铁矿硫的分解温度不同，但是煤中的硫以 SO_2 形式析出的总的转化率还是随温度的升高而增加的。当温度达到 1000℃时总转化率可达 90%～95%。煤在流化床中燃烧时 SO_2 的析出也因此而呈现出阶段性的特点。

3. 过量空气系数

过量空气系数对 SO_2 析出的影响较大，如图 9-4 所示。由图可见，随着过量空气系数的增加，SO_2 生成浓度逐渐减少。由于进入的总过量空气系数及其分配影响着各区域的氧浓度水平，就 SO_2 的生成过程而言，在局部缺氧的情况下，FeS_2 的分解速度会减慢，并导致 H_2 和碳氢化合物的大量增加，亦有助于 H_2S 和 FeS 的生成，从而减少该区域 SO_2 的析出量；反之，区域氧浓度越高，SO_2 析出也越多。在总风量一定的情况下，如果实施分级燃烧，则一、二次风率将影响炉内各处含硫物质的分配，从而影响 SO_2 的析出。

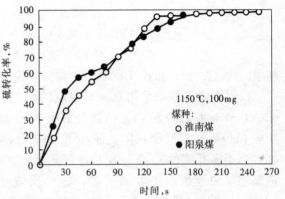

图 9-2　煤燃烧过程中硫形成 SO_2 的转化率随时间的变化

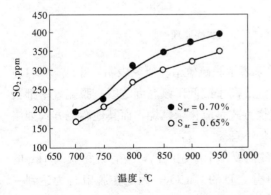

图 9-3　炉膛温度对 SO_2 生成的影响

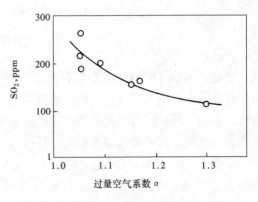

图 9-4　过量空气系数对 SO_2 生成的影响

第三节　循环流化床锅炉脱硫

一、流化床燃烧脱硫原理

在煤燃烧过程中生成的 SO_2 如遇到碱金属化合物 CaO、MgO 等时，便会生成 $CaSO_4$、$MgSO_4$ 等而被脱除。因此，在流化床燃烧过程中脱硫最经济有效的方法是，采用石灰石（$CaCO_3$）或白云石（$CaCO_3 \cdot MgCO_3$）作为脱硫剂，将其破碎到合适的颗粒度喷入炉内。在燃烧过程中，石灰石或白云石分解成石灰（CaO），在氧化性气氛下 CaO 与烟气中的 SO_2 及氧反应生成硫酸钙（$CaSO_4$），其基本反应式为

$$CaCO_3 \longrightarrow CaO + CO_2 \tag{9-17}$$
$$CaCO_3 \cdot MgCO_3 \longrightarrow CaO + MgO + 2CO_2 \tag{9-18}$$
$$CaO + SO_2 + 1/2O_2 \longrightarrow CaSO_4 \tag{9-19}$$

其中，式（9-17）和式（9-18）又称为脱硫剂的煅烧反应。

在煤燃烧过程中采用石灰石脱硫的原理示于图9-5。式（9-17）是一个吸热反应，$CaCO_3$ 分解为 CaO 和 CO_2 的热分解温度为 $880℃$ 左右。由于反应过程中 $CaCO_3$ 颗粒转变成 CaO 颗粒时其摩尔体积缩小了45％，因而使原 $CaCO_3$ 内的自然孔隙扩大了许多，这有利于多孔隙的 CaO 与 SO_2 进行式（9-19）的脱硫反应而生成 $CaSO_4$。式（9-19）是煤燃烧中脱硫最主要的反应，这一反应受温度的限制（理论上其最佳反应温度是 $830 \sim 870℃$）。但是，由于由 CaO 转变成 $CaCO_4$ 的反应过程其摩尔体积会增大180％左右，在反应一开始，就会在 CaO 的表面生成一层厚度为 $32\mu m$ 的致密 $CaSO_4$ 薄层，如图9-5所示。这一 $CaSO_4$ 薄层的孔隙比 SO_2 分子的尺寸小，从而阻碍了 SO_2 进入 $CaSO_4$ 薄层进一步扩散到 CaO 颗粒内层进行反应，所以在煤燃烧过程中用石灰石脱硫时，其钙利用率通常较低。

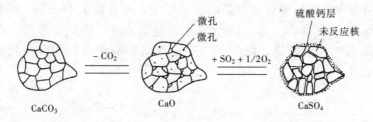

图9-5　石灰石在煤燃烧过程中的脱硫原理

通常，用烟气中 SO_2 被石灰石吸收的百分比来表示脱硫效率。研究表明，在式（9-18）的最佳反应温度下，可以得到最高的脱硫效率，温度高于或低于该温度范围，脱硫效率都会降低。因此，向炉膛内加入石灰石脱硫的最佳燃烧方式是流化床燃烧，而其他燃烧方式如层燃或煤粉燃烧，向炉膛内加入石灰石脱硫的效果均不理想。

根据式（9-19），在理论上脱除1个摩尔的硫需要1个摩尔的钙，或者说每脱除 $1kg$ 的硫需要 $3.125kg$ 的石灰石。由于石灰石并不是百分之百的 $CaCO_3$，因此在脱硫时为达到一定脱硫效率时的石灰石需要量，正比于煤中的含硫量，反比于石灰石中 $CaCO_3$ 的含量。在煤燃烧过程中，石灰石中的钙能否被有效地用来脱硫，还取决于石灰石的反应性和煤燃烧设

备的运行条件，如燃烧温度、石灰石的颗粒度、反应物浓度及停留时间等。为了确定为达到一定的脱硫效率所需要消耗的脱硫剂量和判定用 $CaCO_3$ 脱硫时钙的利用率，通常采用钙和硫的摩尔比（Ca/S）作为综合指标，其含义为

$$Ca/S = \frac{32.06}{100.09} \frac{CaCO_3(\%)}{S(\%)} \frac{G}{B} \qquad (9-20)$$

式中　　　　G——达到一定脱硫效率需向流化床中加入的脱硫剂量，kg/h；

　　　　　　B——燃料消耗量，kg/h；

　　　　　　S——脱硫剂中硫含量的重量百分数，%；

　　$CaCO_3$——脱硫剂中 $CaCO_3$ 含量的重量百分数，%；

（32.06/100.09）——$CaCO_3$ 和硫转换为摩尔数的系数，其中 32.06 是硫分子量，100.09 是 $CaCO_3$ 的分子量。

为达到一定的脱硫效率所需的钙硫摩尔比（Ca/S）越高，钙的利用率则越低。如已知煤中的含硫量和为达到一定的脱硫效率所需的钙硫摩尔比（Ca/S），利用上式也可计算出需加入流化床中的脱硫剂量（kg/h）。

二、循环流化床锅炉脱硫的主要影响因素

由于循环流化床锅炉的工作特点，煤在循环流化床中燃烧时，被烟气带出的细颗粒能在循环灰分离器中被分离出来并送回炉内再进行反应，大大延长了脱硫剂的停留时间；同时，在炉膛内的内循环和整个物料通过分离器的外循环过程中，脱硫剂的颗粒会被破碎而出现新的反应表面；另外，刚进入炉内的新鲜燃料和脱硫剂颗粒能在瞬间即被加热到 850℃ 的炉膛温度，而且在整个固体物料的循环系统内有均匀的 850℃ 温度分布，使得脱硫剂和 SO_2 的反应能在整个炉膛内和分离器内进行，这一切大大改善了脱硫性能，提高了脱硫剂的钙利用率，可以达到比鼓泡流化床更高的脱硫效率。一般用循环流化床添加石灰石脱硫时，当 Ca/S＝1.5～2.0，就可以达到 90% 的脱硫效率。

循环流化床锅炉的燃烧和脱硫过程十分复杂，影响脱硫效率的因素很多，分析各种因素对脱硫效率的影响，对循环流化床锅炉的运行有重要的指导意义。下面就其主要影响因素进行分析。

1. 炉膛温度

炉膛温度对循环流化床锅炉脱硫效率有很大影响。炉膛温度的变化直接影响到脱硫剂的反应速度、固体产物分布及孔隙堵塞特性，从而影响脱硫剂的利用率。图 9-6 示出了循环流化床锅炉炉膛温度与脱硫效率的关系。图中给出的循环流化床锅炉的最佳脱硫温度为 850～900℃ 之间。

2. 钙硫摩尔比（Ca/S）

脱硫效率与钙硫摩尔比（Ca/S）的关系如图9-7所示。当流化速度一定时，随着 Ca/S 的增大，脱硫效率增加。如前所述，在反应式（9-19）一开始，就会在 CaO 的表面生成一层致密的 $CaSO_4$ 薄层，从而阻碍了 SO_2 进一步扩散到 CaO 颗粒内层进行反应。所以，如果要达到较高的脱硫效率，应投入比化学当

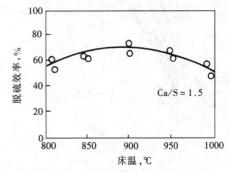

图 9-6　循环流化床锅炉炉膛温度与脱硫效率的关系

量比多得多的石灰石或白云石。一般流化床锅炉脱硫时的钙硫摩尔比（Ca/S）在 2～3 的范围内。

　　3. 煤中含硫量及脱硫剂颗粒粒径

　　图 9-8 为脱硫效率与煤中含硫量及石灰石颗粒粒径的关系。图中曲线 1 和曲线 2 是在同一台循环流化床锅炉中，采用同一种石灰石和相同的石灰石颗粒分布，而燃烧含硫量不同的煤种时的情况。比较曲线 1 和曲线 2，在相同的 Ca/S 下，含硫量越高的煤，其脱硫效率也越高，这主要是因为高硫含量的煤会使炉膛内产生高的 SO_2 浓度，从而增加了脱硫反应的速度。

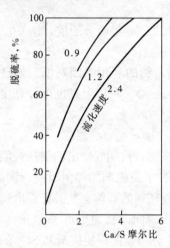

　　图 9-7　脱硫效率与钙硫摩尔
　　　　　比（Ca/S）的关系
　　　　　（炉膛温度 850℃）

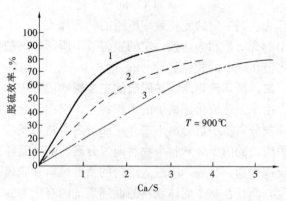

　　图 9-8　脱硫效率与煤的含硫量与石
　　　　　灰石颗粒粒径的关系

1—煤样 C，S＝2.03%，石灰石颗粒粒径 0～5mm；
2—煤样 B，S＝1.55%，石灰石颗粒粒径 0～5mm；
3—煤样 A，S＝0.78%，石灰石颗粒粒径 0～13mm

　　图 9-8 中的曲线 3 是燃用含硫量较低的煤种但石灰石的颗粒度较粗时的试验结果。由图可见，石灰石粒径大时其脱硫效率明显下降，这主要是因为脱硫剂的反应表面积小而使钙利用率降低。但石灰石颗粒的粒径也不能太细，因为现在常用的循环灰分离器只能分离出粒径大于 $75\mu m$ 的颗粒，而小于 $75\mu m$ 的颗粒由于不能再返回炉膛而降低了利用率。综合考虑脱硫剂的制备过程和运输等因素，一般认为，用于循环流化床锅炉脱硫的石灰石颗粒以 0～2mm、平均粒径为 $100～500\mu m$ 的粒径为宜。

　　4. 脱硫剂反应性

　　图 9-9 反映了循环流化床锅炉燃用中-高硫煤时石灰石反应性对脱硫效率的影响。由图

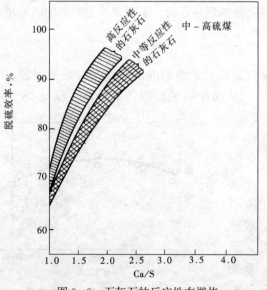

　　图 9-9　石灰石的反应性在燃烧
　　　　　中-高硫煤时对脱硫效率的影响

可见，只有采用高反应性石灰石，才能在 Ca/S＝1.5～2.0 时达到 90％以上的脱硫效率。相同的钙硫比对中等反应性的石灰石脱硫效率只能达到 80％。因此，脱硫剂的选用对提高脱硫时的钙利用率，减少脱硫剂的消耗十分重要。

5. 流化速度和床层高度

流化速度和床层高度对脱硫效率的影响实质上是气固两相流的停留时间对脱硫效率的影响。若床层高度一定，流化速度加大，则可供反应的停留时间缩短，脱硫效率降低。当烟气以一定的速度通过床层，床层高度增加，可供反应的停留时间便随之延长，脱硫效率提高。图 9-7 在反映脱硫效率与钙硫摩尔比（Ca/S）的关系的同时，也反映了流化速度对脱硫效率的影响。由图可见，在钙硫摩尔比（Ca/S）为 3 时，流化速度从 0.9m/s 增至 2.4m/s，脱硫效率大约从 95％降到 65％。床层高度对脱硫效率的影响如图 9-10 所示。从图中可以看出，随着床层高度的增加，脱硫效率提高。如床层高度从 750mm 增至 1125mm 时，脱硫效率从 77.5％提高到 90％。

6. 循环倍率

一般来说，加大循环倍率对脱硫是有益的。图 9-11 表示了循环倍率对脱硫效率的影响。由图可见，当钙硫摩尔比（Ca/S）一定时，脱硫效率随循环倍率的增加而提高；如果保持脱硫效率不变，增加循环倍率，钙硫摩尔比（Ca/S）可以减小。譬如，钙硫摩尔比（Ca/S）为 1.5 时，循环倍率从 2 提高到 16，脱硫效率从大约 75％提高到 90％。钙硫摩尔比（Ca/S）为 2.5 时，要保持 85％的脱硫效率，如果将循环倍率从 2 提高到 8，钙硫摩尔比（Ca/S）可以从 2.5 减至 1.5。

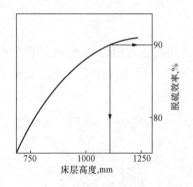

图 9-10　床层高度对脱硫效率的影响

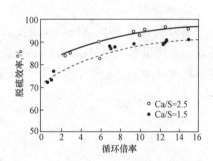

图 9-11　循环倍率对脱硫效率的影响

三、脱硫剂的选择与再生

脱硫剂中 $CaCO_3$ 的含量及其结构状况会影响脱硫剂的脱硫效率。虽然白云石的孔隙率大，其脱硫反应性优于石灰石，但是白云石中的 $MgCO_3$ 没有脱硫作用，在相同的 Ca/S 比下需要消耗更多的白云石，且排渣中 $MgCO_3$ 的含量大。因此，就脱硫剂的品质而言，首先应选择含 $CaCO_3$ 较高的石灰石，其次应考虑所选择的石灰石经煅烧后能生成具有较好多孔性结构的 CaO。因为 SO_2 与 CaO 的反应是气固表面两相反应，不同品质的石灰石经煅烧后生成的多孔性结构 CaO 具有不同的比表面积，从而也就具有不同的反应性。在实际选择脱硫剂时，一定要对脱硫剂的脱硫反应性进行试验，并通过试验确定为达到所要求的脱硫效率的钙硫摩尔比（Ca/S）。

为了提高脱硫剂的钙利用率，减少脱硫剂的消耗量，如果需要，可以对脱硫剂进行再生。脱硫剂再生一般采用一段法，在温度 1100℃ 以上的条件下，利用 CO 和 H_2 将硫酸钙还原成氧化钙，其反应式为

$$CaSO_4 + H_2 \longrightarrow CaO + SO_2 + H_2O \tag{9-21}$$

$$CaSO_4 + CO \longrightarrow CaO + SO_2 + CO_2 \tag{9-22}$$

在式 (9-21) 和式 (9-22) 的再生反应中，如在 1100℃ 的条件下使反应物停留 30min 以上时，CaO 的再生率可超过 90%。因此，采用鼓泡流化床作为再生反应器可以实现上述目标。

第四节　循环流化床锅炉内 NO_x 和 N_2O 的生成机理

一、NO_x 的生成机理

由第一章的介绍可知，这里所说的 NO_x 是指煤燃烧生成的一氧化氮（NO）和二氧化氮（NO_2）。在常规锅炉的燃烧温度下煤燃烧生成的 NO_x 中，NO 占 90% 以上，NO_2 占 5%～10%，而 N_2O 只占 1% 左右。

煤燃烧生成 NO_x 的途径有三个：①热力型 NO_x（Thermal NO_x），由燃烧用空气中的氮气在高温下氧化而生成；②燃料型 NO_x（Fuel NO_x），在燃烧过程中由燃料中含有的氮化合物热分解而又接着氧化而生成；③快速型 NO_x（Prompt NO_x），燃烧时由空气中的氮和燃料中的碳氢离子团如 CH_i 等反应而快速生成。现将三种类型 NO_x 的生成机理分述如下。

1. 热力型 NO_x

热力型 NO_x 的生成机理非常复杂，现在广泛接受并采用的热力型 NO_x 生成机理是由前苏联学者捷里多维奇（Зельдович）提出的，并得到实验验证，称之为捷里多维奇机理。按这一机理，NO 的生成可用如下不分支链锁反应式来表达，即

$$O_2 \Longleftrightarrow O + O \tag{9-23}$$

$$O + N_2 \underset{k_{-1}}{\overset{k_1}{\rightleftharpoons}} NO + N \tag{9-24}$$

$$N + O_2 \underset{k_{-2}}{\overset{k_2}{\rightleftharpoons}} NO + O \tag{9-25}$$

式中　k_1，k_{-1}——式 (9-24) 正反应和逆反应的反应速度常数；

　　　k_2，k_{-2}——式 (9-25) 正反应和逆反应的反应速度常数。

除以上反应外，还有 NO_2、N_2O 等反应。

由式 (9-24) 和式 (9-25)，按化学反应动力学，NO 的生成速度可以写成

$$\frac{d[NO]}{dt} = k_1[N_2][O] - k_{-1}[NO][N] + k_2[N][O_2] - k_2[NO][O] \tag{9-26}$$

同样，N 的生成速度可以写成

$$\frac{d[NO]}{dt} = k_1[N_2][O] - k_{-1}[NO][N] - k_2[N][O_2] + k_2[NO][O] \tag{9-27}$$

式中　$[O_2]$，$[N_2]$，$[N]$，$[O]$，$[NO]$——O_2、N_2、N、O、NO 的浓度，$g \cdot mol/cm^3$；

　　　　　　　　　　　　　　t——时间，s。

由于式（9-26）中氮原子的浓度 [N] 比一氧化氮的浓度 [NO] 低 $10^5 \sim 10^8$ 倍，浓度极低，可以假定氮原子的浓度是稳定的，不随时间而变化，即 d [N] $/\mathrm{d}t = 0$。于是，可将式（9-27）整理成

$$[\mathrm{N}] = \frac{k_1 [\mathrm{N}_2] [\mathrm{O}] + k_{-2} [\mathrm{NO}] [\mathrm{O}]}{k_{-1} [\mathrm{NO}] + k_2 [\mathrm{O}_2]} \tag{9-28}$$

将上式代入式（9-26），整理可得

$$\frac{\mathrm{d} [\mathrm{NO}]}{\mathrm{d}t} = 2 \frac{k_1 k_2 [\mathrm{O}] [\mathrm{O}_2] [\mathrm{N}_2] - k_{-1} k_{-2} [\mathrm{NO}]^2 [\mathrm{O}]}{k_{-1} [\mathrm{NO}] + k_2 [\mathrm{O}_2]} \tag{9-29}$$

由于与 [NO] 相比氧浓度 [O_2] 很大，而且 k_2 和 k_{-1} 的数值基本上在同一数量级，即可以认为 $k_{-1} [\mathrm{NO}] \ll k_2 [\mathrm{O}_2]$，这样可以将式（9-29）简化为

$$\frac{\mathrm{d} [\mathrm{NO}]}{\mathrm{d}t} = 2k_1 [\mathrm{O}] [\mathrm{N}_2] \tag{9-30}$$

如果认为氧气的离解反应即式（9-23）处于平衡状态，其平衡常数为 k_0，则可得 [O] = $k_0 [\mathrm{O}_2]^{1/2}$。将其代入式（9-30），可得

$$\frac{\mathrm{d} [\mathrm{NO}]}{\mathrm{d}t} = 2k_0 k_1 [\mathrm{N}_2] [\mathrm{O}_2]^{1/2} \tag{9-31}$$

根据捷里多维奇的实验结果，式（9-31）中的 $2k_0 k_1 = 3 \times 10^{14} \exp(-E/RT)$，因而可得

$$\frac{\mathrm{d}[\mathrm{NO}]}{\mathrm{d}t} = 3 \times 10^{14} [\mathrm{N}_2] [\mathrm{O}_2]^{1/2} \exp(-E/RT) \tag{9-32}$$

或

$$[\mathrm{NO}] = \int_0^t 3 \times 10^{14} [\mathrm{N}_2] [\mathrm{O}_2]^{1/2} \exp(-E/RT) \mathrm{d}t \tag{9-33}$$

式中　E——式（9-31）的反应活化能，$E = 54200 \mathrm{J/mol}$；

　　　R——通用气体常数，$\mathrm{J/(g \cdot mol \cdot K)}$；

　　　T——绝对温度，K。

式（9-32）和式（9-33）分别为捷里多维奇关于 NO 生成速度和生成浓度的表达式。对贫燃料的预混火焰，用它们计算的 NO 生成量与实验结果相当一致。但是，在富燃料情况下，还需考虑下式所示反应的影响，即

$$\mathrm{N} + \mathrm{OH} \underset{k_{-3}}{\overset{k_3}{\rightleftharpoons}} \mathrm{NO} + \mathrm{H} \tag{9-34}$$

式中　k_3，k_{-3}——式（9-34）正反应和逆反应的反应速度常数。

将式（9-24）、式（9-25）和式（9-34）一起作为热力型 NO_x 的生成机理，称之为扩大的捷里多维奇机理。其中，式（9-24）的反应活化能最高，因而式（9-24）的反应速度决定了整个热力型 NO_x 的生成速度。鲍曼（Bowman）在 1975 年给出了扩大的捷里多维奇机理的生成速度为

$$\frac{\mathrm{d} [\mathrm{NO}]}{\mathrm{d}t} = 2k_1 [\mathrm{O}] [\mathrm{N}_2] \times \left\{ \frac{1 - [\mathrm{NO}]^2 / K [\mathrm{N}_2] [\mathrm{O}_2]}{1 + k_{-1} [\mathrm{NO}] / (k_2 [\mathrm{O}] + k_3 [\mathrm{OH}])} \right\} \tag{9-35}$$

式中　[OH]——[OH] 的浓度，$\mathrm{g \cdot mol/cm^3}$；

　　　K——反应 $\mathrm{N}_2 + \mathrm{O}_2 \rightleftharpoons 2\mathrm{NO}$ 的平衡常数，$K = (k_1/k_{-1})(k_2/k_{-2})$。

从式（9-32）可以看出，温度对热力型 NO_x 的生成浓度有决定性的影响。热力型 NO_x

的生成速度与温度的关系是按照阿累尼乌斯定律，随着温度的升高，NO_x 的生成速度按指数规律迅速增加。实验表明，在燃烧温度低于 1500℃时，几乎观察不到 NO_x 的生成反应。只有当温度高于 1500℃时，NO_x 的生成反应才变得明显起来。当温度达到 1500℃时，温度每提高 100℃，反应速度将增加 6～7 倍。这就是为什么将这种在高温下空气中的氮氧化而生成的氮氧化物称为热力型 NO_x 的原因。从式（9-32）还可以看出，热力型 NO_x 的生成浓度还和 N_2 的浓度、O_2 浓度的平方根以及停留时间有关，也就是说煤燃烧设备的过量空气系数和烟气的停留时间对热力型 NO_x 的生成浓度也有很大影响。由于循环流化床锅炉的工作温度为 850～950℃，根据热力型 NO_x 的生成机理，循环流化床锅炉燃烧过程基本上没有热力型 NO_x 产生。

2. 燃料型 NO_x

煤中的氮以氮原子的状态与各种碳氢化合物结合成氮的环状或链状化合物，如喹啉（C_5H_5N）和芳香胺（$C_6H_5NH_2$）等，氮有机化合物的 C—N 结合键能比空气中氮分子的 N≡N 键能小得多，在燃烧时很容易分解出来。因此，氧更容易首先破坏 C—N 键而与氮原子生成 NO_x。事实上，当燃料中氮的含量超过 0.1%时，所生成的 NO 在烟气中的浓度将会超过 130ppm。煤燃烧时约 75%～90%的 NO_x 是燃料型 NO_x。燃料型 NO_x 是煤燃烧产生的 NO_x 的主要来源。

关于燃料型 NO_x 的生成机理尚在研究之中，至今仍不完全清楚。这是因为燃料型 NO_x 的生成和破坏过程不仅与煤种特性（主要是含氮量）、煤的结构、燃料中的氮受热分解后在挥发分和焦炭中的比例、成分和分布有关，而且大量的反应过程还与燃烧条件如温度、过量空气系数（氧及各种成分的浓度）等密切相关。若定义煤燃烧过程中燃料型 NO_x 的转化率 CR 为最终生成的 NO 浓度与燃料 N 全部转化成 NO 的浓度之比，一般CR=0.10～0.45。

根据近年来有关学者的研究，燃料型 NO_x 的生成机理大致有以下规律：

（1）在一般的燃烧条件下，燃料中的氮有机化合物首先被热分解成氰化氢（HCN）、氨（NH_3）和 CN 等中间产物，它们随挥发分一起从燃料中析出，称之为挥发分 N。挥发分 N 析出后仍残留在焦炭中的氮化合物，称之为焦炭 N。图 9-12 是煤粒中氮分解为挥发分 N 和焦炭 N 的示意图。

（2）氰化氢（HCN）、氨（NH_3）是挥发分 N 中最主要的氮化合物。HCN、NH_3 在挥发分 N 中所占的比例不仅取决于煤种及其挥发分的性质，而且与氮和煤中碳氢化合物的结合状态等化学性质有关，同时还与燃烧条件如温度等有关。对于烟煤，HCN 在挥发分 N 中的比例比 NH_3 大，劣质煤的挥发分 N 中以 NH_3 为主，无烟煤的挥发分 N 中 HCN、NH_3 均较少；挥发分 N 中 HCN 和 NH_3 的量随温度的增加而增加，但当温度超过 1000～1100℃时，NH_3 的生成量达到饱和；随着温度的上升，燃料氮转化成 HCN 的比例大于转化成 NH_3 的比例。

（3）挥发分 N 中 HCN 被氧化的主要反应途径如图 9-13 所示。由图可见，挥发分 N 中 HCN 被氧化成 NCO 后可能有两条反应途径，取决于 NCO 进一步遇到的反应条件。两条反应途径的主要反应方程式如下所述。

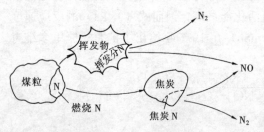

图 9-12　燃料中氮分解为挥发分 N 和焦炭 N 的示意图

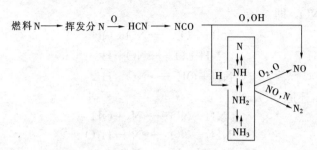

图 9 - 13 挥发分 N 中 HCN 被氧化的主要反应途径

在氧化性气氛中，直接氧化成 NO，即

$$HCN+O \longrightarrow NCO+H \tag{9-36}$$

$$NCO+O \longrightarrow NO+CO \tag{9-37}$$

$$NCO+OH \longrightarrow NO+CO+H \tag{9-38}$$

或者，在还原性气氛中，HCN 生成 NH，即

$$NCO+H \longrightarrow NH+CO \tag{9-39}$$

此时，如 NH 在还原性气氛中，则有下面的反应，即

$$NH+H \longrightarrow N+H_2 \tag{9-40}$$

$$NH+NO \longrightarrow N_2+OH \tag{9-41}$$

如 NH 在氧化性气氛中，则会进一步氧化成 NO，有

$$NH+O_2 \longrightarrow NO+OH \tag{9-42}$$

$$NH+O \longrightarrow NO+H \tag{9-43}$$

$$NH+OH \longrightarrow NO+H_2 \tag{9-44}$$

（4）挥发分 N 中 NH$_3$ 被氧化的主要反应途径如图 9 - 14 所示。根据这一反应途径，NH$_3$ 可能是 NO 的生成源，也可能成为 NO 的还原剂。下面列举的是按照上述两种反应途径的反应方程式。

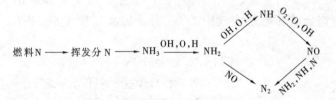

图 9 - 14 NH$_3$ 氧化的主要反应途径

1）NH$_3$ 被氧化生成 NO，即

$$NH_3+OH \longrightarrow NH_2+H_2O \tag{9-45}$$

$$NH_3+O \longrightarrow NH_2+OH \tag{9-46}$$

$$NH_3+H \longrightarrow NH_2+H_2 \tag{9-47}$$

NH$_2$ 进一步反应生成 NH，有

$$NH_2+OH \longrightarrow NH+H_2O \tag{9-48}$$

$$NH_2+O \longrightarrow NH+OH \tag{9-49}$$

$$NH_2+H \longrightarrow NH+H_2 \tag{9-50}$$

NH 氧化生成 NO，即

$$NH+O_2 \longrightarrow NO+OH \tag{9-51}$$
$$NH+O \longrightarrow NO+H \tag{9-52}$$
$$NH+OH \longrightarrow NO+H_2 \tag{9-53}$$

2）NH 和 NH$_2$ 还原 NO，即

$$NH+NO \longrightarrow N_2+OH \tag{9-54}$$
$$NH_2+NO \longrightarrow N_2+H_2O \tag{9-55}$$
$$NH+H \longrightarrow N+H_2 \tag{9-56}$$
$$NH+OH \longrightarrow N+H_2O \tag{9-57}$$
$$NH+O \longrightarrow N+OH \tag{9-58}$$
$$N+NO \longrightarrow N_2+O \tag{9-59}$$

（5）在常规锅炉的煤燃烧温度下，燃料型 NO$_x$ 主要来自挥发分 N。例如，煤粉燃烧时由挥发分 N 生成的 NO$_x$ 占燃料型 NO$_x$ 的 60%～80%，其余为焦炭 N 所生成。焦炭 N 的析出情况较为复杂。有人认为，焦炭 N 是通过焦炭表面多相氧化反应直接生成 NO$_x$。也有人认为，焦炭 N 和挥发分 N 一样，首先以 HCN 和 CH 的形式析出后再和挥发分 NO$_x$ 类似的生成途径氧化成 NO$_x$。

3. 快速型 NO$_x$

快速型 NO$_x$ 是 1971 年费尼莫尔（Fenimore）通过实验发现的。与热力型和燃料型 NO$_x$ 均不同，它是燃料燃烧时产生的烃（CH$_i$）等撞击燃烧空气中的 N$_2$ 分子而生成 HCN 和 CN，然后 HCN 等再被氧化成 NO$_x$。对快速型 NO$_x$ 的生成机理，也存在不同的观点，著名的是费尼莫尔的反应机理。按照这一反应机理，快速型 NO$_x$ 的生成途径如图 9-15 所示。由图可见，快速型 NO$_x$ 的生成过程共由以下四组反应构成：

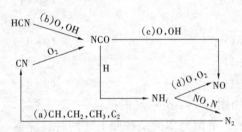

图 9-15　快速型 NO$_x$ 的生成途径

（1）经过中间反应分解出大量的 CH、CH$_2$、CH$_3$ 和 C$_2$ 等，它们会破坏燃烧空气中的 N$_2$ 分子键而反应生成 HCN、CN 等中间产物，即有

$$CH+N_2 \rightleftharpoons HCN+N \tag{9-60}$$
$$CH_2+N_2 \rightleftharpoons HCN+NH \tag{9-61}$$
$$CH_3+N_2 \rightleftharpoons HCN+NH_2 \tag{9-62}$$
$$C_2+N_2 \rightleftharpoons 2CN \tag{9-63}$$

（2）上述反应所生成的 HCN、CN 等与在火焰中大量产生的 O、OH 等反应生成 NCO，即

$$HCN+O \rightleftharpoons NCO+H \tag{9-64}$$
$$HCN+OH \rightleftharpoons NCO+H_2 \tag{9-65}$$
$$CN+O_2 \rightleftharpoons NCO+O \tag{9-66}$$

（3）NCO 被进一步氧化成 NO，即

$$NCO+O \rightleftharpoons NO+CO \tag{9-67}$$
$$NCO+OH \rightleftharpoons NO+CO+H \tag{9-68}$$

（4）此外，当火焰中 HCN 浓度达到最高点转入下降阶段时，大量的氨化物（NH_i）会和氧原子等快速反应而被氧化成 NO，即

$$NH+O \Longleftrightarrow N+OH \tag{9-69}$$

$$NH+O \Longleftrightarrow NO+H \tag{9-70}$$

$$N+OH \Longleftrightarrow NO+H \tag{9-71}$$

$$N+O_2 \Longleftrightarrow NO+O \tag{9-72}$$

研究表明，快速型 NO_x 易产生于燃烧时 CH_i 类原子团较多、氧气浓度较低的富燃料燃烧情况，而且对温度的依赖性较弱。对煤燃烧设备，与热力型和燃料型 NO_x 相比，其生成量要少得多，一般占 NO_x 总生成量的 5% 以下。

二、N_2O 的生成机理

如前所述，一般煤燃烧设备中 N_2O 的排放量很低。但是，近年来随着燃煤流化床锅炉的发展，发现燃煤流化床锅炉排出的 N_2O 比煤粉炉排出的要大得多，譬如，燃烧烟煤的流化床锅炉排放的 N_2O 浓度比煤粉炉的大 50 倍，因而引起了人们对 N_2O 的重视，并对 N_2O 的生成机理进行研究。

N_2O 是一种燃料型氮氧化物，其生成机理与燃料型 NO_x 很相似，也是在挥发分析出和燃烧期间，生成挥发分 NO，然后 NO 再和挥发分 N 中的 HCN、NCO、NH_i 发生反应生成 N_2O。因此，NO 的存在是生成挥发分 N_2O 的必要条件。同时，焦炭 N 也会在一定条件下通过多相反应生成 N_2O。在 N_2O 的生成过程中，主要有以下几组反应式。

1. N_2O 的均相生成反应

按式（9-36）HCN 首先被氧化成 NCO，在挥发分燃烧阶段，当挥发分 NO 生成以后，会发生下面的反应生成 N_2O，即

$$NCO+NO \Longleftrightarrow N_2O+CO \tag{9-73}$$

同时，挥发分 N 中的 NH_3 在经过式（9-45）～式（9-50）的反应生成 NH 后，NH 会和 NO 发生反应，即

$$NH+NO \Longleftrightarrow N_2O+H \tag{9-74}$$

在上述生成 N_2O 的反应中，式（9-73）起着最主要的作用。

2. N_2O 的多相生成反应

与燃料型 NO_x 不同，焦炭 N 在生成 N_2O 方面起着较大的作用。在流化床燃烧，特别是循环流化床燃烧中，焦炭 N 的转化是 N_2O 的重要来源，可能会占到 70% 以上。焦炭 N 生成 N_2O 的多相反应主要是下面的反应。

焦炭 N 的直接氧化，即

$$C+CN+O_2 \Longleftrightarrow CNO+CO \tag{9-75}$$

$$CN+CNO \Longleftrightarrow N_2O+2C \tag{9-76}$$

在焦炭表面焦炭 N 与生成的 NO 发生反应。当存在氧气时，有

$$CN+1/2O_2 \Longleftrightarrow CNO \tag{9-77}$$

$$CNO+NO \Longleftrightarrow N_2O+CO \tag{9-78}$$

如果没有氧气，则有

$$CN+NO \Longleftrightarrow N_2O+C \tag{9-79}$$

3. N_2O 的分解反应

N_2O 和 O、H 原子及 OH 离子团相遇时，会发以下均相分解反应，即有

$$N_2O + O \Longleftrightarrow N_2 + O_2 \qquad (9-80)$$

$$N_2O + H \Longleftrightarrow N_2 + OH \qquad (9-81)$$

$$N_2O + OH \Longleftrightarrow N_2 + HO_2 \qquad (9-82)$$

同时，通过 N_2O 的分解也会生成少量的 NO，即

$$N_2O + O \Longleftrightarrow 2NO \qquad (9-83)$$

N_2O 的多相分解反应，即有

$$N_2O + C \Longleftrightarrow N_2 + CO \qquad (9-84)$$

各种固态物质对 N_2O 的分解有很强的催化作用，尤其是 CaO、$CaSO_4$ 和焦炭的催化作用最大。由于这些固态物质的催化作用，在固态物质表面 N_2O 的多相分解反应的速度大大高于均相反应的分解速度，而流化床燃烧时气固两相间有良好的接触和混合，所以在固体物质表面的分解反应式（9-84）是 N_2O 在流化床燃烧过程中最主要的分解反应。

循环流化床锅炉中 N_2O 生成过程与鼓泡流化床有所不同。前者由于固体床料分布于整个炉膛，在整个炉膛内都存在着 N_2O 的生成反应；而后者大部分床料都是在床层中，N_2O 的生成反应也主要发生在床层中。在循环流化床中，70％以上的 N_2O 是在炉膛空间里由焦炭 N 在有氧时按式（9-77）、式（9-78）转化而生成的。相对于鼓泡流化床而言，一方面，由于在循环流化床锅炉炉膛空间充满固体床料颗粒，当 NO 从床层逸出上升的过程中，就会和炉膛空间内的大量焦炭粒子反应生成 N_2O，而 NO 同时被 C 还原成 N_2；另一方面，这些固体粒子能吸收 O、OH 等，造成沿炉膛上升 H 的浓度逐渐减小，从而使破坏 N_2O 的主要反应式（9-81）被减弱；另外，由于循环流化床的流化速度较高，挥发分的燃烧会发生在炉膛空间更大的范围内，从挥发分 N 转化的 N_2O 的浓度沿炉膛高度是增加的。因此，从循环流化床锅炉炉膛沿着布风板向上至炉膛出口，NO 的浓度一路递减，而 N_2O 的浓度不断增加。

影响 N_2O 的排放因素很多，主要有炉膛温度、过量空气系数、烟气中的氧含量、煤种、脱硫剂和催化剂、循环倍率以及锅炉负荷等。其中，炉膛温度对 N_2O 的生成起着决定性的作用。如对于煤粉炉的情况，当燃烧温度在 1000～1200℃ 及以上时，N_2O 的排放浓度仅在 0～5ppm 之间，几乎可以忽略；但是，对于正常燃烧温度为 850℃ 的流化床锅炉来说，N_2O 的排放浓度可能达到 250ppm，因而不能不引起重视。

第五节　循环流化床锅炉内 NO_x 和 N_2O 的排放控制

一、概述

从前面关于 NO_x 和 N_2O 生成机理的分析可知，对于循环流化床锅炉，控制和减少煤燃烧产生的氮氧化物，主要是控制燃料型 NO_x 和 N_2O 的生成和排放。

为了减少燃料型 NO_x，不仅要尽可能地抑制 NO_x 的生成，而且要创造条件尽可能地促使已生成的 NO_x 被破坏和还原。正如所知，在通常的煤燃烧温度下，燃料型 NO_x 主要来自挥发分 N。研究表明，在过量空气系数 $\alpha > 1$ 的贫燃料燃烧时，57％～61％的燃料型 NO_x 是

来自挥发分 N；而在 $\alpha < 1$ 的富燃料燃烧时，由挥发分 N 生成的 NO_x 将大为减少。因此，利用挥发分 N 转化为 NO 时对当地空气/燃料比十分敏感这一特点，在煤燃烧过程的一定阶段和一定区域，建立 $\alpha < 1$ 的富燃料区，使燃料氮在其中尽可能多地转化成挥发分 N，从而在还原性气氛的条件下促使燃料氮转变为分子氮（N_2）。根据这一原理，人们发展了空气分级、低过量空气系数和烟气再循环等低 NO_x 燃烧技术。对于已生成的 NO_x，则可根据它的还原机理，利用氨（NH_3）、氨水（NH_4OH）、尿素 [H_2NCONH_2 或 $CO(NH_2)_2$] 或某种燃料作为还原剂，喷入炉膛某一合适部位还原燃烧产物中的 NO_x。根据这一原理，发展了所谓炉膛喷射脱硝（氮）技术。

根据 N_2O 生成及破坏机理，流化床锅炉减少 N_2O 排放的主要方法有：

（1）提高炉膛温度。试验研究表明，将流化床锅炉炉温由 850℃ 提高到 950℃ 可降低 N_2O 排放浓度的 50%。此后炉温每增加 100℃ 可减少排放 25%～30%。但是，增加炉膛温度会导致脱硫效率的降低和增加 NO_x 的排放。

（2）降低过量空气系数。实际经验表明，将流化床锅炉烟气中的过量氧控制在 1.5%～2%，燃烧温度控制在 830℃，脱硫所需的 Ca/S＝3 时，不但脱硫效率可达 95%～98%，而且可将 NO_x 的排放控制在 40ppm，N_2O 的排放控制在 20ppm 的范围内。

（3）后期燃烧。例如，向循环流化床锅炉的循环灰分离器中喷天然气使之燃烧，以提高烟气的温度来控制 N_2O 的排放，同时使 NO 再燃，可减少 NO_x 的排放。

（4）加入催化剂促使 N_2O 分解。此种方法的关键在于研究高效而又经济的催化剂。

二、降低循环流化床锅炉 NO_x 和 N_2O 排放的方法

由于循环流化床锅炉的燃烧温度控制在 850℃～900℃，是一种低温燃烧方式，较容易实现燃烧污染物的控制。降低循环流化床锅炉 NO_x 和（或）N_2O 排放的方法主要有以下几种。

1. 低过量空气系数燃烧

使燃烧过程尽可能地在接近理论空气量的条件下进行，随着烟气中过量氧的减少，可以控制 NO_x 的生成，是一种最简单的降低 NO_x 排放的办法。一般来说，采用低过量空气系数燃烧，可以使 NO_x 的排放下降 15%～20%。但是，采用这种方法有一定的限制条件，如炉内氧的浓度过低（低于 3%）时，会造成 CO 浓度的急剧增加，大大增加化学不完全燃烧热损失（q_3）；同时，还会引起飞灰含碳量的增加，导致机械不完全燃烧热损失（q_4）的增加，从而降低锅炉燃烧效率。此外，低氧浓度会使得炉膛内的某些区域形成还原性气氛，这将会降低灰熔点引起炉壁结渣与腐蚀。因此，为降低 NO_x 的排放采用低过量空气系数燃烧时，必须全面考虑，选取最合理的过量空气系数。

2. 空气分级送入

空气分级送入是目前使用最为普遍的低 NO_x 燃烧技术之一。它的基本原理是，将燃料的燃烧分阶段完成，在第一阶段，将从主燃烧器供入炉膛的空气量减少到燃烧所需总空气量的 70%～75%（相当于理论空气量的 80% 左右），使燃料先在富燃料条件下燃烧。此时，第一级燃烧区内 $\alpha < 1$，因而降低了这一燃烧区内的燃烧速度和温度水平。这样，不但延迟了燃烧过程，而且在还原性气氛中降低了生成 NO_x 的反应率，抑制了 NO_x 的生成量；完全燃烧所需的其余空气则通过布置在主燃烧器上方的专门喷口送入炉膛，与第一级燃烧区在"贫氧燃烧"条件下所产生的烟气混合，在 $\alpha > 1$ 的条件下完成燃烧过程。由于整个燃烧过程所需的空气分两级供入炉内，故称之为空气分级送入。这一方法弥补了简单的低过量空气系数燃烧的缺点。应该指出的是，在第一级燃烧区内的 α 越小，虽然对抑制 NO_x 生成的效果越好，但是产生的不完全燃烧产物也越多，因而导致燃烧效率降低及引起结渣和腐蚀的可能性也越大。因此，为了保证既能减少 NO_x 的排放，又能保证锅炉燃烧的经济性和可靠性，正确地组织好空气分级送入是极为重要的。

　　循环流化床锅炉一般均设计成空气分级送入方式，即将燃烧所需总空气量分成两部分，一部分作为流化风（一次风）从床层底部送入，另一部分作为二次风从悬浮段送入。而且有的设计还将部分燃烧空气由二次风在浓相区上面的炉膛中送入，这样既可以有效地抑制 NO_x 的生成，还可使炉膛下部为浓相区而减少由布风板送入的风量，如图 9-16 所示。一、二次风的比例因不同的设计而不同，可以从 $60\%：40\% \sim 40\%：60\%$，NO_x 的排放浓度可以控制在标准状况下 $200 \sim 300mg/m^3$。

　　3. 选择性非催化还原（SNCR）

　　循环流化床的炉膛喷射脱硝，实际上是向炉内烟气喷射氨、尿素等氨基还原剂，在一定温度下还原已生成的 NO_x。选择性非催化还原属于炉膛喷射脱硝技术。由于 NH_3 只和烟气中的 NO_x 发生反应，一般并不与烟气中的氧发生反应，当不采用催化剂时，还原 NO_x 的反应只能在较高温度（$\geqslant 700℃$）下才变得显著。因此，称之为选择性非催化还原（SNCR，Selective Non-Catalytic Reduction）。通常将 NH_3 的喷射点选在烟气温度较高的炉膛上部或高温旋风分离器处。选择性非催化还原的主要反应有

$$4NH_3 + 4NO + O_2 \longrightarrow 6H_2O + 4N_2$$
$$(9-85)$$
$$4NH_3 + 2NO_2 + O_2 \longrightarrow 6H_2O + 3N_2$$
$$(9-86)$$
$$4NH_3 + 6NO \longrightarrow 6H_2O + 5N_2 \quad (9-87)$$
$$8NH_3 + 6NO_2 \longrightarrow 12H_2O + 7N_2 \quad (9-88)$$

这些反应受喷射点处的烟气温度、氨与烟气的混合情况、氧含量以及 NO 浓度、N_2O 浓度和 NH_3 浓度的影响很大。另外，控制合适的喷氨量也很重要，喷氨量太小，不能达到预期的降低 NO_x 的效果，喷氨量过多则会造成过多的氨泄露量，从而引起锅炉尾部受热面堵塞和腐蚀等问题。

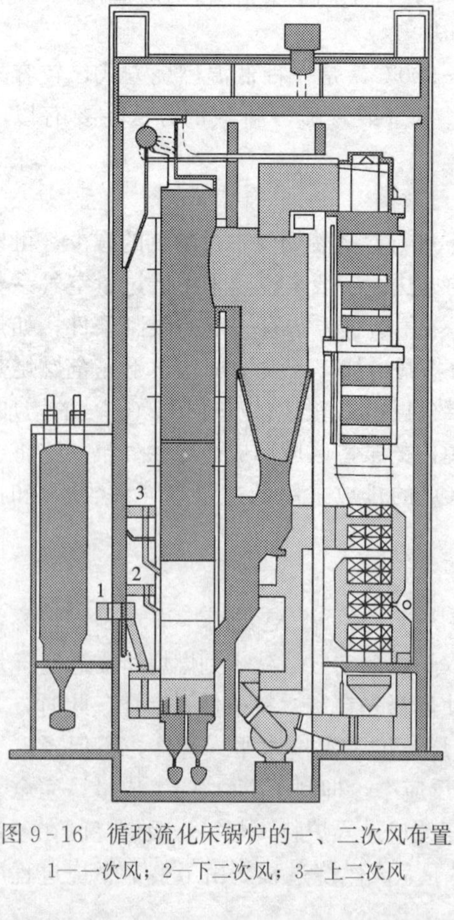

　　4. 选择性催化还原（SCR）

　　选择性催化还原（SCR，Selective Catalytic Reduction）也属于炉膛喷射脱硝技术。它与选择性非催化还原的区别是，在向炉内烟气喷射氨等还原剂时，采用催化剂来促进 NH_3 和 NO_x 的还原反应。此时，NO 或 NO_2 可在较低的温度（一般 $\leqslant 400℃$）下直接发生还原反应，即

图 9-16　循环流化床锅炉的一、二次风布置

1——一次风；2—下二次风；3—上二次风

$$2NH_3 + 5NO_2 \longrightarrow 7NO + 3H_2O \tag{9-89}$$

$$4NH_3 + 6NO \longrightarrow 5N_2 + 6H_2O \tag{9-90}$$

当烟气中有少量 O_2 存在时，O_2 促进并参与还原反应，即

$$4NH_3 + 4NO + O_2 \longrightarrow 4N_2 + 6H_2O \tag{9-91}$$

根据所采用的催化剂的不同，还原反应的反应温度条件也不同。例如，当采用钛（Ti）或钛氧化物类的催化剂时，其反应温度为 $300 \sim 400℃$，而当采用活性焦炭作为催化剂时，其反应温度为 $100 \sim 150℃$。在选择催化剂时，一方面要求所选择的催化剂活性高、不产生二次污染、寿命长且较为经济，另一方面还希望它能经得起烟气中粉尘等的污染。通常，选用以二氧化钛（TiO_2）为基体的碱金属催化剂，其最佳烟气温度为 $300 \sim 400℃$。烟气温度太低，NH_3 与烟气中 SO_3 反应生成黏性液体硫酸氢铵（NH_4HSO_4），沉积在催化剂上使其活性降低；烟气温度太高（$>450℃$），存在氨的催化分解和 SO_3 的生成反应，NO_x 的降低率下降。如果在脱硝之前先对烟气进行除尘和脱硫，则可提高催化效果，延长催化剂寿命。SCR 的 NH_3 利用率很高，当 NH_3/NO_x 摩尔比为 $0.85 \sim 0.95$ 时，NO_x 的降低率可达 $80\% \sim 90\%$，绝大部分的氨和 NO_x 反应生成无害的 N_2 和 H_2O，因此泄漏量极少。选择性催化还原降低 NO_x 系统，主要由催化剂反应器、催化剂和氨储存及喷射系统所组成。

5. 其他方法

除上述方法外，还可以采用燃料分级燃烧和烟气后燃等控制措施，降低循环流化床锅炉的氮氧化物排放。

（1）燃料分级燃烧。燃料分级燃烧的原理是将 $80\% \sim 85\%$ 的燃料送入第一级燃烧区，在 $\alpha > 1$ 的条件下燃烧并生成 NO_x，其余 $15\% \sim 20\%$ 的燃料则在主燃烧器上部送入二级燃烧区，在 $\alpha < 1$ 的条件下形成很强的还原性气氛，使得在一级燃烧区中生成的 NO_x 在二级燃烧区内被还原成氮分子（N_2）。

（2）烟气后燃。烟气后燃是通过在燃烧室之后注入碳氢燃料造成循环灰分离器内局部高温以分解 N_2O，实现 N_2O 的减排。格斯特文森（Gustvasson）和李克勒（Leckner）研究了将天然气喷入循环流化床锅炉循环灰分离器中提高烟气的温度，利用 N_2O 的高温分解特性减少 N_2O 排放的方法。理论计算表明，通过升温到 $900℃$，可将 N_2O 的排放减少为原来的 10%。实验发现，N_2O 的排放可减少 50% 以上。减少的量与分离器温度和气体喷入量有关。图 9-17 所示为 N_2O 排放与分离器入口温度和气体喷入量的关系。由图可见，提高分离器入口温度或气体喷入量，均有明显的 N_2O 减排效果。但是，烟气后燃的实际应用必须很好地解决循环流化床锅炉和循环灰分离器运行的安全性与经济性问题。

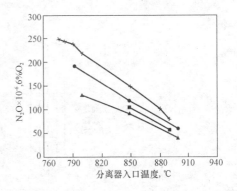

图 9-17 N_2O 排放与分离器入口温度和气体喷入量的关系
+—无后燃；●—5%可燃气体；
■—7%可燃气体；▲—10%可燃气体

（3）氧/煤燃烧。也称纯氧燃烧，即煤在纯氧气氛中燃烧。纯氧燃烧技术不仅能使分离捕集 CO_2 容易进行，实现 CO_2 的"零排放"，而且还能减少氮氧化物和 SO_2 的排放，是近年来正在发展的一种可综合控制燃煤污染物排放的新型洁净煤燃烧技术。氧/煤燃烧原理如

图 9-18 所示。由图可见，用空气分离获得的氧气代替空气作为煤在锅炉中燃烧的氧化剂。烟气经净化后在凝结器内冷凝脱水，得到纯度高达 95％以上的 CO_2。将一部分 CO_2 循环回送与氧气形成混合气在炉内实现 O_2/CO_2 燃烧，以进一步提高烟气中的 CO_2 浓度。图 9-19 为福斯特·惠勒公司正在推出的纯氧燃烧循环流化床锅炉流程示意。

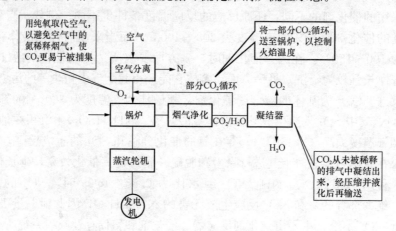

图 9-18　氧/煤燃烧原理

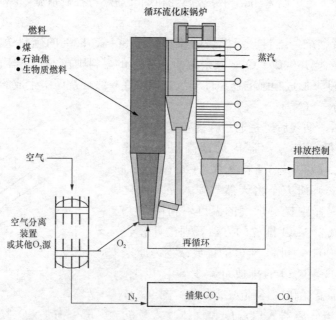

图 9-19　福斯特·惠勒公司纯氧燃烧循环流
化床锅炉流程示意

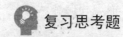 复习思考题

　　1. 煤燃烧过程中产生的气体污染物主要有哪些？

　　2. 我国 GB 13223—2011《火电厂大气污染物排放标准》对火力发电锅炉及燃气轮机组大气污染物排放浓度限值是如何规定的？

3. 简要说明煤燃烧过程中影响二氧化硫析出的主要因素。

4. 循环流化床锅炉脱硫的主要影响因素有哪些?

5. 什么是钙硫摩尔比（Ca/S）? 影响循环流化床锅炉脱硫效率的主要因素有哪些?

6. 试说明煤燃烧过程中产生氮氧化物的途径。

7. 降低循环流化床锅炉氮氧化物排放量的主要方法有哪些?

参 考 文 献

[1] 任永红. 循环流化床锅炉实用培训教材. 北京：中国电力出版社，2007.

[2] 聂立，等. 东方型 300MW 循环流化床锅炉开发设计. 东方电气评论，2007，21（2）：33—42.

[3] 刘德昌，陈汉平，张世红，等. 循环流化床锅炉运行及事故处理. 北京：中国电力出版社，2006.

[4] Timo Jiantti. Circulating Fluidized Bed Technology Towards Zero CO$_2$ Emissions. 19th International Conference on Fluidized Bed Combustion，Suppliers' Forum，Vieena，Austria，22nd May 2006.

[5] 卢啸风. 大型循环流化床锅炉设备与运行. 北京：中国电力出版社，2006.

[6] 程乐鸣，等. 大型循环流化床锅炉中的传热. 动力工程，2006，26（3）：305—310.

[7] 吕俊复，岳光溪，张建胜，等. 循环流化床锅炉运行与检修 .2 版 . 北京：中国水利水电出版社，2007.

[8] 大屯煤电（集团）有限责任公司电业分公司. 循环流化床锅炉实用技术问答. 北京：中国水利水电出版社，2005.

[9] 林宗虎. 循环流化床锅炉. 北京：化学工业出版社，2004.

[10] 大屯煤电（集团）有限责任公司电业分公司组编. 循环流化床锅炉应用及事故处理. 北京：中国水利水电出版社，2004.

[11] 樊泉桂，等 . 锅炉原理 .2 版 . 北京：中国电力出版社，2014.

[12] 林文孚，胡燕. 单元机组自动控制技术. 北京：中国电力出版社，2004.

[13] 冯俊凯，岳光溪，吕俊复. 循环流化床燃烧锅炉. 北京：中国电力出版社，2003.

[14] 路春美，程世庆，王永征. 循环流化床锅炉设备与运行. 北京：中国电力出版社，2003.

[15] 毛玉如，等. 火电厂 CO$_2$ 的排放控制和分离回收技术研究. 锅炉制造，2003（1）：20—22.

[16] 杨建华，等. 循环流化床锅炉设备及运行. 3 版 . 北京：中国电力出版社，2014.

[17] 党黎军. 循环流化床锅炉的启动调试与安全运行. 北京：中国电力出版社，2002.

[18] 国家电力公司东北公司，辽宁省电力有限公司. 电力工程师手册：动力卷. 北京：中国电力出版社，2002.

[19] 朱宝山. 锅炉安装手册. 北京：中国电力出版社，2001.

[20]《中国电力百科全书（第三版）》编辑委员会. 中国电力百科全书火力发电卷 .3 版 . 北京：中国电力出版社，2014.

[21] 王文选，赵长遂. 循环流化床锅炉设计中若干问题探讨. 锅炉技术，2001（10）：27—30.

[22] 刘德昌. 流化床燃烧技术的工业应用. 北京：中国电力出版社，1999.

[23] 林宗虎，徐通模. 实用锅炉手册. 北京：化学工业出版社，1999.

[24] 岑可法，倪明江，骆仲泱，等. 循环流化床锅炉理论设计与运行. 北京：中国电力出版社，1998.

[25] 章明耀，等 . 增压流化床联合循环发电技术. 南京：东南大学出版社，1998.

[26] 毛健雄，毛健全，赵树民. 煤的清洁燃烧. 北京：科学出版社，1998.

[27] 四川省电力工业局. 循环流化床燃烧技术. 北京：中国电力出版社，1998.

[28] 张永涛. 锅炉设备及系统. 北京：中国电力出版社，1998.

[29] 山西省电力工业局. 锅炉设备检修（高级工）. 北京：中国电力出版社，1997.

[30] 刘德昌，阎维平. 流化床燃烧技术. 北京：中国电力出版社，1995.

[31] 金维强，涂仲光. 电厂锅炉. 北京：水利电力出版社，1995.

[32] 辽宁省电力工业局. 锅炉运行. 北京：中国电力出版社，1995.

[33] 肖大雏. 火电厂计算机控制. 北京：中国电力出版社，1995.

[34] 刘玉铭. 锅炉技术问答. 北京：水利电力出版社，1994.

[35] 孙亦禄. 煤中矿物杂质对锅炉的危害. 北京：水利电力出版社，1994.

[36] 章德龙. 单元机组集控运行. 北京：水利电力出版社，1993.

[37] 范仲元. 火电厂和计算机控制技术与系统. 北京：水利电力出版社，1993.

[38] 冯俊凯，沈幼庭. 锅炉原理及计算. 2 版. 北京：科学出版社，1992.

[39] 李思辰，徐贤曼. 锅炉设备及运行. 北京：水利电力出版社，1991.

[40] 李朝阳. 发电厂概论（实习教材）. 西安：西安交通大学出版社，1991.

[41] 赵翔，任有中. 锅炉课程设计. 北京：水利电力出版社，1991.

[42] 陈立勋，曹子栋. 锅炉本体布置及计算. 西安：西安交通大学出版社，1990.

[43] ［英］J. R. 霍华德. 张宝诚译. 流化床的燃烧与应用. 北京：科学出版社，1987.

[44] 《化学工程手册》编辑委员会. 化学工程手册（第 20 篇）：流态化. 北京：化学工业出版社，1987.

[45] 华北电力学院. 火电厂热力设备及系统. 北京：电力工业出版社，1980.

[46] 蔡润夏，等. 超（超）临界循环流化床技术的发展. 中国电力，2016，49（12）：1—7.

[47] 胡春华，卢啸风，等. 600MW 超临界循环流化床锅炉设备与运行. 北京：中国电力出版社，2012.

[48] 蒋敏华，肖平. 大型循环流化床锅炉技术. 北京：中国电力出版社，2009.

[49] 孙献斌，黄中. 大型循环流化床锅炉技术与工程应用.2 版. 北京：中国电力出版社，2013.

[50] 西安热工研究院. 超临界、超超临界燃煤发电技术. 北京：中国电力出版社，2008.

[51] 曾庭华，湛志钢，等. 300MW 循环流化床锅炉调整试运. 北京：中国电力出版社，2011.

[52] 王世昌. 循环流化床锅炉原理与运行. 北京：中国电力出版社，2016.